IGCT器件与应用

曾嵘 吴锦鹏 ◎ 著

清華大學出版社
北京

图书在版编目（CIP）数据

IGCT 器件与应用 / 曾嵘，吴锦鹏著. -- 北京 ：清华大学出版社，2025. 3.
ISBN 978-7-302-68748-1

Ⅰ. TN34

中国国家版本馆 CIP 数据核字第 2025A375S4 号

责任编辑：王　欣　刘　杨
封面设计：何凤霞
责任校对：欧　洋
责任印制：杨　艳

出版发行：清华大学出版社
　　　　　网　　址：https://www.tup.com.cn，https://www.wqxuetang.com
　　　　　地　　址：北京清华大学学研大厦 A 座　　邮　　编：100084
　　　　　社 总 机：010-83470000　　　　　　　　邮　　购：010-62786544
　　　　　投稿与读者服务：010-62776969，c-service@tup.tsinghua.edu.cn
　　　　　质量反馈：010-62772015，zhiliang@tup.tsinghua.edu.cn
印 装 者：小森印刷（北京）有限公司
经　　销：全国新华书店
开　　本：165mm×235mm　　印　张：22.25　　　　字　　数：445 千字
版　　次：2025 年 3 月第 1 版　　　　　　　　　　印　　次：2025 年 3 月第 1 次印刷
定　　价：198.00 元

产品编号：111368-01

作者简介

曾嵘,清华大学教授、副校长,国家杰出青年基金获得者、国家"万人计划"科技创新领军人才,中国电机工程学会会士。目前主要从事电力电子器件与直流电网关键装备、交直流电力系统电磁暂态及其防护等教学和研究工作。主持国家重点研发计划、国家自然科学基金集成/重点等科研项目多项,获授权发明专利 100 余项,发表论文 300 余篇。获国家技术发明奖二等奖 1 项、科技进步奖二等奖 2 项,IET 2021 E&T Innovation Awards、IEEE EMC Technical Achievement Award、中国电力科学技术杰出贡献奖、首都劳动奖章等。

吴锦鹏,清华大学副教授、博士生导师。目前主要从事功率半导体器件、能源材料与科学等教学和研究工作。先后入选海外人才计划(青年项目)、国家级人才计划,获国家自然科学基金面上项目、国家实验室重大专项等支持,申请/授权发明专利 100 余项,发表论文 90 余篇,引用 6000 余次,H 指数 36。获北京市科技进步奖一等奖 1 项、美国百人会英才学者奖等。

序　言

　　电力电子技术是现代能源系统的关键支撑技术,其发展水平直接关乎国家能源安全和"双碳"战略的顺利实施。功率半导体器件作为电力电子技术的核心基础元件,不断向着高效率、高耐压、高功率、高频率、高密度等方向发展,每次性能的重大突破,都引领了整个电力电子装备领域的产业革新。在诸多功率半导体器件中,集成门极换流晶闸管(integrated gate-commutated thyristor, IGCT)凭借高耐压、大通流、高可靠性和低成本的内在优势,在高压大功率电能变换领域发挥着不可或缺的作用。

　　作为全球最大的能源生产和消费国,我国电力电子技术在新能源发电、直流输电、工业变频等领域的应用规模和发展速度处于世界领先地位。随着"双碳"战略的深入推进,以新能源为主体的新型电力系统对高压大功率半导体器件的需求呈现爆发式增长。作者敏锐洞察到了 IGCT 在新能源电力领域的技术优势与应用潜力,系统地开展了 IGCT 器件及其应用装备的理论研究与技术创新,并与国内研发机构、头部功率半导体企业、电力装备企业联合攻关,历经十余年潜心研究,成功突破诸多关键技术瓶颈,研制出电压等级和容量水平国际领先的 4.5kV/6.5kV/8.5kV系列化 IGCT 器件,并实现在新型电力系统高压直流输电、高压直流开断、新能源直流汇集等多个领域的工程应用。他们的开拓性工作,不仅推动了 IGCT 技术在学术研究领域的蓬勃发展,更促进了其在工业应用中的广泛关注。可以说,正是这些原创性的理论突破和工程实践,为 IGCT 技术开辟了更为广阔的发展空间,使其成为支撑未来能源转型的重要技术。

　　本书是国内外首部系统阐述 IGCT 技术的专著。作为我国电力电子领域的一名资深科研工作者,我欣喜地看到,作者将十余年的科研积淀和工程实践经验凝练成体系化的知识奉献给行业。全书系统详实地介绍了 IGCT 器件的工作原理与特性、芯片设计与优化方法、制造工艺、封装驱动、测试与可靠性、仿真模型和典型装备应用等知识,特别是通过大量详实的设计案例、仿真数据与典型应用,帮助读者加深理解。本书兼具理论与实践价值,既可作为初学者的系统入门指南,又能为研究人员提供理论参考,也能为工程技术人员解决实际问题提供方法指导,是一本具有重要学术价值和工程指导意义的学术著作。

　　本书的出版恰逢其时,既是对我国 IGCT 技术发展的阶段性总结,更是面向未来技术突破的全新起点。相信该书的问世,将有力促进功率半导体领域的学术交流,为我国功率半导体技术的自主创新驱动和产业高质量发展提供重要的理论支撑和实践指导。希望广大读者能从这本凝聚着作者团队心血与智慧的著作中汲取营养,共同推动我国电力电子技术迈向世界一流水平!

清华大学电机系教授

2025 年 1 月

前　言

　　功率半导体器件作为电力电子技术的基础元件,被誉为电能变换的"芯"脏,在现代工业和社会发展中扮演着不可或缺的角色,广泛应用于消费电子、工业变频、新能源发电、交直流电力传输等领域,是支撑能源绿色生产、安全传输、高效利用的关键部件。自 20 世纪 50 年代以来,伴随着应用场景的持续拓展细分,功率半导体器件经历了从不控到半控再到全控、从低压小容量到高压大容量的技术演进,呈现出蓬勃发展的态势。

　　集成门极换流晶闸管(integrated gate-commutated thyristor,IGCT)正是在这一过程中应运而生的。20 世纪 90 年代,瑞士 ABB 公司率先推出全球首款 IGCT 器件,标志着这一领域的革命性进展。IGCT 兼具全控能力和高耐压、大通流特性,一经问世就在大容量电力传动等领域获得高度认可。我国中车株洲所于 2003 年启动 IGCT 研究,历经数年研制出 4.5kV/4kA 和 6kV/3kA 等级的不对称 IGCT 器件,并在机车牵引中获得应用。

　　社会发展创造新的需求,新的需求催生科技进步。21 世纪以来,我国电力能源系统经历着深刻的绿色低碳革命,高比例新能源、高比例电力电子日益成为电力系统发展的特征趋势。由于 IGCT 具有高压大容量、低成本、高可靠等特点,因此在新能源电力系统场景中极具技术优势和应用潜力。作者带领清华团队,针对 IGCT 开展了系统性理论研究与创新设计,并与中车株洲所、西安派瑞、怀柔实验室等国内头部功率半导体企业、研发机构联合攻关,十余年磨一剑,最终成功研制 4.5kV/6.5kV/8.5kV 系列化 IGCT 器件,不仅在电压和容量等级方面取得突破达到世界领先水平,还特别针对电力系统安全可靠的要求,开发了过压击穿、黑启动、在线取能等独特功能。相信随着我国"双碳"战略的深入推进和新型电力系统的加速演进,IGCT 在这一领域的研发与应用前景将更加广阔,也必将受到学术界和工业界越来越多的关注。

　　基于此,作者希望借助此书,总结团队十余年技术攻关成果,系统解构 IGCT 器件的基础机理、关键特性与工程应用,构建涵盖芯片设计、制造工艺、封装集成、驱动控制、测试和可靠性、创新应用等知识体系。作为首部 IGCT 著作,本书旨在实现从物理模型到装备应用的贯通,适合功率半导体研究人员、专业研究生、能源电力领域工程技术人员及产业决策者阅读。

各章节的主要内容如下。

第 1 章简要回顾功率半导体的发展历程,概括介绍了 IGCT 的基本结构、工作原理和分类,并给出了 IGCT 的功率等级及其适用的大功率应用场景,便于读者整体理解 IGCT。

第 2~4 章,分别阐述了 IGCT 芯片阻断电压、导通电流和关断电流能力三大核心性能的物理原理、影响机制、结构设计和性能提升方法,以便读者深入理解 IGCT 芯片原理,并为优化 IGCT 提供参考案例。

第 5 章介绍了 IGCT 芯片的完整工艺流程,主要包括硅单晶生长、掺杂、薄膜、光刻及刻蚀、终端及少子寿命调控等,从而实现 IGCT 芯片制备。除芯片外,整晶圆压接封装和集成门极驱动是 IGCT 有别于其他高压大功率半导体器件的主要特征。对此,第 6 章介绍了 IGCT 封装的结构、关键参数与封装工艺,并给出了降低寄生参数和改善散热能力的先进封装发展方向;第 7 章介绍了集成门极驱动的电路原理、提升关断能力的拓扑结构,并简述驱动的可靠性、可用性、可维护性和安全性特征。

测试是检验器件性能和可靠性的重要手段,对此,第 8 章介绍了 IGCT 的主要性能参数及其测试方法,并对宇宙射线导致 IGCT 失效的机理及其加固措施进行了阐述。第 9 章结合极端工况下的理论和试验,阐述了 IGCT 稳定的失效短路特性是其在高可靠串联应用的一大优势。

第 10 章介绍了 IGCT 的建模方法,主要包括基于外特性的电路模型和基于物理过程的紧凑模型,可用于 IGCT 在应用电路中的特性仿真,支撑装备拓扑及参数设计。

最后在第 11 章和第 12 章,综述 IGCT 在高压大容量的应用,包括已成熟应用的大容量变频调速装备,以及近些年快速发展的高压大容量直流输配电和大规模新能源发电装备,给出了相应电路拓扑及工作原理,并结合具体案例,为 IGCT 的应用设计提供示范。

需要说明的是,此书得以付梓,得益于团队的共同努力和集体智慧。本书内容主要基于作者所指导博士生吕纲、陈政宇、张翔宇、刘佳鹏、周文鹏、许超群、任春频、尚杰等的研究成果总结而成,他们为本书成稿做出了重要贡献。任春频、陈政宇、刘佳鹏、屈鲁、李晓钊、张浩、段金沛等研究人员参与本书整理工作,余占清、赵彪、庄池杰等老师及中车株洲所张明教高等专家在百忙中审阅书稿并提出宝贵建议,在此一并表示衷心感谢!

作者深知,仅通过本书有限的篇幅展示 IGCT 器件特性及应用等全貌是一项极具挑战的工作,加之水平有限,难免存在不妥和疏漏之处,恳请读者批评指正。

作者于清华园

2025 年 3 月

目　录

第 1 章

IGCT基本概念

电能是当今最重要的能源形式之一。为满足发电、输电、配电和用电的各种不同需求,几乎所有电能从生产到消耗的过程中都要经过电压、电流、频率等参数的调节——可统称为电能变换。集成门极换流晶闸管(integrated gate-commutated thyristor,IGCT)也称集成栅极换流晶闸管,是一种高压大功率半导体器件。功率半导体器件又称电力电子器件,是电能变换电路的核心,通过开通与关断状态间的切换,可以实现弱电对强电的灵活、高效控制。从小功率(千瓦级以下)的手机、计算机、电视机、洗衣机、冰箱、空调等家用电器,到中等功率(千瓦级到兆瓦级)的机车牵引、船舶推进、工业变频、电机驱动、风光发电等,再到大功率(兆瓦级到吉瓦级)的电力传输等,功率半导体器件几乎无处不在,在社会发展进程中发挥着巨大的作用。

本章首先回顾功率半导体器件的发展历程,然后重点介绍 IGCT 器件的基本结构和工作原理、分类及其高压大功率特性。

1.1 功率半导体器件发展历程

1947 年,贝尔实验室的威廉·肖克利等发明了双极(结型)晶体管(bipolar junction transistor,BJT),这在电子学历史上具有革命性意义。BJT 由三部分掺杂程度不同的半导体制成,同时涉及电子和空穴两种载流子的流动。双极晶体管具备信号放大能力,是一种典型的放大电路器件,在功率控制、高速动作以及耐用性方面表现出色。自其发明以来的 30 年间,它被广泛应用于构建各种放大器电路,以及驱动诸如扬声器等电子部件,广泛应用于航空航天工程、医疗器械和机器人等领域。利用高纯度单晶硅和杂质掺杂扩散技术可以做出高阻断电压晶体管,但因其电流增益小,在高压大中功率应用中逐渐被新型器件取代,目前主要在电流较大但电压不高的模拟电子电路中使用。

1957年,报道中首次出现了以硅单晶为基础材料的晶闸管(thyristor)。这种器件具有四层三端的结构,属于双极型器件,能够通过其第三端控制工作状态,因此以前也被称为可控硅(silicon controlled rectifier,SCR)。晶闸管具有双稳态特性,可以在阻断模式和导通模式下工作,分别具有较低的漏电流和通态电压。通过较小的门极(栅极)触发电流,可以将晶闸管从正向阻断状态触发到导通状态。它一旦触发进入导通状态,即使没有门极驱动电流,也能保持稳定的导通特性。在晶闸管被发明后约20年中,随着中子嬗变掺杂技术的发展,大尺寸高电阻率且特性均匀的硅片实现商业化,晶闸管的电流从最初的100A增长至5000A,电压从几百伏逐步上升到8000V。到目前为止,晶闸管仍为功率等级最高的半导体器件,且可靠性高、制造成本低,在高压直流输电等领域被广泛使用。

1959年,美国贝尔实验室发明了功率型金属氧化物半导体场效应晶体管(metal-oxide-semiconductor field-effect transistor,MOSFET)。MOSFET由多数载流子参与导电,是单极晶体管。与BJT相比,MOSFET通过栅极电压控制其开通和关断,输入阻抗高,驱动简单,开关频率可高达数百千赫兹,电压等级可以达到1200~1700V。然而,其源漏电极之间固有的内阻随着芯片耐压结构的厚度线性增加,严重限制了电压等级的进一步提升。目前,MOSFET在1700V以下的各行业电子电路中被广泛使用,如高频开关电源、射频放大器、家用电器、汽车电子、航空航天等。

1960年,人们发现在门极施加大的反向电流可以使晶闸管从导通状态重新回到关断状态,并基于此发明了门极可关断晶闸管(gate turn-off thyristor,GTO)。GTO导通电流密度高、电压阻断和电压变化率耐受能力强,尽管其门极驱动电路复杂且成本高,但在大容量变流需求的牵引下,GTO的结构和工艺技术水平不断提升,功率处理能力达到兆瓦级,在机车牵引等场景得到了广泛应用。然而,GTO门极驱动回路的杂散电感较大,例如对于需要关断3000A电流的GTO器件来说,为了提升关断过程中反向门极电流的上升速率并改善不均匀关断的特性,驱动电压必须达到900V以上。这导致门极驱动电路变得复杂,驱动功耗显著增加,同时极有可能引发门阴极击穿失效,最终可能得不偿失。此外,应用GTO时,为吸收关断过程中的过电压并减小关断损耗,还需要使用庞大结构的缓冲电路。到了20世纪90年代,大功率GTO器件的发展几乎陷于停滞,功率等级被新型可控关断的半导体器件赶超。

1979年,报道中首次出现了绝缘栅双极晶体管(insulated gate bipolar transistor,IGBT)工作模式,从实验上证实了在一个四层结构中可以通过控制栅极电压来改变沟道电流,并且在有限的电流范围内没有出现晶闸管的闩锁现象。IGBT集成了MOSFET结构和BJT结构,MOSFET结构用来向BJT结构提供基极驱动电流,同时 BJT 结构调制 MOSFET 结构漂移区的电导率,因此 IGBT 具有高耐压、低通态电压和快速开关等优势,且栅极输入阻抗高、驱动电路简单。自 1982 年文献中报道首个额定电压 600V、额定电流 10A 的器件以来,IGBT 快速发展,历经平面栅、沟槽栅等多代技术升级,额定电压已提升至 6500V、功率处理能力达到 20MW,在需要高效能量转换和控制的应用中发挥着重要的作用。目前,IGBT 已被广泛应用于各行各业,例如风力和光伏发电领域的整流器和逆变器、高压柔性输电领域的交直流变换器、工业领域的变频调速器、轨道交通领域的牵引变流器、新能源汽车领域的电机驱动和充电桩等。

20 世纪 90 年代中后期,得益于半导体技术与印制电路板技术的完美结合,集成门极换流晶闸管(IGCT)问世,通过引入低杂散门极驱动电路、缓冲层和透明阳极技术,IGCT 相较 GTO 大幅提升了电流关断能力,降低了关断损耗。IGCT 器件商业化推出后的 20 年中,主要在 5MW 以上的大容量变频领域应用,如冶金轧钢、油气输送、轨道牵引、风机变流器等。近年来,新能源并网比例和输变电容量高速增长,对电能变换装备的可控性和容量提出了更高要求,然而,由于晶闸管不能关断,而 MOSFET 和 IGBT 的功率处理能力提升困难,IGCT 通流容量与晶闸管相近且具备良好的关断能力,因此越来越受到学术界与产业界的广泛关注。

此外,在 IGCT 器件发展过程中,按照驱动关断原理的不同,还衍生出了多种新的器件类型,例如,1998 年和 2002 年,美国 Alex Huang 先后提出了发射极关断晶闸管(emitter turn-off thyristor,ETO)和二极管辅助关断晶闸管(diode assisted gate turn-off thyristor,DATO);2006 年和 2011 年,德国 Rik W. De Doncker 先后提出内部换流晶闸管(internally commutated thyristor,ICT)和集成发射极关断晶闸管(integrated emitter turn-off thyristor,IETO)。从本质上讲,尽管上述器件的驱动电路原理各异,它们都依赖于门极换流技术来实现 GCT 芯片的关断功能,鉴于目前还没有大规模应用的实例,本书将不作深入探讨。

图 1.1 给出了功率半导体器件的发展历程。

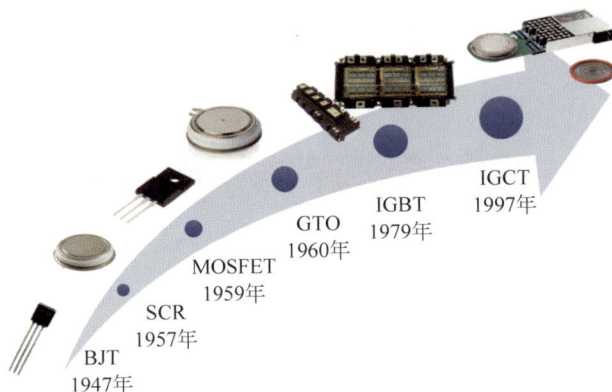

图 1.1　硅基功率半导体器件发展历程

1.2 IGCT 器件结构和工作原理

如图 1.2 所示,IGCT 器件由整晶圆 GCT 芯片、压接式封装和集成连接的门极驱动器三部分构成,一般将 GCT 芯片和封装合称为 GCT 元件。通过在元件两侧施加额定的压接力,可以实现 GCT 芯片与封装的低阻紧密连接。这种压接式封装结构简单,无焊接引线,可靠性高。

GCT 芯片示意图如图 1.3 所示。芯片阳极侧为整面电极;阴极侧包含数千个梳条形状的电极,呈环形排布方式(图 1.3 中仅以两环示意);门极分布于阴极梳条周围,并通过门极引出区对外连接至封装及驱动。每个阴极梳条和周围的门极及其下方区域组成一个 GCT 元胞,所有元胞为并联连接。芯片阴极侧除阴极以外的区域覆盖了一层 PI 钝化层,起到门阴极电气绝缘的作用。GCT 芯片的边缘被橡胶包裹,用于边缘的电气绝缘保护和封装定位。

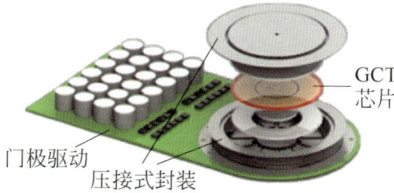

图 1.2 IGCT 器件结构

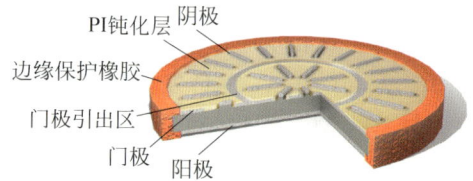

图 1.3 GCT 芯片示意图

GCT 元胞结构如图 1.4 所示。作为晶闸管类器件,GCT 元胞纵向结构为 PNPN 四层结构,包含 3 个 PN 结,由阳极到阴极分别为 J_1、J_2、J_3 结。

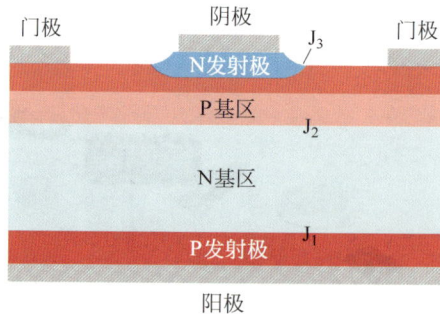

图 1.4 GCT 元胞结构

如图 1.5 所示,正向阻断状态时,J_1 结为正偏;J_2 结为反偏,元胞中会建立具有强电场的耗尽区,使其具有正向阻断能力;J_3 结受驱动控制呈现反偏状态,进一步增强了正向电压变化率的耐受能力(详见第 2 章);反向阻断状态时,J_2 结为正偏，J_1、J_3 结均为反偏，由于 J_3 结雪崩击穿电压较低(一般为 $20\sim30\mathrm{V}$)，因此元胞反向阻断能力主要由 J_1 结决定。

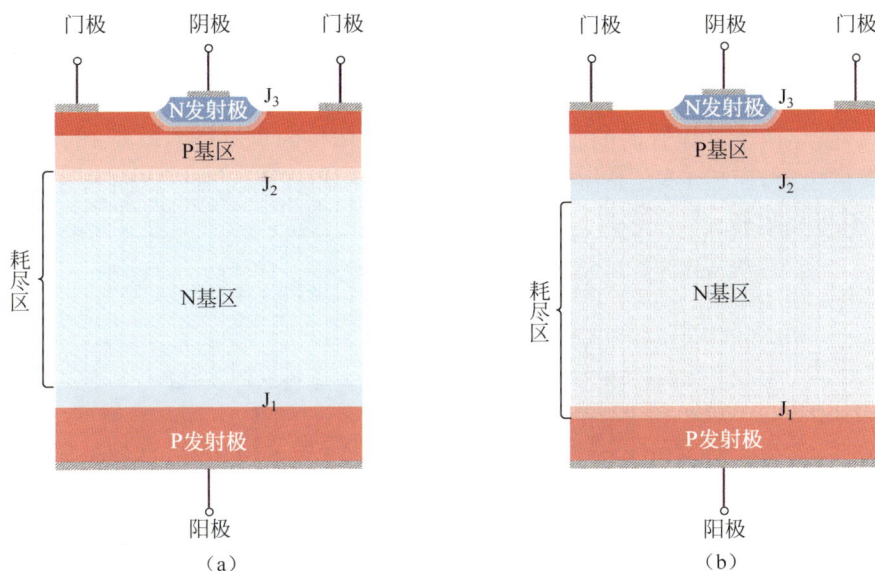

图 1.5　GCT 元胞阻断时耗尽区分布示意图

(a) 正向阻断；(b) 反向阻断

GCT 的开通原理如图 1.6 所示，元胞结构可等效为 PNP 和 NPN 两个晶体管，PNP 晶体管的 N 基极和 P 集电极分别作为 NPN 晶体管的 N 集电极和 P 基极。当门极电流 I_G 注入 NPN 晶体管的 P 基区时，集电极电流 I_{C2} 增加，而 I_{C2} 又作为 PNP 晶体管的 N 基区电流，使 I_{C1} 增加，这又进一步增加了 NPN 晶体管的基

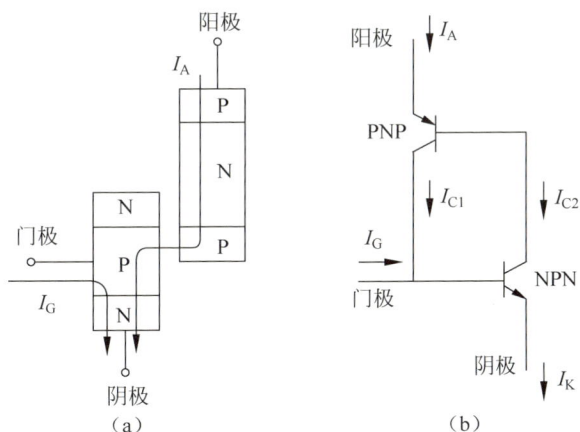

图 1.6　GCT 开通等效原理图

(a) 结构；(b) 电路

极电流,即两个晶体管之间形成了正反馈,使 GCT 快速开通。需要额外指出的是,GCT 芯片实际上由数千元胞并联组成,为保证开通均匀,需要门极驱动注入具有较高幅值和上升率的触发电流。与晶闸管相同,GCT 导通时也存在电导调制效应,这可以降低通态电压,尤其在高压芯片厚度较大时,其带来的效果更为明显。

GCT 的关断原理如图 1.7 所示。关断时,通过门极驱动将全部阴极电流从门极抽出,破坏两个晶体管间的正反馈,即 NPN 晶体管的集电极不再对 PNP 晶体管基极提供电流,而后 PNP 晶体管自然关断。此后,门极之间维持反向偏置状态,保证 GCT 可靠阻断。

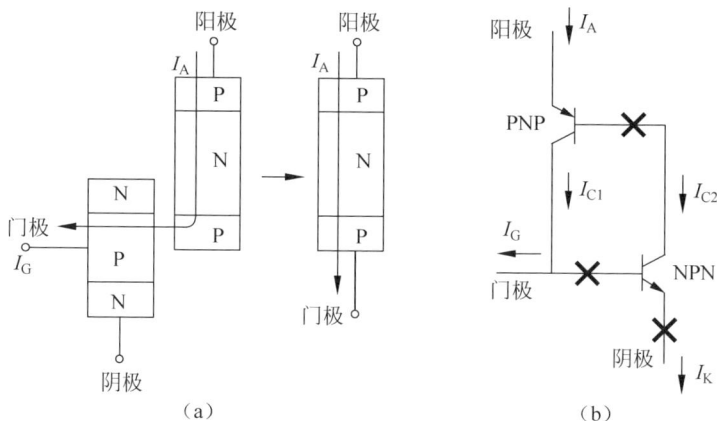

图 1.7 GCT 关断等效原理图

(a) 结构;(b) 电路

与 GTO 相比,GCT 的关断过程有以下差异。

(1) 满足"硬驱动"条件。GCT 在关断时,要求阴阳极之间电压建立在 J_3 结反向恢复后,即阴极电流已完全转移至门极,这通常被称为"硬驱动"条件;而 GTO 关断时不满足硬驱动条件,此时需要额外附加缓冲支路,才能使 GTO 实现可靠关断。为了实现硬驱动条件,IGCT 器件的门极驱动与封装采用了紧耦合电气连接方式,即集成门极换流结构,降低了门阴极换流路径的杂散阻抗,大幅提高了换流速度。

(2) 关断驱动功率小。尽管 GCT 需要驱动抽出全部阴极电流,但其驱动功率仅为 GTO 的一半左右。这是因为 GTO 未将全部阴极电流抽出,其 J_3 结需要等到关断接近结束时才反向恢复,在整个关断过程中,阴极发射极持续注入多余的电荷,这些注入的电荷量甚至多于原始存储电荷;而 GCT 在关断起始阶段门阴极换流完成后,通过施加 J_3 结反压抑制了阴极电荷的注入,故只需要扫除原始存储电荷即可。

1.3　IGCT 器件分类

IGCT 器件可根据其反向电学特性分为两大类：反向阻断 IGCT 和反向导通 IGCT。在反向阻断 IGCT 中，又根据正、反向阻断能力的不同，进一步细分为对称 反向阻断 IGCT 和不对称反向阻断 IGCT。

1.3.1　对称反向阻断 IGCT

对称反向阻断 IGCT(下文简称对称 IGCT)具有双向阻断、正向导通和关断能 力，且正向阻断能力与反向阻断能力相当，主要用于电流源变换器及固态断路器等 场景。为了保证双向对称阻断能力，对称 IGCT 芯片的 P 发射极厚度及掺杂浓度 与 P 基区相当，其元胞结构及正、反向阻断时的电场强度如图 1.8 所示，电场强度 分布呈三角形。

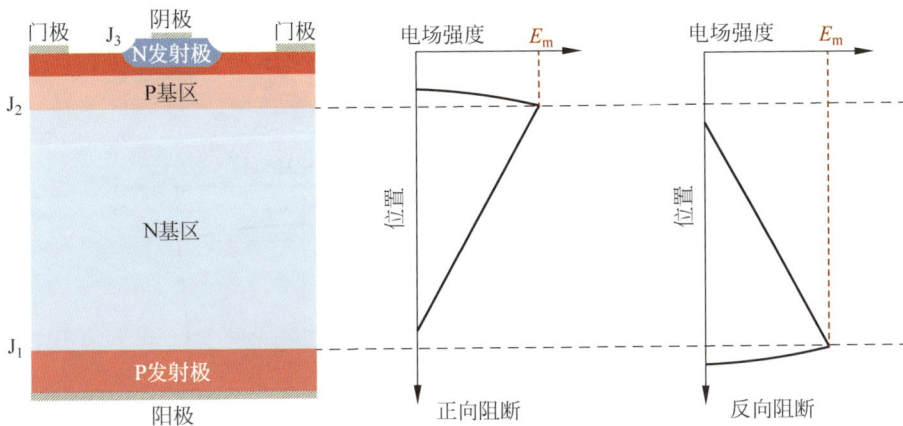

图 1.8　对称 IGCT 元胞结构及正、反向阻断时的电场强度分布示意图

对称 IGCT 器件有两种典型的运行工况，如图 1.9 所示，具体包括开通、导通、 关断、正向阻断、反向恢复和反向阻断等过程。其中，开通、导通、关断和阻断的基 本原理已在上一节中描述，对于反向恢复过程，其与关断过程都可使电流降低为 零，区别在于关断是驱动主动将阴极电流从门极抽出、使器件关断并正向阻断的过 程，而反向恢复是在外电路作用下，器件由导通状态转换为反向阻断状态的过程。 在反向恢复期间，IGCT 门极驱动可以对 J_3 结施加反偏电压，此时即使在阳阴极加 载正向电压，体内未被清除的载流子仍可在驱动作用下从门极抽出，器件可以进入 正向阻断状态。

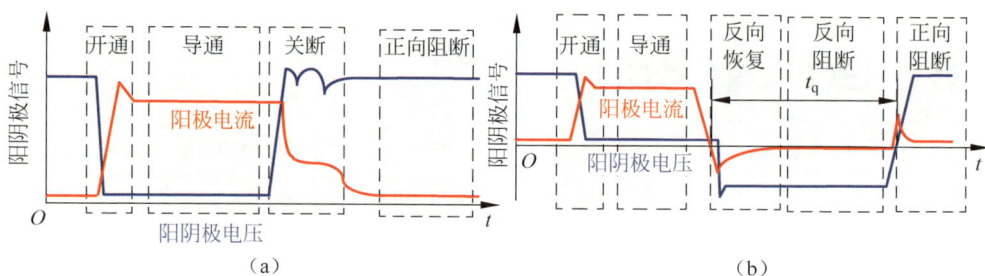

图 1.9　对称 IGCT 的两种典型运行工况示意图

(a) 工况一；(b) 工况二

1.3.2　不对称反向阻断 IGCT

不对称反向阻断 IGCT(下文简称不对称 IGCT)具有双向阻断、正向导通和关断能力，但反向阻断能力显著低于正向阻断能力，通常与二极管反向并联配合，用于电压源变换器等场景。结构上，不对称 IGCT 的特点在于，采用了 N 缓冲层和 P 透明发射极结构，其元胞结构和正向阻断时的电场强度如图 1.10 所示，电场强度分布近似呈梯形。

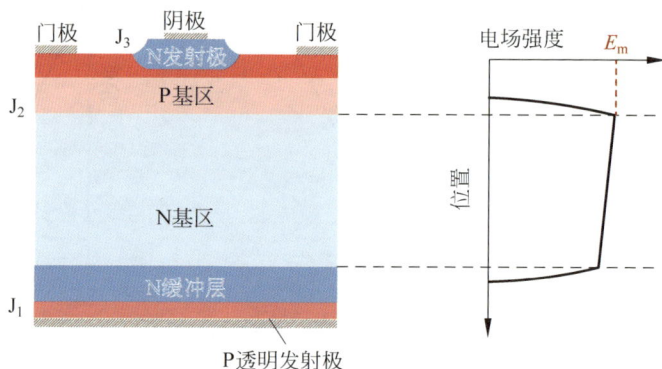

图 1.10　不对称 IGCT 元胞结构及正向阻断时电场强度分布示意图

N 缓冲层：不对称 IGCT 无须具备反向阻断能力，因此可以在阳极侧设置掺杂浓度较高的 N 缓冲层，使正向阻断时场强穿通 N 基区并截止于 N 缓冲层，从而在相同耐压水平下大幅减小片厚，降低导通损耗和关断损耗。

P 透明发射极：采用厚度仅微米级的 P 发射极，使得从 N 缓冲层进入 P 发射极的电子可以几乎无复合地到达阳极金属表面，就像发射极被短路一样，因此被称为透明发射极。透明发射极有助于优化开关特性：开通时，透明发射极在低电流密度下空穴注入效率高，可有效降低 IGCT 对门极触发电流的需求；关断时，透明发射极在高电流密度下空穴注入效率低,可使体内过剩载流子快速消散,降低关断损耗。

在不对称 IGCT 施加反向电压时,因为 N 缓冲层和 P 透明发射极结构掺杂浓度均较高,J_1 结处的峰值电场强度在极低电压下就超过临界电场强度,所以几乎不具备反向阻断能力。因此,不对称 IGCT 的工况主要是开通、导通、关断和正向阻断,与对称 IGCT 的主动关断工况相似,如图 1.9(a)所示,不再赘述。

1.3.3　反向导通 IGCT

反向导通 IGCT 的芯片是由 GCT 部分与二极管部分反向并联组成的集成结构,如图 1.11 所示。其 GCT 部分与不对称 GCT 结构基本相同,集成的反向并联二极管用于反向通流。相较于不对称 IGCT 外部反向并联二极管,反向导通 IGCT 在同一芯片上集成了 GCT 和反向并联二极管,功率密度更高,并可简化外电路和安装结构。

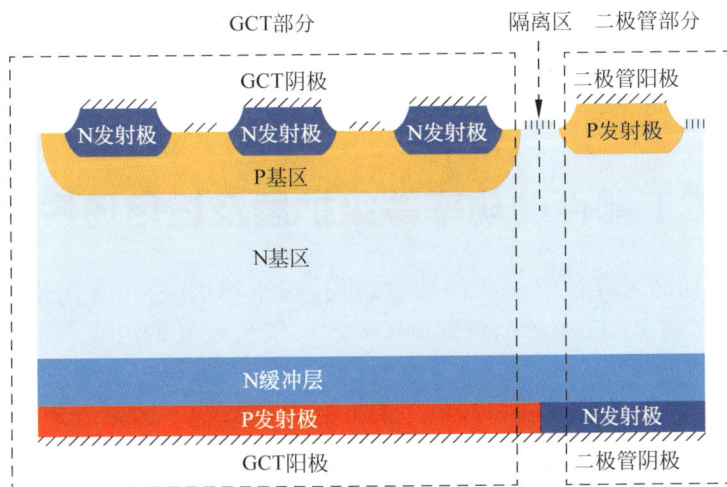

图 1.11　反向导通 IGCT 的结构示意图

根据二极管部分布局的不同,反向导通 IGCT 可以分为常规反向导通 IGCT 和双模反向导通 IGCT 两种,如图 1.12 所示。常规反向导通 IGCT 中二极管和 GCT 部分分别集中在内、外两个区域,并在两个区域中间设置隔离区(通常为 PNP 结构),阻止 GCT 的 P 基区与二极管 P 发射极之间的载流子传输;双模反向导通 IGCT 则是将 GCT 元胞和二极管元胞交错相间排布,并在不同类型的元胞之间设置隔离区。

相较于传统的反向导通 IGCT,双模反向导通 IGCT 的优势在于其更高的电流承载能力,这主要归因于三个关键因素:①在 GCT 或二极管部分导通时,由于等

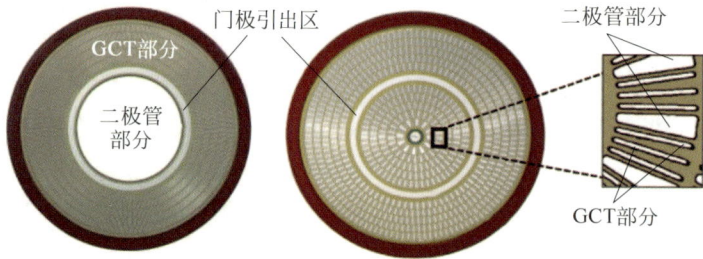

图 1.12　常规(左)和双模(右)反向导通 IGCT 芯片对比

离子体的扩散效应,整个芯片得以充分利用,从而实现更低的通态电压;②在 GCT 或二极管部分交替工作时,交错排列的两类元胞能够实现更加均匀的功率耗散,进而带来更佳的热性能;③二极管部分的 N 发射极可以充当 GCT 部分 P 发射极的短路点,这使得双模反向导通 IGCT 漏电流降低,能够在更高的结温下稳定运行。然而,双模反向导通 IGCT 的实现较为复杂,隔离区制作工艺和二极管恢复特性调控难度较大。

考虑到反向导通 IGCT 的工作原理和应用场景与不对称 IGCT 相似,因此不在后续章节专门讨论。

1.4　IGCT 器件的功率等级扩展及适用场景

1997 年,面向大容量中压传动装置应用,瑞士 ABB 公司首次推出商业化的 4.5kV 和 6kV 的 IGCT 器件。首款 IGCT 就已实现较好的电压阻断能力和功率处理能力,其中耐压 4.5kV 的 IGCT 在 2.7kV 直流母线电压下可关断 2.25kA,耐压 6kV 的器件在 3.3kV 直流母线电压下可关断 1.82kA。若以最大可控关断电流与对应直流母线电压之积表征器件瞬时功率处理能力,则首款 IGCT 的瞬时功率处理能力达 6MW。

按照耐压等级,IGCT 主要划分为 4.5～5.5kV、6～6.5kV、8～10kV 三档。根据已有文献报道,图 1.13 展示了过去 20 多年 IGCT 器件瞬时功率处理能力的发展过程。

在国外,瑞士 ABB 公司和日本 Mitsubishi 公司对 IGCT 技术的发展做出了突出的贡献。2003 年,通过纵向结构优化和横向寿命控制,耐压 4.5kV 的 IGCT 可在 2.8kV 直流母线电压下关断电流 5kA,瞬时功率处理能力提升至 14MW。同年,面向 6～7kV 中压驱动应用,首次研制 10kV 的 IGCT 样品,表明了其在高电压等级的可行性。2007 年,随着波浪 P 基区结构提出,IGCT 关断电流能力有效提升 30% 以上,将单个器件瞬时功率处理能力拓展至 20MW 以上。2014 年,IGCT 器

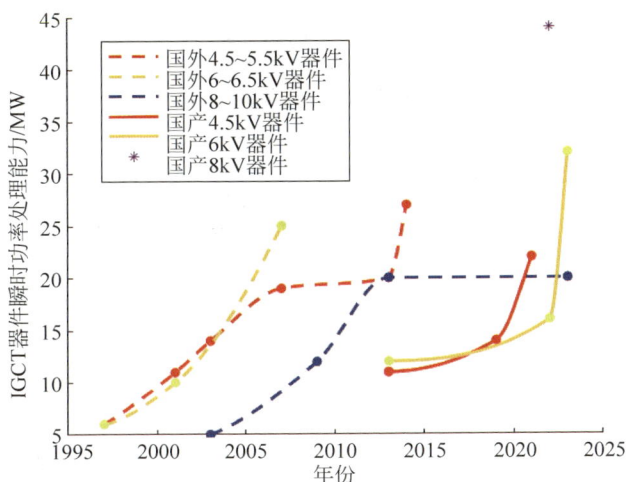

图 1.13　IGCT 器件瞬时功率处理能力发展历程

件尺寸从 4 英寸（1in≈2.54cm）延伸至 6 英寸，并采用更低换流阻抗的边缘门极技术，耐压 4.5kV 的 IGCT 器件关断电流达到了 9.5kA，器件瞬时功率处理能力提升至 27MW。

在国内，2003—2013 年，在轨道交通变流装置需求牵引下，IGCT 制造与测试链条历经十余年得以打通，研制出 4.5kV 和 6kV 的不对称 IGCT，关断电流分别达到 4kA 和 3kA。2013 年起，面向新能源和直流电网的更高电压、更大功率需求，高校联合科研院所及企业从机理模型、芯片设计、门极驱动等方面展开研究，提高了关断电流和阻断电压，开发出 IGCT 系列化产品。截至 2023 年年底，国产化 4.5kV 和 6.5kV 的 6 英寸不对称 IGCT 关断电流可达 8kA 以上，8kV 的 6 英寸对称 IGCT 关断电流达到 6.6kA，将器件瞬时功率处理能力提升至 30MW 以上。此外，清华大学还开发出面向单次大电流关断场景的定制化器件，最大关断电流达到 17kA 以上。

图 1.14 给出了 IGCT 及其他功率器件的适用场景。IGCT 器件商业化后便快速取代 GTO，在大容量工业变频、轨道交通等领域成熟应用，截至 2023 年年底，全球 IGCT 器件应用规模近 30 万只。需要注意的是，IGCT 开关频率通常不超过 1kHz，因此在电动汽车等高频应用领域难以发挥优势。近年来，我国大规模新能源发电、大容量直流输配电装备快速发展，这类装备对可控关断的功率半导体器件功率处理能力要求越来越高，而开关频率要求仅为数百赫兹，这为 IGCT 迎来了重大发展契机。

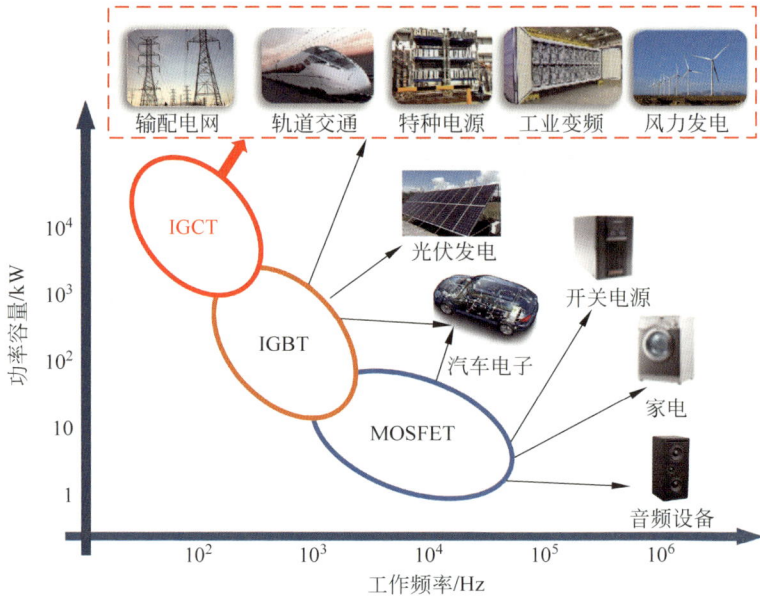

图 1.14 IGCT 及其他功率器件的适用场景

参考文献

[1] LUTZ J,SCHLANGENOTTO H,SCHEUERMANN U,et al. Semiconductor power devices[J]. Physics,characteristics,reliability,2011,2.

[2] BALIGA B J. Fundamentals of power semiconductor devices[M]. New York：Springer Science & Business Media,2010.

[3] LINDER S. Power semiconductors[M]. Switzerland：EPFL press,2006.

[4] BALIGA B J. The IGBT device：physics,design and applications of the insulated gate bipolar transistor[M]. USA：William Andrew,2015.

[5] MUELLER S C W,HILIBRAND J. The "thyristor"—a new high-speed switching transistor[J]. IRE Transactions on Electron Devices,1958,5(1)：2-5.

[6] BALIGA B J,ADLER M S,LOVE R P,et al. The insulated gate transistor：a new three terminal MOS-controlled bipolar power device[J]. IEEE Transactions on Electron Devices, 1984,31(6)：821-828.

[7] HEFNER A R,BLACKBURN D L,GALLOWAY K F. The effect of neutrons on the characteristics of the insulated gate bipolar transistor (IGBT)[J]. IEEE Transactions on Nuclear Science,1986,NS-33(6)：1428-1434.

[8] WOLLEY E D. Gate turn-off in p-n-p-n devices[J]. IEEE Transactions of Electron Devices,1966,ED-13(7)：592-596.

［9］　KLAKA S，FRECKER M，GRUNING H. The integrated gate-commutated thyristor：a new high-efficiency，high-power switch for series or snubberless operation［C］//Proceedings of The International Power Conversion Conference. Nagaoka Japan：IEEE，1997：597.

［10］　LI Y，HUANG A Q，LEE F C. Introducing the emitter turn-off thyristor （ETO）［C］//Conference Record of 1998 IEEE Industry Applications Conference. Thirty-Third IAS Annual Meeting. Morelia，Mexico：IEEE，1998，2：860-864.

［11］　SATOH K. A new high power device GCT （gate commutated turn-off） thyristor［C］//7th European Conference on Power Electronics and Applications. Trondheim，Norway：EPE Association，1997：2070-2075.

［12］　CARROLL E，KLAKA S，LINDER S. Integrated gate-commutated thyristors：a new approach to high power electronics［C］//1997 IEEE International Electric Machines and Drives Conference. Milwaukee，WI，USA：IEEE，1997：97.

［13］　LADOUX P，SERBIA N，CARROLL E I. On the potential of IGCTs in HVDC［J］. IEEE Journal of Emerging and Selected Topics in Power Electronics，2015，3（3）：780-793.

［14］　BIAO Z，RONG Z，ZHENGYU C，et al. A more prospective look at IGCT：uncovering a promising choice for dc grids［J］. IEEE Industrial Electronics Magazine，2018，12（3）：6-18.

［15］　袁立强，赵争鸣，宋高升，等. 电力半导体器件原理与应用［M］. 北京：机械工业出版社. 2011.

［16］　WIKSTROM T，STIASNY T，RAHIMO M，et al. The corrugated P-base IGCT-a new benchmark for large area SQA scaling ［C］//Proceedings of the 19th International Symposium on Power Semiconductor Devices and IC's. Jeju，Korea：IEEE，2007：29-32.

［17］　VEMULAPATI U，BELLINI M，ARNOLD M，et al. The concept of Bi-mode Gate Commutated Thyristor-A new type of reverse conducting IGCT［C］//2012 24th International Symposium on Power Semiconductor Devices and ICs. Bruges，Belgium：IEEE，2012：29-32.

［18］　ARNOLD M，BJÖRN B. ABB IGCTs：Benchmark performance with developments on many fronts［J］. Electronics in Motion and Conversion，2013，8（13）：24-26.

［19］　WIKSTRÖM T，ARNOLD M，STIASNY T，et al. The 150mm RC-IGCT：A device for the highest power requirements［C］//2014 IEEE 26th International Symposium on Power Semiconductor Devices & IC's （ISPSD）. Waikoloa，HI，USA：IEEE，2014：91-94.

［20］　VEMULAPATI U，RAHIMO M，ARNOLD M，et al. Recent advancements in IGCT technologies for high power electronics applications［C］//2015 17th European Conference on Power Electronics and Applications （EPE'15 ECCE-Europe）. Geneva，Switzerland：IEEE，2015：1-10.

［21］　WIKSTROEM T，ALEXANDROVA M，KAPPATOS V，et al. 94 mm reverse-conducting IGCT for high power and low losses applications［C］//PCIM Asia 2017：International Exhibition and Conference for Power Electronics，Intelligent Motion，Renewable Energy and Energy Management. Shanghai，China：VDE，2017：1-6.

［22］　STIASNY T，ARNOLD M，VEMULAPATI U. R，et al. Experimental results of a Large

Area（91mm）4.5kV "Bi-mode Gate Commutated Thyristor"（BGCT）[C]//PCIM Europe 2016：International Exhibition and Conference for Power Electronics，Intelligent Motion，Renewable Energy and Energy Management. Nuremberg，Germany VDE，2016：1-7.

[23] LOPHITIS N，ANTONIOU M，VEMULAPATI U，et al. Optimal gate commutated thyristor design for bi-mode gate commutated thyristors underpinning high，temperature independent，current controllability[J]. IEEE Electron Device Letters，2018，39（9）：1342-1345.

[24] WIKSTROEM T，VEMULAPATI U，ODEGARD B. A 4.5kV RC-IGCT with diode segmentation for MMC inverters[C]//PCIM Europe 2022：International Exhibition and Conference for Power Electronics，Intelligent Motion，Renewable Energy and Energy Management. Nuremberg，Germany VDE，2022：1-7.

[25] VEMULAPATI U R，STIASNY T，WIKSTROEM T，et al. 10kV RC-IGCT and Fast Recovery Diode：with an Improved Technology Trade-off Performance[C]//PCIM Europe digital days 2021：International Exhibition and Conference for Power Electronics，Intelligent Motion，Renewable Energy and Energy Management. Online：VDE，2021：1-6.

[26] VEMULAPATI U R，WIKSTRÖM T，LÜSCHER M. An RC-IGCT for application at up to 5.3kV[C]//2019 10th International Conference on Power Electronics and ECCE Asia （ICPE 2019-ECCE Asia）. Busan，Korea：IEEE，2019：787-792.

[27] WIKSTROM T，SETZ T，TUGAN K，et al. Introducing the 5.5kV，5kA HPT IGCT[C]//Proceedings of the 2012 PCIM Europe. Nuremberg，Germany：VDE，2012：881-886.

[28] SHANG J，CHEN Z，ZHAO B，et al. A 6-in Integrated Emitter Turn-OFF Thyristor with 17.5kA Turn-OFF Current[J]. IEEE Transactions on Power Electronics，2023，38（7）：8419-8429.

第 2 章

IGCT阻断特性

IGCT 器件最显著的优势之一是阻断电压能力强。随着电力电子装备功率等级的不断提高,其对 IGCT 器件的阻断能力要求越来越高,如在高压直流输电领域,器件的阻断能力一般在 4.5kV 及以上,甚至高达 8.5kV。

从原理上看,IGCT 器件能够承受高电压且不引发明显的漏电流,这与其芯片内部的电场分布有关。高电场既可能产生在器件内部(也称有源区),也可能产生在器件边缘终端。因此,改善 IGCT 器件阻断特性,一方面要优化有源区设计,确保阻断电压满足应用要求,且尽可能降低通态电压;另一方面要优化边缘设计,在有限面积内平抑边缘电场分布。

本章针对前面章节所讨论的对称 IGCT 与不对称 IGCT 两类结构,分别讨论其有源区阻断特性及结构设计,随后分析平面和斜面两类边缘终端结构的特点。

2.1 对称 IGCT 有源区阻断特性

对称 IGCT 有源区的元胞结构及其正向、反向阻断状态时的内部物理量如图 2.1 所示。在阻断状态下,通常利用驱动使 J_3 结处于短路或反偏状态。此时,正向阻断时的电压由反偏的 J_2 结承担;反向阻断时的电压由反偏的 J_1 结承担。由于 P 基区和 P 发射极掺杂浓度远高于 N 基区,可以忽略耗尽层在 P 基区和 P 发射极内扩展的厚度,芯片的反向阻断和正向阻断特性近似相等。

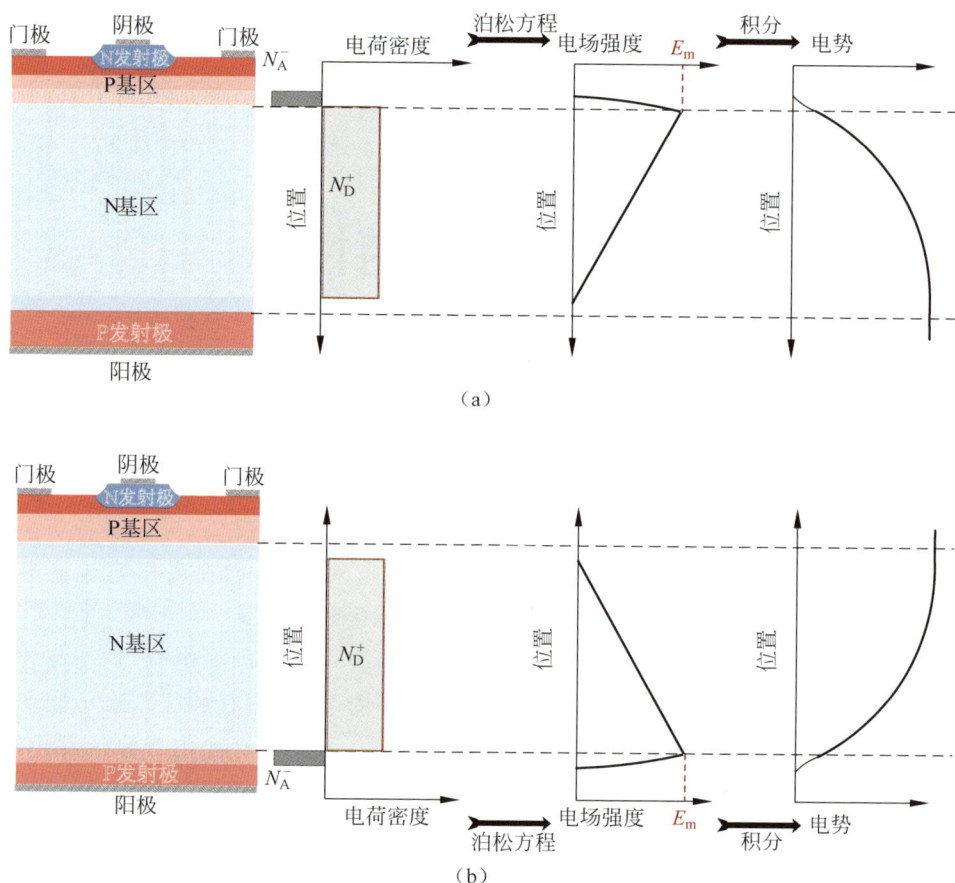

图 2.1 对称 IGCT 有源区元胞结构及阻断时的内部物理量示意图

（a）正向阻断；（b）反向阻断

2.1.1 阻断电压与阻断状态下的漏电流

1. 阻断电压

如图 2.1 所示，电场强度分布呈三角形，根据泊松方程

$$\frac{\mathrm{d}E}{\mathrm{d}x} = -\frac{qN_\mathrm{base}}{\varepsilon_\mathrm{Si}} \tag{2-1}$$

式中，q 为元电荷电荷量；ε_Si 为硅的介电常数；N_base 为 N 基区掺杂浓度。在特定阻断电压下，可以根据该公式计算得到峰值电场强度 E_m。若 N 基区非常厚，正向阻断能力将取决于雪崩击穿电压 V_br，即峰值电场强度 E_m 达到临界雪崩电场强度 E_crit。若 N 基区厚度过小，正向阻断能力将取决于电场穿通边界电压 V_pt，即耗尽

区已经扩展到 N 基区和 P 发射极边界。在上述两个边界条件中，V_{br} 由 N 基区的掺杂浓度 N_{base} 决定，V_{pt} 由 N_{base} 和 N 基区厚度 W_{base} 共同决定：

$$V_{\text{br}} = \frac{1}{2} \frac{\varepsilon_{\text{Si}} 4010^2}{q N_{\text{base}}^{3/4}} \tag{2-2}$$

$$V_{\text{pt}} = \frac{1}{2} \frac{q N_{\text{base}}}{\varepsilon_{\text{Si}}} W_{\text{base}}^2 \tag{2-3}$$

此外，IGCT 芯片的阻断性能还会受到热失效边界的制约。具体而言，由于半导体无法完全实现绝缘，芯片在承受阻断电压时仍有漏电流的存在，这将导致芯片发热，此时若散热功率小于发热功率，芯片结温将持续上升，最终导致芯片热失效。

设定 IGCT 芯片初始结温为额定结温 T_{vjm}，在阻断状态下向芯片两端施加电压 V_{D}，此时受漏电流发热影响，芯片的实际结温 T_{vj} 将高于 T_{vjm}。根据经验，芯片温度每增加 ΔT_{d}，其漏电流增加一倍，则漏电流产生的发热功率 P_{heat} 为

$$P_{\text{heat}} = V_{\text{D}} I(V_{\text{D}}, T_{\text{vj}}) = V_{\text{D}} I_{\text{D}} \times 2^{\frac{T_{\text{vj}} - T_{\text{vjm}}}{\Delta T_{\text{d}}}} \tag{2-4}$$

式中，$I(V_{\text{D}}, T_{\text{vj}})$ 为芯片在 V_{D} 和结温 T_{vj} 下的漏电流；I_{D} 为芯片在额定结温 T_{vjm} 下的漏电流。

此时散热功率 P_{cool} 可以通过稳态结壳热阻 $R_{\text{th(j-c)}}$ 计算得到：

$$P_{\text{cool}} = \frac{T_{\text{vj}} - T_{\text{vjm}}}{R_{\text{th(j-c)}}} \tag{2-5}$$

根据系统热稳定的临界条件 $P_{\text{cool}} = P_{\text{heat}}$ 和 $\partial P_{\text{heat}} / \partial T_{\text{vj}} = \partial P_{\text{cool}} / \partial T_{\text{vj}}$，芯片的热失效边界电压 V_{heat} 为

$$V_{\text{heat}} = \frac{\Delta T_{\text{d}}}{e \cdot \ln 2 \cdot I_{\text{D}} \cdot R_{\text{th(j-c)}}} \tag{2-6}$$

综上，芯片的阻断能力取决于雪崩击穿电压 V_{br}、电场穿通边界电压 V_{pt} 和热失效边界电压 V_{heat}，最高阻断电压 V 为三者的最小值：

$$V = \min\{V_{\text{br}}, V_{\text{pt}}, V_{\text{heat}}\} \tag{2-7}$$

2. 漏电流

根据上述分析，IGCT 的阻断电压由雪崩击穿电压 V_{br}、电场穿通边界电压 V_{pt} 和热失效边界电压 V_{heat} 三者决定，其中前两者与 N 基区的厚度和掺杂浓度有较为直接的关联，在器件结构设计中，可进行优化设计以达到要求的阻断电压。然而，热失效边界电压 V_{heat} 与芯片的漏电流 I_{D} 高度耦合。根据式（2-6），漏电流越大，芯片越容易发生热失效，因此需要对阻断状态下的漏电流展开分析。

阻断状态下，IGCT 芯片的门极和阴极处于短路或反偏状态，此时芯片可近似等效为基极开路的 PNP 晶体管。以正向阻断为例，对称结构 IGCT 有源区的漏电

流分布示意图如图 2.2 所示。

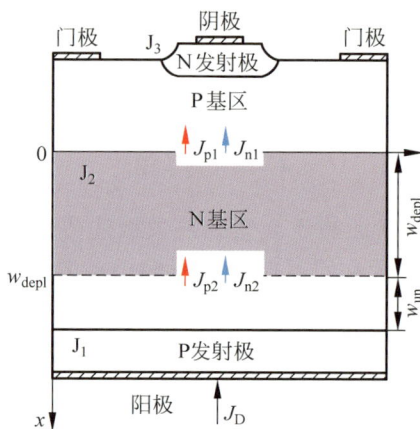

图 2.2　正向阻断时对称 IGCT 有源区漏电流分布示意图

总阳极电流密度 J_D 不仅与 PNP 晶体管的共基极电流增益有关,还需考虑高电场强度耗尽区内的载流子产生和复合效应。若耗尽区两侧边界处的空穴电流密度 J_{p1} 和 J_{p2} 可以和 J_D 建立联系,利用空穴和电子在耗尽区内的连续性方程即可求解 J_D。

因此,首先明确耗尽区两侧的边界条件。在 $x = w_{depl}$(耗尽区扩展厚度)处,考虑小注入下的阳极发射效率 γ_{pL} 和基区电流传输系数 α_T,空穴电流密度 J_{p2} 可以由下式表达:

$$J_{p2} = \gamma_{pL} \alpha_T J_D = \frac{\gamma_{pL}}{\cosh(w_{un}/L_p)} J_D \tag{2-8}$$

式中,L_p 为基区空穴扩散长度;w_{un} 为基区未耗尽区厚度。

由于高掺杂浓度 P 基区内电子电流密度可以忽略,正向阻断时 PNP 晶体管集电极效率近似为 1,故 $x = 0$ 处,$J_{p1} = J_D$。

其次,给出电子和空穴在耗尽区内的连续性方程:

$$\begin{cases} \dfrac{\partial n}{\partial t} = \dfrac{1}{q} \nabla \cdot \boldsymbol{J}_n - R_n + G_n \\ \dfrac{\partial p}{\partial t} = -\dfrac{1}{q} \nabla \cdot \boldsymbol{J}_p - R_p + G_p \end{cases} \tag{2-9}$$

式中,$\boldsymbol{J}_n$ 和 $\boldsymbol{J}_p$ 分别为电子电流密度和空穴电流密度;R_n 和 R_p 分别为电子和空穴的复合率;G_n 和 G_p 分别为电子和空穴的产生率。

由于耗尽区内的高电场强度会引发雪崩效应,故载流子的产生率 G_n 包括空间电荷产生率 $G_{th} = n_i / \tau_{sc}$,以及雪崩产生率 $G_{av} = (\alpha_n |\boldsymbol{J}_n| + \alpha_p |\boldsymbol{J}_p|)/q$。其中,

n_i 为本征载流子浓度，τ_{sc} 为耗尽区载流子产生寿命，α_n 和 α_p 分别为电子和空穴的碰撞电离系数。

阻断状态为准稳态，故 $\partial n/\partial t = \partial p/\partial t = 0$。为了进一步简化公式以获得解析解，进行以下三点假设：

（1）仅考虑一维结构，$\nabla \cdot \boldsymbol{J}_n = \mathrm{d}J_n/\mathrm{d}x$，$\nabla \cdot \boldsymbol{J}_p = \mathrm{d}J_p/\mathrm{d}x$；

（2）高电场强度耗尽区内的载流子复合率远小于产生率，因此可忽略，即 $R_n = R_p \approx 0$；

（3）假设电子和空穴碰撞电离系数相同，即 $\alpha_n = \alpha_p = \alpha$；

可以得到

$$\frac{\mathrm{d}J_p}{\mathrm{d}x} = \alpha(J_n + J_p) + \frac{qn_i}{\tau_{sc}} = -\frac{\mathrm{d}J_n}{\mathrm{d}x} \tag{2-10}$$

对式（2-10）进行积分，结合上述耗尽区两侧空穴电流密度的边界条件，最终获得阻断状态下总阳极电流密度 J_D 为

$$J_D = \frac{\dfrac{qw_{depl}n_i}{\tau_{sc}}}{1 - \dfrac{\gamma_{pL}}{\cosh(w_{un}/L_p)} - \displaystyle\int_0^{w_{depl}} \alpha\,\mathrm{d}x} \tag{2-11}$$

式中，

$$w_{depl} = \sqrt{\frac{2\varepsilon_{Si}V}{qN_{base}}} \tag{2-12}$$

$$w_{un} = W_{base} - w_{depl} \tag{2-13}$$

3. 漏电流影响因素

根据式（2-11），元电荷电荷量 q 和本征载流子浓度 n_i 为常数，无法调节，因而与芯片漏电流相关的 6 项参数为 w_{depl}、τ_{sc}、γ_{pL}、w_{un}、L_p 和 α。若希望抑制芯片漏电流，则可采取以下措施。

1）减小耗尽区扩展厚度 w_{depl}

可减小空间电荷产生率及雪崩产生率的积分范围，进而抑制漏电流。在固定电压 V_D 下，w_{depl} 与 N 基区的掺杂浓度 N_{base} 有关，N_{base} 越大，w_{depl} 越小。

2）增加耗尽区载流子产生寿命 τ_{sc}

可减小载流子产生率，进而抑制漏电流。τ_{sc} 的控制可以体现在两个方面：一是通过控制单晶质量和工艺过程产生的缺陷来提高芯片的初始寿命；二是在通过辐照等手段调控少数载流子（少子）寿命分布时，避免在耗尽区内引入额外的缺陷。

3）减小 P 基区/P 发射极小注入发射效率 γ_{pL}

可减小空穴发射的数量，降低电流增益，进而抑制漏电流。由于 N 基区为衬底低浓度掺杂，因此 γ_{pL} 主要取决于 P 基区/P 发射极的结构。

4）增加未耗尽区厚度 w_{un}

可削弱发射极发射空穴穿越未耗尽区的能力，降低基区传输系数 α_T，进而抑制漏电流。w_{un} 等于 N 基区总厚度 W_{base} 和 w_{depl} 之差，在固定电压下，N_{base} 增大或 W_{base} 增大都可使 w_{un} 增加。

5）减小空穴在 N 基区的扩散长度 L_p

实质上影响的也是 P 发射极发射空穴穿越未耗尽区的能力，L_p 与 w_{un} 共同决定了基区电流传输系数。L_p 与 N 基区内的空穴复合寿命有关，阻断状态下处于小注入状态，因此 N 基区内小注入发射效率下的空穴复合寿命越小，L_p 越小。

6）减小耗尽区碰撞电离系数 α

可削弱耗尽区内载流子的雪崩产生率进而直接降低漏电流。碰撞电离系数 $\alpha = a \cdot e^{-b/E}$，其中系数 a 和 b 是与材料和温度相关的常数，因此 α 主要取决于电场强度 E。E 是与空间位置相关的参数，与 N_{base} 密切相关，N_{base} 越大，E 越大。

综上，上述六项抑制芯片漏电流的措施如表 2.1 所总结。其中，①②⑥与 N 基区耗尽区的参数设计相关，④⑤与 N 基区未耗尽区域的参数设计相关，③与 P 发射极/P 基区的参数设计相关。载流子寿命对漏电流的影响具体在 3.3.2 节中展开。

表 2.1　抑制有源区漏电流措施

序号	参数	调控措施	相关区域	掺杂结构	载流子寿命
①	w_{depl}	减小	N 基区	√	
②	τ_{sc}	增大	N 基区		√
③	γ_{pL}	减小	P 发射极/P 基区	√	√
④	w_{un}	增大	N 基区	√	
⑤	L_p	减小	N 基区		√
⑥	α	减小	N 基区	√	

2.1.2　给定阻断要求下的 N 基区与 P 发射极结构设计

本节将介绍如何在给定阻断要求下求取 GCT 芯片的相应结构参数。由图 2.1 所示内部电场强度分布示意图可知，主要承受高电场强度的区域为 N 基区，因此先对 N 基区参数展开设计。其次，由于热失效边界电压 V_{heat} 与芯片漏电流密切相关，且对称 IGCT 阻断状态的发射效率 γ_{pL} 较大，因此阻断电压还需考虑两侧 P 基区和 P 发射极的影响；不过，考虑到 P 基区与关断能力亦高度相关，因此本部分仅对 P 发射极展开设计。

1. N 基区参数设计

N 基区的设计主要是指对其总厚度 W_{base} 和掺杂浓度 N_{base} 展开设计，大致有以下两种设计准则。

1）最小厚度设计准则

根据雪崩击穿电压和电场穿通电压，W_{base} 和 N_{base} 的参数应满足以下条件：

$$E_{\text{m}}=\frac{qN_{\text{base}}}{\varepsilon_{\text{Si}}}W_{\text{base}}<E_{\text{crit}}=4010N_{\text{base}}^{\frac{1}{8}} \tag{2-14}$$

$$\frac{1}{2}\frac{qN_{\text{base}}}{\varepsilon_{\text{Si}}}W_{\text{base}}^{2}>V_{\text{set}} \tag{2-15}$$

由式(2-14)和式(2-15)决定的 N 基区参数设计边界如图 2.3 所示。黑色虚线（$E_{\text{m}}=E_{\text{crit}}$）是峰值电场强度的临界条件，表示在某一厚度下，若耗尽层在 N 基区完全扩展，峰值电场强度 E_{m} 达到 E_{crit}，该边界条件与 V_{set} 无关。实线是不同 V_{set} 下电场穿通的临界条件，表示在某一厚度下，当芯片阻断电压为 V_{set} 时，基区掺杂浓度若小于实线对应参数，空间电荷区会穿通基区进而使芯片发生击穿，因此 N 基区参数应在实线代表的电场穿通边界条件上方区域内选择。

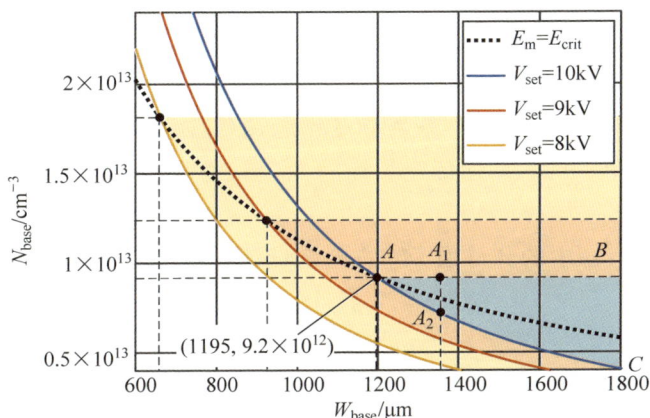

图 2.3　N基区参数设计边界条件示意图

不同 V_{set} 对应的穿通边界条件与黑色虚线（$E_{\text{m}}=E_{\text{crit}}$）存在交点，该交点代表的是实现该 V_{set} 所对应的最大 N_{base} 以及临界最小 W_{base}；无论 N 基区总厚度 W_{base} 如何选择，N_{base} 均不能超过交点处的浓度。

以双向额定阻断 8kV 设计目标为例进行具体说明。有源区阻断设计值一般在额定电压基础上预留 $10\%\sim20\%$ 余量，此处 V_{set} 定为 10kV。雪崩击穿和电场穿通电压的交点为 A，N 基区总厚度和掺杂浓度可以在蓝色阴影区域 ABC 内选择；而交点 A 处的 N 基区参数即实现 8kV 阻断所需的最小片厚及相应掺杂浓度。

2）低阻增厚设计准则

考虑热失效边界时，应考虑 N 基区参数设计对芯片漏电流的影响。为了抑制芯片的高温漏电流,可以增加 W_{base} 来增加未耗尽区域厚度 w_{un}。如图 2.3 中所示,当 N 基区厚度增加后,N_{base} 可在 A_1 与 A_2 之间选择;N 基区参数选择 A_1 和 A_2 时,芯片阻断电压达到 V_{set} 时的电场强度分布示意图如图 2.4 所示。

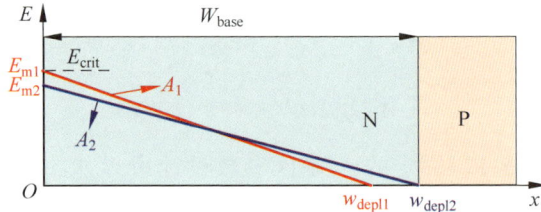

图 2.4　N 基区参数选择 A_1 和 A_2 时的电场强度分布示意图

A_1 对应的是当电压达到 V_{set} 时,峰值电场强度 E_{m1} 与临界击穿电场强度 E_{crit} 相等;A_2 对应的是当耗尽层扩展到 N 基区边界时,电压达到 V_{set}。由于 A_2 的 N 基区掺杂浓度更小,相同电压下 $E_{m2} < E_{m1}$,A_2 的平均雪崩碰撞电离系数更弱,有利于抑制漏电流;而 $w_{depl2} > w_{depl1}$,A_2 的未耗尽基区厚度 w_{un} 减小使得基区电流传输系数增大,且耗尽区变厚后对碰撞电离系数的积分范围增加,使漏电流增加。这说明,从雪崩碰撞电离系数和基区电流传输系数的角度分析,N_{base} 对漏电流的影响不是单一的。如何确定最佳的 N 基区总厚度和掺杂浓度,需进一步定量分析。

首先对式(2-11)中的分母项 M_k 进行定量计算:

$$M_k = 1 - \frac{\gamma_{pL}}{\cosh(w_{un}/L_p)} - \int_0^{w_{depl}} \alpha \, dx \tag{2-16}$$

假设阳极发射效率 γ_{pL} 为 1,将 V_{set} 代入式(2-12)计算可得到 w_{depl};碰撞电离系数 $\alpha = a e^{-b/E}$,由于前文对碰撞电离系数进行了简化,认为电子碰撞电离系数和空穴碰撞电离系数相同,这里系数选用较为严苛的电子碰撞电离系数,即选择其对应的系数 $a = 1.6 \times 10^6 \text{ cm}^{-2}$,$b = 2 \times 10^6 \text{ cm}^{-2}$。

仍以双向额定阻断 8kV 设计目标为例,N_{base} 和 W_{base} 的选取范围参考图 2.3。在不同空穴扩散长度 L_p 下,N_{base} 与 M_k 的关系如图 2.5 所示。当 L_p 大于 $50\mu m$ 时,M_k 随着 N_{base} 增加而单调递增;当 L_p 小于 $50\mu m$ 且不断减小时,M_k 随着 N_{base} 的变化趋势从先增加后下降逐渐变为单调递减。通常情况下,N 基区空穴扩散长度远大于 $50\mu m$,所以 N_{base} 越大,M_k 单调增加,而式(2-11)中的分子项又随 N_{base} 增加而单调减小,因此漏电流整体也单调减小。

综上所述,对称 IGCT 在选择 N 基区参数时,应在增加片厚裕量的同时选择临界雪崩击穿电场强度允许范围内的最低电阻率(即最大掺杂浓度),这也被称为低

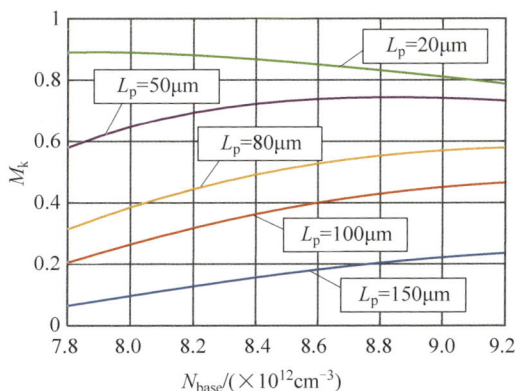

图 2.5　不同空穴扩散长度下 N_{base} 与 M_k 的关系

阻增厚型 N 基区结构。该结构可以最大程度提高漏电流抑制效率,其根本原因可以归纳为以下两点:①最大限度地增加未耗尽区厚度,从而增加基区电流传输系数 α_T;②减小耗尽层厚度,进而减小空间电荷区产生的电流。

模拟实例

为了更加直观地理解并验证低阻增厚型 N 基区结构,图 2.6 给出了通过仿真计算不同 N 基区厚度下漏电流 I_D 与 N_{base} 的关系。仿真中,芯片结构的设置仍以双向阻断 8kV 为例。可以看出,漏电流随掺杂浓度增加而单调递减的规律与数值分析结果一致。以片厚 $1260\mu m$ 为例,根据图 2.3 所示的边界条件,可选择的 N_{base} 最大值为 $9.2\times10^{12}\mathrm{cm}^{-3}$,最小值为 $8.3\times10^{12}\mathrm{cm}^{-3}$;根据低阻增厚的设计准则,应选择前者,此时的漏电流将远小于后者。

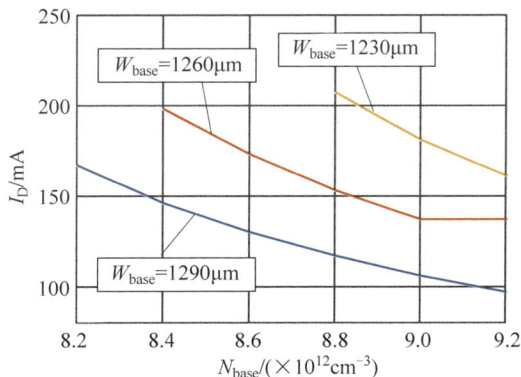

图 2.6　不同厚度的 N 基区掺杂浓度与漏电流的关系

2. P 发射极参数设计

降低 J_1 结的小注入发射效率也可降低正向漏电流,进而提高器件的正向阻断能力,常用方法是降低 P 发射极的掺杂浓度和厚度,但这会导致大注入下的发射效率下降,引起导通特性劣化。本书介绍一种先进的隔离型 P 发射极结构,可以实现阻断能力和导通特性的更优折中。

1) 隔离型 P 发射极结构

对称 IGCT 芯片的发射极结构通常由两层组成,分别是 P^+ 发射极和 P^- 发射极,前者为高浓度浅结,主要实现高发射效率;后者为低浓度深结,主要实现反向阻断。为了协调大注入发射效率与小注入发射效率下对 J_1 结发射效率的不同需求,可采用发射极隔离结构,实现两种注入条件下发射效率的解耦,其典型结构如图 2.7(a)所示。该结构保持大部分发射极区域仍为常规结构,即该区域内发射极仍为两层;在此基础上,选取小部分区域不再设置 P^+ 发射极,使 P^- 发射极直接与金属电极接触,从而实现对 P^+ 层的隔离。这也是将这种发射极结构称为隔离结构的原因。

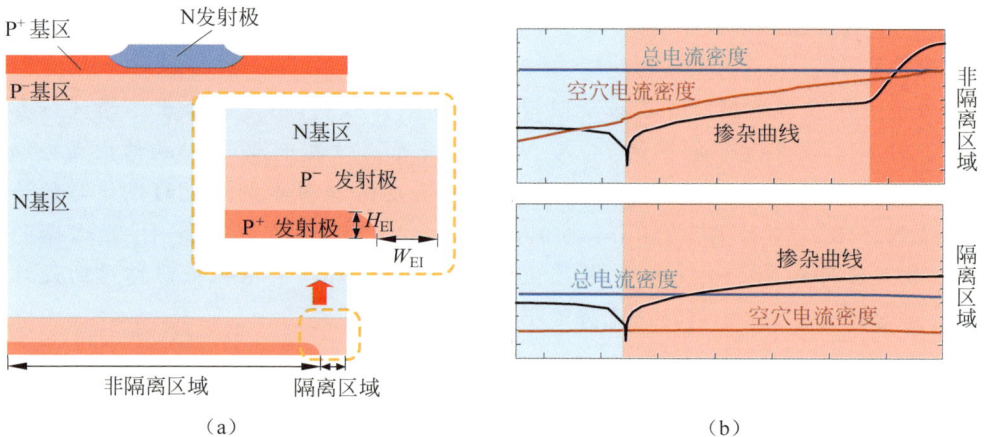

图 2.7　隔离型 P 发射极结构和掺杂浓度与电流密度分布示意图
(a) 结构示意图;(b) 掺杂浓度与电流密度分布示意图

从原理上看,当电流密度较小时,电流在 P^- 发射极内横向流动产生的压降小于 P^+ 发射极和 P^- 发射极组成的高低掺杂浓度结的势垒,阳极电流优先通过隔离区域,此时发射效率取决于低掺杂浓度的隔离区域。当电流密度较大时,阳极电流在 P^- 发射极内横向流动产生的压降大于高低掺杂浓度结的势垒,阳极电流主要通过非隔离区域,此时发射效率取决于包含高浓度掺杂 P^+ 发射极的非隔离区域。由于通流时电流密度集中在阴极下方区域,隔离区域设置在门极下方,可以确保电流在 P^- 发射极内足够的横向压降。

两个区域的掺杂浓度与阻断状态下电流密度组成示意图如图 2.7(b)所示。

与上文分析一致,由于隔离区域的掺杂浓度较低,空穴发射效率较小,空穴电流占比较低;而非隔离区域的掺杂浓度较高,空穴发射效率较大,空穴电流占比较高,甚至在阳极表面处的电子电流密度接近于零,即此处电流完全由空穴电流组成。

因此,隔离型 P 发射极结构可以有效降低小注入下的发射效率,进而减小正向阻断漏电流;同时,又不影响大注入下的发射效率,对芯片的导通特性等影响较小。

2) 隔离型 P 发射极结构下的发射效率与漏电流

小注入发射效率条件下,含隔离型 P 发射极结构的元胞内电流分布如图 2.8 所示。假设总电流为 I_D,I_1 是经过非隔离区域的电流,I_2 是经过隔离区域的电流,V_{j,P^+P^-} 等效为隔离型 P 发射极高低掺杂浓度结的势垒,电阻 R_{EI} 为 P^- 发射极内的等效横向电阻,则有

$$I_2 R_{EI} = V_{j,P^+P^-}(I_1) \tag{2-17}$$

因此,总发射效率 γ_{pL} 为

$$\gamma_{pL} = \frac{\gamma_{1L} I_1 + \gamma_{2L} I_2}{I_a} \tag{2-18}$$

式中,γ_{1L} 为非隔离区域的发射效率,γ_{2L} 为隔离区域的发射效率。

根据式(2-17),不同等效横向电阻($R_{EI} > R'_{EI} > R''_{EI}$)下隔离区域电流 I_2 和非隔离区域电流 I_1 的分配如图 2.9 所示。在特定电压 V_1 下,等效横向电阻越小,经过隔离区域的电流 I_2 占比越大,阳极发射效率 γ_{pL} 也越低。当等效横向电阻进一步减小,以 R'_{EI} 和 R''_{EI} 为例,相同电压下经过阳极 P 发射极的电流 I_1 与 I'_2 和 I''_2 相比均较小,因此两者的 γ_{pL} 也较为接近。因此,基于理论分析可以得到,γ_{pL} 会随着等效横向电阻的减小而减小,并趋于饱和。

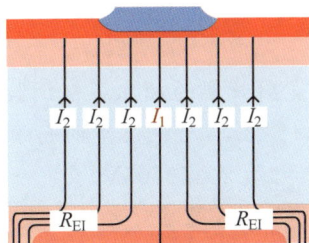

图 2.8　小注入发射效率下隔离型 P 发射极结构元胞电流分布示意图

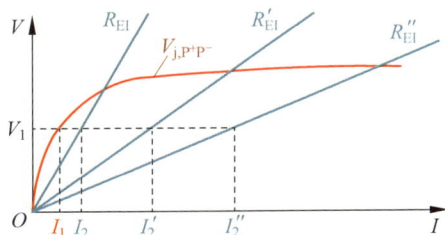

图 2.9　发射极隔离区域和非隔离区域的电流分配示意图

模拟实例

为了进一步量化隔离型 P 发射极结构对漏电流的抑制效果,在 TCAD 仿真软件中搭建元胞仿真模型,通过改变隔离区域宽度 W_{EI} 调整等效横向电阻 R_{EI},不同隔离区域宽度占比 W_{EI} 下的掺杂分布如图 2.10 所示。

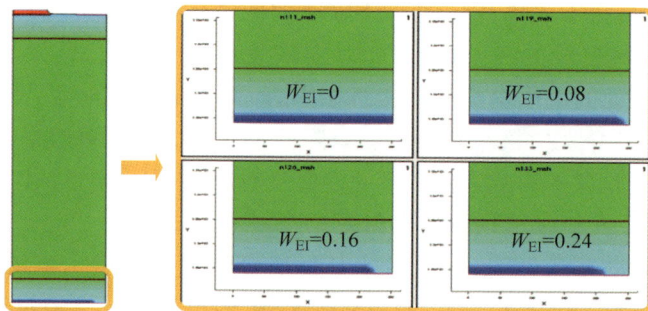

图 2.10　P 发射极隔离区域不同占比下的掺杂分布

不同 W_{EI} 下的正向和反向漏电流变化趋势如图 2.11 所示。随着 W_{EI} 增加，正向漏电流显著减小，且趋于饱和，而反向漏电流几乎没有变化，与上述理论分析得到的结论相符。

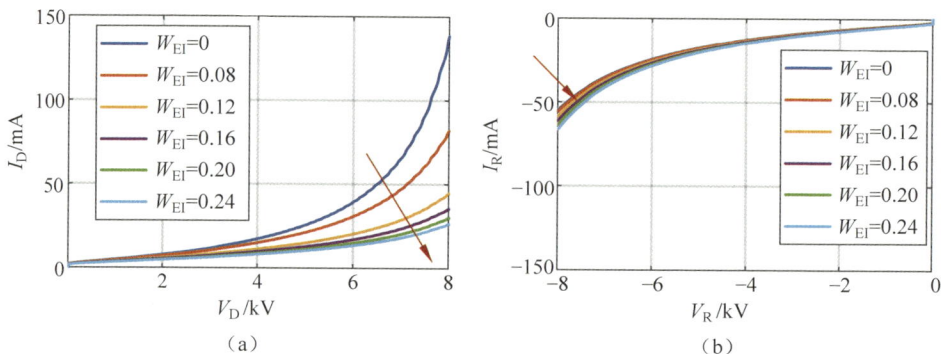

图 2.11　不同隔离区域占比下的正向和反向漏电流变化趋势
（a）正向漏电流；（b）反向漏电流

此外，为了验证隔离型 P 发射极结构对小注入发射效率的独立解耦调控，这里用通态电压来表征该结构对大注入发射效率的影响。在单元胞模型的仿真中，当隔离区域宽度为 0.08 时，3kA 通流下的通态电压仅增加 2%(0.05V)。

综上，隔离型 P 发射极结构可以有效抑制正向漏电流，同时对大注入发射效率的影响较小可以忽略，实现了 P 发射极小注入条件下发射效率的独立控制。

2.2　不对称 IGCT 有源区阻断特性

不对称 IGCT 有源区元胞结构及其正向阻断时的内部物理量如图 2.12 所示。相比于对称 IGCT，不对称结构采用了 N 缓冲层和透明发射极结构，使其电场强度分布呈梯形，与对称结构差异较大。

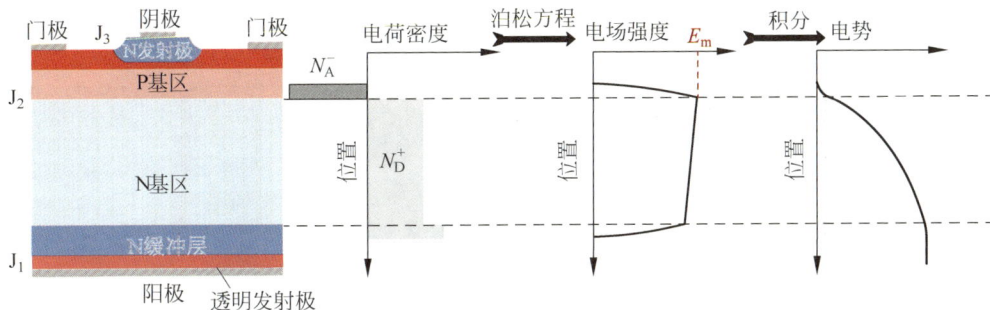

图 2.12　不对称 IGCT 有源区元胞结构及阻断时内部物理量示意图

2.2.1　阻断电压与阻断状态下的漏电流

1. 阻断电压

对于电场强度分布呈梯形的不对称结构 IGCT,由于电压降落在 N 缓冲层部分远小于 N 基区部分,所以在计算 N 基区内承受的电压值 V_{base} 时,可忽略 N 缓冲层的影响:

$$V_{\text{base}} = \frac{1}{2} \times (E_{\text{m}} + E_{\text{base-buffer}}) \times W_{\text{base}} \tag{2-19}$$

式中,$E_{\text{base-buffer}}$ 为 N 基区与 N 缓冲层交界处的电场强度。根据泊松方程可得

$$E_{\text{base-buffer}} = E_{\text{m}} - \frac{q \times N_{\text{base}} \times W_{\text{base}}}{\varepsilon_{\text{Si}}} \tag{2-20}$$

由此可推出:

$$V_{\text{base}} = E_{\text{m}} \times W_{\text{base}} - \frac{q \times N_{\text{base}} \times W_{\text{base}}^2}{2\varepsilon_{\text{Si}}} \tag{2-21}$$

又由于在 J_2 结在临界击穿状态下,峰值电场强度与 N 基区掺杂浓度满足

$$E_{\text{m}} = 4010 \times N_{\text{base}}^{\frac{1}{8}} \tag{2-22}$$

所以临界状态下,不对称结构 IGCT 的雪崩击穿电压 V_{br} 满足:

$$V_{\text{br}} = 4010 \times N_{\text{base}}^{\frac{1}{8}} \times W_{\text{base}} - \frac{q \times N_{\text{base}} \times W_{\text{base}}^2}{2\varepsilon_{\text{Si}}} \tag{2-23}$$

N 缓冲层的主要功能在于利用相对高浓度的 N 型掺杂将电场强度快速衰减并截止在该区域内,避免穿通击穿。为了计算不对称结构 IGCT 穿通击穿边界电压,需要精细计算 N 缓冲层内的电场强度分布,如图 2.13 所示。

由于 N 缓冲层通常通过扩散的掺杂工艺制作,其杂质分布满足以下高斯分布:

$$N_{\text{buffer}}(x) = N_{\text{buffer,s}} \times \text{e}^{-\frac{x^2}{A}} \tag{2-24}$$

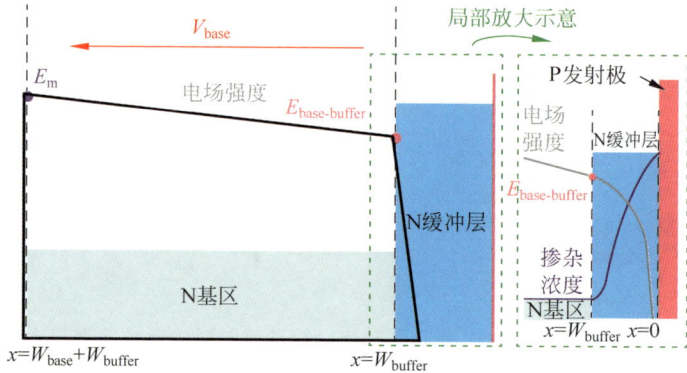

图 2.13　考虑 N 缓冲层的不对称 IGCT 电场分布示意图

式中,系数 A 反映了扩散的深度,$N_{buffer,s}$ 为表面($x=0$)掺杂浓度。在电场临界穿通的状态下,根据泊松方程可得

$$E_{base\text{-}buffer} \approx \int_0^{+\infty} \frac{q N_{buffer}(x)}{\varepsilon_{Si}} \mathrm{d}x = \frac{q \times N_{buffer,s}}{2\varepsilon_{Si}} \times \sqrt{A \times \pi} \tag{2-25}$$

将式(2-25)代入式(2-19)可得不对称结构的穿通击穿边界电压 V_{pt} 为

$$V_{pt} = \frac{q \times N_{buffer,s}}{2\varepsilon_{Si}} \times \sqrt{A \times \pi} \times W_{base} + \frac{q \times N_{base} \times W_{base}^2}{2\varepsilon_{Si}} \tag{2-26}$$

2. 阻断漏电流

不对称结构 IGCT 的漏电流形成机理与对称结构相似,仅部分参数的计算方法需进行略微调整。

(1) 耗尽区厚度 w_{depl} 包括 N 基区厚度及缓冲层内的耗尽部分厚度,但由于不对称结构 N 基区厚度较小,其 w_{depl} 仍小于对称结构。

(2) 未耗尽区厚度 w_{un} 为缓冲层内未耗尽的厚度,由于缓冲层厚度本身较小,所以其 w_{un} 小于对称结构;然而,未耗尽区空穴扩散长度 L_p 取决于 N 缓冲层高掺杂区域,其迁移率和寿命均小于对称结构。

(3) 小注入发射效率 γ_{pL} 取决于 P 发射极和 N 缓冲层结构,由于 N 缓冲层掺杂浓度远高于 N 基区浓度,所以不对称结构的 γ_{pL} 也小于对称结构。

综上,与对称结构相比,不对称结构 IGCT 的空间电荷产生电流更小,基区电流传输系数、小注入发射效率均较小,相同电压等级的器件在相同测试条件下,不对称 IGCT 的漏电流通常小于对称 IGCT。

2.2.2　给定阻断要求下的 N 基区与 N 缓冲层结构设计

图 2.12 也给出了正向阻断状态下的不对称 IGCT 芯片内部电场强度分布示

意图。从图中可以看出，直接承受高电场强度的区域包括 N 基区和 N 缓冲层，需针对上述两个区域的参数开展设计。其中，N 基区承受绝大部分阻断电压，其参数设计主要考虑满足雪崩击穿电压的要求；而 N 缓冲层电场快速衰减以避免电场穿通，其参数设计主要考虑满足穿通击穿边界电压的要求。

1. N 基区参数设计

考虑目标阻断电压 V_{set} 应低于雪崩击穿电压 V_{br}，根据式（2-23），基区厚度和掺杂浓度应满足

$$W_{base} > \frac{2V_{set}}{4010 \times N_{base}^{\frac{1}{8}} + \sqrt{(4010 \times N_{base}^{\frac{1}{8}})^2 - \dfrac{2q \times N_{base} \times V_{set}}{\varepsilon_{Si}}}} \tag{2-27}$$

在 N 基区的设计中，通常选取最小的基区厚度以实现最低的通态电压。利用求极值方法，令基区厚度 W_{base} 对掺杂浓度 N_{base} 导数为 0，即可得到最小基区厚度对应的掺杂浓度

$$N_{base} = \left(\frac{8q \times V_{set}}{2005^2 \times 7 \times \varepsilon_{Si}}\right)^{-\frac{4}{3}} \tag{2-28}$$

对应的最薄基区厚度为

$W_{base} =$

$$\frac{2V_{set}}{4010 \times \left(\dfrac{8q \times V_{set}}{2005^2 \times 7 \times \varepsilon_{Si}}\right)^{-\frac{1}{6}} + \sqrt{\left(4010 \times \left(\dfrac{8q \times V_{set}}{2005^2 \times 7 \times \varepsilon_{Si}}\right)^{-\frac{1}{6}}\right)^2 - \dfrac{2q \times \left(\dfrac{8q \times V_{set}}{2005^2 \times 7 \times \varepsilon_{Si}}\right)^{-\frac{4}{3}} \times V_{set}}{\varepsilon_{Si}}}}$$

$$\tag{2-29}$$

由此可绘制出不同目标阻断电压 V_{set} 下，最优 N 基区掺杂浓度与对应厚度如图 2.14 所示。

以 V_{set} 为 4500V 为例，最优掺杂浓度为 $8.69 \times 10^{12} \mathrm{cm}^{-3}$，对应电阻率为 $480\Omega \cdot \mathrm{cm}$。该电阻率下对应的最小基区厚度为 $310\mu\mathrm{m}$。考虑到高温、边缘磨角结构与 P 发射极发射效率等因素可能造成的阻断电压下降，厚度可增加约 10% 的安全裕度，选为 $350\mu\mathrm{m}$。

2. N 缓冲层参数设计

在获知 N 基区掺杂浓度 N_{base} 与厚度 W_{base} 后，根据式（2-26），可以得到电场不穿通的临界条件为

$$N_{buffer,s}\sqrt{A} > \frac{2\varepsilon_{Si}V_{set}}{qW_{base}}\frac{1}{\sqrt{\pi}} - \frac{N_{base}W_{base}}{\sqrt{\pi}} \tag{2-30}$$

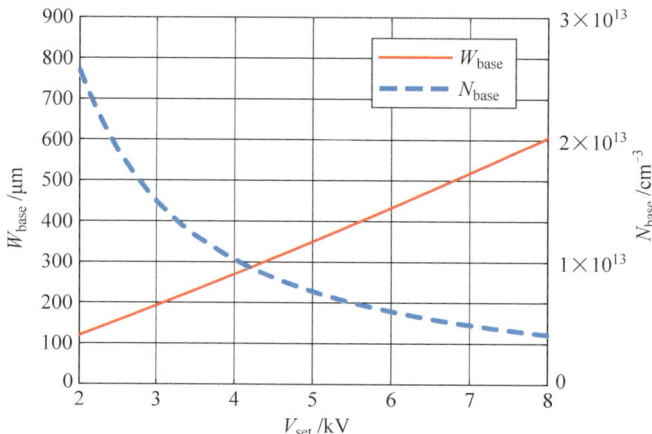

图 2.14　不同目标阻断电压下最优的 N 基区掺杂参数

考虑到 A 为描述掺杂函数形状的辅助参量,而不具备实际的物理含义。为得到更直观的物理图景,在此处额外定义 N 缓冲层在厚度 W_{buffer} 下的掺杂浓度为

$$N_{buffer}(W_{buffer}) = N_{base} \tag{2-31}$$

即在厚度为 W_{buffer} 下,N 缓冲层的掺杂浓度衰减至 N 基区掺杂浓度 N_{base}。根据式(2-24)和式(2-31),可以得到 W_{buffer} 与 A 的转换关系为

$$A = \frac{W_{buffer}^2}{\ln\left(\frac{N_{buffer,s}}{N_{base}}\right)} \tag{2-32}$$

代入式(2-30)可得,缓冲层表面浓度 $N_{buffer,s}$ 与厚度 W_{buffer} 应满足:

$$\frac{N_{buffer,s}W_{buffer}}{\sqrt{\ln\left(\frac{N_{buffer,s}}{N_{base}}\right)}} > \frac{2\varepsilon_{Si}V_{set}}{qW_{base}}\frac{1}{\sqrt{\pi}} - \frac{N_{base}W_{base}}{\sqrt{\pi}} \tag{2-33}$$

N 缓冲层的参数选取方法与 N 基区有所不同,不能直接选取最小厚度,而需统筹考虑器件的漏电流特性、通态电压特性与关断特性。对漏电流特性而言,期望缓冲层的表面浓度尽可能高,而厚度尽可能厚;对通态电压特性而言,期望缓冲层的表面浓度远小于导通状态下的载流子浓度,而厚度尽可能薄;对于关断特性而言,为避免关断过电压尖峰,期望缓冲层的表面浓度尽可能低,而厚度尽可能厚。

在实际的设计工作中,我们通常在满足式(2-33)的约束下,选取缓冲层表面浓度为导通状态下载流子浓度的 1/10,在不影响通态电压的前提下,尽可能抑制阻断漏电流;而缓冲层的厚度则依赖经验,一般选取为 $25\sim40\mu m$。

类似地,以 V_{set} 为 4500V 为例,基于 N 基区掺杂浓度 $8.69\times10^{12}\,cm^{-3}$ 和厚度 $350\mu m$,可以得到 N 缓冲层参数选取范围如图 2.15 所示。

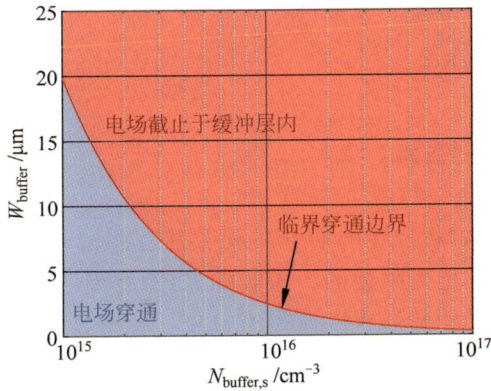

图 2.15　防止电场穿通的 N 缓冲层参数选取范围

在此基础上,为获取 N 缓冲层表面浓度 $N_{buffer,s}$,需计算导通状态下该区域的载流子浓度。考虑 P 发射极空穴发射效率为 γ_p,N 缓冲层表面处载流子密度分布 p_2 为

$$p_2 \approx \frac{L_A \times j}{qD_A \times \sinh \dfrac{W_{drift} + W_{buffer}}{L_A}} \times \left[\left(\gamma_p - \frac{1}{4}\right) \times \cosh \frac{W_{drift} + W_{buffer}}{L_A} + \frac{1}{4}\right]$$

$$(2\text{-}34)$$

式中,L_A 为双极扩散系数,j 为电流密度。考虑 4 英寸器件的典型额定电流密度 47.16A/cm^2,可以得到 p_2 与 γ_p 关系如图 2.16 所示。进一步地,选取 N 缓冲层表面浓度为载流子浓度的 1/10,约为 $3 \times 10^{16}\text{cm}^{-3}$。在该表面掺杂浓度下,由

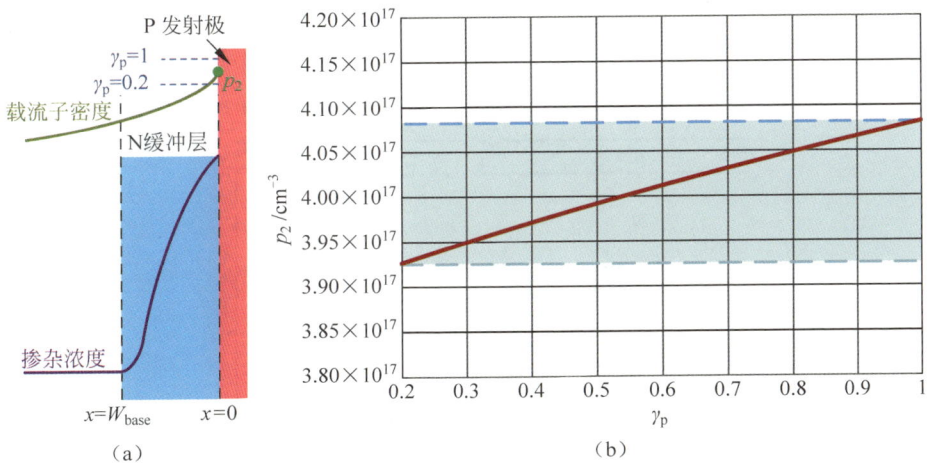

图 2.16　N 缓冲层载流子密度分布与 P 发射极空穴发射效率关系

(a) N 缓冲层内载流子密度分布示意;(b) 表面载流子浓度与 P 发射极空穴发射效率关系

图 2.15 可知,仅需 $1\sim2\mu m$ 的厚度即可防止被穿通。因此,依据实际经验,将缓冲层厚度选取为 $25\sim40\mu m$。

2.3 边缘终端结构

本章上述分析中,阻断特性的研究主要关注有源区,采用一维简化模型,即等效半导体本体在横向上是无限远的。但实际上,所有半导体器件的尺寸都有限,芯片通过切割做成特定尺寸和形状以便完成封装。利用金刚石刀片等切割圆片的过程会对边缘区域的晶格造成严重损伤。如果切割穿过了承受高压的 PN 结,晶格损伤会引起很大的漏电流,导致阻断电压降低。

这个问题可以通过两种手段解决:一种是在芯片的边缘设置特殊形状或掺杂的结终端,使高压结的耗尽区不与有损伤存在的切割线相交;另一种是利用台面刻蚀或圆片磨角来改变芯片边缘表面的形貌,降低有损伤存在的切割线附近的电场强度。前者称为平面终端结构,后者称为斜面终端结构。本节将对这两类终端结构的基本原理和特点展开介绍。

2.3.1 平面终端结构

1. 悬浮场环结构

悬浮场环结构,如图 2.17 所示,是一种通过在平面结的主结外围形成与主结极性相同的环状分布的杂质区,从而抑制主结边缘由曲率效应引起的电场集中,以提高器件阻断电压的技术。该结构常通过与 P 基区同时进行离子注入或扩散实现,无须额外的光刻工序,是一种应用较为广泛的平面终端结构。

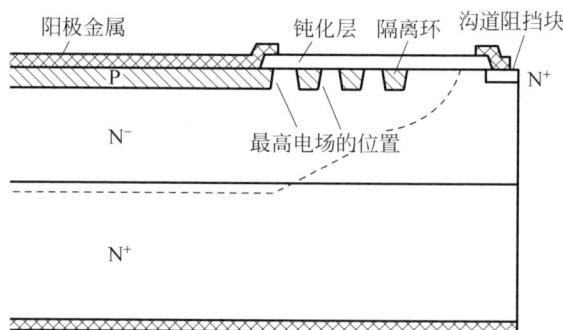

图 2.17 带有悬浮场环的平面终端

2. 横向掺杂变化结终端拓展结构

一种使用横向掺杂变化(variation of lateral doping,VLD)的结终端拓展结构

(junction termination extension，JTE)如图 2.18 所示，使用平面结构和很低的掺杂 P⁻ 区达到有源区阻断电压，其 P⁻ 区内的掺杂向器件边缘递减并与 P 层相连。与悬浮场环结构相比，VLD 结构的特点是需要的面积较小，可以实现更高的有源区面积占比。由于在边缘区域掺杂窗口的剂量小，需要使用离子注入以控制 B 或 Al 元素的掺杂量。

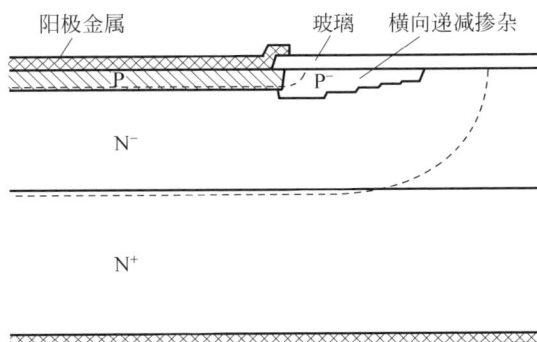

图 2.18 具有横向掺杂变化（VLD）的平面终端

3. 场板结终端结构

场板结终端结构图 2.19 所示，P 区的金属扩展到了器件边缘绝缘钝化层的上面形成场板，因此施加在 P 区的电压也能为场板提供电压。当场板上施加相对于 N 区的负偏压时，电子受到排斥向远离表面的方向移动，使表面处的耗尽区向外延伸，这将会减小结处的电场，增大阻断电压；当场板上施加正偏压时，场板会吸引电子向表面移动，使沿着表面处的耗尽层扩展收缩，这将会增大结处电场，导致阻断电压下降。一阶场板结构足以使阻断电压达到有源区阻断电压，也使空间电荷在边缘延伸。为了节省几个场限环以减少所需的面积，可以结合悬浮场限环结构与场板结终端结构综合考虑。

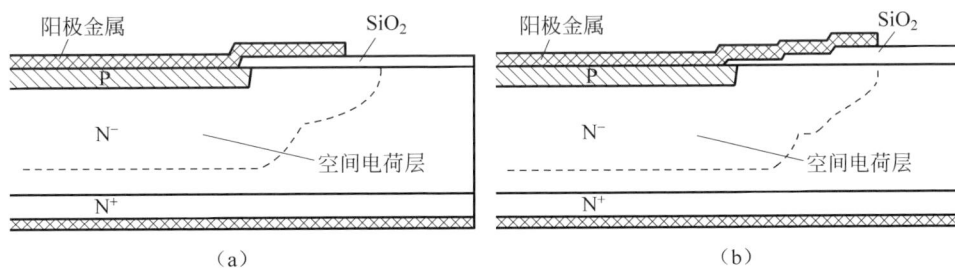

图 2.19 场板结终端结构

（a）一阶场板；（b）多阶场板

2.3.2　斜面终端结构

斜面终端结构是与平面终端相对应的另一类终端结构,该结构常通过机械研磨形成,无须光刻或离子注入等工艺。根据掺杂去除情况的不同,可以分为正斜角终端结构与负斜角终端结构两类:正斜角终端结构中,高掺杂侧去除的面积少于低掺杂侧;而负斜角终端结构则与之相反。下面,对这两类斜面终端结构予以介绍。

1. 正斜角结构

从 PN 结重掺杂侧到轻掺杂侧面积减小的情况定义为正斜角。图 2.20 所示是倾斜角为 θ 的正斜角边缘终端的简单模型,图中虚线为 PN 结两侧耗尽区的边界。在模型 A 中,假定耗尽区的边界到斜面边缘一直保持平直。正斜角表面耗尽区厚度 W_S 与体内耗尽区厚度 W_B 的关系为

$$W_S = \frac{W_B}{\sin\theta} \tag{2-35}$$

由于 PN 结在体内和斜角表面承受相同的电压,正斜角表面最大电场强度 E_{mPB} 与体内最大电场强度 E_{mB} 的关系为

$$E_{mPB} = E_{mB}\left(\frac{W_B}{W_S}\right) = E_{mB}\sin\theta \tag{2-36}$$

由于没有考虑斜角对表面耗尽区边界的影响,这个简单模型高估了正斜角表面的电场强度。下面考虑该影响建立模型 B,并作进一步的分析。

图 2.21 虚线为模型 B 情况下 PN 结两侧耗尽区边界的位置。在正斜角表面,N 侧相比体内缺少一部分电荷(图中用 Q_1 标示),为了使 PN 结 P 侧和 N 侧的电荷平衡,N 型区耗尽区会在边缘处扩展来补偿移除的电荷,并且由于斜面没有表面电荷,耗尽区边界将与斜面垂直,所以耗尽层扩展的面积表现为面积是 Q_2 的直角三角形,其面积等于移除的电荷 Q_1。因为 Q_1 和 Q_2 的两个直角三角形共用一个

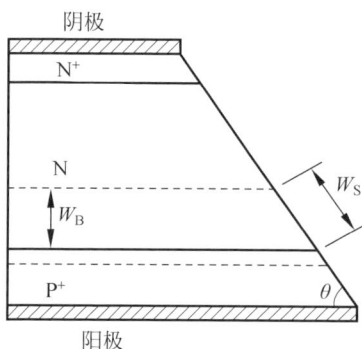

图 2.20　正斜角边缘终端:模型 A

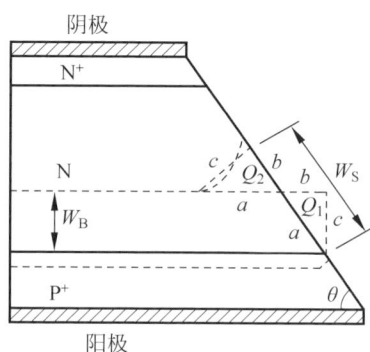

图 2.21　正斜角边缘终端:模型 B

顶角且面积相等，所以两个三角形是全等的。定义三角形三边边长分别为 a、b 和 c，如图 2.21 所示。

由于 c 的尺寸等于体内耗尽区厚度 W_B，可得三角形的另外两边分别为

$$a = \frac{W_B}{\sin\theta}$$

与

$$b = \frac{W_B}{\tan\theta}$$

沿斜角表面的耗尽区厚度由下式给出：

$$W_S = a + b = W_B\left(\frac{1}{\sin\theta} + \frac{1}{\tan\theta}\right)$$

由于 PN 结在体内和斜角表面承受相同的电压，正斜角表面最大的电场强度 E_{mPB} 为

$$E_{mPB} = E_{mB}\left(\frac{W_B}{W_S}\right) = E_{mB}\left(\frac{\sin\theta}{1 + \cos\theta}\right)$$

由上式可知，正斜角可以实现降低表面电场的目的。

2. 负斜角结构

从 PN 结轻掺杂侧到重掺杂侧面积减小的情况定义为负斜角。由于负斜角从 P 区侧移除了比 N 区侧更多电荷，耗尽区会在 P 区扩展且在 N 区侧表面处收缩。由于扩散区重掺杂，耗尽区在 P 区侧扩展相对在 N 区侧收缩较小。当斜角 θ 较大时，负斜角结在表面的耗尽区厚度 W_S 比体区的耗尽区厚度 W_B 要小，如图 2.22 所示。这将导致终端表面电场比体内高，因此应使用较小的斜角 θ。

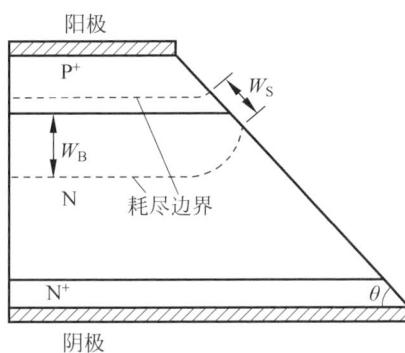

图 2.22　负斜角边缘终端（大斜角）

图 2.23 为斜角较小时的负斜角 PN 结示意图，其中虚线为耗尽区边界。P 区侧移除了更多的电荷，使该结的低掺杂 N 区侧边缘处的耗尽区厚度减小，边界扎在斜角表面的结处。

考虑图 2.23 所描述的模型，沿着表面扩展的耗尽层厚度 W_S 为

$$W_S = \frac{W_P}{\sin\theta}$$

式中，W_P 为 P 区侧的耗尽区厚度。由于 PN 结有源区与斜角表面承受相同的电

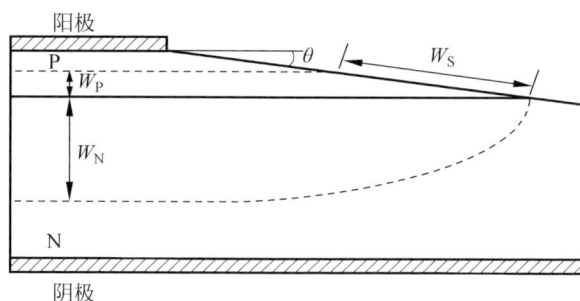

图 2.23 负斜角边缘终端(小斜角)

压,所以负斜角表面最大电场强度为

$$E_{mNB} = E_{mB}\left(\frac{W_N}{W_S}\right) = E_{mB}\frac{W_N}{W_P}\sin\theta$$

由上式可以看出,选取恰当的斜角 θ,可以使负斜角表面最大电场强度小于体内最大电场强度。此外,若 P 区侧掺杂浓度较低,因 P 区侧移除了更多的电荷,P 区耗尽区边界会扩展,使得 W_P 增大,也可以减弱表面电场。

在 IGCT 中,由于 P 基区厚度达几十甚至上百微米,所以对应的斜角角度越小,终端面积越大。以 $1.5°$ 小斜角为例,若斜角深度达到 $150\mu m$,则边缘区域厚度达到 $5.7mm$。为了减小终端面积占比,可采用类台面技术,局部制作挖槽台面,如图 2.24 所示。

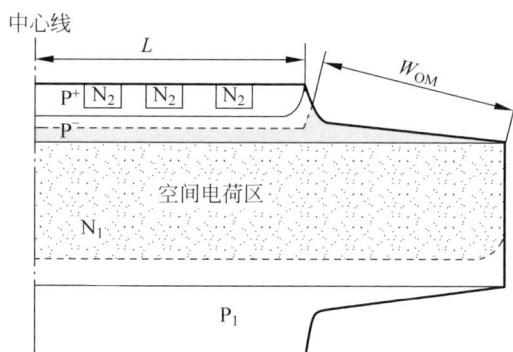

图 2.24 采用类台面技术的双负斜角终端

参考文献

[1] LUTZ J,SCHLANGENOTTO H,SCHEUERMANN U, et al. Semiconductor power devices: physics,characteristics,reliability[M]. New York: Springer Science & Business Media,2011.

［2］　BÖDEKER C，VOGT T，SILBER D，et al. Criterion for the stability against thermal runaway during blocking operation and its application to SiC diodes［J］. IEEE Journal of Emerging and Selected Topics in Power Electronics，2016，4(3)：970-977.

［3］　REN C，LIU J，LI X，et al. Optimal design of reverse blocking IGCT for hybrid line commutated converter［J］. IEEE Transactions on Power Electronics，2023，38(11)：13957-13965.

［4］　LIU J，YU Z，ZHOU W，et al. Ultra-low on-state voltage IGCT for solid-state dc circuit breaker with single-switching attribute［J］. IEEE Transactions on Power Electronics，2020，36(3)：3292-3303.

［5］　ZHAO B，ZENG R，YU Z，et al. A more prospective look at IGCT：Uncovering a promising choice for dc grids［J］. IEEE Industrial Electronics Magazine，2018，12(3)：6-18.

［6］　RAHIMO M，ARNOLD M，VEMULAPATI U，et al. Optimization of high voltage IGCTs towards 1V on-state losses［J］. Proc. PCIM Europe，Nürnberg，2013：613-620.

［7］　AGOSTINI F，VEMULAPATI U，TORRESIN D，et al. 1MW bi-directional DC solid state circuit breaker based on air cooled reverse blocking-IGCT［C］//2015 IEEE Electric Ship Technologies Symposium (ESTS). VA，USA：IEEE，2015：287-292.

［8］　YANG F，TAN J，ZHANG G，et al. A novel IGBT structure with floating N-doped buried layer in P-base to suppress latch-up［J］. IEEE Electron Device Letters，2016，37(9)：1174-1177.

［9］　高山城，李翀，吴鸥，等. 特高压晶闸管结终端造型技术［J］. 半导体技术，2015.40(2)：129-135.

［10］　ADLER M S，TEMPLE V A K. A general method for predicting the avalanche breakdown voltage of negative bevelled devices［J］. IEEE Transactions on Electron Devices，1976，23(8)：956-960.

［11］　王亚飞，戴小平，高军，等. 大功率晶闸管芯片终端钝化技术［J］. 大功率变流技术，2017(6)：34-37.

［12］　NISTOR I，SCHEINERT M，WIKSTROM T，et al. An IGCT chip set for 7.2kV(RMS) VSI application［C］//2008 20th International Symposium on Power Semiconductor Devices and IC's. Orlando，FL，USA：IEEE，2008：36-39.

［13］　ZHANG J，GUO Y F，YANG K M，et al. Modeling of the variation of lateral doping (VLD) lateral power devices via 1-D analysis using effective concentration profile concept［J］. IEEE Journal of the Electron Devices Society，2019，7：990-996.

［14］　RONSISVALLE C，ENEA V. Improvement of high-voltage junction termination extension (JTE) by an optimized profile of lateral doping (VLD)［J］. Microelectronics reliability，2010，50(9-11)：1773-1777.

［15］　EICHER S，BAUER F，ZELLER H R，et al. Design considerations for a 7kV/3kA GTO with transparent anode and buffer layer［C］//27th Annual IEEE Power Electronics Specialists Conference. Baveno，Italy：IEEE，1996：29-34.

［16］　BERNET S，CARROLL E，STREIT P，et al. Design，test and characteristics of 10kV IGCTs［C］//38th IAS Annual Meeting on Conference Record of the Industry Applications

Conference. Salt Lake City,UT,USA：IEEE,2003,2：1012-1019.

[17] VOBECKY J,BOTAN V,STIEGLER K,et al. A novel ultra-low loss four inch thyristor for UHVDC[C]//27th International Symposium on Power Semiconductor Devices & IC's (ISPSD). Hong Kong,China：IEEE,2015：413-416.

[18] REN C,PAN J,LIU J,et al. Improving $\mathrm{d}v/\mathrm{d}t$ Immunity of Reverse Blocking IGCT for Hybrid Line-commutated Converter[J]. IEEE Transactions on Power Electronics,2024,39(4)：4001-4005.

[19] REN C,WANG Z,LU K,et al. The $\mathrm{d}v/\mathrm{d}t$ Capability of RB-IGCT for Hybrid Line Commutated Converter[C]//IEEE PELS Students and Young Professionals Symposium (SYPS 2023). Shanghai,China：IEEE,2023：1-4.

[20] RUFF M,SCHULZE H J,KELLNER U. Progress in the development of an 8kV light-triggered thyristor with integrated protection functions[J]. IEEE Transactions on Electron Devices,2002,46(8)：1768-1774.

[21] XU C,YU Z,ZHAO B,et al. A novel hybrid line commutated converter based on IGCT to mitigate commutation failure for high-power HVDC application[J]. IEEE Transactions on Power Electronics,2022,37(5)：4931-4936.

[22] YU Z,WANG Z,XU C,et al. Comprehensive physical commutation characteristic analysis and test of hybrid line commutated converter based on physics compact model of IGCT[J]. IEEE Transactions on Power Electronics,2023,38(2)：1924-1934.

[23] ZOU P,CHEN F,ZENG H,et al. Research on the characteristics of reverse blocking IGCT and module for DC power grid application[C]//2020 4th International Conference on HVDC (HVDC). Xi'an,China：IEEE,2020：888-893.

[24] OGUNNIYI A,O'BRIEN H,SCOZZIE C J,et al. DV/DT immunity and recovery time capability of $1.0\mathrm{cm}^2$ silicon carbide SGTO [C]//2012 IEEE International Power Modulator and High Voltage Conference (IPMHVC). IEEE,2012：354-357.

[25] BALIGA B J. The $\mathrm{d}V/\mathrm{d}t$ capability of field-controlled thyristors[J]. IEEE Trans. Electron Devices,1983,30(6)：612-616.

[26] VENKATARAGHAVAN P,BALIGA B J. The $\mathrm{d}V/\mathrm{d}t$ capability of MOS-gated thyristors[J] IEEE Trans. Power Electron,1998,13(4)：660-666.

第 3 章

IGCT导通特性

IGCT 器件一个优异的特性就是不仅有承受高电压的能力，还有很好的导通特性。通过注入一个小的门极电流，IGCT 器件可以从正向阻断状态，触发到正向导通状态。施加门极电流是为了提高 NPN 晶体管电流增益，直到晶闸管内部 NPN 和 PNP 晶体管之间形成电流正反馈。IGCT 导通时，由于电子和空穴通过两侧发射极大量注入，P 基区和 N 基区发生强烈的电导调制效应，使得 IGCT 具有低通态电压。

本章深入探讨了 IGCT 器件的导通特性，并在此基础上讨论了如何在保证高阻断能力的前提下，具备较低的通态电压，以保证足够的通流能力；最后，介绍了器件经受大浪涌电流极端工况的表现。

3.1　开通过程

IGCT 的开通原理如图 3.1 所示，元胞结构可等效为 PNP 和 NPN 两个晶体管，PNP 晶体管的 N 基极和 P 集电极，分别作为 NPN 晶体管的 N 集电极和 P 基极，PNP 和 NPN 两个晶体管的共基极电流增益分别为 α_1 和 α_2。

对于 PNP 和 NPN 晶体管，有

$$I_{C1} = \alpha_1 \cdot I_{E1} + I_{p0} = \alpha_1 \cdot I_A + I_{p0} \quad (3\text{-}1)$$

$$I_{C2} = \alpha_2 \cdot I_{E2} + I_{n0} = \alpha_2 \cdot I_K + I_{n0} \quad (3\text{-}2)$$

式中，I_{C1} 和 I_{C2} 为两个晶体管的集电极电流；I_{E1} 和 I_{E2} 为两个晶体管的发射极电流；I_A 和 I_K 分别为 IGCT 的阳极电流和阴极电流；

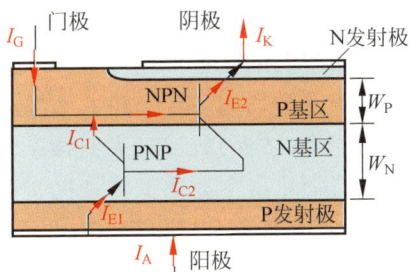

图 3.1　IGCT 开通原理图

I_{p0} 和 I_{n0} 分别是来自 N 基区和 P 基区的扩散漏电流。

由基尔霍夫电流定律,易得

$$I_A = I_{C1} + I_{C2} = \alpha_1 \cdot I_A + \alpha_2 \cdot I_K + I_{p0} + I_{n0} \tag{3-3}$$

$$I_K = I_A + I_G \tag{3-4}$$

可以求解得到

$$I_A = \frac{\alpha_2 \cdot I_G + I_{p0} + I_{n0}}{1 - (\alpha_1 + \alpha_2)} \tag{3-5}$$

在不考虑雪崩倍增时,从上式可以看出,若分母接近于零,阳极电流 I_A 将趋于无穷大。因此,IGCT 从阻断到导通需要满足的触发条件为

$$\alpha_1 + \alpha_2 \geqslant 1 \tag{3-6}$$

当器件由触发开通转入导通状态后,若 NPN 晶体管的基极电流比原有输入的 I_G 更大时,GCT 进入擎住状态,即使 $I_G = 0$ 仍然能够维持导通状态。与晶闸管相同,GCT 导通时也存在电导调制效应,因此通态电压较低,尤其在高压芯片厚度较大时,其带来的效果更为明显。通态电压是影响器件通流能力的关键指标,应满足如下关系:

$$V_T(I_T)I_T \leqslant \frac{T_{vjm} - T_c}{R_{th(j-c)}} \tag{3-7}$$

式中,V_T 为器件通态电压;T_{vjm} 为器件额定结温;T_c 为器件壳温;$R_{th(j-c)}$ 为器件结壳热阻。可以看出,V_T 决定了器件在导通电流 I_T 时的产热功率,若 V_T 过大,芯片在通流时的最高结温可能会超过额定结温 T_{vjm},容易使芯片在后续关断或阻断工况下出现失效。因此,通态电压是大通流 GCT 芯片设计时的重要参数,应尽可能降低。

3.2 通态电压

3.2.1 理想情况下的通态电压

IGCT 导通时体内载流子分布与 P-i-N 二极管相似,N 基区和 P 基区内的电子浓度和空穴浓度近似相等且为双曲链形分布,如图 3.2 所示。假设理想情况下,体内少子寿命均匀,且 J_1 和 J_3 结是发射效率为 1 的突变结(突变结指 PN 一侧区域结的深度(结深)较浅且表面掺杂浓度较高,另一侧导电类型相反区域掺杂浓度低,阻断时耗尽层主要向低掺杂区扩散)。在该约束下,通过载流子浓度分布获得基区电场,对电场积分后得到基区的压降 V_{base} 为

$$\frac{V_{\text{base}}}{kT/q} = \left\{ \begin{array}{l} \dfrac{8b}{(b+1)^2} \dfrac{\sinh(d/L_{\text{a}})}{\sqrt{1-B^2\tanh^2(d/L_{\text{a}})}} \times \\[4mm] \arctan\left[\sqrt{1-B^2\tanh^2\left(\dfrac{d}{L_{\text{a}}}\right)}\sinh\left(\dfrac{d}{L_{\text{a}}}\right)\right] \end{array} \right\} + B\ln\left[\dfrac{1+B\tanh^2\left(\dfrac{d}{L_{\text{a}}}\right)}{1-B\tanh^2\left(\dfrac{d}{L_{\text{a}}}\right)}\right]$$

$$(3\text{-}8)$$

式中，$b=\mu_{\text{n}}/\mu_{\text{p}}$，$B=(\mu_{\text{n}}-\mu_{\text{p}})/(\mu_{\text{n}}+\mu_{\text{p}})$，$\mu_{\text{n}}$ 和 μ_{p} 是基区内电子和空穴的迁移率；L_{a} 是双极扩散长度；d 是基区厚度的一半。

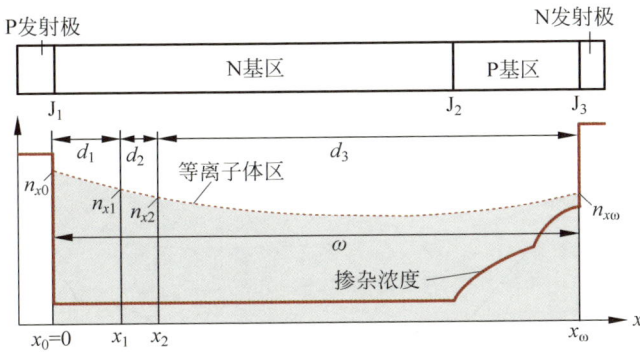

图 3.2 IGCT 芯片通流时体内载流子浓度分布示意图

除了上述基区压降 V_{base}，通态压降 V_{T} 还包含两侧发射结的压降 V_{P} 和 V_{N}，可根据等离子区域两侧边界处的浓度 n_{x0} 和 $n_{x\omega}$ 计算得到：

$$V_{\text{P}} + V_{\text{N}} = \frac{kT}{q}\ln\left[\frac{n_{x\omega}n_{x0}}{n_{\text{i}}^2}\right] \qquad (3\text{-}9)$$

3.2.2 非理想情况下的通态电压

前文提到理想情况下的通态电压计算，要求 J_1 和 J_3 结为突变结，且少子寿命在芯片内保持一致。这种条件对于常规不对称 GCT 而言较容易满足，然而对于某些器件掺杂而言，上述条件并不相符。例如，在对称器件中，阳极 P 基区具有数十微米的结深，是一种典型的缓变扩散结，不能视作发射效率为 1 的突变结；又如，一些器件采用质子辐照、重金属掺杂扩散等工艺，目标是在保持阻断水平不变的情况下，实现更好的通流，这种情况下少子寿命在芯片内不再均匀。下面针对引入缓变结和局部少子寿命变化情况，介绍通态电压的计算方法。

1. 缓变结情况下的通态电压

在计算通态电压过程中，缓变结的特殊性主要体现在以下两个方面。

（1）等离子体区边界可变。由于阳极 P 发射极结深相对较深，在导通时只有部分区域处于小注入状态,因此,等离子体边界会随着注入状态和掺杂结构而改变。

(2)发射效率可变。等离子体边界处的掺杂浓度与载流子浓度较为接近,不存在数量级的显著差异,因此,阳极发射效率并不恒等于1,且发射效率与发射极的浓度和结深相关。

为了分析阳极缓变结对通态电压的影响,首先需要明晰阳极缓变发射极掺杂浓度 N_A 对载流子浓度 n,p 分布的影响。如图 3.3 所示,为了便于进行通态电压的计算,在阳极侧定义了过渡区域 $[x_s^*, x_s]$。x_s 处是等离子体区域的边界,此处电子和空穴浓度相等且远大于衬底掺杂浓度,通常考虑空穴浓度较衬底受主掺杂浓度高一个数量级;x_s^* 处是发射极边界,此处电子浓度与受主掺杂离子浓度相同,根据电中性条件可以获得空穴浓度为受主掺杂离子浓度的两倍。

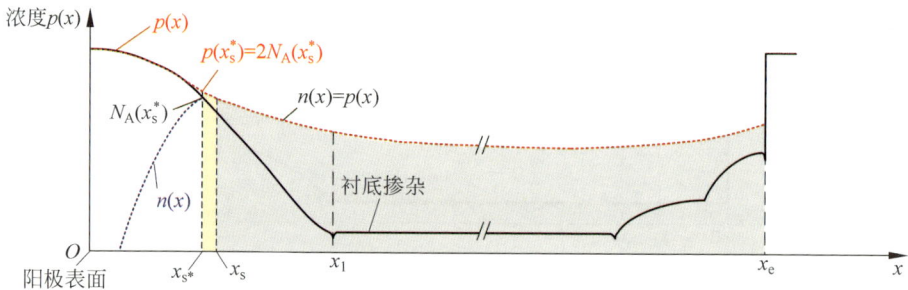

图 3.3　导通状态下阳极缓变发射极掺杂浓度、载流子浓度分布示意图

首先,假设体内载流子寿命均匀分布,根据连续性方程可以获得从 x_s 到阴极侧等离子体区域边界 x_e 内载流子分布的通解:

$$n(x) = \frac{1}{\sinh\left(\dfrac{x_e - x_s}{L_a}\right)} \left[n_R \sinh\left(\frac{x - x_s}{L_a}\right) + n_L \sinh\left(\frac{x_e - x}{L_a}\right) \right] \quad (3\text{-}10)$$

式中,n_L 和 n_R 分别为 x_s 和 x_e 处的载流子浓度。阴极侧 N 发射极可当作发射效率为1的突变结,总电流 J_T 下边界条件为

$$\left(\frac{dn}{dx}\right)_{x=x_e} = \frac{J_T}{2qD_n} \quad (3\text{-}11)$$

求解阳极侧边界时,需要同时考虑电子电流和空穴电流,等离子体边界 x_s 处电子和空穴电流密度为

$$\begin{cases} J_p = q\mu_p(x_s) n(x_s) E(x_s) - qD_p(x_s) \left(\dfrac{dn}{dx}\right)_{x=x_s} \\ J_n = q\mu_n(x_s) n(x_s) E(x_s) + qD_n(x_s) \left(\dfrac{dn}{dx}\right)_{x=x_s} \end{cases} \quad (3\text{-}12)$$

若忽略过渡区域 $[x_s^*, x_s]$ 内的载流子产生和复合,两侧电子电流连续,那么电

子电流密度和发射极边界载流子浓度也可以分别表示为

$$J_n = \frac{qD_n(x_s^*)}{L_{n,eff}(x_s^*)} n(x_s^*) \tag{3-13}$$

$$n(x_s^*) = N_0 \exp(-(x_s^*)^2/C) \tag{3-14}$$

式中,N_0 是发射极峰值掺杂浓度,这里认为其掺杂遵循高斯分布;系数 C 可以通过发射极结深求解得到;$L_{n,eff}(x_s^*)$ 是考虑了发射极接触复合后的扩散长度,

$$L_{n,eff}(x_s^*) = L_n(x_s^*)\tanh(x_s^*/L_n(x_s^*)) \tag{3-15}$$

将式(3-13)代入式(3-12)后可以获得又一边界条件。进一步,根据过渡区域边界 x_s 的定义,可以获得边界条件:

$$n(x_s) = 10N_0 \exp(-(x_s)^2/C) \tag{3-16}$$

目前已有的边界条件仍无法求解式(3-10),因此需要对过渡区域进行合理假设。由于过渡区域较窄,通常远小于 $10\mu m$,且空穴浓度分布不突变,因此可近似认为过渡区的过剩空穴浓度在 x 长度方向上的平均变化率与等离子体边界掺杂浓度在 x 长度方向上的梯度相同,获得边界条件:

$$\frac{p(x_s^*) - N_0 \exp[-(x_s^*)^2/C] - p(x_s)}{x_s^* - x_s} = \left(\frac{dn}{dx}\right)_{x=x_s} \tag{3-17}$$

联立式(3-11)、式(3-12)、式(3-16)式(3-17)后,即可求解得到 n_R、n_L、x_s 和 x_s^*;根据载流子分布式(3-10),可进一步对通态电压进行求解。

计算实例

设阳极结构为双层缓变结构,参数设置为:P 发射极峰值掺杂浓度为 $5 \times 10^{18} cm^{-3}$,结深为 $30\mu m$,P 发射极峰值浓度为 $5 \times 10^{14} cm^{-3}$,结深为 $100\mu m$,电流密度为 $40A/cm^2$。图 3.4 给出了 P 发射极双层缓变结构下,空穴浓度分布的求解

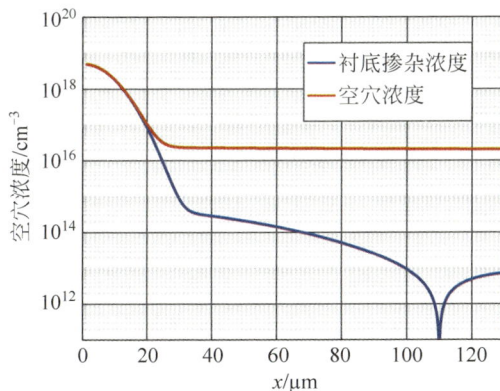

图 3.4 导通状态下空穴浓度分布求解结果

结果：等离子体区域边界 x_s 为 $27.4\mu m$，边界处浓度 $n(x_s)$ 为 $2.3\times10^{16}\,cm^{-3}$，此时阳极侧大注入发射效率 γ_{HL} 为 0.28。

2. 局部少子寿命控制情况下的通态电压

为了分析局部少子寿命控制引起的载流子密度空间分布不均匀，可以采用分段计算的方法分析其对通态电压的影响。假设局部少子寿命控制区域为 $[x_1,x_2]$（见图 3.2），该区域的双极扩散长度为 L_B，其余区域的双极扩散长度为 $L_A(L_B < L_A)$。那么体内的载流子分布可以用式（3-18）分段表达（$x_0=0$）：

$$\begin{cases} n(x)=\dfrac{1}{\sinh(d_1/L_A)}\left[n_{x_1}\sinh\left(\dfrac{x}{L_A}\right)+n_{x_0}\sinh\left(\dfrac{x_1-x}{L_A}\right)\right], & x\in[x_0,x_1] \\[3mm] n(x)=\dfrac{1}{\sinh(d_2/L_B)}\left[n_{x_2}\sinh\left(\dfrac{x-x_1}{L_B}\right)+n_{x_1}\sinh\left(\dfrac{x_2-x}{L_B}\right)\right], & x\in[x_1,x_2] \\[3mm] n(x)=\dfrac{1}{\sinh(d_3/L_A)}\left[n_{x_\omega}\sinh\left(\dfrac{x-x_2}{L_A}\right)+n_{x_2}\sinh\left(\dfrac{x_\omega-x}{L_A}\right)\right], & x\in[x_2,x_\omega] \end{cases}$$

$$(3-18)$$

式中，d_1、d_2 和 d_3 所表示的厚度如图 3.2 所示，三者之和为基区厚度 x_ω；n_{x0}、n_{x1}、n_{x2} 和 $n_{x\omega}$ 分别代表 x_0、x_1、x_2 和 x_ω 四个位置处的载流子浓度。

假设两侧为突变结，x_ω 保持不变；d_2 表示少子寿命控制区域的厚度（一般取决于辐照设备的能散，也可认为是不变的常数）。那么，当 x_1 给定后，式（3-18）中待求解的物理量为 x_0、x_1、x_2 和 x_ω 四个位置处的载流子浓度。

由于 x_0 处空穴电流密度及 x_ω 处电子电流密度等于总电流密度 J_T，可获得边界条件：

$$\begin{cases} J_T=-2qD_p\left(\dfrac{\mathrm{d}p}{\mathrm{d}x}\right)_{x=0} \\[3mm] J_T=2qD_n\left(\dfrac{\mathrm{d}n}{\mathrm{d}x}\right)_{x=x_\omega} \end{cases}$$

$$(3-19)$$

式中，D_n 和 D_p 分别为电子和空穴的扩散系数。

此外，x_1 和 x_2 边界处电子电流和空穴电流连续，根据电子浓度或空穴浓度的导数连续，可获得另一组边界条件：

$$\begin{cases} \left(\dfrac{\mathrm{d}n}{\mathrm{d}x}\right)_{x=x_1^-}=\left(\dfrac{\mathrm{d}n}{\mathrm{d}x}\right)_{x=x_1^+} \\[3mm] \left(\dfrac{\mathrm{d}n}{\mathrm{d}x}\right)_{x=x_2^-}=\left(\dfrac{\mathrm{d}n}{\mathrm{d}x}\right)_{x=x_2^+} \end{cases}$$

$$(3-20)$$

根据边界条件式（3-19）和式（3-20），可对式（3-18）进行求解并获得等离子体区域电子和空穴的分布。

计算实例

使用如表 3.1 所示物理常量，对不同 x_1 下的通态电压 V_T 进行计算，并和 TCAD 有限元仿真计算结果进行对比，如图 3.5 所示，可以看到两者有较好的一致性，说明了本节给出的考虑局部少子寿命控制的通态电压计算模型较为准确。

表 3.1　通态电压数值求解过程中使用的物理量

物　理　量	备　　注	数　　值	单　　位
J_T	总电流密度	57	$\text{A} \cdot \text{cm}^{-2}$
D_p	空穴扩散系数	10.26	$\text{cm}^2 \cdot \text{s}^{-1}$
D_n	电子扩散系数	20.74	$\text{cm}^2 \cdot \text{s}^{-1}$
L_A	初始双极扩散长度	971	μm

基于上述计算方法，首先分析局部少子寿命控制区域位置 x_1 对载流子浓度分布和通态电压 V_T 的影响。假设寿命控制区域厚度为 $50\mu\text{m}$，局部寿命为 $2\mu\text{s}$，计算结果如图 3.5 所示。可以看到，随着局部少子寿命控制位置加深，$x \in [x_0, x_1]$ 区间内载流子浓度升高，但 $x \in [x_1, x_\omega]$ 区间内载流子浓度降低。由于电流流过基区的欧姆压降与载流子浓度的倒数相关，因此低浓度区域载流子浓度的降低影响更为显著，最终使得通态电压随着少子寿命控制区域深度的增加而增加。

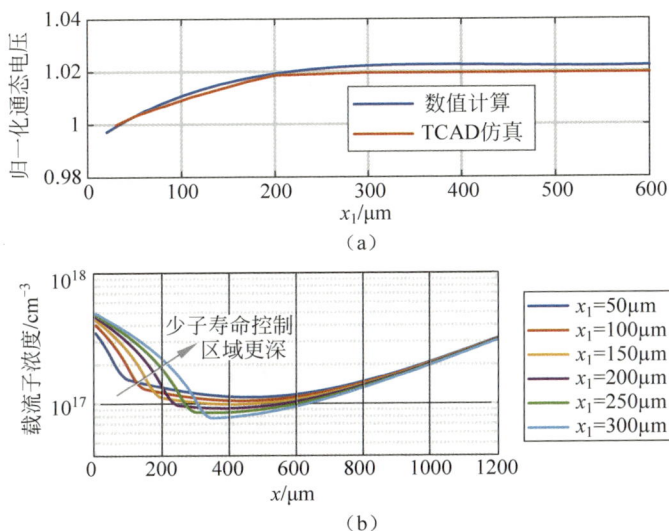

图 3.5　通态电压与体内载流子浓度随少子寿命控制区域深度的变化
(a) 通态电压的数值计算与 TCAD 仿真结果对比；(b) 不同 x_1 下的载流子浓度

其次，分析局部少子寿命控制区域缺陷浓度对载流子分布和通态电压 V_T 的影响，即改变局部少子寿命控制区域的双极扩散长度 L_B。假设少子寿命控制区域

厚度为 $50\mu m$，深度 x_1 为 $100\mu m$，计算结果如图 3.6 所示。可以看到，平均载流子浓度随着少子寿命减小而单调递减；虽然结压降 V_P+V_N 由于等离子体边界处载流子浓度减小而减小，但是通态电压 V_T 仍然随着少子寿命的减小而单调增大。

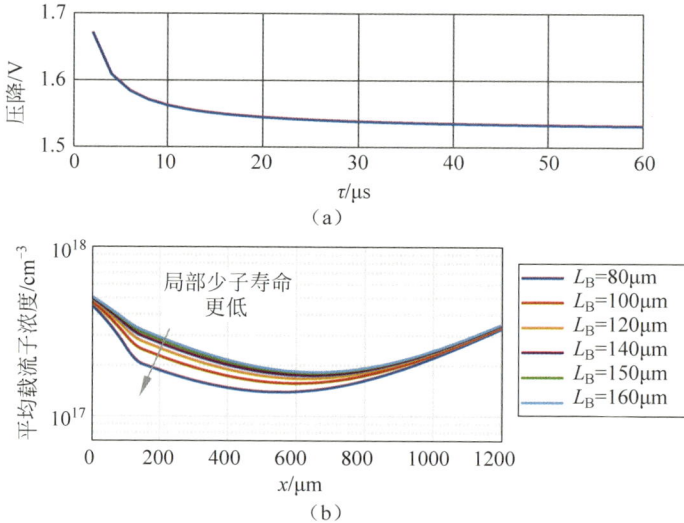

图 3.6　通态电压与体内载流子浓度随局部少子寿命的变化

3.3　降低通态电压的措施

根据 3.2 节中对通态电压形成机理的分析，降低器件的通态电压主要有以下三种方法。

（1）减小基区厚度。该方法可以减小等离子体区域厚度，进而减小基区电阻。然而，基区厚度与芯片的阻断特性密切相关，在现有设计的基础上减小基区厚度会使得芯片的漏电流增加，多参数协调设计难度大且稳态压降优化空间有限。

（2）提高 P 发射极的发射效率。该方法可以在相同电流密度下提高等离子体区域载流子浓度，进而减小基区电阻。阴极侧发射效率由 N 发射极和 P 基区决定，然而，N 发射极已接近饱和掺杂浓度，P 基区则与开通、关断暂态耦合性高，参数调节复杂。

（3）提高载流子寿命。通过优化工艺-洁净工序，可提高芯片的初始载流子寿命，增加双极扩散长度，优化等离子体区域载流子的双曲链形分布。然而，过长的载流子寿命或导致高温下阻断漏电流的快速提高。传统的制作工艺中采用电子辐照进行载流子寿命控制，意味着阻断特性与稳态导通特性之间一定存在折中。若能实现对于特定深度的局部少子寿命控制（如采用质子辐照工艺），则可以在保证阻断漏电流较低的前提下优化载流子分布,进而降低通态电压。

因此,提高阳极发射效率和采用质子辐照工艺是减小通态电压的有效技术手段。考虑到对称 GCT 芯片 N 基区厚度更厚,其通态电压问题更加突出,同时其结构调控的手段更加丰富,因此本节主要以对称 GCT 芯片为例进行介绍。

3.3.1　P 发射极参数设计

在现有对称 GCT 芯片中,阳极发射极一般采用 P^+ 与 P^- 双层结构,如图 3.7 所示。P^+ 层为高浓度浅结结构,其掺杂参数对器件通态电压具有显著影响,同时也会影响阻断状态下的漏电流特性。然而,当引入第 2 章所述隔离结构后,P^+ 层对阻断漏电流的影响已基本消除。基于此,理论上可通过提升 P^+ 层的掺杂浓度并增加结深降低通态电压。但实际中需考虑掺杂工艺的可行性与生产成本,以确定最优的掺杂参数组合。P^- 层为低掺杂浓度深结,在导通时处于大注入状态,因此其掺杂情况对芯片通态电压影响不大,其主要目的是方便实现负斜角终端结构,只需保持 $100\mu m$ 以上深度即可。

图 3.7　双层阳极发射极结构的载流子浓度分布示意图

因此,对阳极发射极的优化设计主要针对 P^+ 层,包括结深 x_0 和峰值浓度 N_0,两者均会影响等离子体区域的边界位置 x_s 及边界处的载流子浓度 $n(x_s)$,进而影响基区压降和结压降。其中,x_0 为 P^+ 层和 P^- 层掺杂浓度相等的位置。下面通过一个具体案例,展示最优 P^+ 层厚度和峰值浓度的获取过程,并利用半导体有限元仿真进行验证。

计算实例

(1) P^+ 发射极厚度设计

根据 3.2.2 节中考虑阳极缓变结的通态电压数值计算模型,当电流密度为 $57A \cdot cm^{-2}$、P^+ 发射极峰值浓度为 $1 \times 10^{18} cm^{-3}$、芯片厚度为 $1500\mu m$ 时,等离子体区域边界 x_s、边界处浓度 $n(x_s)$、通态电压 V_T、基区电压降 V_{base} 和发射效率 γ_{HL} 等物理参数随阳极发射极结深的变化如图 3.8 所示。

通态电压 V_T 由基区压降 V_{base} 和结压降 $V_P + V_N$ 两部分组成。当阳极发射极结深小于 $30\mu m$ 时,x_s 和 $n(x_s)$ 都随着 P^+ 发射极深度的增加而增加;等离子区厚度的减小和更强的电导调制效应都使 V_{base} 降低。当阳极结深大于特定值(该算例中为 $30\mu m$)后,边界处载流子浓度 $n(x_s)$ 变化较小,虽然基区结压降 $V_P + V_N$ 有略微的增加,但总体通态电压仍然是单调递减的。

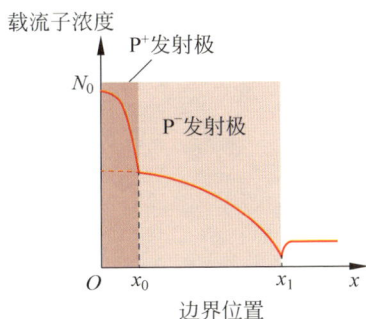

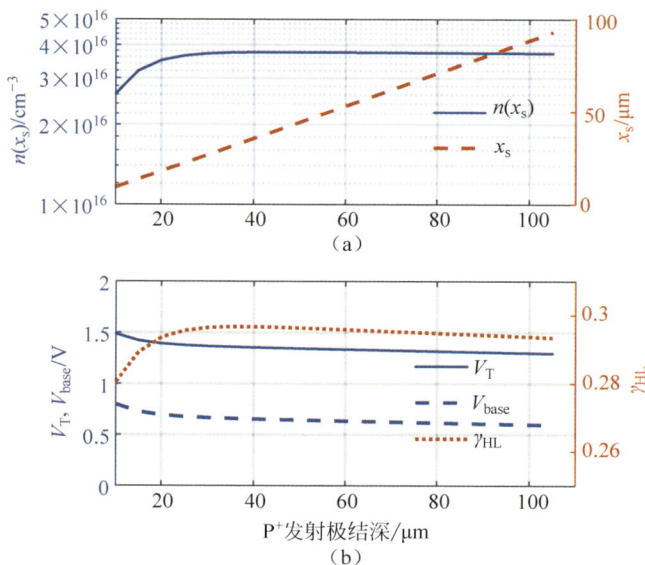

图 3.8　导通状态下(a)边界载流子特点与(b)压降和发射效率表现随阳极 P$^+$ 发射极结深变化规律

　　另外可以看到,在缓变结中,饱和的大注入发射效率远小于 1,且发射效率先增加后减小。当 P$^+$ 发射极结深小于特定值(本算例中为 $30\,\mu m$)时,由于发射极电极处为强复合中心,γ_{HL} 随结深的增加而增加;而当发射极结深大于该值时,γ_{HL} 随结深的增加反而略微减小,这是边界处 $n(x_s)$ 减小使空穴电流密度减小导致的。

　　综上,阳极 P$^+$ 发射极结深选取合适时,可以获得较优的通态电压;再继续增加阳极发射极结深对 V_T 影响较小,不仅会增加工艺推进时间,也会影响关断特性以及 P$^+$ 发射极隔离结构的优化效果。

　　(2) P$^+$ 发射极峰值浓度设计

　　在确定 P$^+$ 发射极厚度的基础上,进一步可对其峰值掺杂浓度进行优化设计。图 3.9 所示为 GCT 芯片体内物理量及通态电压与 P$^+$ 发射极掺杂浓度的典型对应关系。

　　可以看出,GCT 芯片的通态电压随 P$^+$ 发射极峰值掺杂浓度的增大呈现逐渐降低且趋向饱和的趋势。这是由于通态电压主要由基区压降 V_{base} 和结压降 $V_{P^+}+V_N$ 两部分组成,根据前文的数值计算模型,两者主要由 x_s 及其该位置电子浓度 $n(x_s)$ 决定。又由于 x_s 随峰值浓度的变化较小,GCT 芯片的通态电压主要由 $n(x_s)$ 决定。随着发射极掺杂浓度的增加,空穴发射效率增大,$n(x_s)$ 逐渐增加,直到达到一定程度后,P$^+$ 发射极内电子迁移率随掺杂浓度的升高而降低,进而导致空穴发射效率被抑制,使 $n(x_s)$ 呈现饱和状态。

　　因此,在 P$^+$ 发射极的设计中,通常选择合适的峰值掺杂浓度,以保证 GCT 芯片的通态电压刚好进入饱和阶段。以图 3.9 所示的对应关系为例,为了获得较优的通态电压,峰值浓度可选取在 $5\times10^{18}\sim1\times10^{19}\,\mathrm{cm^{-3}}$。

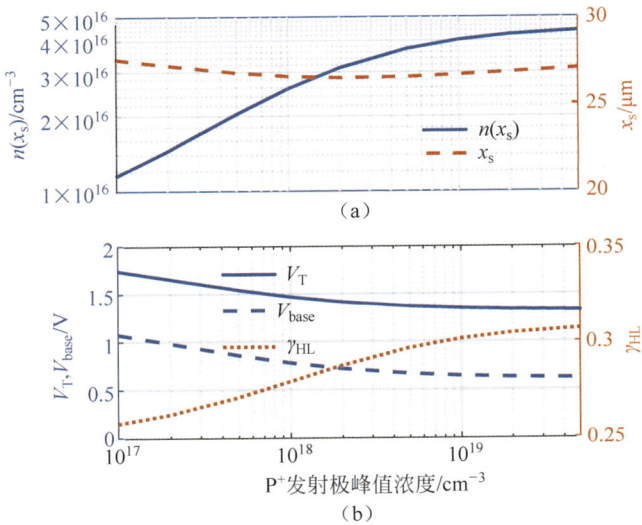

图 3.9　导通状态下(a)边界载流子特点与(b)压降和发射效率表现随阳极 P$^+$ 发射极
　　　　峰值浓度变化规律

(3) P$^+$ 发射极掺杂优化仿真验证

上述对 P$^+$ 发射极结深和峰值浓度的讨论均基于合理简化的数值计算模型,本节基于 TCAD 有限元仿真,结合理论分析所采用的算例,对双层 P$^+$ 发射极结构优化进行了验证。

这里首先定义饱和压降 V_{sat},即在对应峰值浓度 N_0 下,若结深增加 $5\mu\mathrm{m}$ 引起的压降减小不超过 0.1%(约为 $0.002\mathrm{V}$),则该压降为 N_0 对应的饱和压降。然后,在仿真中扫描不同峰值浓度下结深变化对压降的影响,可以获得不同峰值浓度下的饱和压降以及该压降对应的结深,6 英寸器件在 3kA 通流下的仿真结果如表 3.2 所示。可以看到,峰值浓度越高,对应饱和压降的结深越浅。但当峰值浓度大于 $5\times10^{18}\,\mathrm{cm^{-3}}$ 时,即使进一步增加浓度,饱和压降的降低也非常有限。

表 3.2　不同峰值浓度下对应的饱和压降

峰值浓度 $N_0/\mathrm{cm^{-3}}$	结深 $L_{\mathrm{P+}}/\mu\mathrm{m}$	饱和压降 $V_{\mathrm{sat}}(N_0,L_{\mathrm{P+}})/\mathrm{V}$
5×10^{17}	75	1.729
1×10^{18}	50	1.716
3×10^{18}	35	1.700
5×10^{18}	20	1.696
8×10^{18}	15	1.691
1×10^{19}	15	1.689

综上,可以获得通态电压达到饱和最低值时所需的最小 P^+ 发射极掺杂总量,其峰值浓度应在 $5 \times 10^{18} \sim 1 \times 10^{19} \, \mathrm{cm}^{-3}$,结深为 $15 \sim 30 \mu\mathrm{m}$,与上文理论分析的结果十分接近。

3.3.2 局部少子寿命控制

由第 2 章可知,阻断状态下的漏电流与耗尽区空间电荷产生少子寿命 τ_{sc}、P 基区/P 发射极小注入发射效率 γ_{pL} 以及空穴在 N 基区的扩散长度 L_p 有关。传统方式下,为了抑制漏电流,常采用电子辐照的方式,对整个芯片的寿命进行均匀控制,这样会增大整个耗尽区内的 τ_{sc},从而减小 γ_{pL} 和 L_p,但会使得大注入下通态电压由于载流子寿命降低而增大。

考虑到不同深度少子寿命的降低对抑制漏电流的效果不同,通过对特定深度的少子寿命进行控制,这样既可以实现较好的漏电流抑制效果,同时又避免了整芯片少子寿命调控对通态电压的负面影响。在实际中,可采用质子辐照等技术实现局部少子寿命控制。下面通过一个具体案例,分析少子寿命控制的最佳深度,并对比质子辐照相较于电子辐照的调控优势。

计算实例

基于 TCAD 有限元仿真搭建了 8kV 对称 IGCT 半元胞模型,纵向掺杂结构示意如图 3.10 所示。仿真中设置芯片厚度为 $1300 \mu\mathrm{m}$,N 基区掺杂浓度为 $9.2 \times 10^{12} \, \mathrm{cm}^{-3}$,$J_1$ 和 J_2 结深设置均为 $110 \mu\mathrm{m}$,P^+ 发射极峰值浓度选取在 $5 \times 10^{18} \sim 1 \times 10^{19} \, \mathrm{cm}^{-3}$,$P^+$ 基区峰值浓度选取在 $1 \times 10^{17} \sim 1 \times 10^{18} \, \mathrm{cm}^{-3}$,N 发射极峰值浓度选取在 $1 \times 10^{20} \sim 1 \times 10^{22} \, \mathrm{cm}^{-3}$。引入高斯分布的缺陷来调整少子寿命分布,缺陷的能级和捕获面积可以通过深能级瞬态谱仪(deep level transient spectroscopy,DLTS)测量得到,具体见表 3.3。

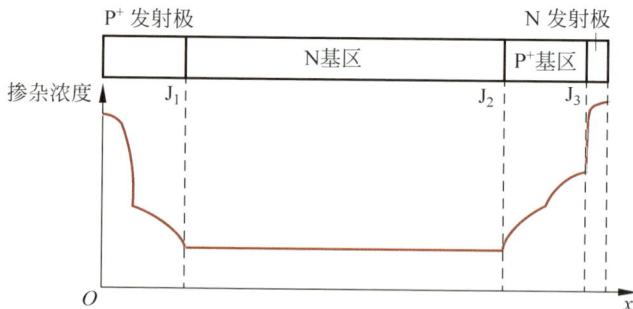

图 3.10 对称 IGCT 芯片掺杂示意图

表 3.3　有限元仿真中深能级缺陷参数

能级位置/eV	电子捕获面积/($\times 10^{-16}\,\mathrm{cm}^2$)	空穴捕获面积/($\times 10^{-15}\,\mathrm{cm}^2$)	缺陷类型
$E_C-0.17$	130	100	$(O-V)^{0/-}$，A 中心
$E_C-0.23$	2	50	$(V-V)^{=/-}$，双空位
$E_C-0.42$	10	8	$(V-V)^{-/0}$，双空位
$E_V+0.19$	400	1	$(V-V)^{0/+}$，双空位
$E_C-0.31$	30	30	含氢中心

（1）最佳缺陷位置

先不考虑反向漏电流，仅聚焦于正向漏电流和通态电压的折中，此时的漏电流主要受 PNP 晶体管基区电流传输系数 α_T 和 J_1 结阳极小注入发射效率 γ_{LL} 影响。遍历不同缺陷位置（$30\sim170\mu m$），即：由深及浅分别跨越了 N 基区（$110\sim170\mu m$）、P^- 发射极（$50\sim110\mu m$）及 P^+ 发射极（$<50\mu m$），调控效果如图 3.11 所示，其中通态电压取芯片开通后阳极电流为 3kA 时对应的阳极电压。

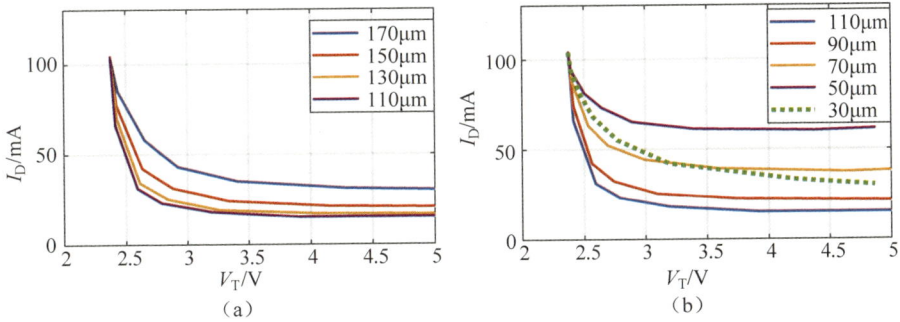

图 3.11　不同少子寿命控制位置下缺陷浓度对漏电流和通态电压的影响规律
(a) $110\sim170\mu m$；(b) $30\sim110\mu m$

首先，当局部缺陷区域位于 N 基区时（$110\sim170\mu m$），距离阳极表面越远，对 α_T 的调制效果越差，且 N 基区内少子寿命变化对 γ_{LL} 没有影响。因此，相同压降增量下，局部缺陷区域越深，漏电流优化效果越差。

其次，当局部缺陷区域位于 P^- 发射极时（$50\sim110\mu m$），距离阳极表面越近，相同缺陷浓度对 γ_{LL} 调制效果越差，这是因为高掺杂区域少子寿命初始值低，相同缺陷浓度对少子寿命的影响较弱；同时 P^- 发射极内少子寿命变化对 α_T 没有抑制作用。因此，相同压降增量下，局部缺陷区域越浅，漏电流优化效果越差。

最后，当局部缺陷区域位于 P^+ 发射极时（$<50\mu m$），寿命调制对空间电荷产生电流影响较小，使得漏电流的收敛值相比于 $50\mu m$ 和 $70\mu m$ 组别有所减小，但由于

对 γ_{LL} 和 α_T 的调制效果进一步变差,最终体现在漏电流的优化效果和 90～170μm 组别相比仍较差。

基于上述分析,器件载流子寿命设计上应在结附近区域设置少子寿命较低的缺陷控制区域,通过阻拦发射极空穴的发射和渡越。考虑到该模型为对称 IGCT 结构,正向阻断与反向阻断情况相似,只是分析反向漏电流时应围绕 NPN 晶体管基区电流传输系数和 J_2 结阳极小注入发射效率展开分析,所得到的结论亦基本相似。

(2)优化效果对比

基于上述结果,分别在 J_1 和 J_2 结附近设置局部少子寿命控制区域,以期实现正负双向漏电流的抑制,少子寿命分布示意如图 3.12 所示。

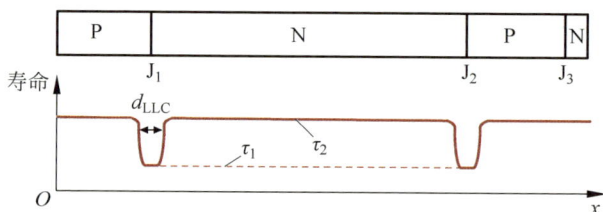

图 3.12 少子寿命分布优化示意图

进一步比较电子辐照的测试和仿真结果。当漏电流 I_k 减小到 35mA 时,质子辐照使芯片导通电压增加了 0.34V,而电子辐照使导通电压增加了 1.04V,是质子辐照对压降增量的 3 倍,这说明了质子辐照工艺的优越性。

对不同剂量质子辐照和电子辐照下芯片的 I_D(6.5kV,90℃)、V_T(3kA,90℃)进行仿真研究,结果如图 3.13 所示。

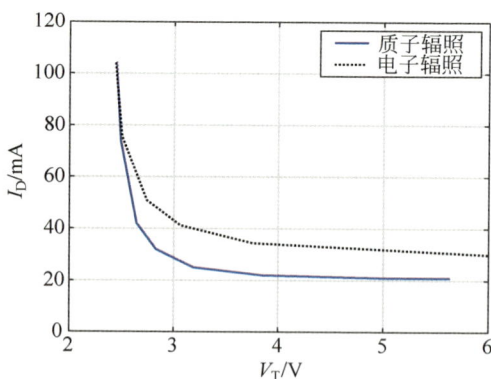

图 3.13 质子辐照和电子辐照不同剂量下芯片漏电流 I_D、通态电压 V_T 仿真结果

3.4　浪涌耐受特性

在 GCT 芯片的导通状态下,存在一种特殊的浪涌电流工况,如图 3.14 所示。在此工况下,芯片将承受一个远超常规通态电流的瞬态电流冲击,这通常与电力电子装备中的故障工况或脉冲功率应用工况相对应。在发生浪涌电流时,芯片必须具备一定的耐受能力。因此,GCT 芯片的浪涌电流特性,作为一种极为特殊且重要的稳态导通特性,需要额外介绍。

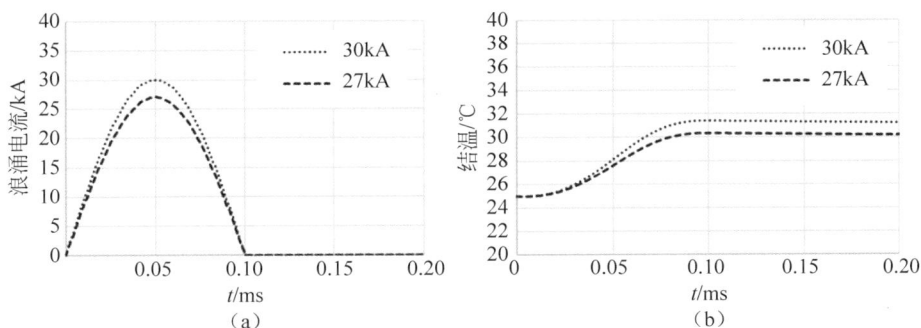

图 3.14　GCT 芯片的浪涌电流工况及结温变化
(a) 浪涌电流变化;(b) 结温变化

在承受浪涌电流时,GCT 芯片的通流电流 I_T 会急剧上升,与之相伴的通态电压 V_T 会快速增加。这种电流和电压的急剧变化会在半导体内部产生极高的瞬时功率,导致结温发生剧烈变化。尽管 GCT 芯片相较于传统晶闸管拥有更精细的门阴极结构,可以忽略载流子的横向扩散过程,从而认为电流密度在芯片各处几乎均匀分布,避免了局部过热现象,但结温的剧烈变化仍可能引起两个问题:一是阻断电压能力的降低,二是产生较大的机械应力,这可能加速芯片的老化。因此,评估芯片对浪涌电流的承受能力通常会参考数据参数表中的瞬态热阻 Z_{th} 曲线,并结合通态电压 V_T 随电流变化的关系,来计算瞬态结温 T_{vj} 的变化(初始值为 $T_{vj,start}$):

$$T_{vj}(t) = T_{vj,start} + \int_0^t I_T(\tau) \cdot V_T(\tau) \cdot \dot{Z}_{th}(t-\tau) \cdot d\tau \tag{3-21}$$

其中

$$\dot{Z}_{th}(t) = \frac{d}{dt} Z_{th}(t) \tag{3-22}$$

可以看出,器件的浪涌电流能力主要与其通态电压及瞬态热阻相关,其中前者的优化已在 3.2 节中讨论,而后者的优化在本书的封装章节中论述。

在实际的应用中,由于器件的通态电压与通流电流具有相关关系,通常也会利用特定正弦半波下的 I^2t 这一参量来表征浪涌电流应力,参考 IEC 60647—2023 标准,其具体定义如下:

$$\int_0^{t_p} I_T^2(t) \cdot \mathrm{d}t = \frac{1}{2} \cdot I_{TSM}^2 \cdot t_p \qquad (3\text{-}23)$$

式中,t_p 为脉冲持续时间,I_{TSM} 为浪涌电流幅值。

需要指出的是,I^2t 参数的应用可做估算但并不准确,在脉冲宽度、脉冲电流形状发生变化时,原有的安全工作边界并不完全适用。

参考文献

[1] LUTZ J,SCHLANGENOTTO H,SCHEUERMANN U,et al. Semiconductor power devices: physics,characteristics, reliability[M]. New York: Springer Science & Business Media, 2011.

[2] VEMULAPATI U,ARNOLD M,RAHIMO M,et al. Reverse blocking IGCT optimised for 1kV DC bi-directional solid state circuit breaker[J]. IET Power Electronics,2015,8(12): 2308-2314.

[3] VOBECKY J, BOTAN V, MEIER K U, et al. Local lifetime control for enhanced ruggedness of HVDC thyristors[C]//2018 IEEE 30th International Symposium on Power Semiconductor Devices and ICs (ISPSD). Chicago,IL,USA: IEEE,2018: 156-159.

[4] GERSTENMAIEF Y C. A study on the variation of carrier lifetime with temperature in bipolar silicon devices and its influence on device operation[C]//Proceedings of the 6th International Symposium on Power Semiconductor Devices and Ics. Davos,Switzerland: IEEE,1994: 271-274.

[5] GERSTENMAIER Y C,BAUDELOT E. Investigation of GTO turn-on in an inverter circuit at low temperatures using 2-D electrothermal simulation[M]//Simulation of Semiconductor Devices and Processes: Vol. 6. Vienna: Springer Vienna,1995: 364-367.

[6] JAECKLIN A A. The first dynamic phase at turn-on of a thyristor[J]. IEEE Transactions on Electron Devices,1976,23(8): 940-944.

[7] HO E,SEN P C. Effect of gate drive circuits on GTO thyristor characteristic[C]//1984 Annual Meeting Industry Applications Society. Chicago,IL,USA: IEEE,1984: 706-714.

[8] MNATSAKANOV T T,YURKOV S N,TANDOEV A G. A new physical mechanism for the formation of critical turn-on charge in thyristor structures[J]. Semiconductors,2005, 39: 354-359.

[9] WAKEMAN F J,BAKER M. The implementation of gate turn-off thyristors as high voltage turn-on switches for pulse power applications [C]//IEE Colloquium Pulsed Power'97. Londun,UK: IEEE,1997: 20/1-20/3.

[10] LIU J,YU Z,ZHOU W,et al. Ultra-low on-state voltage IGCT for solid-state DC circuit breaker with single-switching attribute[J]. IEEE Transactions on Power Electronics,

2020,36(3)：3292-3303.

[11]　REN C,LIU J,LI X,et al. Optimal design of reverse blocking IGCT for hybrid line commutated converter[J]. IEEE Transactions on Power Electronics,2023,38(11)：13957-13965.

[12]　REN C,LIU J,WU J,et al. Abnormal turn-on phenomenon of large-size and high-voltage reverse blocking IGCT[J]. IEEE Transactions on Power Electronics,2023,38(10)：12337-12341.

[13]　HAZDRA P,VOBECKY J,DORSCHNER H,et al. Axial lifetime control in silicon power diodes by irradiation with protons,alphas,low-and high-energy electrons[J]. Microelectronics Journal,2004,35(3)：249-257.

[14]　HAZDRA P,VOBECKY J,GALSTER N,et al. A new degree of freedom in diode optimization：arbitrary axial lifetime profiles by means of ion irradiation[C]//12th International Symposium on Power Semiconductor Devices & ICs. Toulouse,France：IEEE,2000：123-126.

[15]　KONISHI Y,ONISHI Y,MOMOTA S,et al. Optimized local lifetime control for the superior IGBTs[C]//8th International Symposium on Power Semiconductor Devices and ICs. Maui,HI,USA：IEEE,1996：335-338.

[16]　WIKSTROEM T,ALEXANDROVA M,KAPPATOS V,et al. 94mm reverse-conducting IGCT for high power and low losses applications[C]//International Exhibition and Conference for Power Electronics,Intelligent Motion,Renewable Energy and Energy Management. Shanghai,China：VDE,2017：118-123.

[17]　HÜPPI M W. Proton irradiation of silicon：Complete electrical characterization of the induced recombination centers[J]. Journal of applied physics,1990,68(6)：2702-2707.

[18]　BLACKMORE E W,DODD P E,SHANEYFELT M R. Improved capabilities for proton and neutron irradiations at TRIUMF[C]//2003 IEEE Radiation Effects Data Workshop. Monterey,CA,USA：IEEE,2003：149-155.

[19]　HAJDAS W,BURRI F,EGGEL C,et al. Radiation effects testing facilities in PSI during implementation of the Proscan project[C]//IEEE Radiation Effects Data Workshop. Phoenix,AZ,USA：IEEE,2002：160-164.

[20]　PRZEWOSKI B,RINCKEL T,MANWARING W,et al. Beam properties of the new radiation effects research stations at Indiana University Cyclotron Facility[C]//2004 IEEE Radiation Effects Data Workshop. Atlanta,GA,USA：IEEE,2004：145-150.

[21]　SELBERHERR S. Analysis and simulation of semiconductor devices[M]. New York：Springer Science & Business Media,2012.

[22]　ADLER M S. Accurate calculations of the forward drop and power dissipation in thyristors[J]. IEEE Transactions on Electron Devices,1978,25(1)：16-22.

[23]　SOMOS I L,Piccone D E. Power semiconductors-a new method for predicting the on-state characteristic and temperature rise during multicycle fault currents[J]. IEEE Transactions on Industry Applications,1995(6)：31.

[24]　SILARD A P. High-temperature physical effects underlying the failure mechanism in

thyristors under surge conditions[J]. IEEE transactions on electron devices,1984,31(9): 1334-1340.

[25] SPAHN E,BUDERER G,WEGNER V,et al. The application of thyristors as main switches in railguns[C]//Ninth IEEE International Pulsed Power Conference. Albuguergue, NM,USA: IEEE,1993,2: 583.

[26] HUDGINS J L,GODBOLD C V,PORTNOY W M,et al. Temperature effects on GTO characteristics[C]//Proceedings of 1994 IEEE Industry Applications Society Annual Meeting. Denver,CO,USA: IEEE,1994,2: 1182-1186.

[27] RODRIGUES R G,PICCONE D E,TOBIN W H,et al. Operation of power semiconductors at their thermal limit [C]//Conference Record of 1998 IEEE Industry Applications Conference. Thirty-Third IAS Annual Meeting St. Louis, MO, USA: IEEE, 1998, 2: 942-953.

[28] SOMOS I L,PICCONE D E,WILLINGER L J,et al. Power semiconductors empirical diagrams expressing life as a function of temperature excursion[J]. IEEE transactions on magnetics,1993,29(1): 517-522.

[29] KAO Y C,HOWER P L. The surge capability of high voltage rectifiers[C]//1978 International Electron Devices Meeting. Washington,DC,USA: IEEE,1978: 568-574.

[30] BASLER T,LUTZ J,JAKOB R,et al. Surge current capability of IGBTs [C]// International Multi-Conference on Systems,Signals & Devices. Chemnitz, Germany: IEEE,2012: 1-6.

[31] RAVI L,LIU J,DONG D,et al. Surge current capability of IGBT based power electronic interrupter modules for hybrid DC circuit breaker applications[C]//2021 IEEE Applied Power Electronics Conference and Exposition (APEC). Phoenix,AZ,USA: IEEE,2021: 395-400.

[32] YIN S,GU Y,DENG S,et al. Comparative investigation of surge current capabilities of Si IGBT and SiC MOSFET for pulsed power application[J]. IEEE Transactions on Plasma Science,2018,46(8): 2979-2984.

第 4 章

IGCT关断特性

相较于常规的晶闸管,IGCT 最显著的特性改进在于其拥有了主动关断的功能,这使得电力电子装备具备更强的功率调控和故障清除能力。然而,与理想中的开关不同,IGCT 的电流关断能力存在上限,一旦尝试在超出此能力边界范围外进行关断操作,器件将面临永久性损坏的风险。因此,IGCT 的可控关断电流是核心参数之一,引起了大量研究者的密切关注。

在本章中,我们将聚焦于 IGCT 的可控关断电流这一核心参数。首先,概述 IGCT 器件的关断物理过程;其次,介绍一种面向百微米至百纳米空间尺度的介观行为分析方法,深入探讨 IGCT 在不满足硬驱动条件、低压自触发以及高压自触发三种失效模式下的机理,并剖析这些失效模式的关键影响因素;最后,针对上述三种失效机理,分别介绍典型的关断能力优化方法,以期为 IGCT 器件的性能提升提供有益的参考。

4.1 关断物理过程

本节基于图 4.1 所示的关断主电路讨论 IGCT 器件的关断动态过程,假设该关断主电路具有如下性质:

(1)电压源和 IGCT 之间无杂散电感。

(2)负载为纯感性(L_{load})且其电感值足够大,使得在关断过程中负载电流近似保持恒定。

定义门阴极电压 v_{GK},该电压可在 GCT 和门极驱动的连接处测得,如图 4.2 所示。此外,门阴极换流回路中的杂散参数可以被认为包含门极驱动部分($L_{\sigma o}$ 和 R_{Go})和封装结构部分($L_{\sigma i}$ 和 R_{Gi})。

在关断过程开始之前,IGCT 处于导通状态,负载电流为 I_L。根据上文的假设,I_L 在整个关断过程中保持恒定,则 IGCT 的关断过程如图 4.3 所示,下面依次介绍。

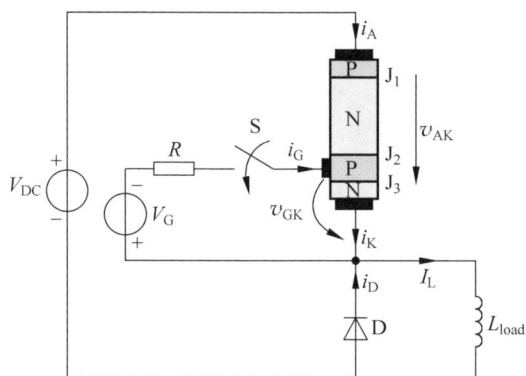

图 4.1　IGCT 的纯感性负载关断主电路

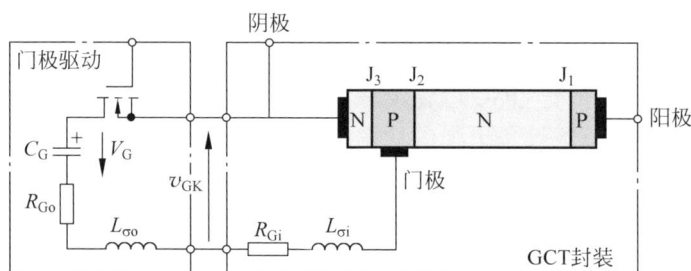

图 4.2　IGCT 门阴极换流电路简化示意图

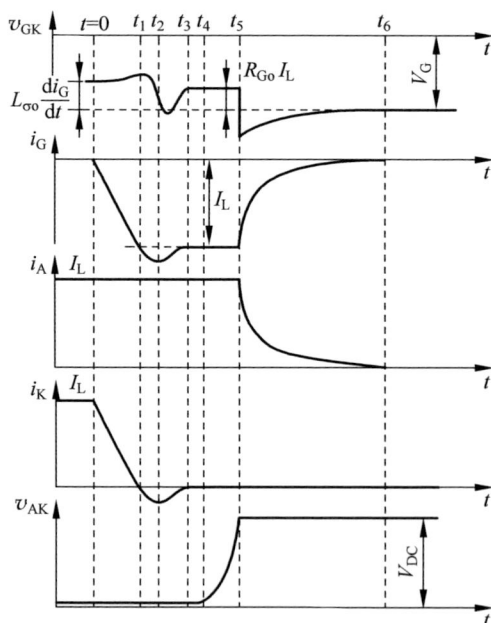

图 4.3　IGCT 在纯感性负载条件下的关断过程

阶段 1($t=0 \sim t_1$)：在 $t=0$ 时，门极驱动中的 MOSFET 开通，门极电流立即开始上升。此时，门阴极电压 v_{GK} 为

$$v_{GK}(t) = V_G(t) - L_{\sigma o}\frac{di_G(t)}{dt} - R_{Go}i_G(t) \tag{4-1}$$

在上式中，由于实际的门极驱动中电源电容 C_G 足够大，V_G 基本恒定；其电流变化率 di/dt 在门极电流 i_G 上升的过程中，可以认为近似保持不变。与此同时，电阻压降 $R_{Go}i_G$ 随门极电流 i_G 增大而升高，所以在 $t=0 \sim t_1$ 期间，v_{GK} 绝对值逐渐减小。

阶段 2($t_1 \sim t_2$)：在 $t=t_1$ 时，门极电流大于阳极电流，阴极电流变为负值，J_3 结过剩载流子开始扫出。J_3 结的反向电流在 $t=t_2$ 时到达峰值，此时，门极电流导数为 0，门阴极电压为 $v_{GK}=V_G-i_G R_{Go}$。

阶段 3($t_2 \sim t_3$)：在 $t=t_2$ 时，J_3 结的反向恢复进入拖尾阶段。门极电流 i_G 减小，在杂散电感 $L_{\sigma o}$ 中感生过电压。在 $t=t_3$ 时，di_G/dt 降为 0，J_3 结的反向恢复结束，$i_G=I_L$。此时，门阴极电压为 $v_{GK}=V_G-I_L R_{Go}$。

阶段 4($t_4 \sim t_5$)：在 $t=t_4$ 时，电压开始在 J_2 结建立。如果电压在 J_3 结的过剩载流子扫出结束前($t=t_3$)开始上升，电流很可能已经重新分配。因此，J_3 结反向恢复结束时刻 t_3 和电压在 J_2 结建立的时刻 t_4 之差可以用来判断器件是否运行在硬驱动模式。如果时间差 $\Delta t=t_4-t_3$ 为零或者为负，则不能保证运行在硬驱动模式，IGCT 很可能关断失效。

阶段 5($t_5 \sim t_6$)：在 $t=t_5$ 时，v_{AK} 上升到母线电压 V_{DC}，阳极电流很快下降，门极电流也随之下降。短暂的高 di_G/dt 在 $L_{\sigma o}$ 中引起过电压，从而在 v_{GK} 中可以观察到电压尖峰。在 $t=t_6$ 时刻，N 基区过剩载流子扫出完成。

4.2　介观行为分析方法

大容量 GCT 芯片通常由数千个元胞并联组成，关断过程中各元胞间会产生电流相互转移的再分配动态过程，传统宏观方法仅面向整器件(数十至上百毫米)开展电学特性测试，然而这种方法难以精细地观测芯片的失效物理过程。为此，本节引入一种面向元胞及元胞局部(百微米至百纳米)的介观行为分析方法，通过构建"介观信号激励-介观失效捕获-介观物理机制"三位一体的研究框架，可实现对关断瞬态物理过程的精细化表征与失效机理的准确解析。

本节将首先介绍一种元胞级关断等效拓扑，可实现介观激励信号的施加；进而，为了避免芯片失效时大面积烧蚀破坏失效点初始形貌，采用多级阳极电压检测的超高速保护方法，可快速切除失效故障，从而捕获初始的介观失效形貌。基于前

述步骤获取的表征结果,为后续从介观层面理解失效物理机制提供支撑。

4.2.1　介观信号激励

为保证元胞级等效实验中,施加介观信号激励产生的关键物理效应与整晶圆实验相同,应保证关断过程中元胞体内各处的电流密度和电场强度与原实验完全相同。由于芯片厚度未发生变化,仅面积缩小,故外电路电压应维持不变,仅电流等比例缩小。对应到电路中的线性元件,则应保证所有的电阻值与电感值等比例翻倍,电容值等比例减小。

对电容而言,在整晶圆实验中,被测 IGCT 器件两端并联 μF 量级的电容将带来明显的缓冲效应。故在元胞级实验中,为避免缓冲效应对关断过程的影响,应将总寄生电容容值限制在 nF 或 0.1nF 以下。

对电感而言,电感值的等比例翻倍使得硬驱动所要求的换流回路杂散电感由 nH 量级提升至 μH 量级,大大减小了元胞连接结构设计的难度。但进行两元胞并联实验时,图 4.4(a)中 L_{diff} 电感值无法自由调节,仍由整晶圆芯片表面大面积铺覆的门极铝电极及其下侧硅晶圆中整面导电的 p^+ 基区决定。考虑到 L_{diff} 所代表的杂散电感引起的电压降落(通常在 10V 量级)远小于数千伏的阳极电压,故可忽略其在阳极电压建立之后的影响;仅考虑 L_{diff} 对图中 GCT2 换流速度的限制作用,可将 L_{diff} 的位置由门极移至阴极,采用图 4.4(b)所示的等效拓扑。

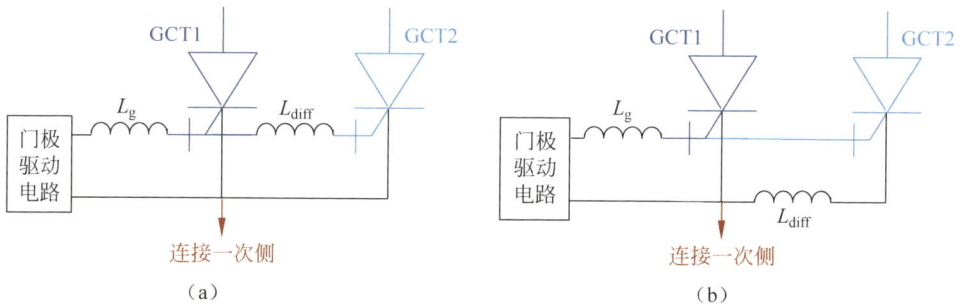

图 4.4　两并联 GCT 元胞连接拓扑
(a) 考虑门极信号传递路径的实际拓扑;(b) 元胞级关断等效拓扑

4.2.2　介观失效捕获

为了捕获介观失效形貌,通过短时间内对失效的识别与故障电流的切除,可实现对元胞关断失败后不可逆热损伤的抑制或完全消除,避免出现大面积烧蚀破坏失效点初始形貌。

整晶圆芯片关断失效发生后通常会出现阳极电压快速跌落,然而在元胞级实验中,失效发生后电流向失效点的汇聚作用有所减弱,其特征与整晶圆失效存在显著差别。图 4.5 所示为某 GCT 样品在低压小电流下的失效波形,可以看出被测元胞在 $t=1.6\,\mu s$ 的时刻已经重新出现了阴极电流,但在 $t=1.7\,\mu s$ 后才开始出现阳极电压的下降,这致使针对整晶圆器件适用的 $\mathrm{d}V_{ak}/\mathrm{d}t$ 检测方法等并不适用于元胞级实验。

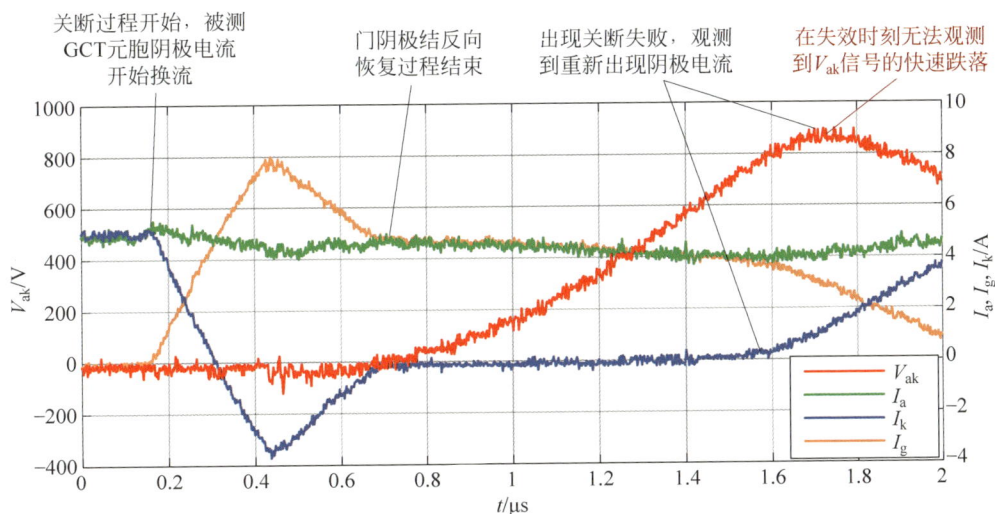

图 4.5　被测 GCT 元胞关断失效时刻 V_{ak} 不出现快速跌落

相比于阳极电压跌落等特征,在关断过程中发生失效的直接特征是关断后的特定时间内无法建立起足够高的阳极电压。通过对关断后特定时刻器件阳极电压与参考值进行比较的检测方法,具有极强的鲁棒性。

这里给出一种通过多级电压比较实现失效高速判别的方法,在保证鲁棒性的前提下降低检出延时,如图 4.6 所示,其工作原理简述如下:

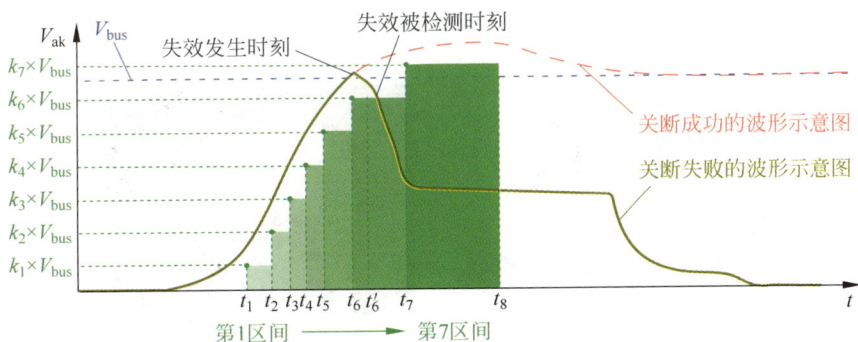

图 4.6　多级电压比较方法示意

（1）选定用于比较的多级电压参考值。由于不同实验组别间的电压绝对值变化强烈，将电压参考值设定为母线电压的比例倍数，以保证保护设定随实验条件动态变化，即图中所示的 $k_1 \times V_{bus}$，$k_2 \times V_{bus}$，$\cdots$，$k_7 \times V_{bus}$。

（2）选定建立至各级比较电压的参考时刻 t_1，$t_2 \cdots$。该时刻受到样品性能、实验电流等多个参数影响。为实现理想的保护效果，在逐步提升关断应力的失效观测实验中，可采用前次成功关断的波形计算得到各参考时刻。

（3）控制在各参考时刻之后，采用新电压参考值进行电压比较。以图中的参数设定为例，在 t_1 时刻前，电压参考值为 0；在 $t_1 \sim t_2$ 的第一区间内，电压参考值为 $k_1 \times V_{bus}$，在 $t_2 \sim t_3$ 的第二区间内，电压参考值为 $k_2 \times V_{bus}$，依次类推。

（4）当无失效发生时，如图中红色虚线波形所示，由于波形始终处于图中绿色的失效检测区域外，故旁路电路不动作。

（5）当失效发生时，如图中黄色实线波形所示，在失效发生的第 6 区间内，电压跌落至区间对应阈值 $k_6 \times V_{bus}$ 时刻 t_6'，检测出失效。若电压跌落较慢，则在第 7 区间的起始时刻 t_7 检测出失效。

在理想情况下，通过配置足够密集的检测区间，可以实现零延迟的检测。但事实上，过于密集的区间设置不仅会造成复杂的逻辑电路设计，以及对应传输延迟时间的提升，也会由于成功关断的电压波形与所选用阈值间的裕度过小而造成失效检测的误识别。为了兼具失效检测的检出速率与鲁棒性，可选择 10 个区间左右的电压检测方法。

实证研究

图 4.7 所示为一种基于探针的 GCT 元胞电极引出结构，门阴极的信号通过钨针及铜导线分别连接到转接电路板的不同区域，阳极通过带有孔洞的阳极铜块实现连接，可以实现介观信号激励施加。在打开真空泵时，GCT 芯片阳极下测的压力在泵的作用下将低于大气压，进而使得芯片在大气压力的作用下实现与阳极铜块的紧密接触。

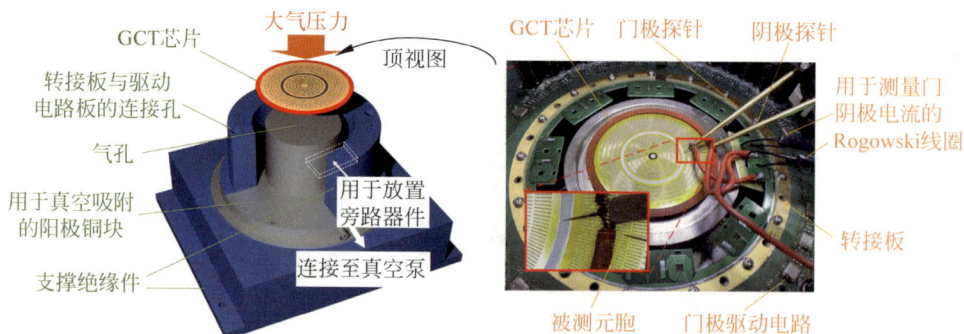

图 4.7　基于探针的 GCT 元胞电极引出结构

基于以上的引出结构与 4.2 节中提出的各部分电路,搭建测试平台并调试。由于平台的结构较为紧凑,在连接的过程中尤其注意了包括测量系统在内的,不同电位间的隔离要求。同时对于系统中的部分电位进行了可靠的接地或悬浮,以避免局部放电产生的干扰测量信号。平台信号传递示意如图 4.8 所示。

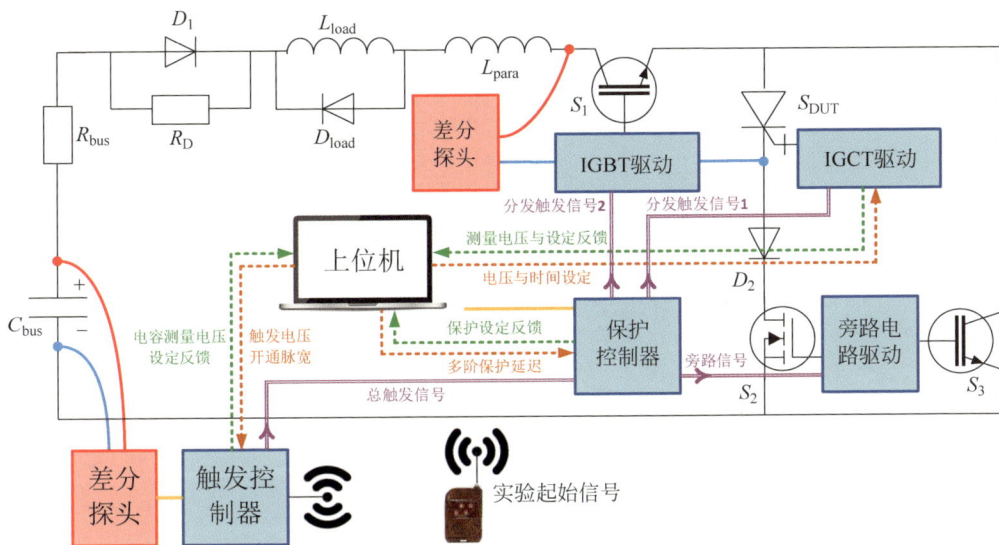

图 4.8　一种典型的元胞级关断电路设计

为进一步测试平台的失效检测策略及故障电流旁路的动作特性,选取调试用 GCT 样品进行单元胞关断实验,实验波形如图 4.9 所示。可以看出,被测元胞在发生关断失效后在 100ns 内完成失效检测与故障电流旁路。在失效后,元胞表面未出现损伤痕迹,测量其阻断特性,发现芯片在高压漏电流水平有所增加,但仍具备 4000V 以上的电压阻断能力,如图 4.10 所示。将失效保护时间延迟增大后,可以观测到元胞失效点的位置与初始形貌特征。图 4.11 所示为保护动作与保护未动作条件下的元胞失效后形貌,可以看出,通过检测关断失败并故障电流快速进行旁路切除,可以防止后续局部的热积累造成的硅片熔融,对于初始失效点的观测起到了积极的作用,为研究 GCT 芯片关断失效机理提供了介观尺度的新分析。

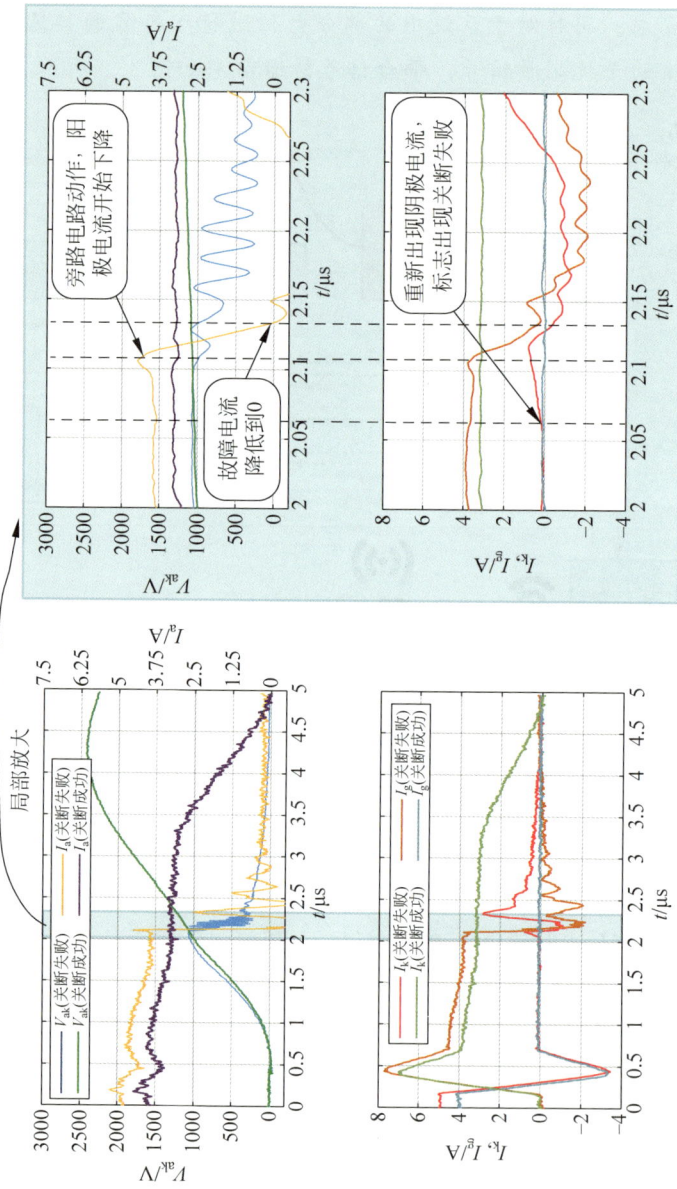

图 4.9 GCT 单元胞关断失效与电流旁路典型波形

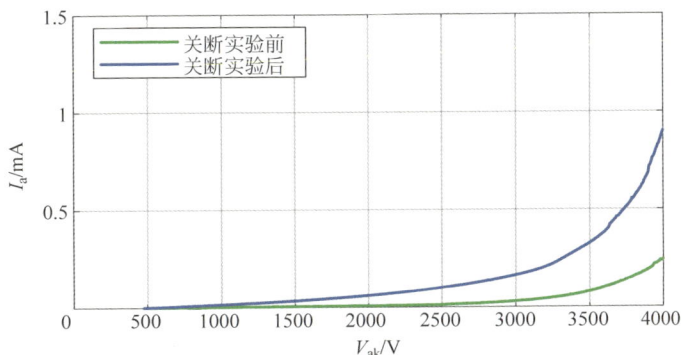

图 4.10　被测 GCT 元胞在关断实验前后的常温阻断特性

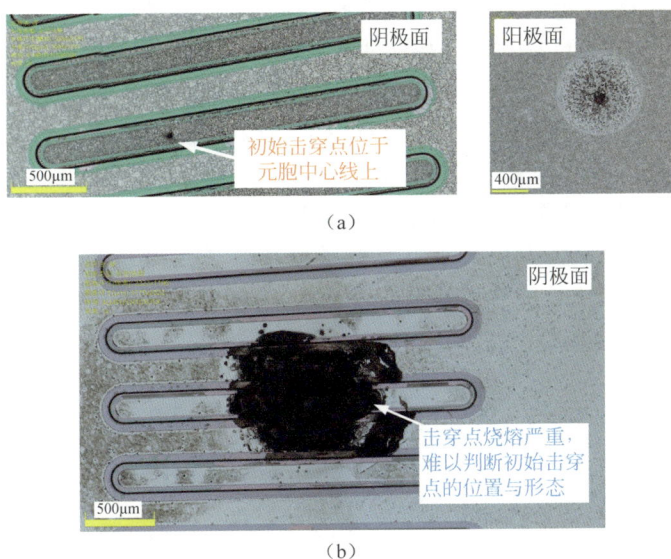

（a）

（b）

图 4.11　关断失效后 GCT 芯片击穿点形貌

（a）保护系统快速动作，切除故障电流；（b）保护系统未动作

4.3　关断失效机理

基于上述所阐述的介观行为分析方法，根据失效发生的不同时段，可将 IGCT 器件的关断失效归纳为三种模式：不满足硬驱动条件、低压自触发与高压自触发。本节将详细阐述这三种最为典型的失效模式。

4.3.1　不满足硬驱动条件的关断失效

1. 失效特征

正如本书第 1 章所述，IGCT 相较于 GTO（门极可关断晶闸管）的一个显著改进在于其能够在阳极电压上升之前顺利完成全部阴极电流的换流过程,即满足所谓的硬驱动条件。然而,在某些情况下,如果器件的门极换流回路中存在过大的杂散电阻和杂散电感(简称杂散阻感或阻感),或者其存储时间(定义为换流过程起始到阳极电压建立之间的时间间隔)相对较短,那么就有可能出现阳极电压已经开始上升、但阴极电流换流尚未完成的情况,这种情形被定义为不满足硬驱动条件下的失效。

2. 失效过程

在该失效模式下,会发生以下三个关键的物理过程。

(1) 电流汇聚:由于阳极电压建立前未能完成阴极电流的换流,部分 N 发射结仍维持在正偏状态,这促使载流子持续不断地注入 P 基区。这一现象导致阴极电流主要汇聚在该 N 发射极中心的狭窄区域内,形成显著的电流密度高峰。

(2) 剧烈发热:随着阳极电压的建立,J_2 结处的电场强度迅速增强。这一变化导致元胞中心区域产生大量的焦耳热,进而引起晶格温度的急剧上升。

(3) 不可逆失效:随着温度升高,对应区域内的本征载流子浓度急剧增加,进一步加剧了电流汇聚现象或引发了更为剧烈的发热。这种正反馈可能导致晶体结构的破坏或掺杂结构的永久改变,最终造成器件的不可逆热失效。

图 4.12 所示为该失效模式下典型的关断仿真波形及内部的参量变化。可以看出,在不满足硬驱动条件时,随着阳极电压 V_a 的建立,电流快速在 N 发射极中心处汇聚,晶格温度快速升高,最终将导致不可逆的热失效。

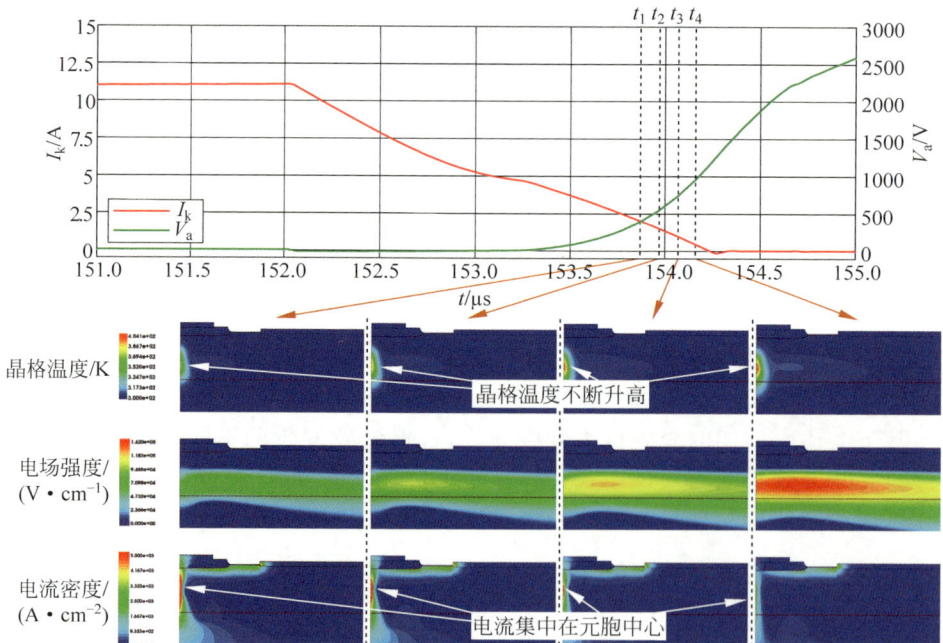

图 4.12 不满足硬驱动条件下的关断仿真波形与半导体内部参数

3. 影响因素

容易理解,该失效模式下可控关断电流能力主要受阴极电流换流速度和 IGCT 芯片关断存储时间两个参数影响。其中,前者主要由驱动及封装部分的电阻和杂散电感决定,而后者受 IGCT 芯片结构影响。

4.3.2　低压自触发的关断失效

1. 失效特征

与不满足硬驱动条件所导致的失效现象不同,低压自触发被定义为在 IGCT 器件关断建立的阳极电压处于较低幅值(通常低于 500V)时,阴极电流重新上升的现象。该阴极电流将引发 N 发射极电子发射,引起局部元胞的不可控导通,导致 IGCT 芯片中的电流迅速向该局部导通区域集中,进而引起器件局部过热失效。其典型波形如图 4.13 所示,在 $t=3\mu s$ 时阴极电流重新上升,引发热失效。

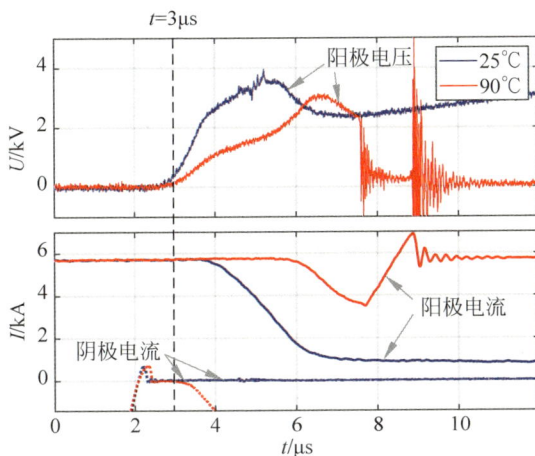

图 4.13　6.5kV 对称 IGCT 室温关断成功和高温发生低压自触发关断失效的波形对比

2. 失效过程

在该失效模式下,会发生以下四个关键的物理过程。

(1) 载流子扫出:在 J_3 结过剩载流子扫出后、阳极电压建立的过程中,空穴在空间电场的作用下从门极侧扫出,在 P 基区内形成 N 发射极下侧区域高、门极区域低的电流密度分布。

(2) 形成横向电压降:如图 4.14 所示,该电流最终需通过 P 基区横向流动至门极电极。在该路径上,由于 P 基区横向电阻的存在,会产生横向电压降,抬升 J_3 结 P 基区侧的电位。

(3) 局部自触发:当 J_3 结 P 基区侧电位升高到足以克服门极驱动施加在 N 发

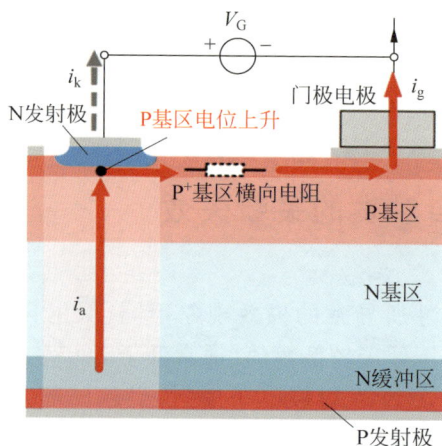

图 4.14 P 基区电流横向流动至门极电极的示意图

射极侧的驱动电压时,位于元胞中心区域的 J_3 结将从反偏状态转变为正偏状态。这一转变导致 N 发射极区域局部产生电子发射,进而形成类似于局部触发开通的效果。

(4)电流汇聚失效:触发电流引起局部触发开通,造成阳极电压的跌落及 GCT 芯片内部剧烈的电流汇聚,进而造成器件的永久性失效。

图 4.15 和图 4.16 所示分别为该失效模式下典型的关断仿真波形及内部参量变化,其中,t_1 表示 J_3 结反向恢复结束时刻。从图中可以看出,在低压自触发模式下,随着阳极电压的建立,电流迅速在 N 发射极的中心区域汇聚,引发 P 基区内横向电压降的快速升高,最终导致 N 发射极中心处的 PN 结正偏及自触发。

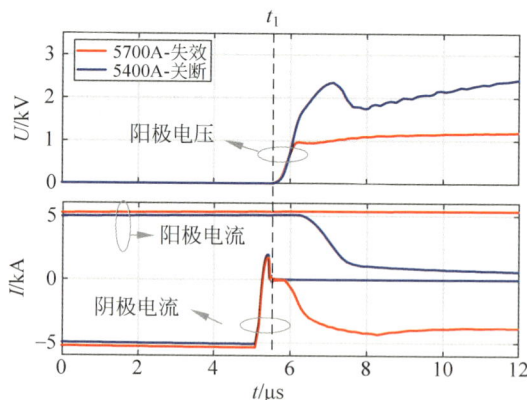

图 4.15 低压自触发失效的关断仿真波形

图 4.16　t_1 时刻起每间隔 0.05μs 的 IGCT 芯片内部电流密度和电位变化图

3. 影响因素

可以看出,在这一过程中,较为关键的内部参量是 P 基区内的电流分布情况及 P 基区的横向电阻大小,其中前者主要受导通情况下的载流子分布情况影响,后者则主要由 P 基区的掺杂浓度以及元胞的横向尺寸决定。

为了更直观地帮助读者理解导通情况下载流子分布对关断过程中 P 基区内电流分布的影响,我们可以采用简化的物理模型进行解释(模型中采用不对称 GCT 结构阐述,对称结构的物理方程形式完全相同)。

1) 模型建立与物理方程

为分析电压建立与载流子扫出过程中的电流密度分布情况,如图 4.17 所示,可以将元胞内 J_2 结的空间电荷区域分为若干个细分子区域。为简化模型,在本节中仅考虑 J_2 结耗尽区内沿 y 轴方向的电场强度。图 4.18 所示为任一细分子区域内,沿 y 轴方向的载流子分布、电场分布与电流组成情况。基于此,忽略存储电荷区域内的载流子复合,由电流连续性方程,对任一细分子区域,有以下表达式成立

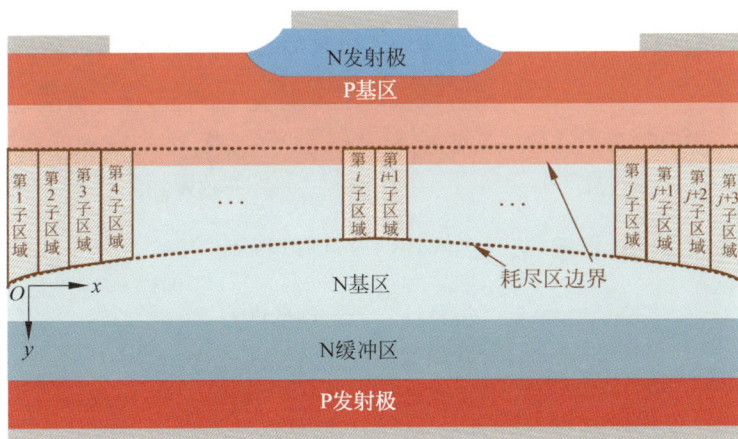

图 4.17　耗尽区子区域结构示意图

$$J - \alpha_{\text{PNP}} J = \frac{\text{d}Q}{\text{d}t} = \frac{\text{d}W_{\text{d}}}{\text{d}t} \times n(W_{\text{d}}) \times q \tag{4-2}$$

式中，J 为电流密度；α_{PNP} 为阳极侧 PNP 晶体管的共基电流放大系数；Q 为剩余总存储电荷密度；W_{d} 为图 4.18 中所示 N 基区内耗尽区厚度；$n(W_{\text{d}})$ 为耗尽区边界处存储电荷浓度；q 为元电荷电荷量。各物理量均为该细分子区域内的参数。

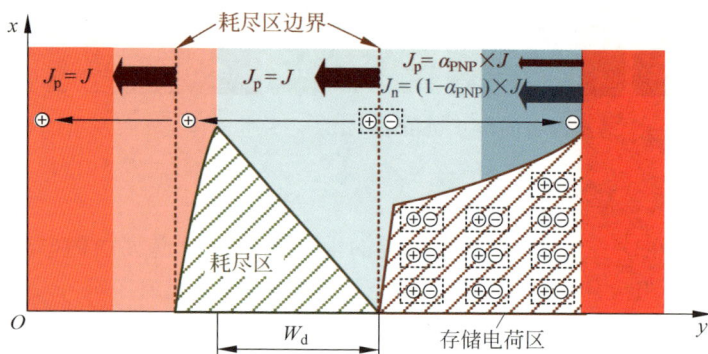

图 4.18 耗尽区子区域内物理量示意图

同时，在此过程中扫出的空穴在耗尽区电场中漂移，由于对应的运动电荷与该区域掺杂浓度相当或更高，使电场发生畸变。考虑该效应后，根据漂移电流的表达式与泊松方程，可以得到

$$\frac{\text{d}E}{\text{d}y} = -\frac{q \times (N_{\text{D}} + p_{\text{mobile}})}{\varepsilon_{\text{Si}}} = -\frac{q \times \left(N_{\text{D}} + \dfrac{J}{q \times v_{\text{p,sat}}}\right)}{\varepsilon_{\text{Si}}} \tag{4-3}$$

式中，N_{D} 为 N 基区内掺杂浓度；p_{mobile} 为运动空穴浓度；$v_{\text{p,sat}}$ 为空穴饱和漂移速度；ε_{Si} 为硅的介电常数。

由于 N 基区掺杂浓度远低于 P 基区，简化后可只考虑 N 基区内的耐压，可以得到

$$U = \frac{1}{2} \times \frac{q \times \left(N_{\text{D}} + \dfrac{J}{q \times v_{\text{p,sat}}}\right)}{\varepsilon_{\text{Si}}} W_{\text{d}}^2 \tag{4-4}$$

式中，U 为 J_2 结耐压，将式(4-2)代入式(4-4)可以得到

$$U = \frac{q}{2\varepsilon_{\text{Si}}} \times \left(N_{\text{D}} + \frac{\dfrac{\text{d}W_{\text{d}}}{\text{d}t} \times n(W_{\text{d}})}{v_{\text{p,sat}} \times (1 - \alpha_{\text{PNP}})}\right) \times W_{\text{d}}^2 \tag{4-5}$$

2）电流分布规律分析

由于不同子区域在元胞内是并联关系，其 J_2 结耐压 U 相等，可以据此明晰电

压建立过程中的电流分布规律。以 N 发射极下方的第 i 子区域和门极下方的第 j 子区域为例,假令 t_0 时刻两者在 N 基区的耗尽区厚 W_d 相等,根据本节前半部分的分析,位于元胞中心处的第 i 子区域耗尽区边界等离子体浓度 $N(W_d)$ 相对较高,根据式(4-5)可知,其耗尽区边界的拓展速度 dW_d/dt 将因此小于第 j 子区域。这导致在下一时刻 $t_0+\Delta t$,第 j 子区域在 N 基区内的耗尽区厚度 W_d 将大于第 i 子区域。进一步地,根据式(4-4)可知,第 i 子区域相比于第 j 子区域具有更高的电流密度。虽然在紧接着的下一时刻,第 j 子区域内更厚的 W_d 会使得其耗尽区边界拓展速度 dW_d/dt 有所下降,但依然会维持其 J_2 结耗尽区对第 i 子区域相对更宽。

　　由上述分析可以看出,在关断起始前的导通状态下,具有较多载流子的子区域将具有较窄的 N 基区耗尽区厚度 W_d 与较高的电流密度 J。这表明,在导通状态下,若载流子在元胞中心区域的集中比例越高,则在关断电压建立过程中,元胞中心处的电流密度分布也会相应更高。同时,这也意味着 P 基区将具有更大的横向电压降,以及更高的自触发失效风险。

4.3.3　高压自触发的关断失效

1. 失效特征

　　IGCT 器件发生失效的第三种机制是高压自触发。与低压自触发不同的是,高压自触发被定义为 IGCT 器件在较高的阳极电压下(通常＞2000V)重新出现阴极电流,导致局部元胞的不受控开通,引发失效。此种情况下,器件内部发生的动态雪崩过程(表现为阳极电压上升率的下降)深度参与并影响了 P 基区内的电流密度的分配过程,促使更高比例的电流密度向 N 发射极中心处汇聚,进而引发自触发失效。该失效模式下的典型波形如图 4.19 所示。

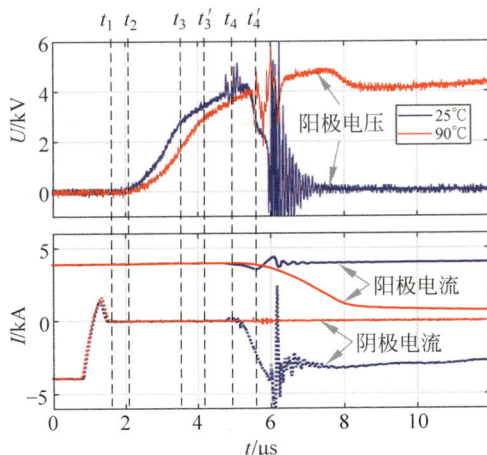

图 4.19　6.5kV 对称 IGCT 高温关断成功和室温发生高压自触发关断失效的波形对比

2. 失效过程

在该失效模式下,会发生以下五个关键的物理过程:①载流子扫出;②动态雪崩加剧电流密度不均匀;③形成横向电压降;④局部自触发;⑤电流汇聚失效。其中,过程①③④⑤与低压自触发模式一致,唯一的不同在于②过程中,动态雪崩的出现会加剧原有电流密度分布的不均匀,导致 N 发射极中心处更高的电流密度,进而引发高压下的自触发失效。

3. 影响因素

容易理解,低压自触发失效模式下的关键参数(导通状态下的载流子分布及 P 基区的横向电阻)对于高压自触发模式来说同样关键;且除此之外,动态雪崩电流密度 J_{ava} 也是该失效模式下影响可控关断电流能力的关键参数。

为进一步理解动态雪崩电流在高压自触发关断失效中发挥的作用,下文将在4.2.2 节所述模型的基础上,考虑动态雪崩电流项的影响进行分析:

1) 模型建立与物理方程

如图 4.20 所示,在 4.2.2 节模型的基础上,考虑在峰值电场区域内发生的雪崩效应,由雪崩产生的空穴与电子分别在电场力的作用下向阴极侧与阳极侧漂移,这导致在耗尽区的阳极侧边界上形成一部分电子电流,将其电流密度记为 J_{ava},则空间泊松方程的形式变为

$$\frac{\mathrm{d}E}{\mathrm{d}y} = -\frac{q \times (N_{\mathrm{D}} + p_{\mathrm{mobile}} - n_{\mathrm{mobile}})}{\varepsilon_{\mathrm{Si}}} = -\frac{q \times \left(N_{\mathrm{D}} + \dfrac{J - J_{\mathrm{ava}}}{q \times v_{\mathrm{p,sat}}} - \dfrac{J_{\mathrm{ava}}}{q \times v_{\mathrm{n,sat}}}\right)}{\varepsilon_{\mathrm{Si}}}$$

$$(4\text{-}6)$$

式中,n_{mobile} 为运动电子密度,$v_{\mathrm{n,sat}}$ 为电子饱和漂移速度。考虑到这一部分电流不能为存储区域载流子的扫出提供贡献,由电流连续性方程可得

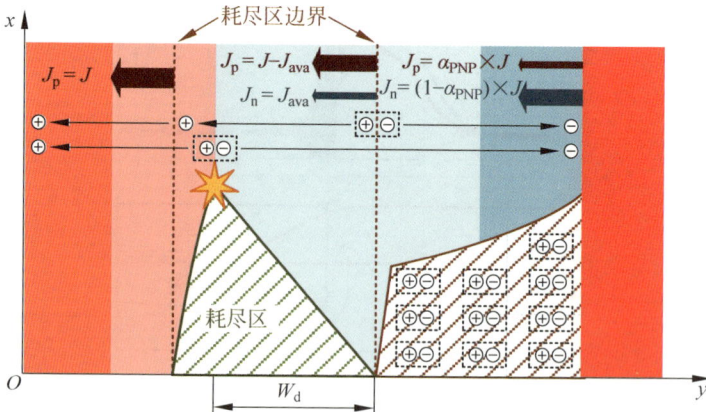

图 4.20 考虑雪崩效应时耗尽区子区域内物理量示意

$$J - \alpha_{\text{PNP}} J - J_{\text{ava}} = \frac{\text{d}Q}{\text{d}t} = \frac{\text{d}W_{\text{d}}}{\text{d}t} \times n(W_{\text{d}}) \times q \tag{4-7}$$

对式(4-6)积分可以得到

$$U = \frac{q}{2\varepsilon_{\text{Si}}} \times \left(N_{\text{D}} + \frac{J - J_{\text{ava}}}{q \times v_{\text{p,sat}}} - \frac{J_{\text{ava}}}{q \times v_{\text{n,sat}}} \right) \times W_{\text{d}}^2 \tag{4-8}$$

将式(4-7)代入后可以得到

$$U = \frac{q}{2\varepsilon_{\text{Si}}} \times \left(N_{\text{D}} + \frac{\dfrac{\text{d}W_{\text{d}}}{\text{d}t} \times n(W_{\text{d}})}{v_{\text{p,sat}}} + \frac{\alpha_{\text{PNP}} J_{\text{ava}}}{(1 - \alpha_{\text{PNP}}) \times q \times v_{\text{p,sat}}} - \frac{J_{\text{ava}}}{q \times v_{\text{n,sat}}} \right) \times W_{\text{d}}^2$$

$$\tag{4-9}$$

2) 动态雪崩对电流分布的影响

根据式(4-9)可知,动态雪崩电流的产生将导致对应子区域内耗尽区边界拓展速度 $\text{d}W_{\text{d}}/\text{d}t$ 减小,使得该子区域内的耗尽区厚度更窄。基于此,再结合式(4-8),可以判断出动态雪崩电流会导致该区域内电流密度 J 进一步增加。

在雪崩发生前,元胞中心的区域就具有更窄的耗尽区厚度与更高的电流密度,这导致在承受相同的 J_2 结电压时,元胞中心的区域内具有更高的峰值电场强度。又由于雪崩系数 α 与电场强度满足以下的强相关关系

$$\alpha = a \times \text{e}^{-b/E} \tag{4-10}$$

式中,a 和 b 是与正温度相关的参数。由式(4-10)可知,在电流密度已经较大的元胞中心的区域内会产生更为严重的雪崩效应,而这一雪崩效应会加剧电流密度向元胞中心区域的汇聚,导致 IGCT 器件发生高压自触发失效。

仿真实例

基于本节的分析,导通下的载流子分布和动态雪崩强度是影响 IGCT 器件高压自触发可控关断电流能力的关键参数。在本实例中,通过构造 P^+ 阻挡区结构和深 P 基区结构,分别与常规结构的关断过程进行对比,方便读者更直接地理解导通下的载流子分布和动态雪崩强度对于可控关断电流能力的影响。

在该仿真实例中,采用的 TCAD 仿真模型为 4.5kV 不对称 IGCT 半元胞模型,设置常规结构芯片厚度约为 $600\mu\text{m}$,N 基区掺杂浓度约为 $9.2 \times 10^{12} \text{cm}^{-3}$,$J_2$ 结深设置为 $110\mu\text{m}$,P 发射极峰值浓度选取在 $1 \times 10^{18} \sim 1 \times 10^{19} \text{cm}^{-3}$,P 基区峰值浓度选取在 $1 \times 10^{17} \sim 1 \times 10^{18} \text{cm}^{-3}$,N 发射极峰值浓度选取在 $1 \times 10^{20} \sim 1 \times 10^{22} \text{cm}^{-3}$。

(1) 载流子分布对可控关断电流能力的影响

为分析导通情况下载流子分布对于关断电流能力的影响规律,在 P 基区的下方增加额外的浓度为 $1 \times 10^{17} \sim 1 \times 10^{19} \text{cm}^{-3}$ 的 P^+ 阻挡区,通过局部提升电子的势垒高度,抑制 N 发射极的电子向正下侧发射。从图 4.21 导通状态下的电流密度

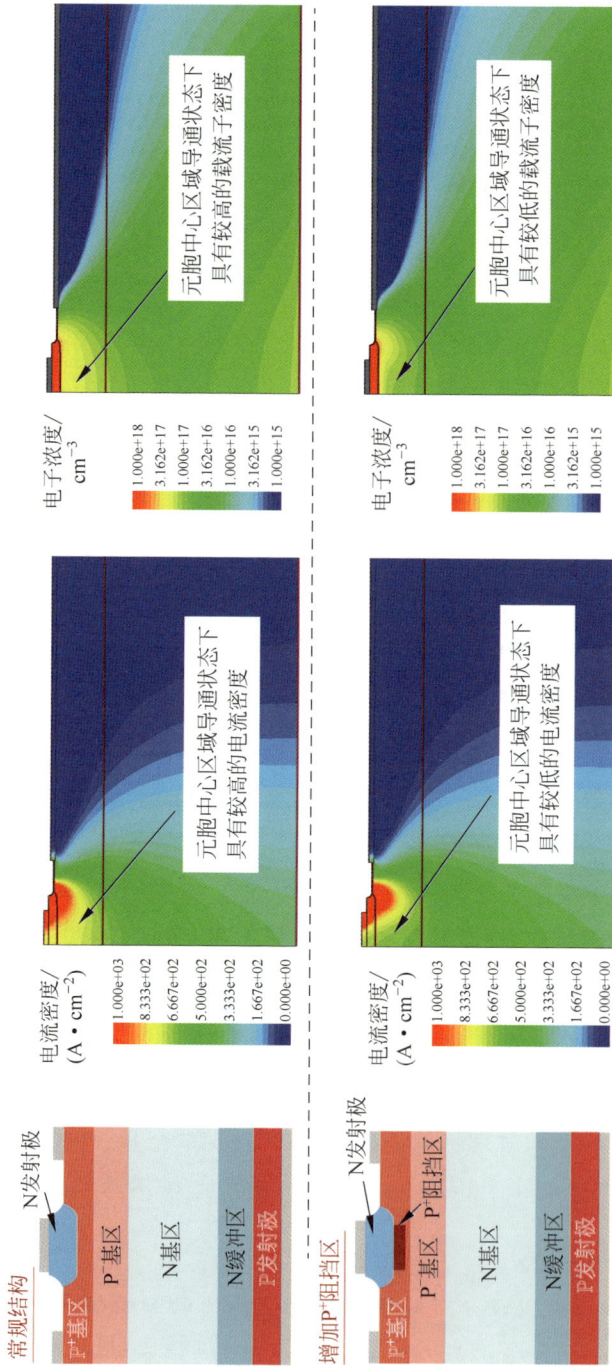

图 4.21　常规结构与具有 P⁺ 阻挡区结构对比及其导通状态下的半导体内部参数对比

与电子浓度分布可以看出,相比于常规结构,引入 P^+ 阻挡区后,在元胞中心区域具有相对更低的载流子密度与电流密度。

关断过程中,当电压建立到 2170V 时,元胞体内的电流密度分布与电位分布如图 4.22 所示。与上述分析一致,在相同的电流下,受到导通状态下的载流子分布影响,引入 P^+ 阻挡区后,阴极侧电流密度更低,使得在 P 基区内的横向压降显著降低。可见,导通状态下的载流子分布状态,会影响关断过程中的电流分布,最终影响器件可控关断电流能力。

(2) 动态雪崩效应对可控关断电流能力的影响

为分析动态雪崩强度对于关断电流能力的影响规律,将 P 基区的结深在 $110\mu m$ 的基础上增加至 $140\mu m$,以降低关断过程的峰值电场强度,进而削弱动态雪崩效应,如图 4.23 所示。可以看到,由于导通状态下 P 基区与 N 漂移区等均处于大注入状态,P 基区结深对元胞导通状态下的载流子分布影响极小。

图 4.24 所示为相同电压电流下,在浅结($110\mu m$)和深结($140\mu m$)两种 P 基区结深下的电场强度分布图,可以看出,由于 P 基区结深增加,其掺杂浓度随深度变化也更加平缓,这导致 J_2 结阴极侧的电场强度下降率变缓,进而致使在相同 J_2 结电压下的耗尽区展宽增加、峰值电场强度被削弱。由于雪崩系数随电场强度变化显著,所以 P 基区结深增加后,动态雪崩效应得到抑制。

图 4.25 所示为阳极电压分别建立至 1480V、1880V、2280V 和 2640V 时,两种 P 基区结深下元胞体内的电场强度、电流密度与电位分布图。可以看出,在雪崩效应不显著时,两组别具有类似的电流密度分布特性。但当阳极电压进一步升高后,由于 $110\mu m$ 结深 P 基区结构下的雪崩效应更强,其电流向元胞中心处的汇聚作用也更强,在元胞中心处过高的电流密度导致了 P 基区横向电压的增大与自触发失效的发生。由以上的对比仿真,可以看出动态雪崩效应不是电流密度分布不均匀的初始诱因,但会将电流密度不均匀性放大,造成器件在建立起高阳极电压后出现失效。

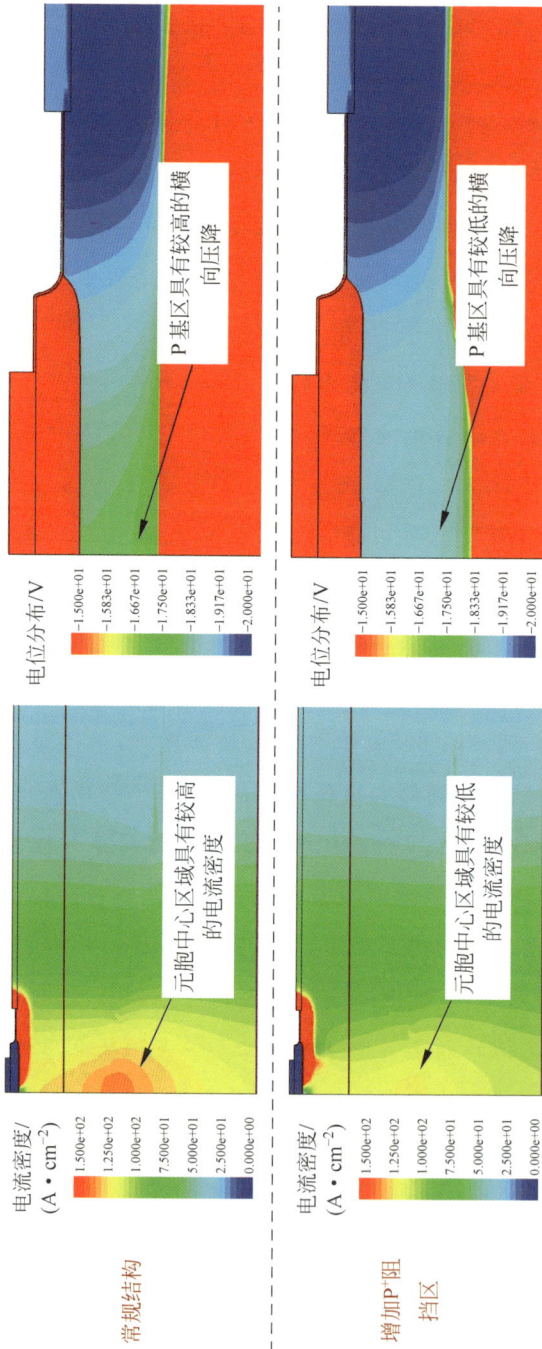

电位分布/V

1.500e+01
1.583e+01
1.667e+01
1.750e+01
1.833e+01
1.917e+01
2.000e+01

P基区具有较高的横向压降

电位分布/V

1.500e+01
1.583e+01
1.667e+01
1.750e+01
1.833e+01
1.917e+01
2.000e+01

P基区具有较低的横向压降

电流密度/
(A·cm⁻²)

1.500e+02
1.250e+02
1.000e+02
7.500e+01
5.000e+01
2.500e+01
0.000e+00

元胞中心区域具有较高的电流密度

电流密度/
(A·cm⁻²)

1.500e+02
1.250e+02
1.000e+02
7.500e+01
5.000e+01
2.500e+01
0.000e+00

元胞中心区域具有较低的电流密度

常规结构

增加P⁺阻挡区

图 4.22　关断过程中常规结构与具有 P⁺ 阻挡区结构的半导体内部参数对比

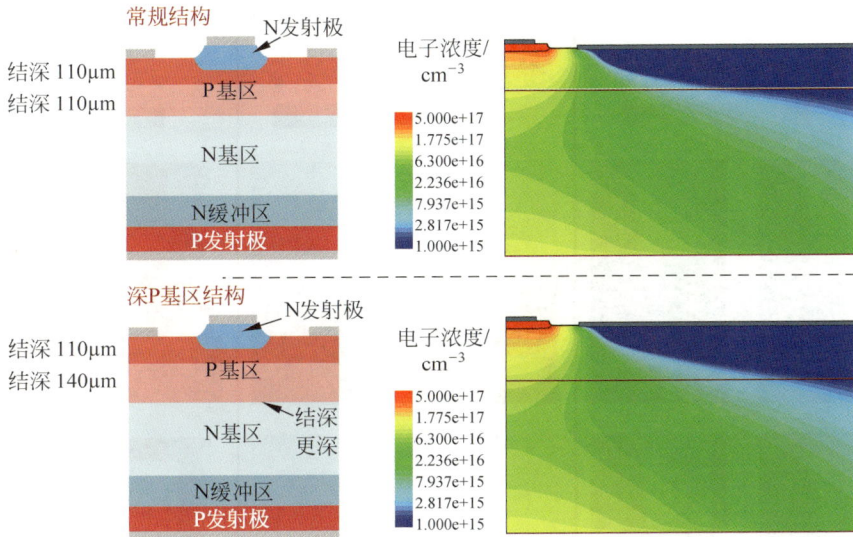

图 4.23 具有不同 P 基区结深的元胞结构及其导通状态下电子浓度分布对比

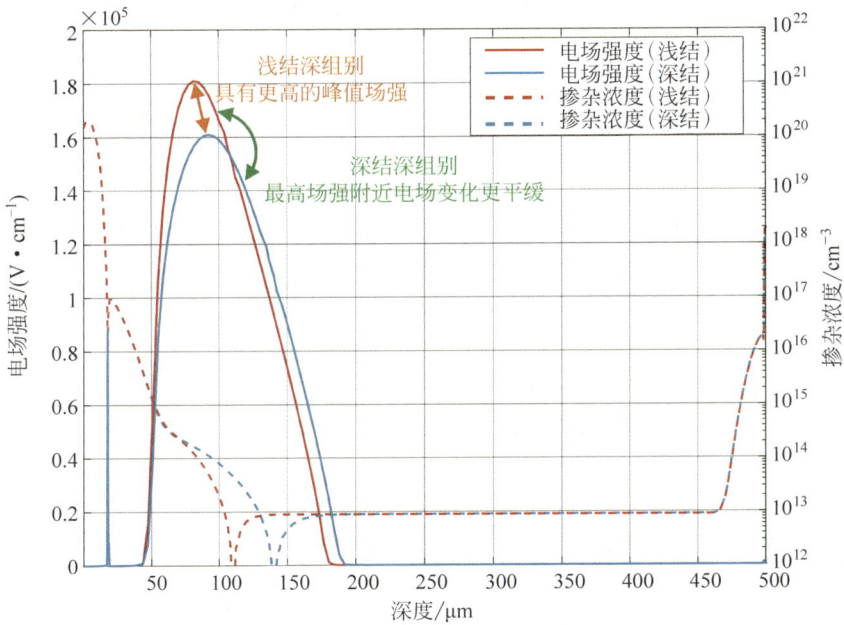

图 4.24 具有不同 P 基区结深的元胞掺杂浓度与关断过程中电场强度分布

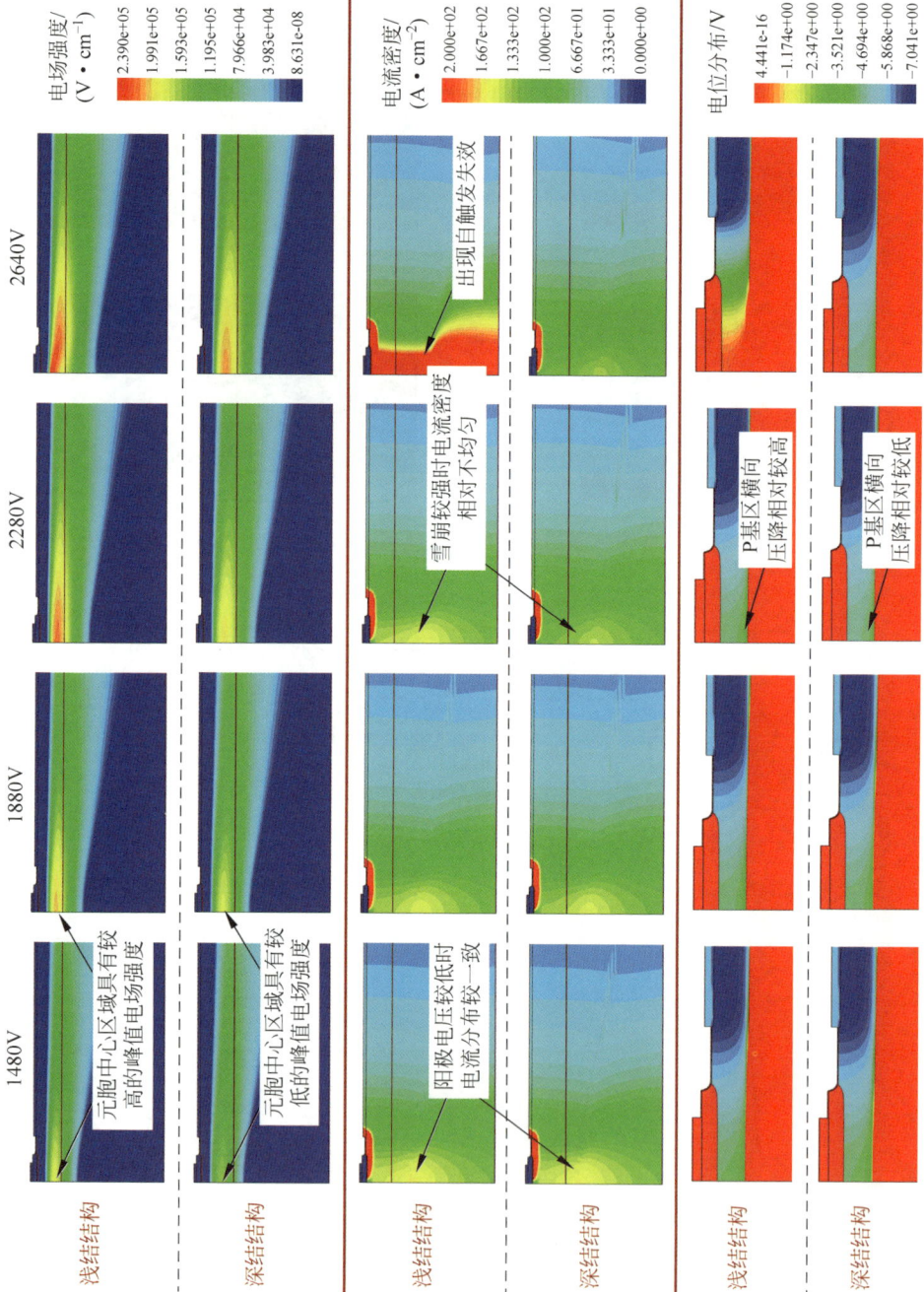

图 4.25 具有不同 P 基区结深的元胞在关断过程中不同阳极电压下的半导体内部参数

4.4　关断能力提升方法

针对上文提及的关断失效机理,本节将详细介绍几种典型的关断能力提升方法。

4.4.1　硬驱动能力提升

根据 4.3.1 节的分析,增加 IGCT 器件的存储时间或提高换流速度,可以保证器件在更大关断电流下仍满足硬驱动条件,从而提升关断能力。但是,存储时间主要由芯片结构决定,且不同结构下存储时间在 $1\sim2\mu s$,优化空间相对有限。因此,在实际应用中,更常见且有效的方法是通过提高换流速度来增强硬驱动模式下的关断电流能力。

根据 4.1 节对关断物理过程的详细阐述,优化换流速度的关键在于减少门极换流回路中封装和驱动部分的杂散电阻与杂散电感。具体方法将在本书的第 6 章和第 7 章详细介绍,在此不再赘述。

4.4.2　低压自触发抑制

基于 4.3.2 节的分析,抑制低压自触发失效的核心在于降低 P 基区内的横向电压降。目前,实现这一目标有若干种典型方法:①通过实施横向局部少子寿命控制,降低 N 发射极中心区域的电流密度分布,从而降低 P 基区内的横向电流及电压降;②缩窄元胞宽度,减少电流在 P 基区内流动的路径长度,进而降低横向电阻及电压降;③制作深埋 P^+ 基区结构,改变电流路径和分布,进一步减小 P 基区内的横向电阻及电压降。

1. 横向局部少子寿命控制

横向局部少子寿命控制的结构示意图如图 4.26 所示。该结构通过精准调控元胞中心区域的少子寿命,有效降低了该区域在导通状态下的电流密度和存储电荷量,从而在关断电压建立及载流子清除的过程中,有效抑制了低压自触发现象。

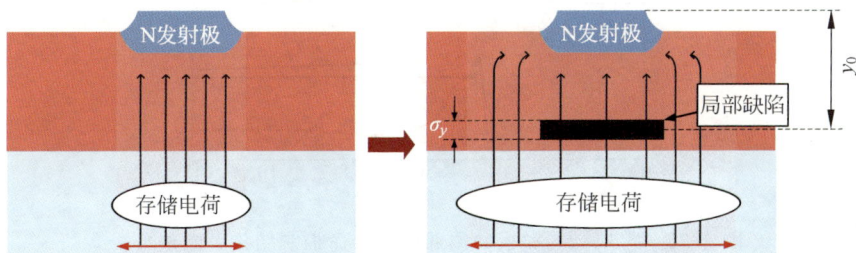

图 4.26　横向局部少子寿命控制对通态电流密度分布的影响

仿真实例

在本仿真实例中,我们设定了两种结构模型进行对比分析:一种是常规结构,采用均匀的少子寿命设置;另一种则是横向局部少子寿命控制结构,在 $y_0 = 50\mu m$ 深度、与 N 发射极等宽的区域内,增加了额外的缺陷密度。为贴近工艺实际,这些缺陷在纵向上被设定为高斯分布形式,而在横向上则保持均匀分布。

导通 3kA 电流时,两种结构阴极侧的电流密度分布对比如图 4.27 所示,可以看到,采用横向局部少子寿命控制后,N 发射极下方电流密度显著下降。

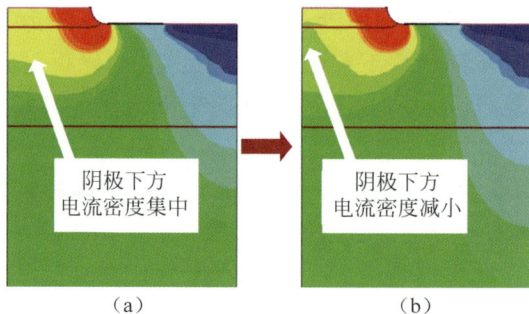

图 4.27 常规结构和横向局部少子寿命控制结构的通态电流密度分布对比
(a) 常规结构;(b) 横向局部少子寿命控制结构

关断相同电流时,两种结构的关断波形对比如图 4.28 所示。可以看到,常规结构在电压上升到约 350V 时出现了明显的自触发失效;而横向局部少子寿命控制结构则成功关断。图 4.29 对比了关断过程中 t_1 到 t_2 时刻之间两种结构的元胞内部电场强度分布。

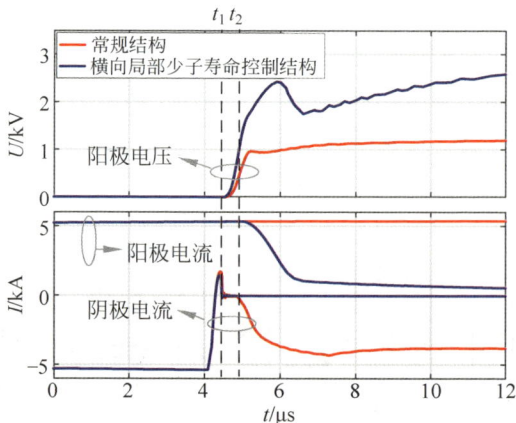

图 4.28 常规结构和横向局部少子寿命控制结构关断波形

(a)

(b)

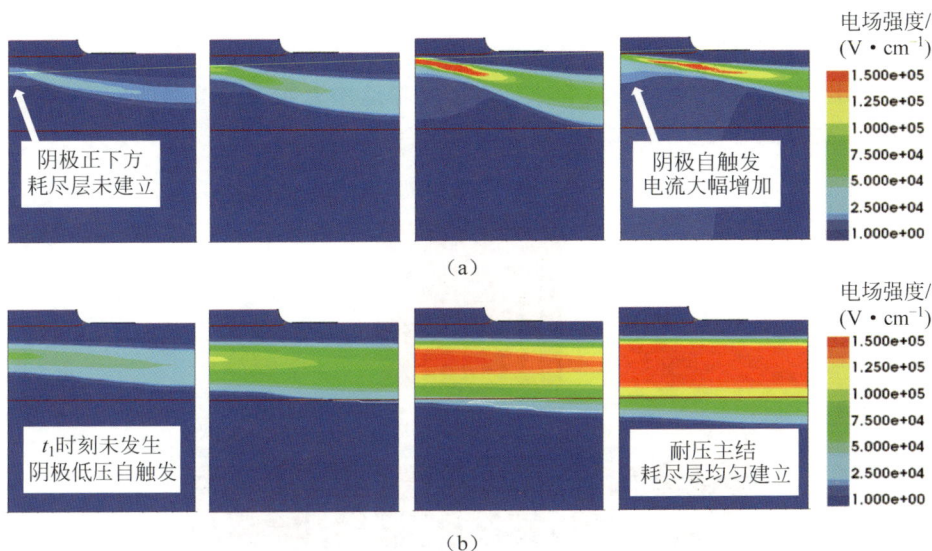

图 4.29　常规结构和横向局部少子寿命控制结构关断过程中的电场强度分布对比
(a) 常规结构；(b) 横向局部少子寿命控制结构

结合仿真关断波形和电场强度分布变化可以看到，横向局部少子寿命控制通过对导通状态电流密度分布的调制，可以使 J_2 结的耗尽层建立过程更快、更均匀，进而有效提高器件低压自触发阈值。

2. 元胞尺寸减小

通过减小元胞的横向尺寸，能够有效地削弱 P 基区内横向电流所产生的电压降，提升元胞自触发失效阈值，结构示意图如图 4.30 所示；同时，减小元胞尺寸还可以相应增加元胞数量，进一步提升器件可控关断电流。然而，值得注意的是，元胞的横向尺寸缩窄并非毫无限制，主要受限于两大因素：一是横向尺寸的缩窄会显著提升工艺实施的复杂性，以电极成型工艺为例，更小的元胞尺寸与更多的元胞数量将增加短路或线宽不均等制造缺陷的风险；二是减小横向尺寸会导致 IGCT 存储时间的下降，为满足硬驱动条件带来挑战。

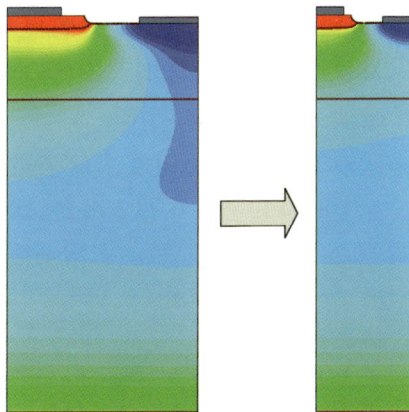

图 4.30　元胞尺寸减小示意图

3. 深埋 P$^+$ 基区结构

深埋 P$^+$ 基区结构如图 4.31 所示。该方案通过在 P$^+$ 基区内嵌入高浓度掺杂层，在不影响 J_3 结阻断电压的前提下（J_3 结阻断电压会影响门阴极反偏电压，进而

影响自触发电流阈值),减小 P$^+$ 基区横向电阻,从而实现对低压自触发的抑制。需要额外指出的是,该结构利用现有 GCT 芯片制造中普遍采用的扩散工艺难以实现,需引入高能离子注入、硅外延、硅硅键合等工艺。

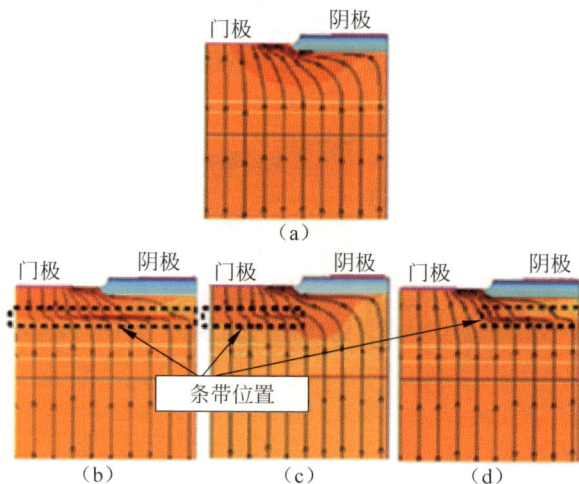

图 4.31　不同深埋 P$^+$ 基区结构及其在关断过程中的电流密度分布
(a) 传统结构;(b) 整面深埋;(c) 门极下方深埋;(d) 阴极下方深埋

4.4.3　高压自触发抑制

基于 4.3.3 节的分析,上述用于提升 IGCT 器件低压自触发电流阈值的优化方法都适用于高压自触发能力的提升。除此之外,可以通过波浪 P 基区结构,抑制 N 发射极正下方动态雪崩的强度,从而提升高压自触发阈值。

波浪 P 基区结构

波浪 P 基区结构与基于电子束感应电流测试的 J$_2$ 结二维形貌如图 4.32 所示。在关断过程的电压建立阶段,该结构可以改变 P 基区内的电流密度分布,进而削弱 N 发射极正下方的动态雪崩强度,抑制电流汇聚,从而显著提升高压自触发的阈值,如图 4.33 所示。

仿真实例

为更好地解释波浪 P 基区如何通过抑制动态雪崩强度提升高压自触发阈值,我们设定了两种结构的 TCAD 仿真模型进行对比分析:一种是常规结构,J$_2$ 结为均匀的 $100 \sim 120 \mu m$ 结深;另一种则是波浪 P 基区结构,其中 N 发射极下侧的 J$_2$ 结深为 $100 \sim 120 \mu m$,而门极下侧的结深相较 N 发射极下侧深 $20 \sim 50 \mu m$。

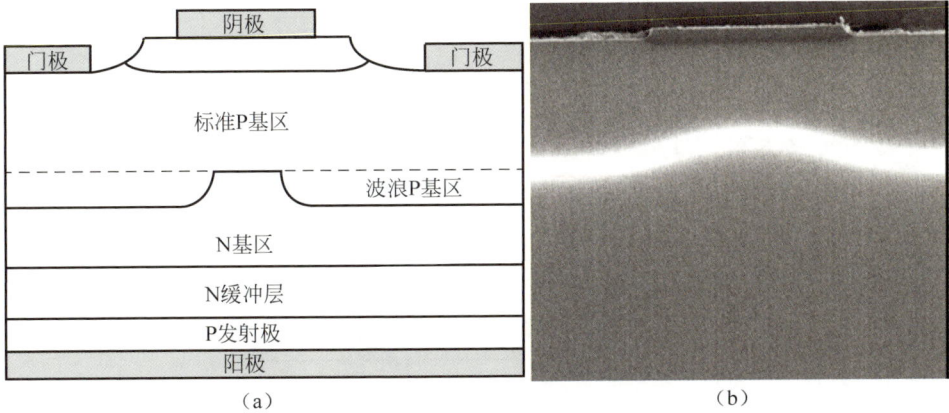

（a）　　　　　　　　　　　　　　　　（b）

图 4.32　波浪 P 基区结构与基于电子束感应电流法测试的 J_2 结二维形貌

(a) 波浪 P 基区结构；(b) J_2 结二维形貌

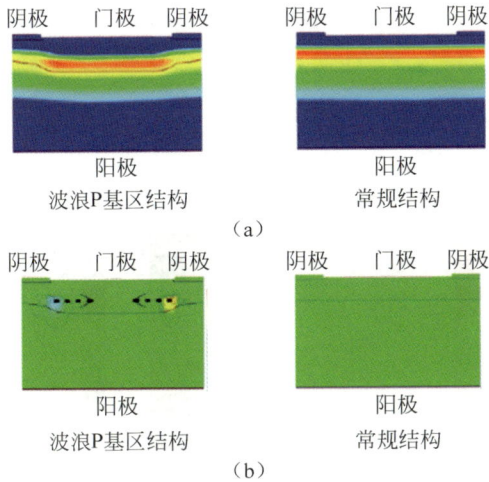

图 4.33　波浪 P 基区结构与常规结构下的关断过程

(a) 总电场强度分布；(b) 横向电场强度分布

　　图 4.34 所示为波浪 P 基区结构和常规结构的关断波形对比,在 t_1 时刻前 $0.2\mu s$ 芯片内部的物理参数如表 4.1 所示,电流密度和电场分布如图 4.35 所示。可以看到,常规结构体内的最大电流密度、电场强度和碰撞电离率均小于波浪基区结构,这与外特性中电压波形所表现出来的特征是一致的。然而,波浪基区结构中最大电流密度、电场强度和碰撞电离率所在位置均位于门极下方;这说明芯片体内虽然发生了更加剧烈的动态雪崩,但其位置位于门极下方,雪崩产生的空穴可直接流向门极,避免在门极和阴极之间产生额外的横向压降,进而提升了芯片的关断能力。

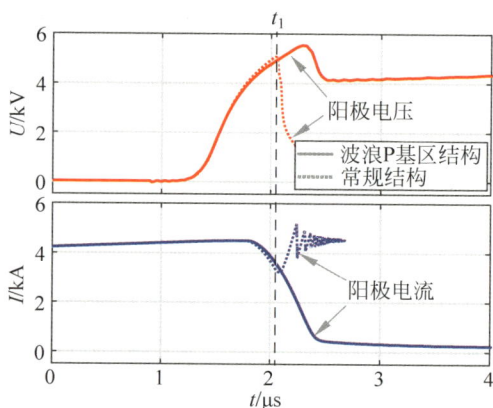

图 4.34　波浪 P 基区结构和常规结构关断仿真波形对比

表 4.1　芯片内部物理参数对比

物　理　量	波浪 P 基区结构	常　规　结　构
最大电流密度 J_{max}	$110A \cdot cm^{-2}$	$90A \cdot cm^{-2}$
最大电场强度 E_{max}	$2.19 \times 10^5 V \cdot cm^{-1}$	$2.14 \times 10^5 V \cdot cm^{-1}$
碰撞电离率 γ_{max}	$7.5 \times 10^{22} cm^{-3} \cdot s^{-1}$	$4.9 \times 10^{22} cm^{-3} \cdot s^{-1}$
J_{max},E_{max},γ_{max} 所在位置	门极下方	阴极下方

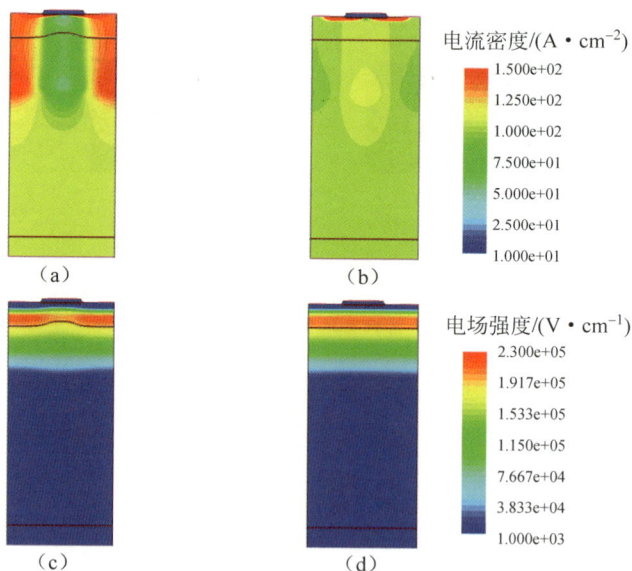

图 4.35　波浪 P 基区结构和常规结构电流密度与电场强度分布对比
（a）波浪 P 基区结构电流密度分布；（b）常规结构电流密度分布；
（c）波浪 P 基区结构电场强度分布；（d）常规结构电场强度分布

参考文献

[1]　LOPHITIS N,ANTONIOU M,UDREA F,et al. Turn-off failure mechanism in large area IGCTs[C]//2011 International Semiconductor Conference. Sinaia,Romania：IEEE,2011：361-364.

[2]　LOPHITIS N,ANTONIOU M,UDREA F,et al. The destruction mechanism in GCTs[J]. IEEE transactions on electron devices,2013,60(2)：819-826.

[3]　LOPHITIS N, ANTONIOU M, UDREA F, et al. Experimentally validated three dimensional GCT wafer level simulations[C]//24th International Symposium on Power Semiconductor Devices and ICs. Bruges,Belgium：IEEE,2012：349-352.

[4]　LOPHITIS N, ANTONIOU M, UDREA F,et al. Parameters influencing the maximum controllable current in gate commutated thyristors[J]. IET Circuits,Devices & Systems,2014,8(3)：221-226.

[5]　LOPHITIS N,ANTONIOU M,UDREA F,et al. Optimization of parameters influencing the maximum controllable current in gate commutated thyristors [C]//International Seminar on Power Semiconductors. Prague,Czech Republic：IEEE,2012：1-6.

[6]　TAKATA I,BESSHO M,KOYANAGI K,et al. Snubberless turn-off capability of four-inch 4.5kV GCT thyristor[C]//Proceedings of the 10th International Symposium on Power Semiconductor Devices and ICs. Kyoto,Japan：IEEE,1998：177-180.

[7]　YANG W,WANG C. Analytical model for the inductive turn-off process of GCT with dynamic avalanche[J]. Microelectronics Reliability,2021,120：114111.

[8]　YANG W,WANG C,YANG J. Study on the destruction mechanism caused by dynamic avalanche in GCTs[J]. Microelectronics Reliability,2019,92：34-41.

[9]　WANG C,ZHANG R,GAO Y,et al. Analysis of current commutation mechanism and design consideration of IGCT[C]//2009 IEEE 6th International Power Electronics and Motion Control Conference. Wuhan,China：IEEE,2009：1242-1245.

[10]　王彩琳,杨武华,杨晶. GCT 动态雪崩失效机理的研究[J].固体电子学研究与进展,2017,37(2)：81-87.

[11]　LIU J,PAN J,WU J,et al. Experimental Investigation on the Turn-Off Failure Mechanism of IGCT[J]. IEEE Transactions on Power Electronics,2024,39(10)：13062-13070.

[12]　WANG J,CHEN L,ZHANG X,et al. Enhancing Turn-off Performance in IGCT-Based High Power Applications—Part I：Anomalous High Current Turn-Off Mode and Safe Operating Area Expansion at Ultra-Low Voltage[J]. IEEE Transactions on Power Electronics,2024,40(4)：5309-5318.

[13]　WIKSTROM T,STIASNY T,RAHIMO M,et al. The corrugated P-base IGCT-a new benchmark for large area SQA scaling [C]//Proceedings of the 19th International Symposium on Power Semiconductor Devices and IC's. Jeju,Korea：IEEE,2007：29-32.

[14]　LOPHITIS N,ANTONIOU M,UDREA F,et al. Gate commutated thyristor with voltage

independent maximum controllable current[J]. IEEE electron device letters,2013,34(8):
954-956.

[15] ARNOLD M,WIKSTROEM T,OTANI Y,et al. High temperature operation of HPT+
IGCTs [C]//2011 International Exhibition and Conference for Power Electronics,
Intelligent Motion,Renewable Energy and Energy Management. Nuremberg,Germany:
PCIM,2011: 1-6.

[16] LOPHITIS N, ANTONIOU M, VEMULAPATI U, et al. Optimal gate commutated
thyristor design for bi-mode gate commutated thyristors underpinning high,temperature
independent,current controllability[J]. IEEE Electron Device Letters, 2018, 39 (9):
1342-1345.

[17] VEMULAPATI U, RAHIMO M, ARNOLD M, et al. Recent advancements in IGCT
technologies for high power electronics applications[C]//2015 17th European Conference
on Power Electronics and Applications. Geneva,Swizerland: IEEE,2015: 1-10.

[18] VEMULAPATI U,STIASNY T, WIKSTRÖM T, et al. Integrated gate commutated
thyristor: From trench to planar[C]//2020 32nd International Symposium on Power
Semiconductor Devices and ICs. Vienna,Austria: IEEE,2020: 490-493.

[19] VEMULAPATI U R,BAUMANN R, WIKSTROEM T, et al. New Generation 4. 5kV
IGCT and Fast Recovery Diode for Railway Power Supply Applications [C]//PCIM
Europe 2024: International Exhibition and Conference for Power Electronics,Intelligent
Motion,Renewable Energy and Energy Management. Nuremberg,Germany: VDE,2024:
1020-1025.

[20] WIKSTROEM T,ALEXANDROVA M. A Technology Platform for Reverse-Conducting
Integrated Gate Commutated Thyristors with 94mm Device Diameter[C]//PCIM Europe
2017: International Exhibition and Conference for Power Electronics,Intelligent Motion,
Renewable Energy and Energy Management. Nuremberg,Germany: VDE,2017: 1-5.

[21] LOPHITIS N, ANTONIOU M, UDREA F, et al. 4. 5kV Bi-mode Gate Commutated
Thyristor design with High Power Technology and shallow diode-anode[C]//2016 28th
International Symposium on Power Semiconductor Devices and ICs. Prague, Czech
Republic: IEEE,2016: 371-374.

[22] NISTOR I,WIKSTRÖM T,SCHEINERT M,et al. 10kV HPT IGCT rated at 3200A,a
new milestone in high power semiconductors [C]. Power conversion and intelligent
montion: International exhibition and conference for power electronics,intelligent motion
and power quality 2010. Stuttgart,Germany,2010: 467-471.

[23] NISTOR I,WIKSTROM T,SCHEINERT M. IGCTs: High-power technology for power
electronics applications [C]//2009 International Semiconductor Conference. Sinaia,
Romania: IEEE,2009,1: 65-73.

[24] WIKSTROM T,SETZ T,TUGAN K,et al. Introducing the 5. 5kV,5kA HPT IGCT[C]//
Proceedings of the 2012 PCIM Europe. 2012.

[25] WIKSTRÖM T,COTTET D. A 6500A,4500V,94mm Assymetric IGCT[C]//PCIM
Europe digital days 2020: International Exhibition and Conference for Power Electronics,

Intelligent Motion,Renewable Energy and Energy Management. VDE,2020: 1-5.

[26] WIKSTRÖM T,ARNOLD M,STIASNY T,et al. The 150mm RC-IGCT: A device for the highest power requirements[C]//2014 IEEE 26th International Symposium on Power Semiconductor Devices & IC's (ISPSD). IEEE,2014: 91-94.

[27] STIASNY T,VEMULAPATI U R,WIKSTRÖM T,et al. Large area (150mm) high voltage (6.5kV) reverse conducting IGCT[C]//2017 19th European Conference on Power Electronics and Applications (EPE'17 ECCE Europe). IEEE,2017: 1-8.

[28] LOPHITIS N,ANTONIOU M,UDREA F,et al. Improving current controllability in bi-mode gate commutated thyristors[J]. IEEE Transactions on Electron Devices,2015, 62(7): 2263-2269.

[29] LOPHITIS N,ANTONIOU M,UDREA F,et al. The stripe fortified gct: a new gct design for maximizing the controllable current[C]//2014 IEEE 26th International Symposium on Power Semiconductor Devices and IC's (ISPSD). Waikoloa,HI,USA: IEEE,2014: 123-126.

[30] STIASNY T,STREIT P. A new combined local and lateral design technique for increased SOA of large area IGCTs[C]//The 17th International Symposium on Power Semiconductor Devices and ICs,2005. IEEE,2005: 203-206.

[31] LYU G,YU Z,ZHOU W,et al. 6-in dual-gate ring commutated thyristor for DC circuit breakers[J]. IEEE Transactions on Electron Devices,2019,66(3): 1444-1449.

[32] REN C,LIU J,WU J,et al. Deciphering the effect of corrugated p-base on reverse blocking IGCT[J]. IEEE Transactions on Electron Devices,2022,69(9): 5059-5067.

第 5 章

IGCT芯片制造工艺

IGCT 芯片的制造工艺基本延续自常规的晶闸管,以硅单晶作为衬底材料,主要经过纵向掺杂、横向梳条成型、边缘终端造型、少子寿命调控等关键步骤,最终完成整晶圆芯片的制造,如图 5.1 所示。

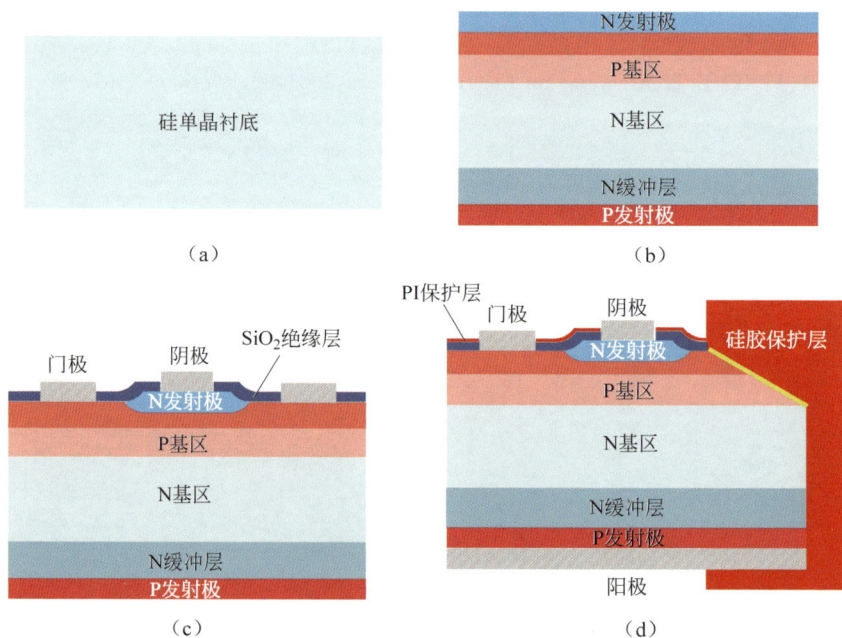

图 5.1　GCT 芯片制造主要流程示意

(a) 硅单晶衬底准备;(b) 纵向掺杂;(c) 横向梳条成型;(d) 边缘终端造型;(e) 少子寿命调控

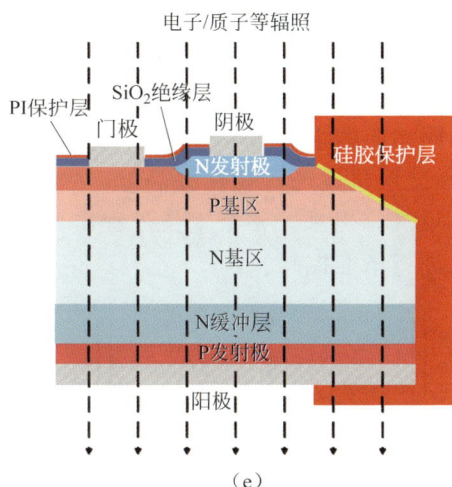

电子/质子等辐照

PI保护层　SiO₂绝缘层　阴极　　　硅胶保护层
　　　　门极
N发射极
P基区
N基区
N缓冲层
P发射极
阳极

（e）

图 5.1　（续）

其中,纵向掺杂主要涉及扩散与离子注入工艺;横向梳条成型主要涉及薄膜制备、光刻及刻蚀工艺;边缘终端造型主要涉及环切、磨角、钝化工艺;少子寿命调控可采用电子辐照或质子辐照。在实际生产中,各环节工艺顺序也有部分交叠,部分工艺手段也会被反复采用。

本章从衬底材料的生长出发,介绍 IGCT 芯片制造涉及的关键工艺基本原理和主要要求。

5.1　硅单晶生长及中子嬗变工艺

半导体器件的制造,一般要求硅单晶材料必须掺杂到特定的电阻率水平,具有指定的晶向、厚度和尺寸,具有一定机械强度和极低的杂质含量。这些要求主要通过控制和改良硅单晶的生长工艺实现。

5.1.1　晶体生长

硅单晶制造的第一步是多晶硅材料的提纯,使用氢气还原四氯硅烷或三氯硅烷(一般从冶金硅矿石中提取),得到纯度达 99.9999999% 的半导体级多晶硅,反应原理如下式所示:

$$2SiCl_3(气态) + 3H_2(气态) \longrightarrow 2Si(固态) + 6HCl(气态) \tag{5-1}$$

此后,需要将多晶硅制备成具有特定晶向和掺杂的单晶硅,一般有直拉法(czochralski,CZ)和区熔法(floating zone,FZ)两种方式。

在半导体工业领域,大部分的硅单晶通过直拉法生长,基本原理如图 5.2 所示。在一个石英坩埚中承载着硅多晶材料和少量的 N 型或 P 型掺杂源,通过外部的射频线圈对其进行加热,在 1415℃下原材料熔化成液体状态。熔液表面浸入以前生长的与所需晶体相同晶向的小晶体——籽晶,籽晶在缓慢旋转上升过程中,坩埚向相反方向旋转,单晶硅层将逐渐沉积在籽晶上,并延续了籽晶的晶体结构,一根硅单晶棒从熔液中被"拉制"出来。整个生长过程需要复杂的监控反馈系统,对温度、转速、拉速等参数进行精准控制。

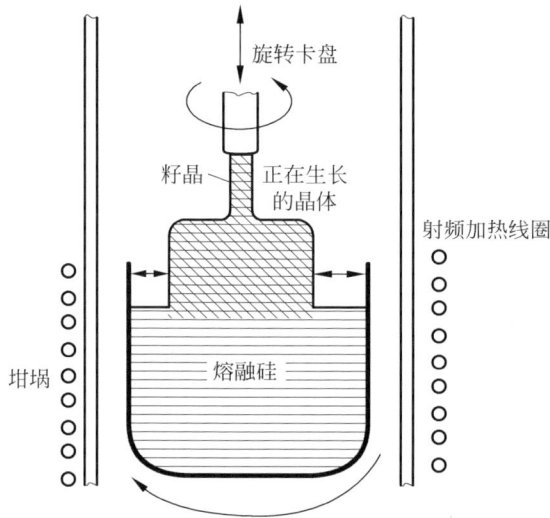

图 5.2　直拉法生长硅单晶棒(来源:参考文献[28])

采用直拉法可以制备长度达几米、直径达 12 英寸(约 305mm)的硅单晶棒,且生长效率高、成本低廉。

然而,由于生长过程中原材料与石英坩埚直接接触,多晶硅中的碳元素和坩埚中的氧元素发生反应,反应物不易去除,最终使得 CZ 硅单晶中的碳、氧元素含量高达 $10^{17} cm^{-3}$。这个杂质含量将导致少子寿命严重衰减,无法用于制造高阻断电压的功率器件。对于硅中的氧元素,人们已知其可能带来三方面的负面影响。

(1)在氧化扩散等热处理工艺过程中,氧在硅中可能转变为施主状态,从而使 N 型掺杂的电阻率降低,P 型掺杂的电阻率升高;也有可能转变为受主状态,带来相反的变化。

(2)含氧量过高,在热处理过程中可能会在硅片表面发生氧析出,成为表面工艺缺陷的根源。

(3)晶体缺陷周围的氧更容易吸收重金属杂质,形成局部深能级杂质聚集的区域,造成少子寿命衰减以及电流分布不均。

现在也有通过磁性直拉法的方式抑制熔液对流,对碳氧含量进行改良。但大多数情况下,CZ 单晶碳氧杂质含量过高,更有效的措施是采用下面将要介绍的区熔法,以得到碳氧含量更低的硅单晶。

区熔法无须坩埚,而是将一根多晶硅棒和浇铸的掺杂物夹持悬挂在单晶炉里,因此又称为悬浮区熔法,如图 5.3 所示。棒外部的射频线圈是可移动的,从籽晶所在的一端开始,射频线圈一边加热使多晶硅熔化,一边向另一端移动。在每一个熔化的区域,原子按籽晶的方向重新排列,这样逐渐制备出一个完整的硅单晶棒。

区熔法无法像直拉法那样生长大直径的单晶硅,现在工业界以 4~8 英寸为主,更大尺寸的区熔单晶制备尚有困难。

由于其生长过程无须坩埚,FZ 硅晶体具有极高的纯度,其中的碳含量可以小于

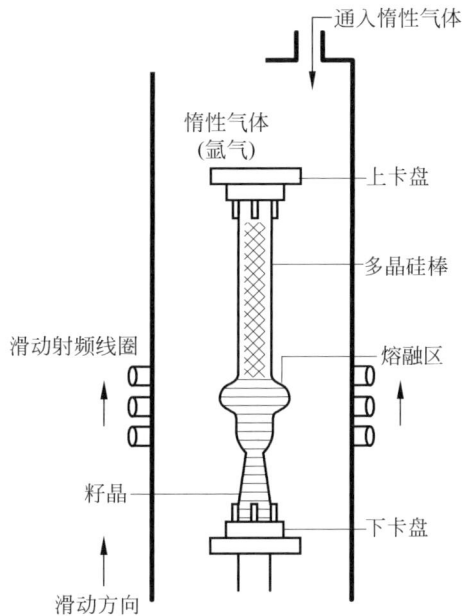

图 5.3　区熔法生长硅单晶棒
（来源：参考文献[28]）

$5 \times 10^{15} \, \mathrm{cm}^{-3}$,氧含量小于 $1 \times 10^{16} \, \mathrm{cm}^{-3}$。此外,区熔法也能够实现更低的掺杂,因此可以很好地适用于制造高阻断电压器件。

直拉法和区熔法的参数对比如表 5.1 所示。

表 5.1　直拉法和区熔法参数对比

参　　　数	直　拉　法	区　熔　法
原料	对多晶硅的形状和尺寸要求较低	需要棒状多晶硅
大晶体	可以	困难
成本	较低	较高
位错	$0 \sim 10^4 / \mathrm{cm}^2$	$10^3 \sim 10^5 / \mathrm{cm}^2$
最大电阻率	$>100 \Omega \cdot \mathrm{cm}$	$>2000 \Omega \cdot \mathrm{cm}$
氧含量	$10^{16} \sim 10^{18} / \mathrm{cm}^3$	非常低($\leqslant 2 \times 10^{16} / \mathrm{cm}^3$)
碳含量	$\leqslant 5 \times 10^{16} / \mathrm{cm}^3$	$\leqslant 1 \times 10^{16} / \mathrm{cm}^3$

在完成硅单晶棒生长之后,还需要通过切割、边缘倒圆、研磨、抛光、清洗、检查等步骤,得到表面平整、清洁、无损伤的硅单晶片(也叫硅晶圆、硅片),如图 5.4 所示。

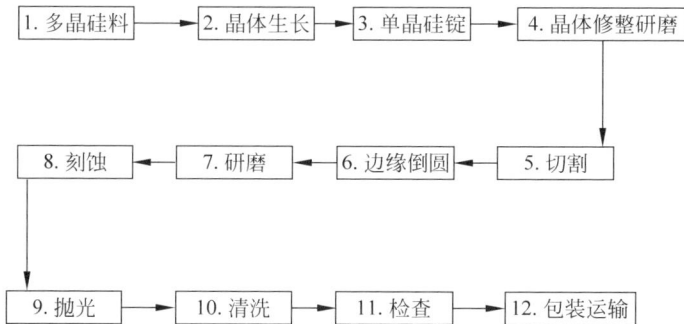

图 5.4　硅单晶片制作流程

5.1.2　外延生长

外延(Epitaxy)是另外一种得到高纯度单晶硅的方法。广义上来说,外延也是一种化学气相沉积(CVD)工艺,它通过氯硅烷或硅烷与氢气在 1140～1240℃下反应,生成的硅原子吸附沉积在衬底上,其反应式可能是式(5-2)中的一个或多个。衬底可以采用单面抛光的 CZ 硅或 FZ 硅晶片,其晶向也决定了外延层的晶向。

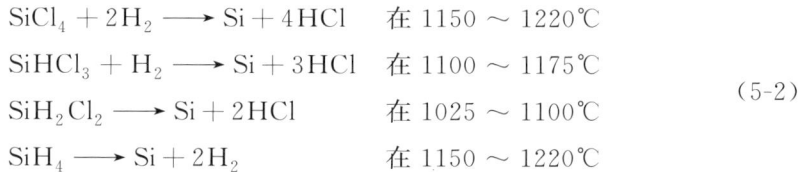

$$
\begin{aligned}
&\mathrm{SiCl_4 + 2H_2 \longrightarrow Si + 4HCl} &&\text{在 } 1150 \sim 1220℃ \\
&\mathrm{SiHCl_3 + H_2 \longrightarrow Si + 3HCl} &&\text{在 } 1100 \sim 1175℃ \\
&\mathrm{SiH_2Cl_2 \longrightarrow Si + 2HCl} &&\text{在 } 1025 \sim 1100℃ \\
&\mathrm{SiH_4 \longrightarrow Si + 2H_2} &&\text{在 } 1150 \sim 1220℃
\end{aligned}
\tag{5-2}
$$

通过通入特定量的磷烷($\mathrm{PH_3}$)或乙硼烷($\mathrm{B_2H_6}$),可以得到 N 型或 P 型掺杂的单晶层。在功率器件中,目前主要用外延生长来制备低掺杂的 $\mathrm{N^-}$ 薄层,厚度一般在 $50\mu\mathrm{m}$ 以下。图 5.5 所示为 $\mathrm{N^+}$ 衬底上的 $\mathrm{N^-}$ 外延层,外延掺杂具有与扩散掺杂不同的分布特性,前者在纵向深度上是近似均匀分布,形成的是突变结;而后者一

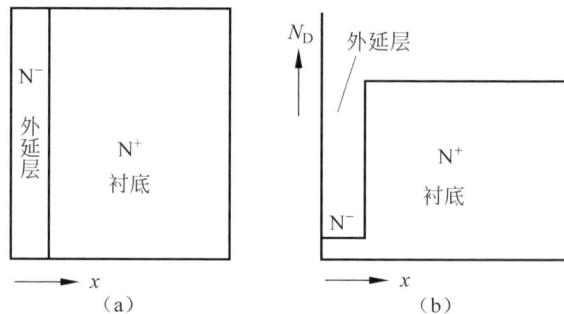

图 5.5　$\mathrm{N^+}$ 衬底上的 $\mathrm{N^-}$ 外延层

(a) 剖面结构;(b) 掺杂浓度分布

般为高斯分布或余误差分布,形成的是缓变结(扩散掺杂将在后文介绍)。

5.1.3　中子嬗变

对于功率器件来说,掺杂浓度的均匀性是非常关键的,它直接影响了器件电流分布的均匀性。特别是当器件处于雪崩击穿时,如果均匀性差,可能造成器件局部过热损坏。然而无论是直拉法还是区熔法,其制备出的硅晶片都存在径向和轴向掺杂均匀性差的问题,无法满足 2kV 以上的功率器件需求。为了解决这个问题,出现了中子嬗变技术(neutron transmutation doping,NTD),它利用热中子辐照使硅的同位素 $_{14}^{30}\mathrm{Si}$ 嬗变成 $_{15}^{31}\mathrm{P}$ 的原理,其反应式如下:

$$_{14}^{30}\mathrm{Si}(n,\gamma)\longrightarrow{}_{14}^{31}\mathrm{Si}\longrightarrow{}_{15}^{31}\mathrm{P}+\beta \tag{5-3}$$

通过控制 NTD 辐照通量和时间的控制,可以得到一定掺杂浓度的 N 型衬底,并大幅改善硅晶片的掺杂均匀性。如图 5.6 所示,NTD 可以将 ±10% 甚至更高的常规径向掺杂偏差减小到 ±3% 以内。

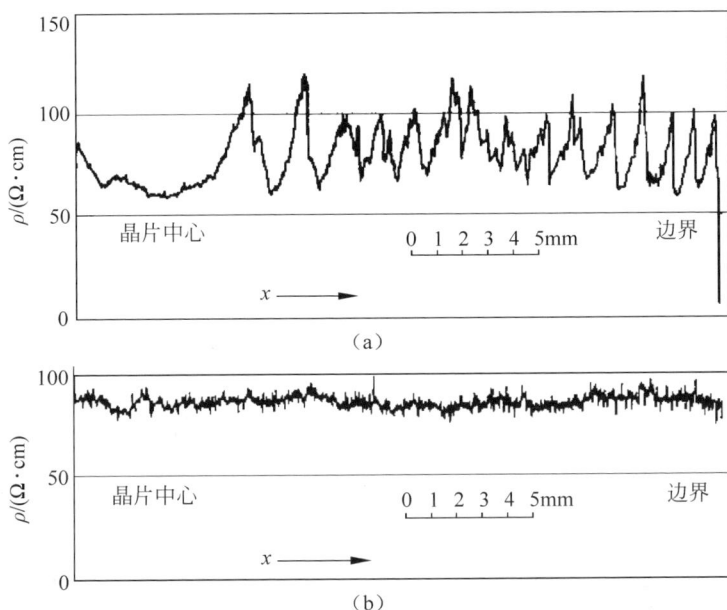

图 5.6　掺杂得到的径向电阻率分布对比(来源:参考文献[26])

(a) 常规掺杂;(b) 中子嬗变掺杂

为了消除辐照引入的晶格缺陷,硅单晶棒在经历 NTD 之后,还需要进行800℃左右的热处理,使晶格中的原子重新排列回到晶格的正确位置,从而消除晶格缺陷,这一热处理过程也称为退火。

5.2 掺杂工艺

扩散和离子注入可以向硅单晶片中引入特定数量的杂质原子,可以用于实现N型和P型半导体,二者也可以统称掺杂工艺。

5.2.1 扩散

1. 扩散原理

扩散工艺,是将N型或P型掺杂物引入半导体内的重要方法,使得掺入的杂质具有特定的数量、深度和分布形式。对于晶闸管以及IGCT这类大功率器件,需要形成PNPN四层三结的纵向掺杂结构,除了其中N基区是单晶片制造时形成的,其他的三层掺杂均需要用到扩散工艺。

杂质进入硅晶格之后,主要的扩散机制有两种:间隙式扩散和替位式扩散。

图5.7展示了间隙杂质扩散机制。间隙式杂质从一个晶格间隙位置到另一个间隙位置,需要越过一个势垒 W_i,一般为 $0.6\sim1.2\text{eV}$。在室温下,越过这个势垒的概率很低,而在高温下,如 $700\sim1250℃$,越过势垒的概率大幅增加(这也是大部分扩散工艺所采用的温度范围)。间隙式扩散适用于半径较小且不容易与硅原子键合的原子,比如铝。

图5.8展示了替位杂质扩散机制。替位杂质占据了原本硅原子的晶格位置,并且从一个晶格位置运动到另一个位置。如果邻近位置没有空位,则需要与邻近晶格上的原子互换位置,这需要相当大的能量,比间隙式扩散更难实现。其势垒高度 W_s 为 $3\sim4\text{eV}$。硅中的硼原子在扩散时,会出现间隙和替位共同作用的扩散机制。

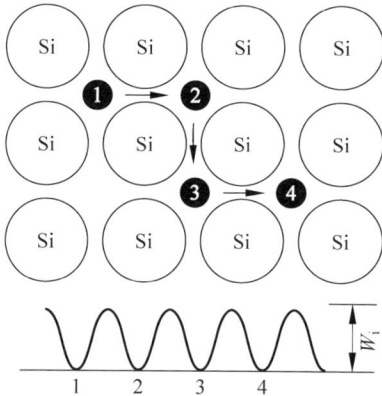

图5.7 间隙杂质运动及势能曲线示意图   图5.8 替位杂质运动及势能曲线示意图

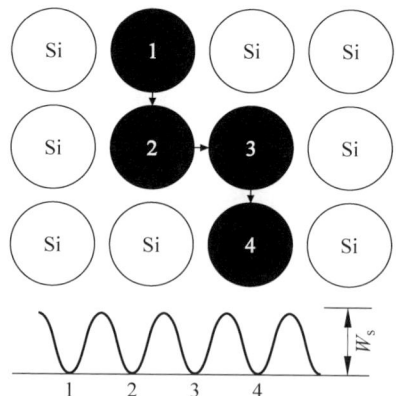

2. 扩散系数

与前面章节提到的电子和空穴的扩散机制类似,杂质原子的扩散快慢可以用扩散系数来表示。扩散系数 D 与热力学温度 T 的关系可以用阿伦尼乌斯公式(Arrhenius function)近似表示:

$$D(T) = D_0 \cdot e^{-E_A/kT} \tag{5-4}$$

式中,E_A 为扩散激活能,表示离子跃迁的难易程度,受材料晶向、本底浓度和晶格的完整性影响;D_0 称为表观扩散系数,由晶格常数和振动频率决定。

图 5.9 展示了不同杂质在硅中扩散系数与温度的关系。可以看出,铜、铁、金、钠等杂质扩散系数大,称为快扩散杂质,这些杂质在功率器件中会产生不可控的深能级缺陷,在常规制造过程中,应该尽量避免(也有一些特殊器件如快恢复二极管,通过引入铂、金等重金属掺杂进行载流子寿命调控);而硼、铝、镓、磷等杂质扩散系数相对较小,称为慢扩散杂质,这些是功率器件形成 N、P 型半导体的主要掺杂物。从图中还可以看出,扩散系数随温度变化非常迅速,一般温度每增加 10℃,扩散系数增加一倍左右。对于硅中的大多数杂质原子,只有高于 800℃ 时才具有比较高的扩散系数。

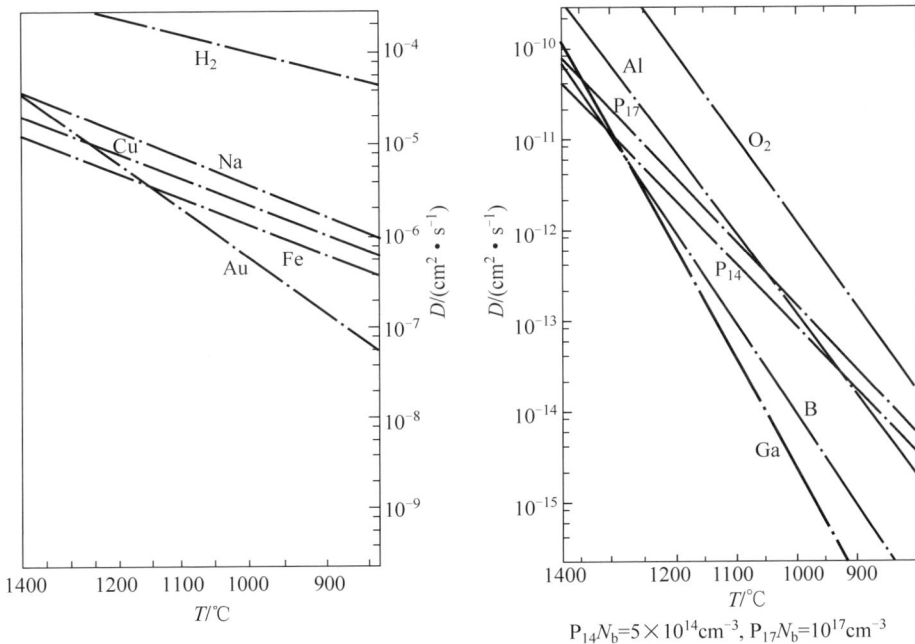

$P_{14}N_b = 5 \times 10^{14} \text{cm}^{-3}$, $P_{17}N_b = 10^{17} \text{cm}^{-3}$

图 5.9　硅中不同杂质的扩散系数与温度的关系(来源:参考文献[22])

此外,有研究表明,扩散系数还受到本底掺杂类型、掺杂浓度、扩散气氛以及其他杂质原子的影响。

3. 扩散方程——菲克定律

1855 年 A. Fick 提出了描述物质扩散规律性的菲克第一定律:

$$\boldsymbol{j} = -\boldsymbol{D} \times \mathrm{grad} N \qquad (5\text{-}5)$$

式中,$\boldsymbol{j}$ 为杂质的扩散流密度,其大小正比于杂质浓度梯度 $\mathrm{grad} N$,方向与 $\mathrm{grad} N$ 相反;杂质浓度 N 与空间位置和时间相关,即可以写成 $N(x,y,z,t)$。扩散流密度一维表达式为

$$\boldsymbol{j} = -\boldsymbol{D} \frac{\mathrm{d} N}{\mathrm{d} x} \qquad (5\text{-}6)$$

如图 5.10 所示,杂质扩散过程也有连续性方程,流出厚度为 $\mathrm{d} x$ 的体积元,如果存在 $\partial j / \partial x > 0$,则体积元中的浓度随时间减少,有

$$-\frac{\partial N}{\partial t} = \mathrm{div} \boldsymbol{j} \qquad (5\text{-}7)$$

将式(5-5)代入式(5-7),可以得到菲克第二定律:

$$\frac{\partial N}{\partial t} = \mathrm{div}(\boldsymbol{D} \times \mathrm{grad} N) \qquad (5\text{-}8)$$

图 5.10 粒子流密度的散度和粒子浓度变化之间的关系

其一维表达式为

$$\frac{\mathrm{d} N}{\mathrm{d} t} = \boldsymbol{D} \cdot \frac{\mathrm{d}^2 N}{\mathrm{d} x^2} \qquad (5\text{-}9)$$

4. 扩散分布

菲克第二定律描述了杂质在任意位置的浓度随时间变化的规律,由此出发,可以得出不同情况下的杂质浓度分布情况。

(1) 杂质表面浓度恒定的情况,也叫恒定表面源扩散,即扩散过程中,掺杂源始终存在且近似为一个无限的源,如用于预沉积(pre-deposition)的真空扩散和用于推进的闭管扩散。根据边界条件 $N(0,t) = N_s =$ 常量,以及初始条件 $N(x,0) = 0$,可以由式(5-9)得出余误差分布的表达式:

$$N(x,t) = N_s \cdot \mathrm{erfc}\left(\frac{x}{2 \cdot \sqrt{D \cdot t}}\right) = N_s \cdot \mathrm{erfc}\left(\frac{x}{2 \cdot L_D}\right) \qquad (5\text{-}10)$$

式中,L_D 为扩散长度;N_s 为表面杂质浓度;$\mathrm{erfc}(\cdot)$ 为余误差函数,

$$\mathrm{erfc}(u) = \frac{2}{\sqrt{\pi}} \cdot \int_u^{\infty} \mathrm{e}^{-u^2} \mathrm{d} u \approx \mathrm{e}^{-1.14 u - 0.7092 u^{2.122}} \qquad (5\text{-}11)$$

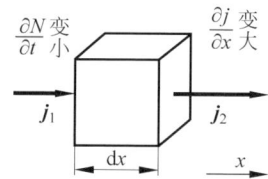

如果采用这种方式扩散形成 PN 结,在结位置 x_j 上,有掺杂浓度等于本底浓度 N_b,二者刚好完全补偿,即

$$N_s\left(\operatorname{erfc}\frac{x_j}{2\sqrt{Dt}}\right)=N_b \tag{5-12}$$

x_j 也称为结深,可以反解出结深与扩散时间的关系:

$$x_j=2\operatorname{erfc}^{-1}\left(\frac{N_b}{N_s}\right)\sqrt{Dt} \tag{5-13}$$

式中,$\operatorname{erfc}^{-1}(\cdot)$ 是余误差函数的反函数。该式在芯片制备中非常有用,可以根据所需的浓度和结深去调整扩散时间。

图 5.11 为在相同本底扩散下不同扩散时间的余误差分布,N_s 不变,若 $t_1<t_2<t_3$,则 $x_{j1}<x_{j2}<x_{j3}$,扩散杂质总量 $S_1<S_2<S_3$。

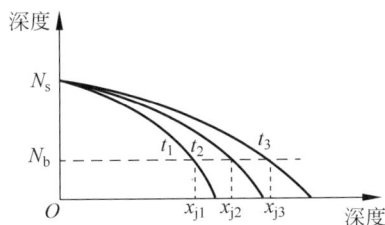

图 5.11　杂质浓度的余误差分布特征

(2) 杂质总量恒定的情况,也叫有限表面源扩散,即杂质原子的积分总量不随时间变化,始终等于单位面积上原始的掺杂量 S,如涂源扩散和推进(drive-in)扩散。根据边界条件:

$$\int_0^\infty N(x,t)\mathrm{d}x=S=常量 \tag{5-14}$$

同样代入式(5-9)中,得出高斯分布:

$$N(x,t)=N_s\cdot\mathrm{e}^{-\frac{x^2}{L_D^2}} \tag{5-15}$$

式中,扩散长度 $L_D=2\sqrt{Dt}$;表面浓度 N_s 也不再是常数,而是随时间变化的,

$$N_s=\frac{S}{\sqrt{\pi Dt}} \tag{5-16}$$

与前面类似,如果通过恒定表面源扩散来形成 PN 结,有

$$x_j=2\sqrt{Dt}\left[\ln\frac{N_s}{N_b}\right]^{\frac{1}{2}} \tag{5-17}$$

对比式(5-13)和式(5-17)可以看出,两种扩散方式下,结深均与扩散时间的平方根成正比,只是比例系数有所不同。

高斯分布的特征如图 5.12 所示,杂质总量 S 不变,若 $t_1<t_2<t_3$,则 $x_{j1}<x_{j2}<x_{j3}$,表面浓度 $N_{s1}>N_{s2}>N_{s3}$。

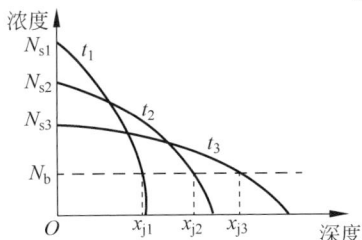

图 5.12　杂质浓度的高斯分布特征

5. GCT 扩散工艺选择

对于晶闸管和 GCT 类器件,掺杂实现 P 型半导体主要采用硼和铝两步扩散的方法。一方面,是因为铝具有较快的扩散速度(见图 5.9),可以实现 $100\mu m$ 左右的深结扩散。另一方面,铝也有短板,它在硅中的溶解度最低,如图 5.13 所示,这使得扩散后的表面浓度较低,对欧姆接触不利,因此在铝扩散之后,一般采用硼进行二次扩散,以提升 P 型区表面浓度。硼扩散的深度一般在 $20\sim40\mu m$,还可以用氧化层进行局部掩蔽,这也是铝扩散无法做到的。

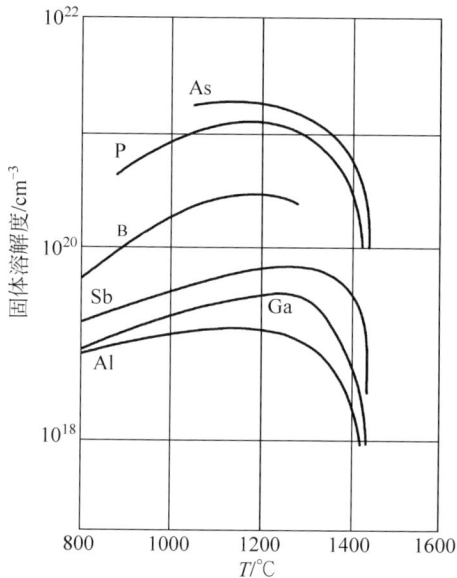

图 5.13　硅中不同掺杂杂质的溶解度(来源:参考文献[1])

对于硅中的 N 型扩散掺杂,几乎只能用磷来产生,因为需要有足够的溶解度和可接受的扩散系数。

在实际工艺过程中,每种杂质元素的扩散,通常分为两个阶段进行:先利用恒定表面源扩散,在相对较低的温度($800\sim1000$℃)下,在硅片浅表预沉积上所需的杂质总量,形成余误差分布,称为预扩;再用有限表面源扩散,经过高温(可达 1200℃以上)长时间(可达 $50h$ 以上)的扩散,形成所需的扩散深度和分布形态,称为主扩。这种扩散方式的杂质浓度分布有如下关系:

$$N(x,t_1,t_2)=\frac{2N_{s1}}{\pi}\sqrt{\frac{D_1t_1}{D_2t_2}}\exp\left(-\frac{x^2}{4D_2t_2}\right)=N_s\exp\left(-\frac{x^2}{4D_2t_2}\right) \quad (5-18)$$

式中,下标 1、2 分别是预扩和主扩的相关参数。实际中,$D_1t_1\ll D_2t_2$,杂质基本呈现高斯函数分布。

图 5.14 是一个按照 4.5kV 耐压设计的 IGCT 器件实际的门阴极侧掺杂浓度分布。除了最右侧的 N 基区掺杂是 NTD 单晶制备时产生的,其余区域都是扩散形成。在 P 基区可以看到拐点,这是硼铝元素的浓度分布交汇点,硼扩散深度约为 $60\mu m$,铝扩散深度约为 $120\mu m$;N 发射区采用磷元素实现了 $1\times10^{20}\,cm^{-3}$ 的高浓度掺杂,扩散深度约为 $20\mu m$。由于各层均采用了预扩加主扩的方式,它们基本都具备高斯分布的特征。

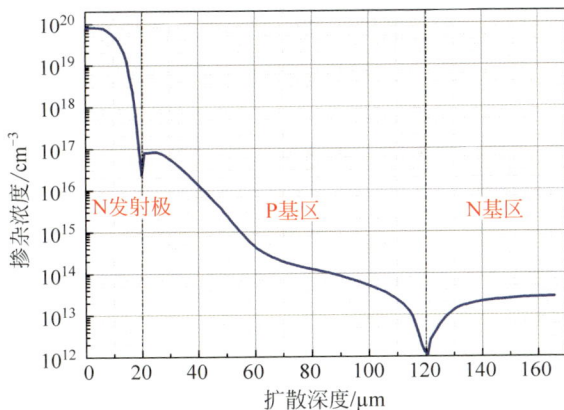

图 5.14　某 4.5kV IGCT 器件阴极侧掺杂浓度分布

5.2.2　离子注入

1. 工艺原理

离子注入是另一种可以将掺杂元素引入半导体衬底中的方法。相比于扩散,离子注入具有诸多优势,主要包括:

(1) 注入的离子是通过质量分析器筛选出来的,纯度高、能量集中。

(2) 可以在 $10^{11}\sim10^{18}/cm^{-2}$ 的剂量范围内实现对注入原子数量的精确控制,注入杂质在片内分布均匀性和重复性可控制在 $\pm1\%$ 的水平,而扩散只能保证 $5\%\sim10\%$。

(3) 通过调整注入能量,可以调节掺杂的深度。此外,通过重复多次注入过程或引入不同的杂质元素,可以创造出多样的杂质分布模式,包括突变结、浅结等。

(4) 离子注入时,衬底温度低,一般为室温,最高也低于 400℃,因此除了氧化硅和氮化硅外,还可以用光刻胶和金属作为注入掩蔽层,避免了高温引起的晶格缺陷。

(5) 通过离子注入的杂质近似垂直入射注入,横向扩散效应比热扩散小得多。

(6) 不受杂质固体溶解度限制,理论上各种元素都可以用离子注入来进行掺杂。

由于以上优点,在集成电路先进制造领域,离子注入工艺已经完全替代了扩散工艺。然而,对于 GCT 芯片制造来说,扩散目前仍然是必须的,主要原因在于 GCT 中的部分掺杂结构需要数十微米至百微米的扩散结深,或者高达 $10^{20}\,\mathrm{cm}^{-3}$ 的掺杂浓度,这是通过常规离子注入难以实现的,因此需要将离子注入与扩散工艺结合使用。

离子注入工艺的实现需要采用精密的离子注入设备,离子注入机基本结构如图 5.15。离子源产生带正电的杂质离子,随后通过分析磁场进行筛选,以形成特定掺杂离子的束流,这些束流在电场作用下被加速,并通过扫描终端,均匀地注入到整个硅单晶片中。

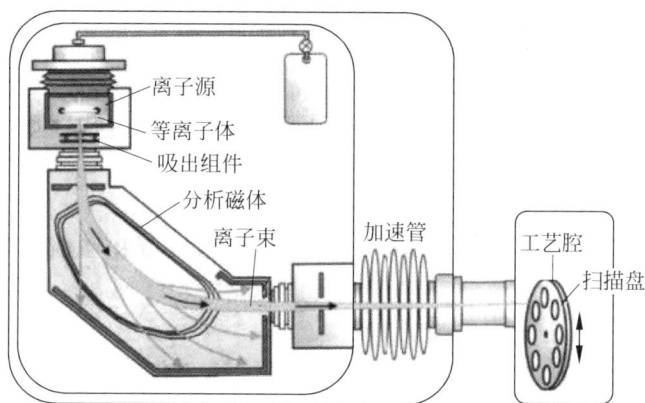

图 5.15　离子注入机结构图(来源:参考文献[38])

2. 注入杂质浓度分布

离子注入后,硅片内的杂质分布与扩散工艺的杂质分布有所不同,离子注入的原子数量(也称剂量 Q)可由下式计算:

$$Q = \frac{It}{enA} \tag{5-19}$$

式中,I 是注入束流,t 是注入时间,e 和 n 分别是元电荷电荷量和离子电荷数,A 是注入表面积。

注入离子在衬底内的移动距离与离子能量、晶向、离子的能量损失机制有关。前两个是物理因素,入射离子的质量越大或能量越高,在晶圆中移动越深。晶向的影响主要是由于不同晶面上原子密度的不同,离子运动会被晶圆内部原子阻碍,其能量损失方式有原子核阻止和电子阻止两种。注入杂质原子能量损失机制如图 5.16 所示。

最终,由于阻滞作用,注入离子将停到晶圆内一定深度范围,它们集中分布的位置称为投影射程 R_p,在投影射程两侧,分布浓度逐渐降低,如图 5.17 所示。

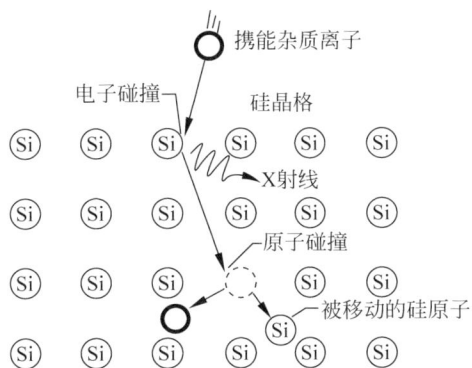

图 5.16　注入杂质原子能量损失机制
（来源：参考文献［38］）

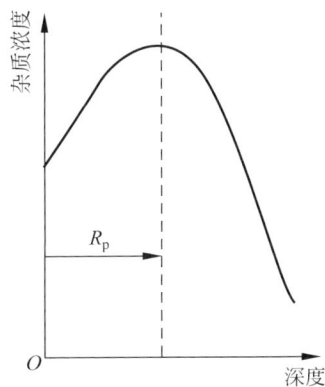

图 5.17　杂质离子进入晶圆的深度
与杂质浓度的关系

图 5.18 的投影射程图能够预测一定注入能量下的投影射程。可以看到，在硅中大部分原子投影射程在 100keV 能量下也不超过 1μm。要获得较深的结深，需要在注入后进行额外的推进扩散。

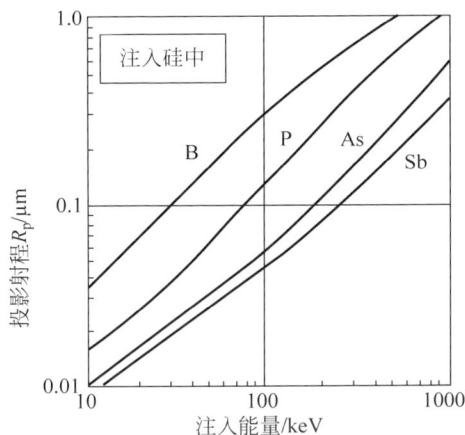

图 5.18　不同杂质的注入能量与投影射程关系（来源：参考文献［39］）

所有注入的离子在投影射程附近会呈现一个距离分布范围，称为投影射程的偏差 ΔR_p。在同样的注入剂量下，当注入能量增加时，投影射程会增大，也就是注入深度会增加；然而，随着注入能量的增加，投影射程偏差也会增大，这就导致了杂质的峰值浓度降低。

在一级近似下，注入离子在纵向深度上的浓度分布可用高斯分布来表示：

$$N(x) = N_{max} \exp\left[-\frac{1}{2}\left(\frac{x - R_p}{\Delta R_p}\right)^2\right] \tag{5-20}$$

式中，N_{max} 为峰值浓度。

对式(5-20)进行积分，可以得出单位面积上注入的离子总数，即剂量 N_s：

$$N_s = \int_0^\infty N(x)\mathrm{d}x = \sqrt{2\pi}\,N_{max}\Delta R_p \tag{5-21}$$

式(5-21)给出了峰值浓度与注入剂量之间的关系，将其代入式(5-20)中，可以得到：

$$N(x) = \frac{N_s}{\sqrt{2\pi}\,\Delta R_p}\exp\left[-\frac{1}{2}\left(\frac{x - R_p}{\Delta R_p}\right)^2\right] \tag{5-22}$$

高斯分布只在峰值附近与实际分布符合较好，当远离峰值位置时，还需要考虑到注入离子与硅原子的大小差异而产生的大角度散射和反向散射等效应。图 5.19 为硼注入无定形硅中的例子，由于硼原子质量比硅轻，被反向散射的硼原子数量更多，在左侧出现了明显的不对称性。

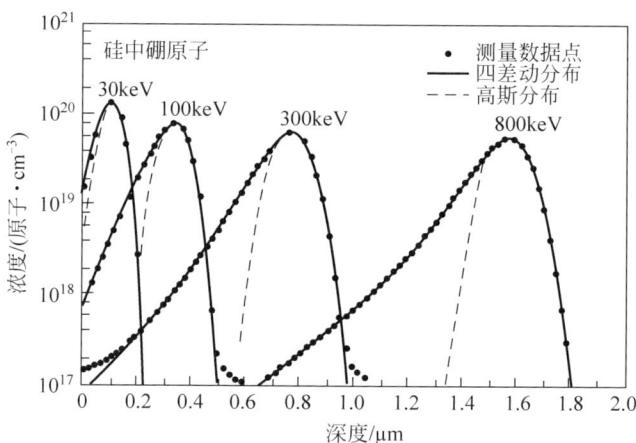

图 5.19　硼注入硅中的实际原子分布与高斯分布的对比(来源：参考文献[40])

3. 离子注入后的退火

离子注入后的退火工艺有两个主要目的：一是通过热能修复注入离子轰击产生的晶格缺陷，这通常需要约 500℃ 的温度；二是激活杂质原子，使其注入的离子从晶格间隙位置移动到晶格点，如图 5.20 所示，这需要更高的温度，大约 950℃。

退火包括普通热退火和快速退火(rapid thermal annealing，RTA)两种基本方法。快速退火指在短时间内($10^{-3}\sim10^2$ s)将硅片某个区域快速升温，可以避免硅片翘曲形变、减弱杂质再分布、抑制二次缺陷产生，相比普通热退火具有明显优势。

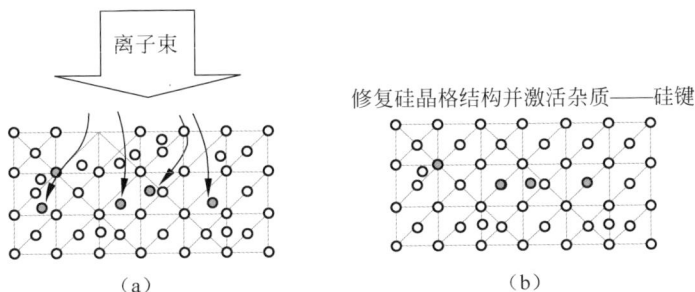

图 5.20 硅单晶退火修复晶格并激活杂质的原理示意图(来源:参考文献[38])

(a) 注入过程中损伤的硅晶格;(b) 退火后的硅晶格

4. 沟道效应

单晶硅原子的排列是长程有序的,当注入的杂质离子与衬底某个晶向平行时,一些离子将沿沟道运动而不受到衬底原子的碰撞减速,如图 5.21 所示。此时来自晶格原子的阻力很小,射程很大,会使得注入深度难以控制,而且产生注入分布的拖尾,这种现象被称为"沟道效应"。

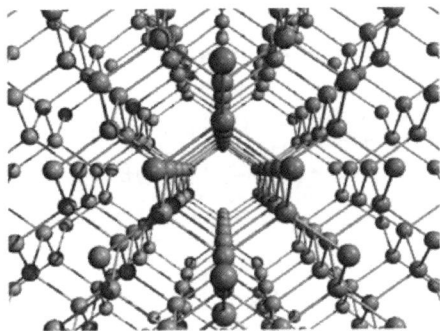

图 5.21 沿⟨110⟩轴的硅晶格视图(来源:参考文献[41])

实际注入工艺过程中,有以下 3 种控制沟道效应的方法。

(1) 倾斜硅片:这是减小沟道效应最简单、最常用的方法,通过把硅片倾斜一个角度,使杂质离子不会沿着沟道方向进入硅中。对于⟨100⟩晶向的硅片,常用角度是偏离垂直方向 7°。另外,注入过程中还必须经常旋转硅片。

(2) 增加掩蔽层:注入之前在硅片表面涂一层光刻胶,或者生长一层很薄的氧化层(10~50nm),使得注入离子进入硅片后的方向变成随机的,减小沟道效应。

(3) 单晶硅预非晶化:在注入之前,用不活泼粒子(如 Si^+ 或 Ar^+)轰击损坏硅表面,形成一个非晶结构的薄层。注入的离子在非晶结构的硅中沟道效应很小。注入之后,对于表面的非晶薄层,需要更高温度的热退火使其去除,以恢复到单晶,或采用额外的腐蚀磨抛步骤将其去除。

5.3 薄膜工艺

GCT 芯片上膜层有多种,用于实现不同的功能,包括二氧化硅/氮化硅绝缘层、金属互连层、聚酰亚胺保护层等。其中二氧化硅/氮化硅层主要通过热氧化或化学气相沉积(chemical vapor deposition,CVD)的方式,金属层主要通过物理气相沉积(physical vapor deposition,PVD)的方式,聚酰亚胺保护层主要通过涂胶的方式进行制备。

本节主要介绍热氧化、CVD 和 PVD 工艺,涂胶工艺在光刻相关章节中介绍。

5.3.1 热氧化

硅暴露在空气中,即使在室温条件下,其表面也会被氧化形成一层 $1\sim2\text{nm}$ 的自然氧化膜。这一层氧化膜结构致密,能防止硅表面继续被氧化,且具有极稳定的化学性质和绝缘性质,因而受到人们关注,并在半导体工艺中得到广泛的应用。在GCT 类器件中氧化层的主要用途包括以下几方面:

(1) 作为杂质掩蔽层:硼、磷、砷等元素在二氧化硅层中的扩散速率显著低于在硅中的扩散速率,因此利用氧化层可以实现整面或局部杂质的阻挡。

(2) 作为注入缓冲介质:减少离子注入轰击对硅片表面造成的损伤。

(3) 作为绝缘层或表面钝化层:二氧化硅的相对介电常数为 $3\sim4$,耐击穿能力强,不受外界偏压的影响,可用作器件不同结构之间的绝缘隔离层或表面钝化保护层。

常用的氧化工艺有以下几种:

(1) 干氧氧化:在高温环境中,氧气直接与硅片接触,氧气分子与硅片表面的硅原子反应生成二氧化硅层。干氧氧化过程的化学反应式为

$$Si + O_2 \longrightarrow SiO_2$$

干氧氧化生长的二氧化硅结构致密,均匀性和重复性良好,对光刻胶黏附性好。然而,其生长速率相对较慢,主要用于需要高质量氧化层的场合。

(2) 水蒸气氧化:在高温环境中,高纯水产生的蒸气与硅进行反应,化学反应式为

$$2H_2O + Si \longrightarrow SiO_2 + 2H_2$$

水蒸气氧化的生长速率比干氧氧化更快,但结构也更疏松,掩蔽能力差,对光刻胶的黏附性更差。

(3) 湿氧氧化:湿氧氧化也是利用水分子与硅进行反应,只不过水分子是由氢气和氧气燃烧反应得到的,因此具有比水蒸气氧化更高的纯度。湿氧氧化化学反应式为

$$2H_2 + O_2 \longrightarrow 2H_2O$$

$$2H_2O + Si \longrightarrow SiO_2 + 2H_2$$

$$Si + O_2 \longrightarrow SiO_2$$

湿氧氧化的生长速率介于干氧氧化和水蒸气氧化之间,此外,通过氢气和氧气流量的调节,可以实现对氧化速率的调控。

(4) 掺氯氧化:氯在氧与硅反应过程中起催化剂作用,同时可以减少钠离子沾污,钝化 SiO_2 中钠离子的活性,抑制或消除热氧化缺陷,改善击穿特性,提高半导体器件的可靠性和稳定性。掺氯氧化是在上面三种方法基础上的改良,其化学反应为

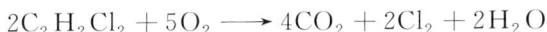

$$2C_2H_2Cl_2 + 5O_2 \longrightarrow 4CO_2 + 2Cl_2 + 2H_2O$$

$$2Cl_2 + 2Si + O_2 \longrightarrow 2SiOCl_2$$

$$SiOCl_2 + H_2O \longrightarrow SiO_2 + 2HCl$$

在 GCT 芯片实际生产中,为了得到相对致密,且达到一定厚度的($1\mu m$ 以上)的氧化层,通常采用干-湿-干氧结合的方式,底层和表层百纳米级厚度用干氧,中间微米级厚度用水蒸气或湿氧。氧化层厚度 d_{ox} 与时间 t 的关系可用下式近似计算:

$$\begin{cases} d_{ox} = d_0 + A \cdot t, & \text{用于薄氧化层} \\ d_{ox} = B \cdot \sqrt{t}, & \text{用于厚氧化层} \end{cases} \tag{5-23}$$

式中,A 和 B 均为与温度相关的系数。

氧化层生长过程中,生长速率受到不同生长方式、氧化温度、氧化时间、气体流量、衬底类型及晶向、衬底掺杂类型及浓度影响。氧化温度越高,氧化速率越快;氧化时间越长,氧化层越厚;气体流量未趋于饱和时流量越大,速率越快,饱和后速率趋于稳定;⟨111⟩晶向生长速率较⟨100⟩晶向生长速率快;当掺杂杂质的浓度相当高时,氧化层生长会产生增强氧化,使氧化速率增加较多。

高质量的二氧化硅膜,要求表面清洁无污染,厚度达到规定要求且均匀性高,膜中的可动杂质离子,特别是 Na^+ 的含量也必须达到规定要求。表面的颗粒、污染可通过颗粒测试仪、聚光灯、显微镜等进行检查。膜层厚度通过膜厚仪、椭偏仪进行测量。膜中的可动离子、电荷含量通过 C-V 进行检测。

5.3.2　CVD

化学气相沉积(CVD)是一种利用特定条件下气态的反应源在晶体衬底表面发生化学反应沉积生成薄膜的方法。在功率器件中,CVD 主要用来制备各种硅和硅的衍生物介质膜,如氧化硅、氮化硅、硼硅玻璃(BSG)、磷硅玻璃(PSG)、硼磷硅玻璃(BPSG)、多晶硅和半绝缘多晶硅(SIPOS)等。这些膜层可以具有不同的用途,如绝缘层、掩蔽层、钝化层等。

CVD 中反应成膜的基本过程如图 5.22 所示,分为多个步骤:首先反应气体以适当的流速送到反应室,此时可能发生一些裂解或等离子化的反应;随后以扩散

的方式到达衬底表面；被吸附的原子或分子在衬底表面逐步形成核而生成膜；反应生成的副产物以气态的方式被真空泵抽出。

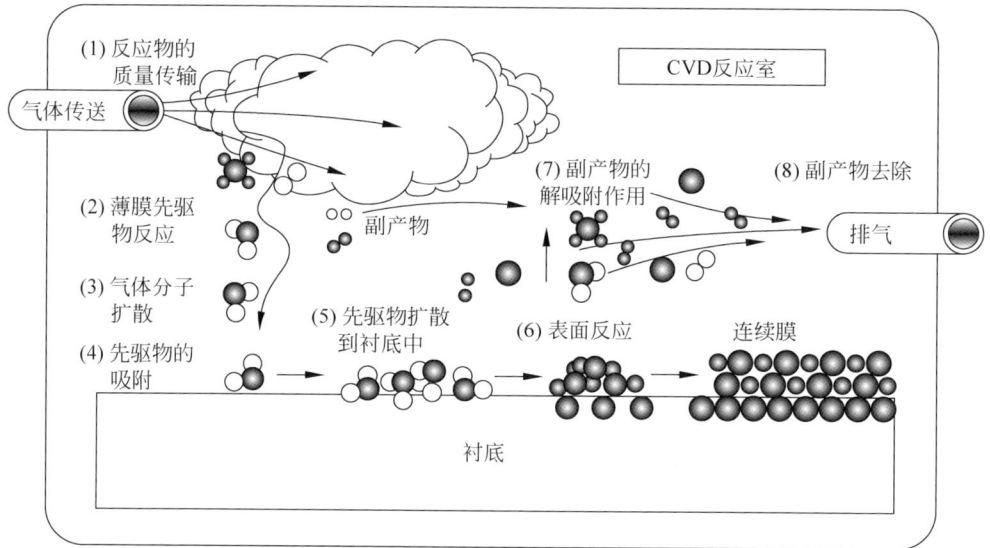

图 5.22 CVD 的基本过程(来源参考文献[42])

化学气相反应所需的激活能可以来自热能、等离子体、激光等。根据反应动力系统和反应室环境的不同,常用的 CVD 工艺包括:常压 CVD(APCVD)、低压CVD(LPCVD)和等离子 CVD(PECVD)等。

1) APCVD

APCVD 是集成电路制造领域最早采用的 CVD 工艺,至今仍然用于硅外延生长等。反应在大气压下进行,设备构造比较简单,而且沉积速率比较高,可以达到100nm/min 以上。但 APCVD 容易产生微粒污染,而且台阶覆盖性和均匀性比较差,在大部分场景下,已被 LPCVD 所替代。

2) LPCVD

LPCVD 利用反应室内低气压的条件(约 133.3Pa),实现了比 APCVD 更好的台阶覆盖性和均匀性,而且减少了污染。目前广泛应用于 SiO_2、BPSG、Si_3N_4、多晶硅和 SIPOS 等薄膜的沉积。

对于 SiO_2 的 LPCVD,可以用硅烷和氧气在相对低温下反应(也称 LTO 工艺),也可以用正硅酸四乙酯裂解(也称 TEOS 工艺)。后者比前者沉积速率更低,但膜层结构致密度更高,保形性好,而且安全性更佳。二者的反应式如下:

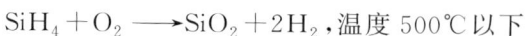

$$SiH_4 + O_2 \longrightarrow SiO_2 + 2H_2, 温度\ 500℃\ 以下$$

$$Si(OC_2H_5)_4 \longrightarrow SiO_2 + 副产物, 温度约\ 700℃$$

在上述反应的基础上,掺入乙硼烷或磷烷,即可制备 BSG、PSG 或 BPSG 等含硼磷元素的氧化硅层。

相比于热氧化制备的 SiO_2,LPCVD 工艺的氧化硅沉积速率更快,可以生长更厚的氧化层(数微米),但膜层密度更低,而且其中的 Si/O 元素不是严格的化学计量比。通过高温退火,可以使 LPCVD 氧化硅膜层质量接近于热氧化的情况。

对于氮化硅的 LPCVD,可以用硅烷-氨气或二氯硅烷(DCS)-氨气的体系,单次最大成膜厚度数百纳米。反应式如下:

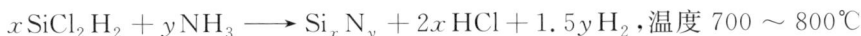

$$3SiH_4 + 4NH_3 \longrightarrow Si_3N_4 + 12H_2$$

$$x\,SiCl_2H_2 + y\,NH_3 \longrightarrow Si_xN_y + 2x\,HCl + 1.5y\,H_2,温度\ 700 \sim 800℃$$

对于多晶硅的 LPCVD,主要采用硅烷裂解的方式,单次最大成膜厚度可达 $2\mu m$ 左右。反应式如下:

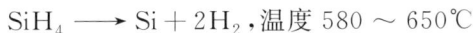

$$SiH_4 \longrightarrow Si + 2H_2,温度\ 580 \sim 650℃$$

在功率器件中,纯绝缘性的钝化膜不能有效防止器件表面的电荷积累或离子沾污。这是因为电荷在靠近硅衬底表面处会感应出相反极性的电荷,此外载流子注入到绝缘膜中也能长期存储,这都会导致器件表面电阻率的变化,从而影响结阻断电压。使用掺氧的半绝缘性膜层 SIPOS,可以抑制以上效应。SIPOS 的 LPCVD 主要采用硅烷和笑气反应生成:

$$SiH_4 + N_2O \longrightarrow SiO_x + N_2 + H_2,温度\ 600 \sim 700℃$$

3) PECVD

PECVD 是目前应用最广泛的 CVD 方法。它与 APCVD 和 LPCVD 主要用热能来促进反应的机理不同,PECVD 主要利用非热能的射频等离子体来激活化学反应。PECVD 所需的温度更低,工艺温度在 $300 \sim 400℃$,可以在金属上进行沉积,这是 APCVD 和 LPCVD 所无法实现的。同时,PECVD 又具备更高的沉积速率,良好的台阶覆盖性和附着性。当然,与此同时,带来的缺点是薄膜致密度更差。

5.3.3　PVD

在半导体工艺中,物理气相沉积(PVD)主要用于金属及其合金膜层和介质膜层的制备,它通过物理过程,将原子或分子从源材或靶材上转移到基片表面,并形成一定厚度的薄膜。根据物理过程的不同,其工艺主要分为蒸发和溅射两类。

1. 蒸发工艺

蒸发(evaporation)工艺主要是利用固体材料在熔化温度下产生蒸气的过程。在高真空条件下,对原材料(又称蒸发源)进行加热,使其原子或分子溢出,并沉积到硅衬底表面,凝结形成核之后生成固态薄膜。根据对蒸发源加热方式的不同,它又可以分为热蒸发、电子束蒸发和激光蒸发等。

图 5.23 所示为蒸发设备的示意图,主要由真空系统、蒸发系统、基板及加热系统构成。首先,蒸发过程必须保持真空度比较高的环境;否则,蒸发出的原子或分子与空气中大量的气体分子碰撞,将导致难以连续成膜、膜层被氧化或受到严重的污染等问题。其次,一些工艺(如剥离)要求金属膜沉积后台阶覆盖率要低,因此基片和蒸发源之间需要保持较远的距离,这也有利于提高膜层厚度的均匀性。

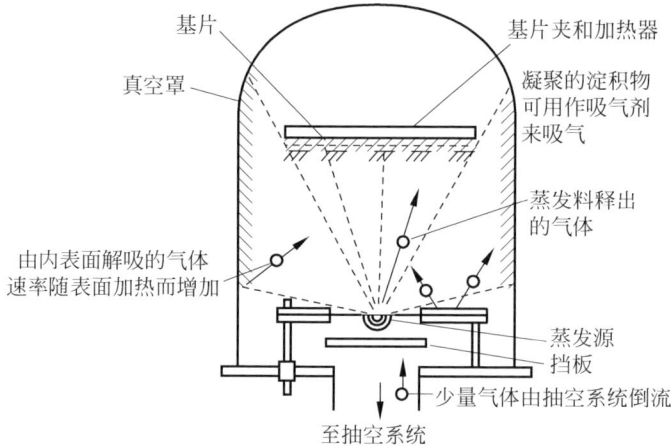

图 5.23 蒸发设备示意图(来源:参考文献[27])

蒸发的原子或分子与真空腔室内的残余气体以及腔室内壁相互碰撞,两次碰撞之间飞行的平均距离称为自由程 $\bar{\lambda}$,其与气体压强 p 有如下关系:

$$\bar{\lambda} = \frac{kT}{\sqrt{2}\pi d^2 p} \tag{5-24}$$

式中,k 为玻耳兹曼常量;T 为热力学温度;d 为气体原子或分子的直径。可见,p 越小(即系统真空度越高),平均自由程越大。压强要足够低,才能保证蒸发原子或分子的平均自由程远大于蒸发源到基片的距离,使膜层中的有害沾污降到最低。通常要求真空度在 $10^{-7} \sim 10^{-5}$ Torr(1Torr=1mmHg=133.322Pa),此时平均自由程在 100m 以上。

蒸发工艺中比较关键的指标是蒸发速率,也就是薄膜的沉积速率。它与温度、蒸发面积、加热方式、表面清洁度等因素相关,其中影响最大的因素是蒸发温度。一般来说,蒸发速率越快,薄膜致密性越差。

GCT 芯片因为需要传导比较大的电流,因此需要比较厚的电极,甚至需要超过 $10\mu m$ 厚度。采用电子束蒸发制备电极是比较好的选择,这种方式是用电场加速电子去轰击蒸发源,轰击过程累积的能量使得蒸发材料被加热气化,其原理如图 5.24 所示。相较于传统的热蒸发,电子束蒸发可获得高得多的能量密度,因此具有比较高的蒸发速率,现在已成为功率器件电极制备的优选 PVD 方式之一。

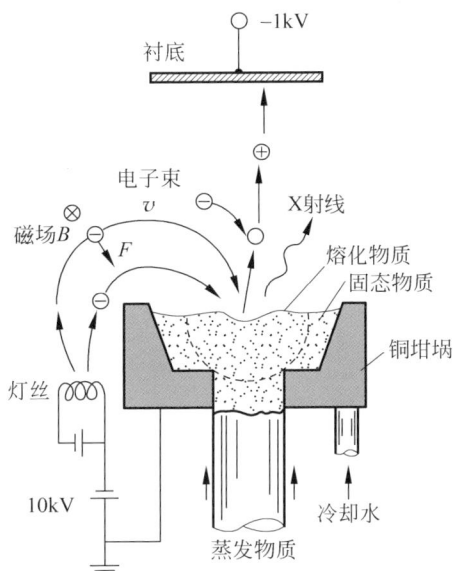

图 5.24　电子束蒸发示意图(来源:参考文献[43])

通过蒸发在衬底表面沉积生成电极金属层后,还需要经过一个高温过程,使金属与硅衬底之间完成合金化,实现欧姆接触或肖特基接触。合金化一般通过热退火或快速退火进行。不同的衬底掺杂浓度和金属组分所需的退火温度不同,一般在数百摄氏度范围。

2. 溅射工艺

溅射(sputtering)是另一种主流的金属膜层物理沉积技术。它也是通过粒子轰击源材料(靶材),只不过用的是带电的离子,通过离子的动能使靶材中的原子"飞溅"出来,再沉积到衬底上。

相较于蒸发,溅射出来的原子具有更大的动能,前者一般只有 0.1~0.2eV,而后者可达到 10~20eV。能量的增加,带来的好处是提高了原子在衬底表面的迁移能力,具有更好的台阶覆盖性和黏附性;但同时也会对衬底造成一定程度的损伤。

具体的溅射方式可以分为直流溅射、射频溅射、离子束溅射和磁控溅射等。目前工业界使用比较广泛的是磁控溅射(magnetron sputtering),它通过磁控管产生的磁场使靶材发射的二次电子发生偏转,在磁场束缚下在靶材附近产生回转运动,而非向阳极(衬底所在一侧)迁移,这大大延长其运动距离,增大产生碰撞电离的概率,如图 5.25 所示。磁控溅射的沉积速率可达普通直

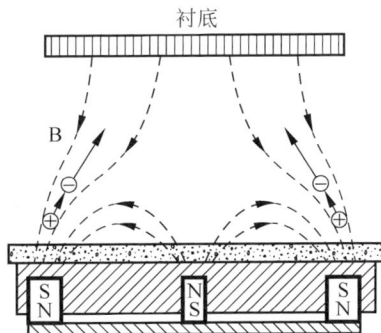

图 5.25　磁控溅射示意图

(来源:参考文献[43])

流和射频溅射的 5～10 倍。溅射后的金属电极一般也需要经过退火处理。

5.4 光刻及刻蚀工艺

在 GCT 芯片制造过程中,光刻和刻蚀工艺是实现图形化的重要手段,用于形成在横向上不同区域的掺杂、表面硅台面和金属电极等各部分结构。不同于集成电路的高分辨率光刻,GCT 光刻线宽较大,更追求大台阶的覆盖及光刻胶与衬底的黏附性。根据所去除的材质,可以选取湿法腐蚀或干法刻蚀工艺。

5.4.1 光刻

光刻工艺(photolithography)的基本构想来自于照相制版印刷技术,其主要过程如图 5.26 所示。光透过掩模版照射到硅片表面涂覆的光刻胶上,使未遮挡部分区域的光刻胶感光。光刻胶在感光后会发生光化学反应,使得感光部分和未感光部分在显影液中的溶解速度差异非常大,从而最终留下掩模版的复制图形。光刻胶有正负性之分:如果在显影液中,感光区域溶解速度更大,称为正胶;反之则是负胶。GCT 芯片制造以负胶工艺居多,主要是因为负胶耐腐蚀性更好。

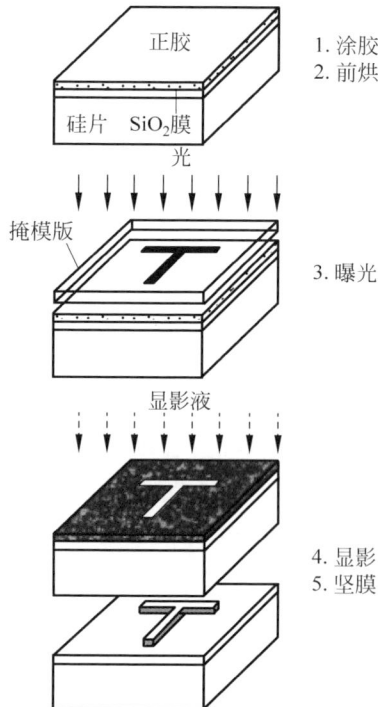

图 5.26　光刻主要过程示意图(来源:参考文献[27])

利用图形化后的光刻胶,可以在后续工艺中实现区域选择性掺杂、硅台面造型或金属电极成形等。

下面将依次对上述过程中的各个步骤做一个简要介绍。

1. 光刻前表面准备

为确保光刻胶能和硅片表面很好黏结,必须进行表面处理,包括清洗、脱水烘焙和六甲基乙硅氮烷(HMDS)增黏等。

1）清洗

硅片表面可能吸附的一些颗粒状的污染物会影响后续涂胶和曝光效果,因此需要对这些微粒进行清除。微粒清除方法包括高压氮气吹洗、化学湿法清洗、旋转刷洗和高压水流冲洗等。

2）脱水烘焙

光刻胶一般是憎水性的,而经过清洗处理后的硅片表面含有一定的水分,直接在其表面涂覆光刻胶会导致黏附不佳。因此需要经历一个干燥过程,主要通过加热操作使硅片表面恢复到憎水表面,其温度一般在 100℃ 左右,这种方式也叫预烘(pre-bake)。此外,预烘后的硅片也需尽快进行涂胶,避免在空气中停留太久。

3）HMDS 增黏

采用 HMDS 增黏的目的是进一步保证光刻胶和硅片表面的黏结能力。衬底表面上的 OH 基团将与 HMDS 的甲基反应,使表面更具憎水性,增加了表面对光刻胶的黏附能力,如图 5.27 所示。

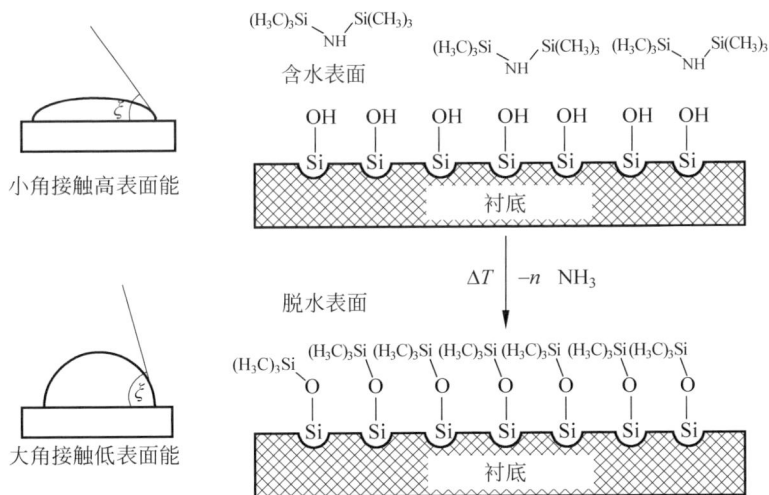

图 5.27　HMDS 使衬底表面脱水(来源:参考文献[27])

2. 涂光刻胶

采用旋转涂胶(spin-on coating)的方式,在硅片表面形成厚度均匀并且没有缺陷的光刻胶膜,如图 5.28 所示。将硅片通过真空吸附在托盘上,随后将光刻胶滴或喷在硅片中心区域,再给托盘及硅片施加一定的旋转加速度和最大转速(另一种做法是先旋转到一定的速度,再进行滴胶或喷胶)。光刻胶在离心力的作用下由轴心沿径向"飞溅"出去并逐步铺展开来,因此涂胶也可称为甩胶。最终,留在硅片表面的光刻胶不到初始胶量的 1%。

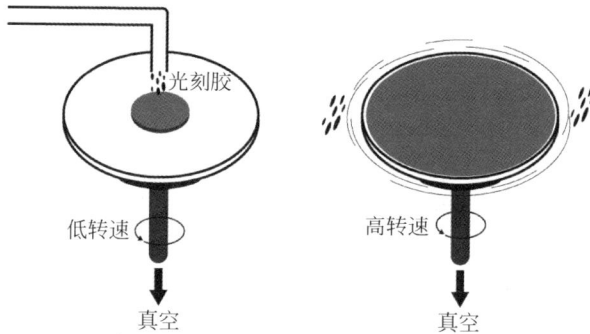

图 5.28　旋转涂胶示意图

最终光刻胶的膜厚主要与光刻胶本身的黏度有关,也与旋转速度的平方根近似成反比。黏度越小,转速越快,光刻胶越薄,均匀性越好。

3. 软烘焙

光刻胶具有流动性,因此在涂胶完成后不能立即进行曝光。需要先进行烘焙过程,以便让光刻胶中的溶剂进一步挥发。经过烘焙的光刻胶虽然仍保持柔软,但与硅片的结合会更加牢固。这一步骤称为软烘焙或前烘焙(soft bake)。

软烘过程需要对温度和时间进行严格控制。如果烘焙不完全(时间不足或温度过低),光刻胶中溶剂含量过高,会使光刻胶黏附性下降,也会使得感光区和非感光区在显影液中溶解选择比下降,导致图形转移精度变差;如果烘焙过度,光刻胶也会因为变脆而黏附性下降,或者胶中的感光剂发生聚合反应,从而在曝光时敏感度变差。

软烘焙可以用热板、烘箱、微波等方法进行,不同方法的特点如表 5.2 所示。目前生产中最常用的是热板烘烤,这种方式热量由硅片背面传入,有利于内部的溶剂向表面移动挥发。

表 5.2　软烘焙方式对比

方　　法	烘焙时间/min	温度控制	生　产　类　型
热板	5～15	好	单片到小批量
对流烘箱	30	一般～好	批量
真空烘箱	30	差～一般	批量
红外移动带	5～7	差～一般	单片
传导移动带	5～7	一般	单片
微波	0.25	差～一般	单片

4. 对准和曝光

对准（alignment）是指把所需的不同层的图形在硅片表面上定位或相互对准，GCT 芯片一般需要 10 层左右的图形对准。曝光（exposure）是指通过光源或其他辐射源将掩模版上的设计图形转移到光刻胶膜上。对准和曝光这两个过程都在光刻机上完成。

光刻机可以分为光学光刻机和非光学光刻机两大类，如图 5.29 所示。光学光刻机采用紫外线作为光源，更适用于批量生产；而非光学光刻机的光源则来自电磁光谱的其他成分或高能粒子（如 X 射线和电子束），适用于高精度样品制备。

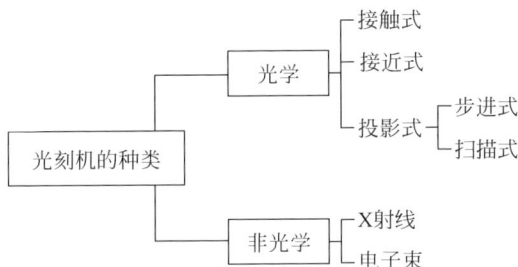

图 5.29　光刻机分类

最初的光学光刻机是接触式和接近式的，采用高压汞灯产生的单一波长紫外光（UV）进行曝光，掩模版图形以 1∶1 复制到光刻胶膜上，可以实现微米级的图形线宽。随着对更高分辨率的需求，后来发展出了采用步进或扫描方式的投影式光刻机，采用波长更小的深紫外（DUV）或极紫外（EUV）光源，将掩模版图形以一定比例缩放到光刻胶膜上，可以实现百纳米到数纳米级线宽。对于 GCT 芯片来说，最小线宽在数十微米，因此采用接触式或接近式光刻即可满足要求。

不同层之间的掩模版图形需要精确对准（见图 5.30）。首层光刻需要把掩模版上的 y 轴与硅片上的定位边（flat 或 notch）成 90° 对齐，通过光刻刻蚀后在衬底表面留下临时或永久的印记。而后续光刻都用掩模版上的对准标记与第一层或上一层光刻后形成的印记进行对准。对准标记需要进行特殊的设计，一般分布在芯片图形的外侧,不影响芯片结构的加工。

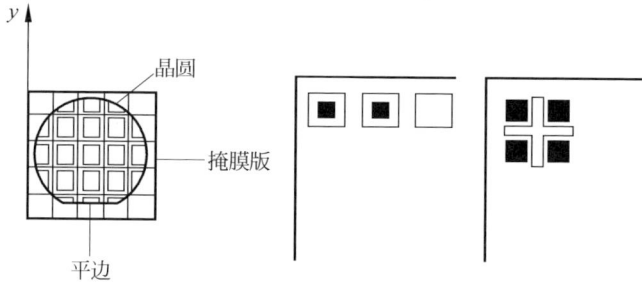

图 5.30　首次光刻平边对准及常用对准标记(来源:参考文献[28])

在曝光完成后,显影之前,可以选择进行一次烘焙,称为后烘(post exposure bake,PEB)。后烘主要是为了消除驻波效应,避免感光区和非感光区边界出现强弱相间的过渡区,这在干法刻蚀工艺前比较必要。

5. 显影

经过曝光后,光刻胶上形成了感光区和非感光区。通过显影(development),可以使未聚合的光刻胶化学分解,即正胶的感光区和负胶的非感光区的光刻胶会在显影液中被去除,从而实现掩模版上的设计图形到光刻胶上的转移,如图 5.31 所示。

最传统的显影方式是沉浸显影。直接将待显影的硅片放入盛有显影液的容器中(一般是湿化学槽体),经过一定的时间后再用冲洗液进行冲洗。这种方式操作简单,但也有较多缺点,包括液体表面张力导致显影液难以进入微小开孔区、溶解后的光刻胶残留导致沾污和清晰度差、显影液逐渐稀释导致显影不足、对显影温度变化比较敏感等。

为了克服上述问题,产生了喷射显影法。如图 5.32 所示,显影和冲洗在一个设备内完成,通过喷射的方式源源不断地提供新的显影液和冲洗液。这种方式具有比沉浸显影更高的洁净度,也可大大节约化学品的使用量。

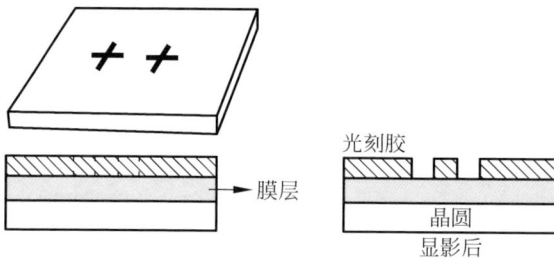

图 5.31　显影过程示意图(来源:参考文献[28])

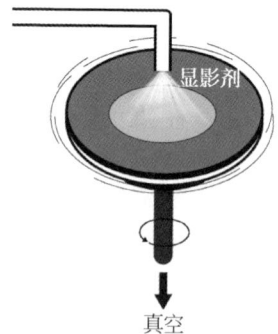

图 5.32　喷射显影示意图

6. 显影检验

显影后一般需要对光刻效果进行中间检查,不合格的可以返工,重新进行涂胶、曝光、显影。

显影检验主要通过目检、镜检、扫描电镜等方式对图形尺寸偏差、定位准确性、表面状态(污染、针孔、划伤等)等进行检查。图 5.33 中展示了常见的显影问题:显影不足会使得光刻胶侧壁不垂直,一般是显影时间不足造成的;不完全显影使开窗区域还残留光刻胶,一般是显影液不足造成的;过显影会使得表层的光刻胶被过度溶解变窄,一般是显影时间过长造成的。

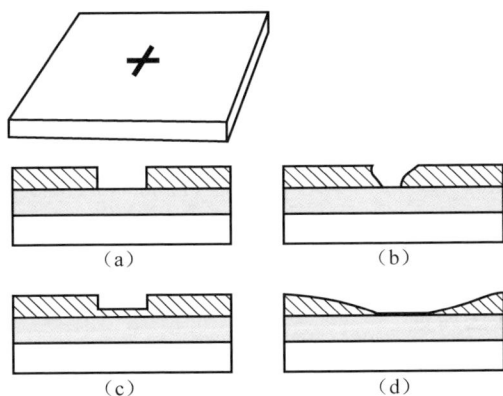

(a)　　　　　　　　　　(b)

(c)　　　　　　　　　　(d)

图 5.33　显影后形貌
(a) 正确显影;(b) 显影不足;(c) 不完全显影;(d) 严重过显影

7. 硬烘焙

硬烘焙,也称坚膜(hard bake),其作用是进一步去除光刻胶中剩余的溶剂,增加光刻胶和硅片表面的黏附性和耐蚀性。硬烘焙在方法和设备上与前面介绍的软烘焙和后烘焙相似,但需要的温度更高,使光刻胶可以软化成为类似玻璃体的熔融状态,从而使光刻胶边缘轮廓更加圆滑,也减少了光刻胶中的针孔等缺陷。

时间和温度仍然是硬烘焙过程需要严格控制的工艺参数。如果烘焙温度太低,脱水和聚合不彻底,会影响光刻胶黏附性和耐蚀性;如果温度太高,光刻胶容易变软甚至流动(见图 5.34),导致图形精度变差。

在硬烘焙之后、进行下一步工艺之前,根据需要还可以选择进行两个过程:一是光学稳定,采用紫外光辐照和加热,使光刻胶形成交叉链接的硬壳,进一步增强耐蚀性;二是采用氧等离子体进行

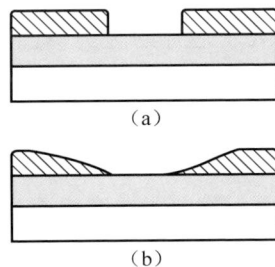

(a)

(b)

图 5.34　硬烘焙效果示意
(a) 正常硬烘焙;(b) 硬烘焙温度过高

处理(descum),清除显影后可能存在的聚合物薄层残留。

5.4.2　湿法腐蚀

湿法腐蚀主要是利用化学反应去除没有被光刻胶掩蔽的膜层,是半导体芯片制造中实现图形转移的重要工艺,由于其低成本和高产出而被广泛应用。对于GCT芯片,通常使用湿法腐蚀去除的膜层有硅、氧化硅、金属铝等。

1. 硅的湿法腐蚀

在半导体工艺中,硅有单晶态、多晶态和非晶态等几种形态,无论处于什么形态,硅一般很难直接被腐蚀,所以大多都是采用强氧化剂(硝酸等)将硅进行氧化,然后利用氢氟酸与二氧化硅反应将其去除。反应过程比较复杂,其总体化学反应式为

$$Si + HNO_3 + 6HF \longrightarrow H_2SiF_6 + HNO_2 + H_2 + H_2O$$

此外,硅也可以通过KOH等碱性溶液进行腐蚀,但由于碱性离子会在芯片中形成不可控的深能级缺陷,会造成耐压特性衰减,因此无法在GCT这类大功率芯片制造中无法采用,此处也不再展开介绍。

2. 二氧化硅的湿法腐蚀

二氧化硅膜的湿法腐蚀常用氢氟酸作为腐蚀剂,化学反应式为

$$SiO_2 + 6HF \longrightarrow SiF_6 + 2H_2O + H_2$$

在反应过程中,HF被不断消耗,反应速度随时间的增加而降低,为了避免这种现象的发生,通常在腐蚀液中加入一定比例的氟化铵作为缓冲剂,以不断补充HF。

3. 铝的湿法腐蚀

常见的铝腐蚀液主要是由磷酸、硝酸、冰乙酸组成或用水稀释,铝被氧化剂(硝酸)氧化再被腐蚀剂(磷酸)腐蚀,其中冰乙酸的作用是增加润湿和缓冲,水的含量决定一定温度下的腐蚀速率。化学反应式为

$$HNO_3 + Al + H_3PO_4 \longrightarrow Al_2O_3 + H_2O + H_2$$

GCT芯片的湿法腐蚀一般是各向同性的,即除了在深度方向上的材料被去除,在横向方向上也会以相当的速率被去除,即横向钻蚀。这会造成设计线宽的损失,但由于GCT芯片图形尺寸相对较大,这种效应尚可以接受。图5.35展示了通过湿法腐蚀工艺得到的GCT梳条结构的形貌,可以从剖面图上看到,硅和铝的侧壁均由于各向同性腐蚀而呈现出一定的弧度。

5.4.3　干法刻蚀

干法刻蚀一般指等离子表面刻蚀,通过将反应气体电离成等离子自由基团与

图 5.35　GCT 湿法腐蚀梳条形貌

（a）俯视图；（b）局部剖面图

裸露的材料表面发生反应从而进行选择性地刻蚀,被刻蚀的材料转化为气相并被真空泵排出。其刻蚀过程中不涉及液体,所有的刻蚀剂都是气态的。干法刻蚀一般有三种:物理性刻蚀、化学性刻蚀和物理化学性刻蚀。

物理性刻蚀又称离子束溅射刻蚀,利用低气压下惰性气体(如氩气)辉光放电产生等离子体,并在电场作用下加速而入射到衬底表面,从而使裸露区域被溅射而去除。这类刻蚀常用于衬底浅表层的清洁或者一些不活泼金属薄层的刻蚀。

化学性刻蚀又称等离子体刻蚀,利用高频辉光放电反应来激活反应气体,生成活性粒子(如离子或自由基),这些活性粒子扩散到需要刻蚀的区域,与被刻蚀材料发生化学反应,生成挥发性反应物并被去除。

物理化学性刻蚀又称反应离子刻蚀,基于化学反应和物理轰击相结合的方式,通过引入特定的刻蚀气体和附加气体来去除目标材料。在实际中,大多数的干法刻蚀都同时存在物理效应和化学效应。

表 5.3 是不同材料常用的干法刻蚀气体。对于硅基材料,主要刻蚀气体有 CF_x 和 SF_6 等。

表 5.3　不同材料常用的干法刻蚀气体

材料	反 应 物	备　注
Si	CF_4/O_2,SF_6,NF_3	各向异性差
	Cl_2,BCl_3,CCl_4	定向的,对二氧化硅有良好的选择性
	HBr,CF_3Br	定向的
SiO_2	CF_4/H_2,CHF_3/C_2F_6,CH_3F/CO_2	对硅有刻蚀选择性
Si_3N_4	CF_4,CHF_3,SF_6,NF_3	特性介于硅和二氧化硅之间
GaAs	Cl_2,BCl_3,CCl_4,F_2,$SiCl_4/SF_6$(NF_3)	氟基气体可以实现砷化铝镓上的刻蚀停止
$TiSi_2$	CCl_4/F_2,CCl_4	可以控制氧杂质

续表

材料	反 应 物	备 注
WSi_2	CF_4/O_2,SF_6	
W	CF_4/O_2,SF_6	
Al	Cl_2,BCl_3,CCl_4,$SiCl_4$	去除自然氧化层
Al(Cu)	Cl_2,BCl_3,CCl_4,$SiCl_4$	去除铜,去除自然氧化层
聚合物	O_2,O_2/CF_4	

以 CF_x 刻蚀气体为例,其原理见图 5.36,反应方程式如下:

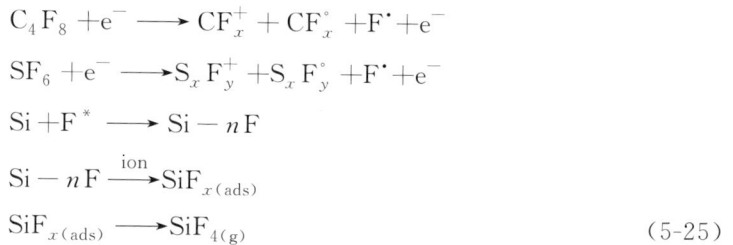

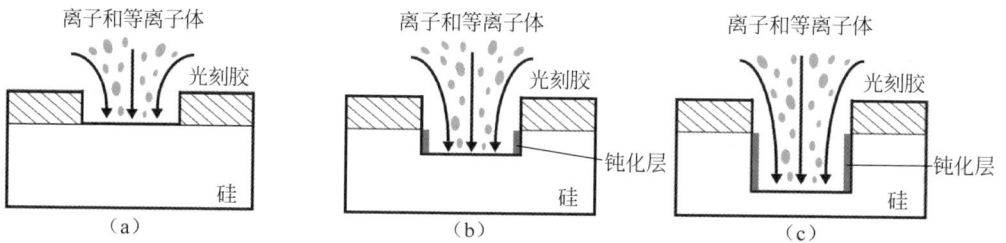

$$C_4F_8 + e^- \longrightarrow CF_x^+ + CF_x^\circ + F^\cdot + e^-$$

$$SF_6 + e^- \longrightarrow S_xF_y^+ + S_xF_y^\circ + F^\cdot + e^-$$

$$Si + F^* \longrightarrow Si - nF$$

$$Si - nF \xrightarrow{\text{ion}} SiF_{x(\text{ads})}$$

$$SiF_{x(\text{ads})} \longrightarrow SiF_{4(g)} \tag{5-25}$$

图 5.36 C_4F_8 与 SF_6 混合气体进行深硅刻蚀的反应原理图

(a) 原理图;(b) 反应过程;(c) 深硅刻蚀

干法刻蚀需要特别注意刻蚀材料与掩模材料的刻蚀选择比,常用的掩模材料有光刻胶掩模、氧化硅/氮化硅掩模、金属掩模等,尽量选取选择比高且易清除的掩模材料,即掩模材料在刻蚀过程中损失量小,刻蚀完成后容易清洗去除。

图 5.37 展示了采用干法刻蚀的方式加工的 GCT 阴极硅台面,相比于湿法腐蚀,干法刻蚀可以实现比湿法腐蚀更为陡直的侧壁形貌,横向钻蚀小。而且,干法刻蚀可以通过改变气体流量、气体配比、气压、温度和功率等参数对刻蚀形貌进行精准调控,可以实现更高精度的图形加工。但同时,干法刻蚀成本更高,刻蚀效率更低,因此需要综合考虑来进行选择。

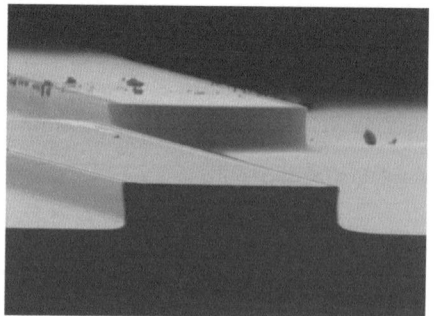

图 5.37 GCT 硅台面干法刻蚀形貌

5.5　边缘终端工艺

在 2.3 节中,介绍了常用的平面终端结构和斜面终端结构。对于平面终端结构(如场环、场板)的制备,所需的工艺已在前面章节介绍,包括掺杂、薄膜沉积、光刻及刻蚀等,只需要利用不同工艺手段进行整合,实现所设计的结构。而对于 GCT 来说,除了文献报道少数超高阻断的 GCT 芯片(如 10kV 不对称 GCT)采用了平面终端,大部分 GCT 采用的是斜面终端。因此,本节主要对斜面终端的制备工艺进行介绍。

斜面终端主要采用机械磨角和台面腐蚀等方法形成边缘终端结构,优化整晶圆器件边缘的电场分布,提高器件整体阻断能力。这种边缘终端结构典型的加工流程如图 5.38 所示,包括边缘的环切—磨角—腐蚀—钝化—注胶等步骤。

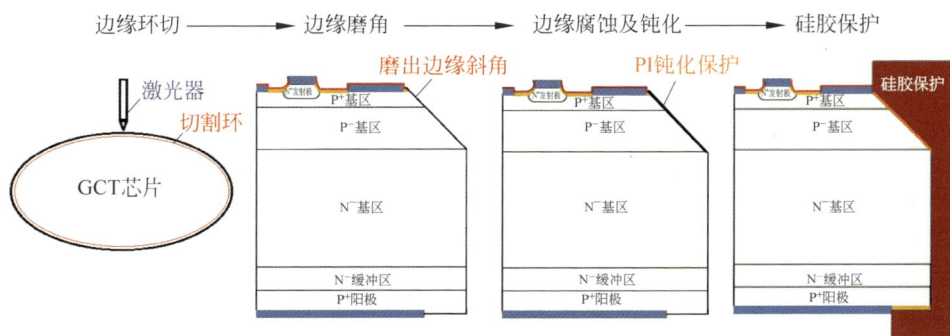

图 5.38　斜面终端工艺流程示意图

5.5.1　边缘环切

在芯片制造过程中,为了实现设计结构,需在芯片纵向上有目的地扩散 P 型和 N 型杂质,但由于横向扩散的存在,杂质不可避免地被扩散到芯片侧边缘。同时,工艺过程中的夹具工装或操作失误也会在芯片边缘造成一定的缺陷。上述两种问题都会影响芯片边缘终端工艺效果,因此在边缘终端工艺前,需要把横向扩散杂质和边缘缺陷去除。

目前,整晶圆器件主要采用割圆方法去除边缘横向扩散杂质和边缘缺陷。割圆方法主要有传统的钻床机械切割和激光切割。

钻床机械切割,把芯片粘在玻璃板上,根据切割直径选择合适刀具钻头进行切割。钻床机械切割的优点是成本低、操作简单;缺点是对位的精度极度依赖操作者的熟练程度,工艺过程沾污比较严重,废品率比较高。

激光切割主要利用激光形成的高温使硅片熔化从而完成切割,激光切割只需要提前设置好切割程序,把芯片放置定位工装中即可自动完成切割。激光割圆具有工艺简单、对位精准、过程清洁和成品率高等优点。

5.5.2　边缘磨角

功率器件的生产中,主要使用凹形球面造型技术对硅片进行磨角处理,以获得指定边缘斜角度(图5.39)。凹形球面造型设备的主要工作原理是,将芯片固定在中心卡具上,电机带动外侧的球形磨角模具旋转,芯片加工面和旋转磨角模具的球面相接触,砂泵自动往研磨处添加磨料,从而通过摩擦把管芯磨出所需角度。

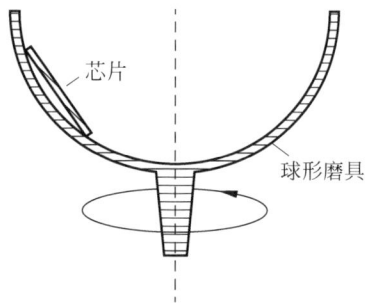

芯片

球形磨具

通过选择合适模具,使造型后斜角角度和磨面宽度符合终端结构设计要求。此外,由于表面的耐压能力还与表面的损伤有关,造型过程中,磨料中如掺有不同规格的砂粒或其他杂物,在造

图5.39　凹型球面造型技术原理示意图

型之后表面会出现划道。划道的存在直接影响漏电流,降低芯片表面耐压能力,因此在造型前应对芯片和模具做必要的清洗。

在使用设备时,应尽量避免芯片出现振动及磕碰。由于芯片内部有应力存在,即使轻微振动或磕碰通常也会严重损伤芯片边缘,严重时甚至会导致芯片报废。

图5.40展示了对称GCT芯片边缘终端磨角后的形貌。由于有双向耐压的要求,因此在硅片正反面均制备了斜角终端。此外,通过特殊的模具设计,还可以实现2.3.2节中的类台面斜角结构。

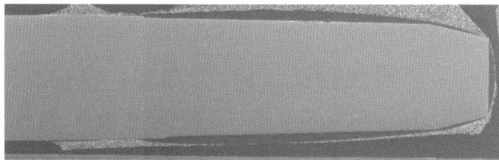

图5.40　对称GCT芯片边缘终端剖面形貌

5.5.3　边缘腐蚀及钝化保护

在完成边缘磨角后,终端区域由于受到机械力的作用,往往比较粗糙,因此需要先经过一步边缘腐蚀步骤。所用的方法与5.4.2节中介绍的硅腐蚀方法和配比几乎一致,只不过需要特定的夹具将中间区域保护住,或者采用旋转喷腐的方式避

免腐蚀液接触到梳条结构区(有源区)。

在表面造型、腐蚀、清洗之后,为了防止杂质离子沾污和机械损伤,以提升器件的电特性和长期工作稳定性,需要在表面施加保护层。保护层的种类主要包括无机膜、有机膜和多层复合绝缘膜等。

目前,GCT 工艺主要采用多层复合绝缘保护膜的方法,先涂一层有机膜(如聚酰亚胺),经高温固化后,再通过模具进行边缘硅橡胶(红胶)保护。聚酰亚胺具有优异的机械和电气特性,且耐高温、无毒、化学稳定性高,固化后呈硬质玻璃体,聚酰亚胺保护后会极大提高芯片高温下的阻断特性。硅橡胶是一种普遍使用的保护材料,室温下呈胶状物,固化后保持弹性体,在防止沾污的同时能对芯片起到很好的机械支撑保护作用。

5.6　少子寿命调控工艺

不同应用场景对 GCT 芯片特性有不同的性能要求:如高阻断电压、低通态电压、低关断时间及损耗、高电压变化率等。除了针对性设计器件结构及掺杂外,通常还通过少子寿命控制的方式对器件性能进行调控。实际中,不同工况下对少子寿命的需求常存在矛盾,如:阻断状态下,为减小空间电荷区的漏电流,应尽量降低少子寿命;而导通状态下,为增加基区的电导调制效应,使器件具有更低的通态电压,又应尽量提升少子寿命。因此进行少子寿命调控时,需折中考虑器件的多项电性能需求,选择相应的辐照方式及参数。

少子寿命调控主要有以下两类方法。

一是杂质热扩散,即通过热扩散的方法引入金、铂、铱等重金属杂质,这些杂质本身具有多个深能级缺陷,可作为复合中心能级提升载流子复合率,从而降低少子寿命。但由于重金属杂质的扩散速率非常快,很难精确控制其扩散的范围及浓度,目前已基本不再使用。

二是高能粒子轰击,即通过电子、质子、氦粒子等高能粒子轰击器件,轰击过程中形成的空位、间隙原子等缺陷可相互结合形成缺陷综合体,或与材料内部本身的碳、氧等元素作用诱发形成其他缺陷,这些衍生缺陷也可作为有效复合中心能级,减少少子寿命。高能粒子轰击技术可以精确控制缺陷浓度,工艺过程简单、重复性高、与其他芯片工艺兼容性强,工艺已逐渐成熟,成为少子寿命调控的主要方法。

5.6.1　电子辐照

电子辐照为通过高能电子直接辐照芯片,在芯片内部形成衍生缺陷。

高能电子穿透靶材的过程会受到靶材原子阻止,包含碰撞阻止和辐射阻止两类,其中碰撞阻止常发生在电子能量较低的场景,辐射阻止则发生在电子能量较高的场景。硅对电子的阻止功率与电子动能的函数如图 5.41 所示。

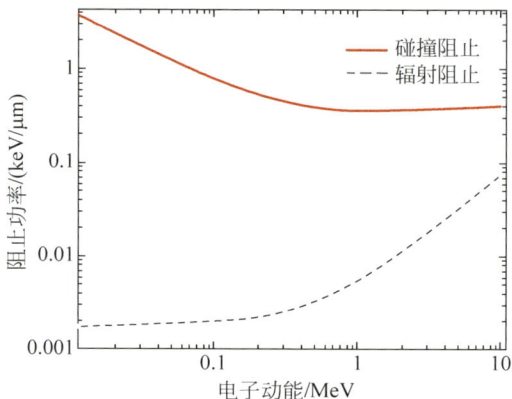

图 5.41　硅对电子的阻止功率与电子动能的关系(来源:参考文献[44])

由于电子比原子核轻得多,它们可以被这些碰撞显著地散射,导致能量转移,从而引起原子的电离或激发,当电子能量大于 300keV 时,可以使硅原子发生位移,该位移效应形成基本缺陷弗伦克尔对,如图 5.42 所示。

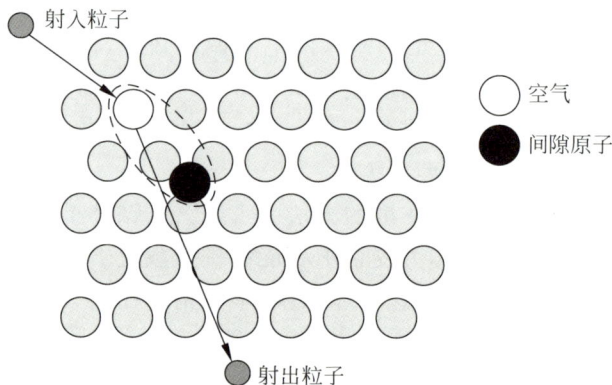

图 5.42　入射粒子与靶材料碰撞形成弗伦克尔对

由图 5.41 和图 5.42 可以看出,电子辐照过程中的能量损失以碰撞阻止为主,当电子能量大于 1MeV 时,单位距离的碰撞损失基本不变。此外,由于电子质量轻,可以轻易穿透芯片,如 1MeV 电子在硅材料的辐照深度超过 1mm,2MeV 电子辐照深度可达 4mm。因此,半导体行业通常采用 1~15MeV 高能电子进行辐照,均可以穿透芯片,在纵向实现整体调控和均匀少子寿命调控。GCT 电子辐照如图 5.43 所示。

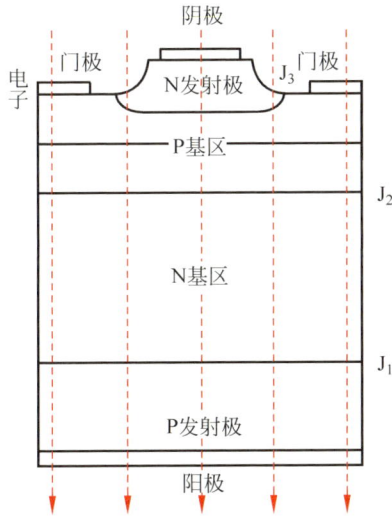

图 5.43　GCT 电子辐照示意图

电子辐照的典型缺陷包含 E_1($E_c-0.17\text{eV}$)、E_2($E_c-0.23\text{eV}$)、E_3($E_c-0.42\text{eV}$)、E_4($E_c-0.44\text{eV}$)、H_1($E_v+0.19\text{eV}$)、H_2($E_v+0.36\text{eV}$)等,如表 5.4 所示。对于 GCT 来说,对电性能起主要影响作为是 E_1、E_3 缺陷(GCT 通常选用 NTD 掺杂的单晶,磷含量极低,因此 E_4 缺陷可忽略不计),E_1 缺陷的捕获面积大,可显著降低大注入状态下的寿命,E_3 缺陷能级靠近禁带中央,可显著降低小注入状态少子寿命及空间电荷区产生寿命。

表 5.4　质子、氦离子、电子辐照的主要缺陷能级参数(来源:参考文献[24])

缺陷名称	缺陷能级位置	电子俘获截面 $\sigma_n/10^{-16}\,\text{cm}^2$	空穴俘获截面 $\sigma_p/10^{-13}\,\text{cm}^2$	退火温度 $T_{ann}/°\text{C}$	识别方式
E_1	$E_c=(0.17\pm0.005)\text{eV}$	$100\sim400$ (~130)	$1.5\sim10$ (~1)	350 ± 10	(O-V)^0/−,A 中心
E_2	$E_c=(0.23\pm0.01)\text{eV}$	$10\sim36$ (~2)	$0.35\sim6$ (~0.5)	290 ± 10	(V-V)^−/=,双空位
E_3	$E_c=(0.42\pm0.02)\text{eV}$	$6\sim90$ (~10)	$0.03\sim0.5$ (~0.08)	290 ± 15	(V-V)^=/−,双空位
E_4	$E_c=(0.44\pm0.01)\text{eV}$	$10\sim50$ (~30)	~3	150 ± 10	(P-V)^−/0,E 中心
EH_1	$E_c=(0.10\pm0.01)\text{eV}$	~20	—	—	含氢中心
EH_2	$E_c=(0.13\pm0.01)\text{eV}$	~10	—	140 ± 20	含氢中心
EH_3	$E_c=(0.31\pm0.01)\text{eV}$	$4\sim30$	$0.07\sim0.3$	330 ± 20	含氢中心
EH_4	$E_c=(0.41\pm0.02)\text{eV}$	$0.02\sim0.1$	—	—	含氢中心
EH_5	$E_c=(0.45\pm0.01)\text{eV}$	$0.04\sim0.2$	~0.0004		含氢中心

缺陷名称	缺陷能级位置	电子俘获截面 $\sigma_n/10^{-16}\,cm^2$	空穴俘获截面 $\sigma_p/10^{-13}\,cm^2$	退火温度 $T_{ann}/℃$	识别方式
H_1	$E_v=+(0.19\pm0.02)eV$	～400	$0.002\sim0.02$ (～0.01)	290 ± 10	(V-V)^0/＋,双空位
H_2	$E_v=+(0.36\pm0.01)eV$	$0.02\sim0.5$ (～0.1)	$0.004\sim0.03$ (～0.01)	340 ± 15	(O-C)^0/＋,K 中心
HH_1	$E_v=+(0.28\pm0.01)eV$	0.24	$0.004\sim0.03$	330 ± 10	含氢中心

① O 表示氧原子、P 表示磷原子、V 表示空位。

② ^0 表示中性电荷状态、^－表示带一个负电荷的状态、^＝表示带两个负电荷的状态。

③ 以(O－V)^0/－为例,指氧原子与空位(氧-空位对)形成的缺陷对,根据电子是否占据表示存在 0 价或－1 价。

④ 来源:参考文献[24]。

尽管电子辐照通常为常温过程,但为提高缺陷在器件高温运行下的稳定性,需在电子辐照工艺后进行退火,消除辐照后的亚稳态复合中心。辐照缺陷种类、浓度都与退火条件有较强的相关性,典型退火温度为 200～300℃,退火时间为 2～10h,具体可根据应用需求进行调整。

电子辐照的主要优势在于可以对器件阻断特性、反向恢复特性实现有效调控,且工艺成熟度高、成本低和易批量化。但也存在缺点,由于电子的穿透能力强,只能对芯片体内的少子寿命进行全域均匀调控,往往无法实现导通和阻断性能良好折中。

GCT 工艺中,电子辐照工艺的目的主要包含以下几方面:

(1) 降低漏电流和提升阻断电压。通过辐照降低 N 基区的少子寿命可以降低阻断过程中基区电流传输系数 α_T,从而实现漏电流的降低;由于电子的穿透能力强,可以穿透 GCT 边缘的红胶,因此对终端漏电流也能起到抑制作用。

(2) 降低反向恢复时间 T_{rr} 和反向恢复电荷 Q_{rr}。通过辐照前电性能测试,可定制设计辐照剂量,实现辐照后芯片反向恢复性能的一致性调控。

(3) 提升可控关断能力。通过定制挡板仅对部分横向区域进行电子辐照,实现横向局部少子寿命调控,以达到提升器件关断能力等目的。

5.6.2 质子辐照

质子辐照与电子辐照的基本原理类似,通过高能质子轰击单晶材料,路径中质子与单晶材料碰撞形成衍生缺陷,从而形成复合中心能级。质子辐照与电子辐照用于少子寿命调控时,主要有以下两点不同。

一是质子质量远大于电子,因此注入射程远小于电子而无法穿透整片芯片,如图 5.44 所示。在质子能量为 1MeV 下,质子在硅中的射程仅十几微米,远低于相同能量下电子对应的毫米级。

二是质子在硅中的能量损失过程与电子不同,质子在入射单晶材料后,受单晶材料阻止的过程称为原子核阻止和电子阻止。原子核阻止指质子与靶原子核碰撞而失去能量,碰撞过程中造成较大的动量转移,可造成靶原子位移效应。电子阻止是指质子被电子阻止而失去能量,虽然这个能量通常比与原子核碰撞损失的能量小,但由于电子的数量比原子核多,电子阻止对总能量损失也有显著的贡献。

从图 5.45 可以看出,电子阻止带来的能量损失在不同能量下均远高于原子核阻止,但随着能量降低,原子核阻止的能量逐渐增加,这就导致质子辐照产生的位移效应主要集中在射程末端,该末端位置称布拉格峰,如图 5.46

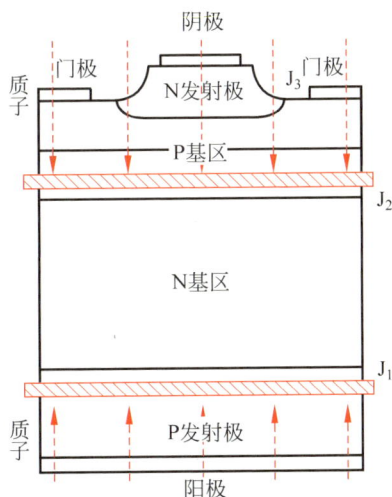

图 5.44　GCT 质子辐照示意图

所示,该区域也是形成高浓度复合中心能级的峰值位置。辐照路径中的缺陷相比布拉格峰值位置的浓度仅为其 5%～10%。

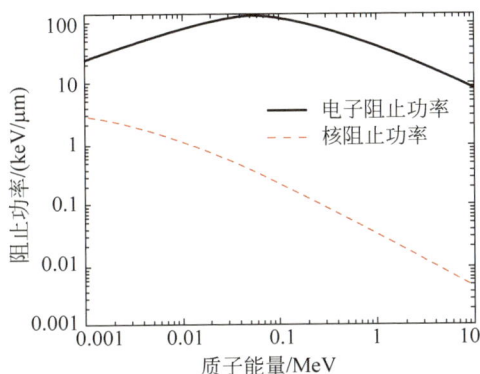

图 5.45　硅对质子的阻止功率与质子能量的关系

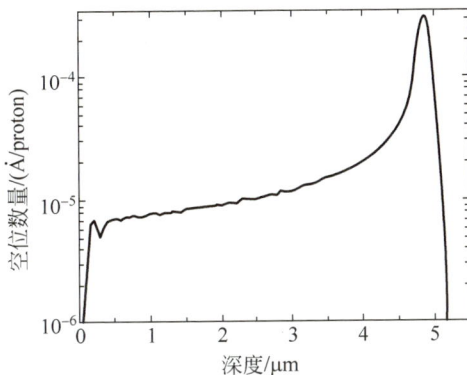

图 5.46　质子入射硅材料形成的空位分布曲线（来源：参考文献[44]）

采用扩展电阻测试仪,可以测出高阻单晶硅经过质子辐照之后的掺杂分布曲线,如图 5.47 所示。该曲线上可以看到三个区域:从表层到约 $80\mu m$ 是辐照路径区,由于辐照空位缺陷而被反型为 P 型区;$100\mu m$ 附近出现了布拉格峰,这个区域为氢缺陷和及空位缺陷主要集中的区域,也可以称为质子停止区,通过辐照能量的调节,可以改变布拉格峰的位置;更深的衬底区则几乎未受到辐照影响。

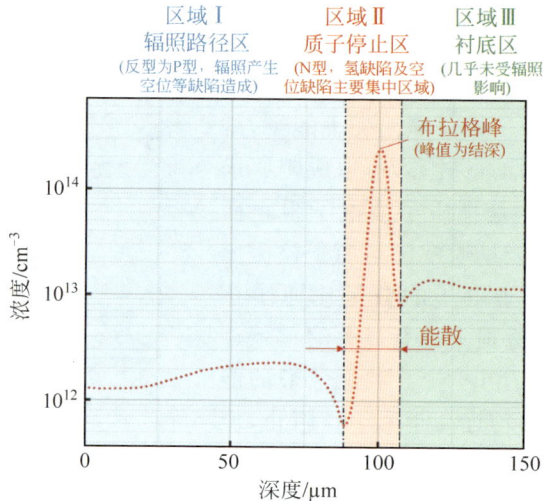

图 5.47　N 型硅单晶片经 3MeV 质子辐照后掺杂分布曲线

　　质子辐照形成的缺陷种类相比电子辐照更为复杂,主要包含 $E_1 \sim E_4$、$EH_1 \sim$ EH_5 等受主缺陷以及 H_1、H_2、HH_1 等施主缺陷,其中 EH、HH 缺陷均为与氢相关的缺陷,是质子辐照区别于其他辐照方式的特殊缺陷。质子辐照的主要缺陷能级已在表 5.4 中给出。虽然质子辐照缺陷种类多,但在少子寿命调控的应用中,起主要作用的缺陷与电子辐照相同,均为 E_1、E_3 缺陷,相应缺陷对大注入、小注入状态的少子寿命影响也相同。

　　质子辐照相较于电子辐照的主要优势在于:质子辐照几乎只影响质子停留的布拉格峰区域的少子寿命,这使得质子辐照相较于电子辐照的可控性更强,可通过选择辐照面(阴极面、阳极面、同时辐照)、辐照深度(通过控制辐照能量)、少子寿命调控区域的范围(通过控制辐照能散)、辐照次数、辐照剂量等,实现器件性能定制调控。

　　在应用于 GCT 器件时,质子辐照和电子辐照都可以通过辐照降低 N 基区电流传输系数 α_T 以降低阻断漏电流、提升器件阻断能力,但质子辐照可以仅辐照 J_1、J_2 结附近区域,最小化对导通期间电导调制效应的负面影响,从而获得比电子辐照技术更低的通态电压。但另一方面,质子辐照由于辐照深度有限,无法穿透芯片终端的红胶(常规厚度 $1 \sim 3$mm),因此对终端漏电流的抑制作用不及电子辐照,且对器件反向恢复特性的调控能力相比电子辐照较低。因此,在少子寿命调控应用中,质子和电子辐照技术各有利弊,可以根据器件需求综合使用合适的辐照方式。

参考文献

[1]　BENDA V,GOVAR J,GRANT D A. Power Semiconductor Devices[M]. New York: John Wiley & Sons,1999.

[2]　LARK-HOROVITZ K. Nuclear-bombarded semi-conductors [C]//Semiconductor Materials. Proc. Conf. Univ. Reading. London: Butterworths,1951: 47-69.

[3]　SZE S M. VLSI technology[M]. New York: McGraw-Hill,1988.

[4]　PICHLER P. Intrinsic Point Defects,Impurities,and Their Diffusion in Silicon[M]. Wien New York: Springer,2004.

[5]　GERLACH W. Thyristoren[M]. Berlin: Springer,1979.

[6]　FARFIELD J M,GOKHALE B V. Gold as Recombination Center in Silicon[J]. Solid State Electronics,1965,8(6): 685-691.

[7]　MILLER M D. Differences Between Platinum—and Gold-Doped Silicon Power Devices[J]. IEEE Transactions on Electron Devices,1976,23(12): 1279-1283.

[8]　WONDRAK W,BOOS A. Helium Implantation for lifetime control in silicon power devices [C]//Proc. of ESSDERC 87. Bologna,Italy: IEEE,1987: 649-652.

[9]　LUTZ J. Axial recombination centre technology for freewheeling diodes[C]//Proceedings of the 7th European Conference on Power Electronics and Applications (EPE). Trondheim, Norway: EPE Association,1997: 502.

[10]　SIEMIENIEC R,NIEDERNOSTHEIDE F J,SCHULZE H J,et al. Irradiation-Induced Deep Levels in Silicon for Power Device Tailoring[J]. Journal of The Electrochemical Society,2006,153(2): G108-G118.

[11]　HAZDRA P,KOMARNITSKYY V. Local lifetime control in silicon power diode by ion irradiation: introduction and stability of shallow donors[J]. IET Circuits,Devices & Systems,2007,1(5): 321-326.

[12]　HAZDRA P,BRAND K,VOBECKY J. Effect of defects produced by MeV H and He ion implantation on characteristics of power silicon PiN diodes[C]//Proceedings of the IEEE Conference on Ion Implantation Technology. Alpbach,Austria: IEEE,2000: 135-138.

[13]　SIBER D. Improved dynamic properties of GTO thyristors and diodes by proton implantation[C]//Proceedings of the IEDM,Washington,DC,USA: IEEE,1985: 162 -167.

[14]　李建华. 直流输电用超大功率晶闸管少子寿命在线控制[J]. 电力电子技术,2005,39(1): 106-108.

[15]　蒋谊,雷云,彭文华. 1145RC—GCT 局部电子辐照技术[J]. 大功率变流技术,2010(2): 9-11.

[16]　BLEICHNER H,JONSSON P,KESKITALO N,et al. Temperature and injection dependence of the Shockley-Read-Hall lifetime in electron irradiated n-type silicon[J]. Journal of Applied Physics,1996,79(12): 9142.

[17]　HALLÉN A,KESKITALO N,MASSZI F,et al. Lifetime in proton irradiated silicon[J].

Journal of Applied Physics,1996,79(6): 3906.

[18] NIWA F,MISUMI T,YAMAZAKI S,et al. A Study of Correlation between CiOi Defects and Dynamic Avalanche Phenomenon of PiN Diode Using He Ion Irradiation[C]//Proceedings of the Power Electronics Specialists Conference (PESC). Rhodes,Greece,2008: 82-84.

[19] 高山城,李罡,吴飞鸟,等.特高压晶闸管终结端造型技术[J].半导体技术,2015,40(2): 129-135.

[20] 陆晓东.功率半导体器件及其仿真技术[M].北京:冶金工业出版社,2016.

[21] 万啸云,郑亚丽.电力半导体器件制造工艺学[M].北京:变流行业技术工人培训教材编委会,1988.

[22] 清华大学工业自动化系,北京变压器厂,等.大功率可控硅元件原理与设计[M].北京:人民教育出版社,1976.

[23] 第一机械工业部整流器研究所.可控硅整流器工艺设计手册[M].上海:上海人民出版社,1972.

[24] KOZLOV V A,KOZLOVSKI V V. Doping of semiconductors using radiation defects produced by irradiation with protons and alpha particles[J]. Semiconductors,2001,35: 735-761.

[25] 王彩琳.电力半导体新器件及其制造技术[M].北京:机械工业出版社,2015.

[26] LUTZ J,SCHLANGENOTTO H,SCHEUERMANN U,et al. Semiconductor power devices: physics,characteristics,reliability[M]. New York:Springer Science & Business Media,2011.

[27] 关旭东.硅集成电路工艺基础[M].北京:北京大学出版社,2003.

[28] PETER V Z.芯片制造:半导体工艺制程实用教程[M].5版.韩郑生,译.北京:电子工业出版社,2010.

[29] 陈译,陈铖颖,张宏怡.芯片制造:半导体工艺与设备[M].北京:机械工业出版社,2022.

[30] [美]J. D. P,MICHAEL D. D.硅超大规模集成电路工艺技术:理论、实践与模型[M].严利人,王玉东,熊小义,等译.北京:电子工业出版社,2005.

[31] MAY G S,SHI M. Fundamentals of Semiconductor Fabrication[M]. New York: John Wiley & Sons Inc,2003.

[32] 王蔚,田丽,任明远.集成电路制造技术-原理与工艺[M].北京:电子工业出版社,2010.

[33] 聂代祚.电力半导体器件[M].北京:电子工业出版社,1994.

[34] 杨晶琦.电力电子器件原理与设计[M].北京:国防工业出版社,1999

[35] VITEZSLAV B,JOHN G A. Power Semiconductor Device Theory and Application[M]. England:Johy willey & Sons,1999.

[36] 李勇.全压接器件台面工艺技术[J].电子元器件应用,2003(8): 50-52.

[37] 周知义.高压晶闸管的双正斜角造型及表面保护[J].电子元器件应用,2005,7(2): 3.

[38] QUIRK M,SERDA J.半导体制造技术[M].北京:电子工业出版社,2015.

[39] EL-KAREH B. Fundamentals of Semiconductor Processing Technologies[M]. Boston: Kluwer,1995,388.

[40] HOFKER W K. Implantation of Boron in Silicon[J]. Philips Research Reports,1975,(8).

[41] PICHLER P. Intrinsic Point Defects,Impurities,and Their Diffusion in Silicon[M]. Wien:

Springer,2004.

[42]　JONES A,O'BRIEN P C. CVD of Compound Semiconductors：Precursor Synthesis, Development and Applications[M]. Weinheim,Germany：VCH,1997：31.

[43]　唐伟忠.薄膜材料制备原理、技术及应用[M].北京：冶金工业出版社,1998.

[44]　LARSEN A N,MESLI A. Electron and proton irradiation of silicon[J]. Semiconductors and Semimetals,2015,91：47-91.

第 6 章

IGCT封装技术

封装是功率半导体器件的重要组成部分,其主要作用为:实现芯片与外部电路的电气连接,提供良好的散热路径保证芯片的正常工作,避免芯片受到机械损伤或发生由湿度、腐蚀和电荷积累导致的长期退化。

功率半导体器件的封装形式包括分立式封装、模块式封装与压接式封装三大类。分立式封装通常用于单一的功率半导体器件,每个芯片都被单独封装,并通过引脚与外部电路连接,适用于功率不太大的应用场景。模块式封装将多个功率半导体芯片集成在一个封装模块内,适用于需要较大功率或多种功能集成的应用,典型的模块封装有 IGBT 模块、二极管模块等。压接式封装通过压接技术将半导体芯片的电极与外部电路连接,具有低热阻、低杂散电感、高可靠性等优势,适用于需要高功率和高可靠性要求的系统。目前,采用压接式封装的大功率半导体器件主要包括晶闸管、二极管、IGBT 和 IGCT。

采用压接式封装的晶闸管又称为平板型晶闸管,是一种整晶圆压接式器件,即封装内只有单个芯片。整体封装结构如图 6.1 所示。平板型二极管与平板型晶闸管相似,且无须门极结构,在此不再叙述。

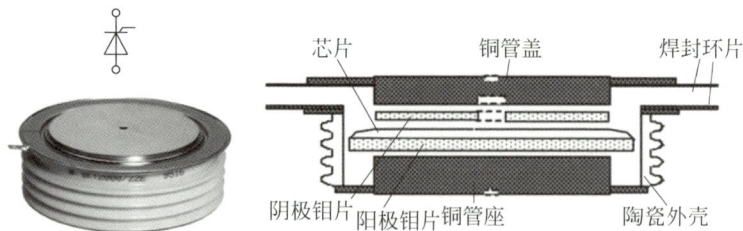

图 6.1　平板型晶闸管封装结构(来源:参考文献[51])

采用压接式封装的 IGBT 可分为刚性压接式和弹性压接式。刚性压接式 IGBT 的结构如图 6.2 所示,主要包括集电极管盖、发射极管座(含发射极凸台)、子单元模块等。多模块并联的刚性封装关键在于保证模块之间压力分布的均匀性,因此对集电极管盖与阴极凸台的平整度和厚度一致性有极高的要求。弹性压接式 IGBT 的结构如图 6.3 所示,单个器件一般由几个子模组并联组成,每个子模组中包括多个芯片子单元,共用发射极极板和集电极钼片;每个芯片子单元主要由发射极钼片、芯片、垫块、导电片与碟簧组成,其中钼片可以缓冲热膨胀系数失配导致的压力不均匀问题;导电片用于芯片和发射极极板的电气连接;垫块和碟簧起到机械支撑的作用,可以抵消结构间的厚度误差和芯片工作过程中热膨胀引起的厚度变化。

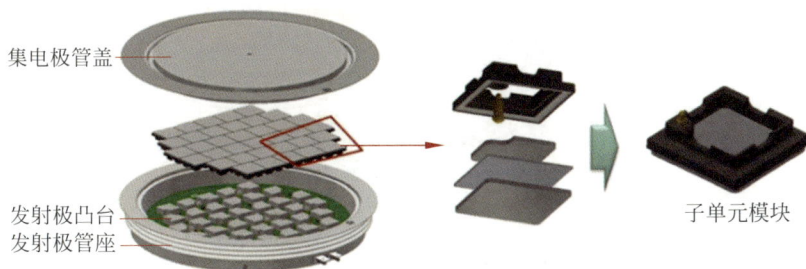

图 6.2　IGBT 刚性压接式封装结构(来源:参考文献[52])

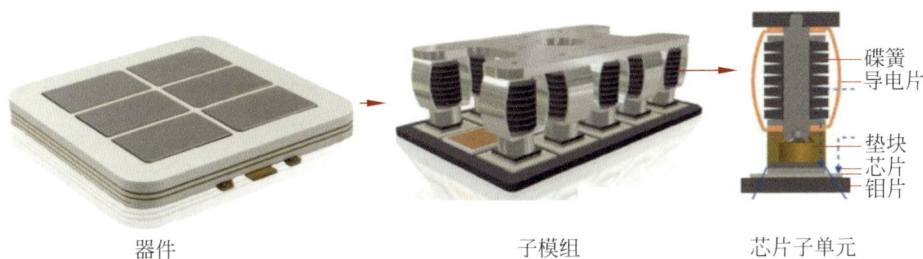

图 6.3　IGBT 弹性压接式封装结构(来源:参考文献[53])

IGCT 作为一种整晶圆大功率半导体器件,目前均采用压接式封装。本章从 IGCT 压接式封装的结构特点出发,重点介绍 IGCT 如何通过压接的方式实现电极引出和散热,进一步详细阐述封装的关键参数、工艺与先进技术。

6.1　IGCT 的压接式封装结构

IGCT 是一种大尺寸整晶圆器件,其封装结构与平板型晶闸管较为相似,最大的不同之处在于如何实现低阻感的门极引出。

目前较为通用的一种 IGCT 封装结构(中间门极结构)如图 6.4 所示,封装分为管壳、钼片和门极组件三部分。管壳分为管盖和管座,其中管座包括阴极铜块、陶瓷外壳、门极引出环等;钼片分为阴极钼片和阳极钼片;门极组件包括门极钼环、门极绝缘座和碟簧套件。其中,芯片的阴阳极通过钼片、管座/管盖铜块与外部电气连接,门极通过阴极侧的门极组件与门极引出环引出。该封装结构不仅可实现整晶圆芯片均匀压装和双面散热,也可通过较为简单的方式实现芯片门极的稳定可靠引出。各部分详细介绍如下。

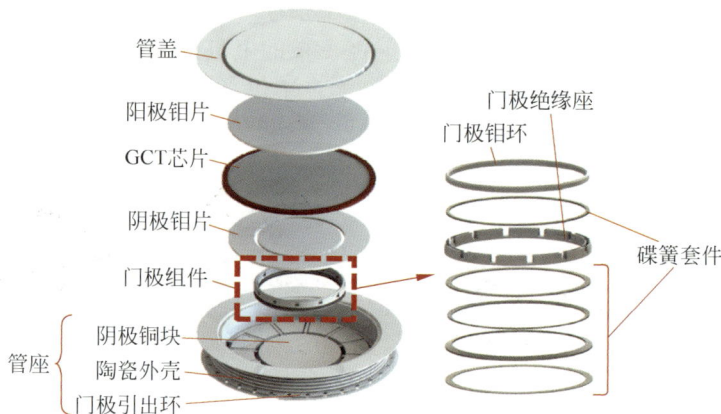

图 6.4　中间门极结构的 IGCT 封装

1. 管壳

管壳包括管盖与管座,管座包括阴极铜块、陶瓷外壳、门极引出环等,管盖与管座分别为器件的阳极与阴极,阳阴极与钼片在压接力的作用下形成良好的电学、热学接触,为保证芯片受力均匀,需要尽可能提高管壳主体的加工精度。管座的侧壁采用氧化铝陶瓷外壳,其外侧采用弯曲结构,可以提高器件的爬电距离,陶瓷与阴极铜块、门极引出环采用高温银铜焊技术连接,焊缝的漏率要求小于 $1\times10^{-9}\,\mathrm{Pa\cdot m^3/s}$。

2. 钼片

钼片的机械性能优秀,在压接状态下不易形变,高平面度的钼片可以保证芯片均匀承压,防止局部应力集中导致损坏。铜的热膨胀系数为 $17.2\times10^{-6}/℃$,硅的热膨胀系数为 $2.6\times10^{-6}/℃$,两者相差较大,若管壳直接与芯片压接会导致器件工作过程中出现热膨胀系数失配,由此产生的热应力与热疲劳会导致芯片与封装结构的损坏。高纯钼的热膨胀系数为 $4.9\times10^{-6}/℃$,与硅较为接近,可缓解热膨胀系数失配问题。钼片外径一般与芯片边缘红胶结构的内径接近,在装配过程中钼片起到定位芯片的作用,避免芯片横向滑移。

3. 门极组件

图 6.5 进一步展示了门极引出方式示意图。芯片门极引出区位于硅片中间环

状区域,通过门极钼环与管座上的门极引出环连接;碟簧套件在压接后发生形变,使得门极钼环、门极引出环与芯片门极保持一定的压力,在外界震动、内部热膨胀等条件下,始终保持良好的电学接触;门极绝缘座用于固定碟簧套件与钼环,避免门阴极之间的短路。

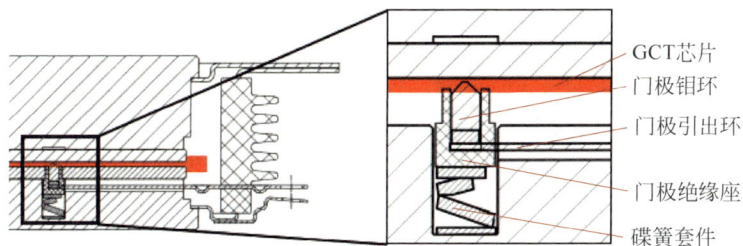

图 6.5　中间门极结构 IGCT 封装的门极引出方式

6.2　IGCT 封装的关键参数

　　封装的关键参数可以分为机械、电学和热学三个方面。封装机械特性参数主要为外观尺寸和压装力:外观尺寸影响封装的绝缘水平,也与散热器及阀串组件的设计密切相关;而压装力不仅会影响芯片承受的应力,还会产生一系列电-热-力耦合的作用效果。杂散电感、接触电阻等电学特性会直接影响器件的通流和关断能力。热学特性主要参数为热阻,会影响器件的散热特性,进而影响芯片工作时的结温。

6.2.1　机械参数

1. 外观尺寸

　　典型的 6 英寸 IGCT 器件封装部分的外形图如图 6.6 所示。外形图中标注的尺寸通常包括元件的台面尺寸、裙边尺寸和管壳厚度(单位为 mm),使用器件时应据此匹配设计散热器及阀串组件的尺寸。

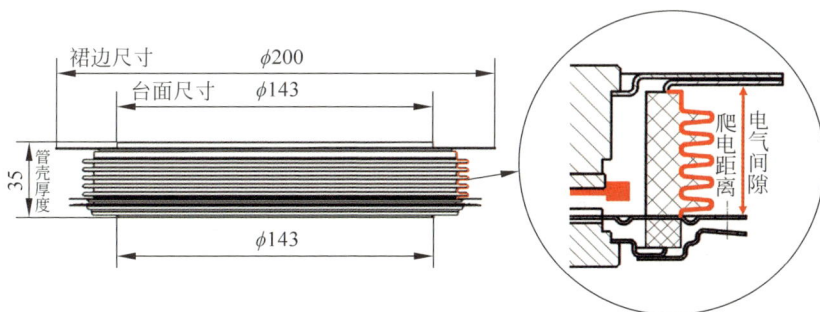

图 6.6　一款 6 英寸 IGCT 器件的封装外形图

台面尺寸和裙边尺寸主要与芯片大小及封装焊接工艺有关,管壳厚度则主要考虑器件的阻断能力,需保证器件具有足够的外绝缘配合尺寸,即电气间隙和爬电距离。

图6.6展示了6英寸IGCT的电气间隙和爬电距离。电气间隙是指两导电部件在空气中的最短距离,在IGCT管壳中为阳极和门极之间的竖直距离。《低压供电系统内设备的绝缘配合 第1部分:原理、要求和试验》(GB/T 16935.1—2023)中规定了不同电压等级下的最小电气间隙,如表6.1所示。

表6.1 不同电压峰值的最小电气间隙

电压(峰值)/kV	大气中,海拔从海平面至2000m的最小电气间隙/mm	
	非均匀电场条件	均匀电场条件
4.0	3.8	1.2
6.0	7.9	2
8.0	11	3
10	15.2	3.5

爬电距离指两导电部件之间沿固体绝缘材料表面的最大距离,在IGCT管壳中为陶瓷外壳伞裙外表面的总长度。《低压供电系统内设备的绝缘配合 第1部分:原理、要求和试验》中规定了不同电压等级下的最小爬电距离,如表6.2所示。因此,管壳不仅需要足够的厚度,还需要增加伞裙曲面长度以增大爬电距离。

表6.2 不同电压水平和污染等级下的最小爬电距离

电压有效值/V	最小爬电距离/mm						
	污染等级1	污染等级2			污染等级3		
	所有材料组别	组别Ⅰ	组别Ⅱ	组别Ⅲ	组别Ⅰ	组别Ⅱ	组别Ⅲ
4000	16	20	28	40	50	56	63
6300	25	32	45	63	80	90	100
8000	32	40	56	80	100	110	125
10000	40	50	71	100	125	140	160

注:IGCT管壳陶瓷是非电痕化材料,可认为属于组别Ⅰ。

在设计管壳厚度时,通常在上述标准基础上,考虑海拔、湿度等环境条件而保留一定的裕度。《电力半导体器件管壳结构及选用导则》(JB/T 10996—2000)中规定了不同电压值下的管壳厚度要求,如表6.3所示。

表6.3 不同电压值下的推荐管壳厚度

管壳厚度/mm	14	20	26	35
器件额定阻断电压(峰值)/V	≤1600	≤3000	≤5000	3000<U≤8000

2. 压装力

大功率压接式器件在使用过程中需要加载较大的机械压力,其压装力的大小对于器件的长期稳定运行有至关重要的作用。如果压装力过大,有可能直接对芯片造成损伤,在器件运行过程中由于温度变化而产生的应力也更大,阴极梳条的金属层由于微动磨损更易造成门阴极短路,致使器件失效。如果压装力过小,部分接触不良区域可能在器件运行过程中因接触电阻、热阻过大而产生热失控(thermal runaway)。一般而言,4 英寸 IGCT 的压装力推荐值为 40~60kN,6 英寸 IGCT 的压装力推荐值为 90~120kN。

下面从结壳热阻、接触电阻、压力均匀性等方面具体介绍压装力的影响。

1) 压装力对器件结壳热阻的影响

当压装力较小时,接触界面之间存在大量的空气间隙,管壳与钼片、钼片与芯片之间未形成良好接触。增大压装力可使微接触热导和空隙热导均增大,使得器件结壳热阻降低,当压装力增大到一定程度后,各层接触界面趋于稳定,结壳热阻也不再显著变化。6 英寸 IGCT 器件的结壳热阻随压装力的变化趋势如图 6.7 所示,可以看出,当压装力大于或等于 100kN 时,封装结构各层之间的界面导热系数达到较低值,结壳热阻也逐渐趋于稳定。

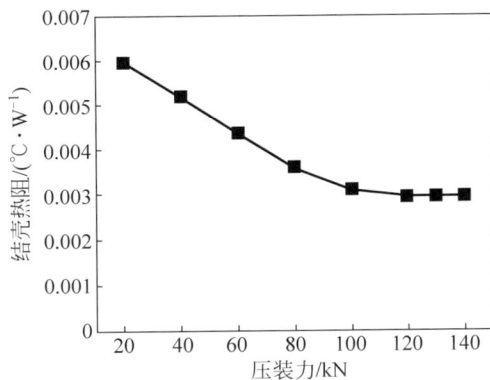

图 6.7　6 英寸 IGCT 器件结壳热阻随压装力的变化趋势(来源:参考文献[25])

2) 压装力对接触电阻的影响

压装力除了影响界面的热特性,也会影响界面接触电阻进而影响器件的电特性。图 6.8 所示为不同压装力下,典型的 6 英寸 IGCT 器件常温时的伏安特性曲线。此时的通态电压,既包含了芯片自身通态电压以及管壳和钼片体电阻产生的压降,又包含了各层界面接触电阻产生的压降,由于前者不随压力变化而变化,因此,不同压装力下的伏安特性曲线差异实际反映了接触电阻的变化。可以看出,增大压装力有利于各层界面充分接触,进而降低接触电阻;随着压装力增大至 100kN 以上,伏安特性曲线变化不再明显,说明器件接触电阻逐渐趋于稳定。

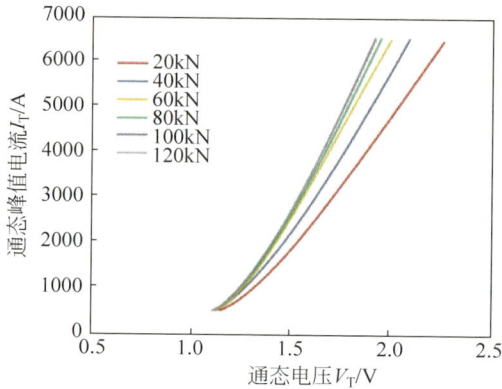

图 6.8　不同压装力下 6 英寸 IGCT 器件常温时的伏安特性曲线(来源:参考文献[25])

3) 压装力均匀性对器件特性的影响

除压装力的大小外,还应关注器件压装后的受力均匀性。IGCT 器件封装结构中各部件均存在加工与厚度误差,导致压力在多个结构件之间的传导变得不均匀。IGCT 在串联使用时各结构件之间的误差积累会加剧这种不均匀性,压装力不均匀会导致芯片局部压强过大,有可能导致阴极梳条发生形变,在功率循环过程中产生严重的微动磨损。而局部压力较小则会导致该区域各层结构间接触不良,在器件运行过程中容易产生热失控。图 6.9 为 ABB 公司给出的器件压力均匀性合格与不合格的示意图。

（a）　　　　　　　　（b）

图 6.9　器件压力均匀性合格(a)与不合格(b)的示意图(来源:参考文献[54])

6.2.2　电学参数

除了与压装力相耦合的接触电阻,IGCT 封装的另一关键电学参数是杂散电感,过大的杂散电感将导致器件关断过程无法满足硬驱动条件,影响其关断电流能力。本节将围绕封装部分的门阴极杂散电感展开介绍。

以目前最通用的中间门极结构为例,IGCT 芯片的阴极区域可分为内外两个部分,两个部分的门阴极换流路径如图 6.10 所示。换流回路的电感主要由图中电流路径所包围的面积决定,面积越大则回路的杂散电感越大。通过 ANSYS 的 Q3D 软件,可以对器件封装结构进行 3D 建模,仿真得到不同频率下门阴极回路的杂散电感,并导出封装 IBIS 模型或 SPICE 模型。

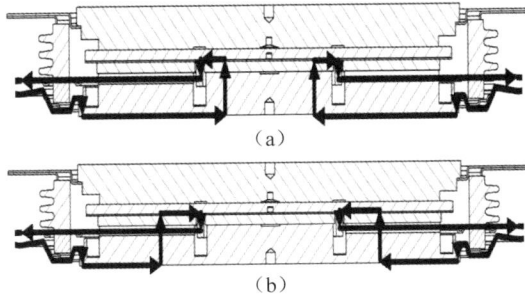

图 6.10　IGCT 芯片中间门极内侧(a)和外侧(b)区域的门阴极换流路径

此外,也可基于式(6-1),通过实验获得封装结构的换流回路杂散参数:

$$R_{p} \times I_{G} + L_{p} \times \frac{\mathrm{d}I_{G}}{\mathrm{d}t} = V_{J3} - V_{GK} \qquad (6\text{-}1)$$

式中,R_{p} 为管壳杂散电阻;L_{p} 为管壳杂散电感;门极电流 I_{G} 和门极与阴极电位差 V_{GK} 可通过在门极驱动中布置电压和电流传感器采集得到;J_{3} 结压降 V_{J3} 可根据 J_{3} 结的伏安特性曲线及相应的阴极电流求取。

模拟实例

为了便于读者理解,本模拟实例给出了一种典型的 6 英寸中间门极 IGCT 封装杂散电感仿真模型。对于杂散电感的仿真,目前已较为成熟,相关商业软件中已有计算模块。建模过程可将与门阴极换流路径无关的结构(如管盖、陶瓷外壳等部分)省去以缩短计算时间。将门极引出环与阴极铜块设置为 Source 和 Sink,如图 6.11 所示,扫频范围设置为 1~10kHz、100kHz、1MHz(这里将最高频率设置为 1MHz,主要是考虑到 IGCT 门阴极之间换流时间约为 1μs)。仿真计算得到不同频率下门阴极回路的杂散电感如图 6.12 所示,门阴极回路的杂散电感随频率升高逐渐降低并趋于饱和。

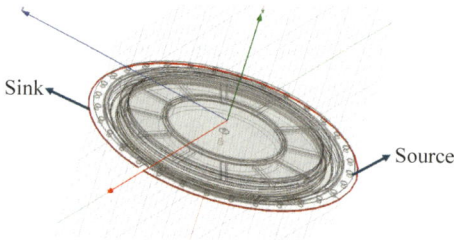

图 6.11　IGCT 封装杂散电感仿真计算
的边界条件设置

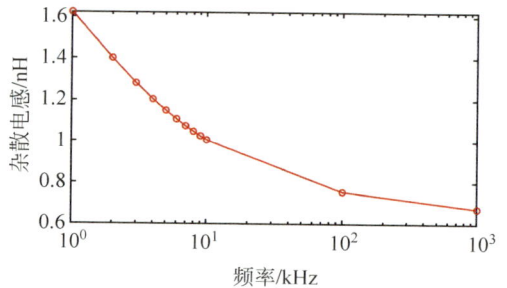

图 6.12　不同频率下 6 英寸中间门极
IGCT 器件的封装杂散电感

6.2.3　热学参数

1. 热传输与热等效电路

热传输是由物体内部或物体之间的温度差引起的,在没有外部做功时,根据热力学第二定律,热量总是从温度高的部分自动向温度低的部分传递。根据传热机理不同,热传输可分为热传导、热对流以及热辐射三种基本方式。在功率半导体器件中,芯片到散热器的热传输主要是热传导,可以忽略热对流和热辐射的影响。

我们可以使用电学中的概念来理解热流与热阻。在电路中,电阻指的是电流流动时所受阻力的大小。类似地,在热传导过程中,热阻表示为热量传递时所受阻力的大小。热传导方程类似于电流流过导体的欧姆定律,热流 P 相当于电流 I,温度差 ΔT 类似于电压降 ΔU。据此可以定义

$$R_{th} = \frac{\Delta T}{P} = \frac{L}{\lambda A} \tag{6-2}$$

式中,R_{th} 为热阻(K/W);L 为热传递长度(m);λ 为材料热导率[W/(m·K)];A 为横截面面积(m^2);ΔT 为温度差(K)。因此对于一维热传导模型来说,两个断面之间的热流 P_C 为

$$P_C = \frac{\lambda A}{L}(T_1 - T_2) \tag{6-3}$$

需要注意的是,上述推导的过程中我们将热学的问题转化成电学的问题,但它们之间也是有区别的。在恒定温度的边界条件下,电阻的材料参数是恒定的,与电压的变化无关。但是热阻的定义式中有温度这一参数。由于材料的热导率 λ 是与温度相关的,硅的热导率在 $-75 \sim +325$℃可近似地表示为

$$\lambda = 24 + 1.87 \times 10^6 \cdot T^{-1.69} \, W \cdot m^{-1} \cdot K^{-1} \tag{6-4}$$

因此只有当 λ 与温度无关时,热阻才可以视为常数。在 IGCT 封装结构中主要使用的材料是铜和钼,在 $-50 \sim +150$℃区间 λ 可近似认为恒定。而在器件的传

热模型中,硅的体热阻只相当于总热阻的 $2\%\sim5\%$。因此可以忽略材料热导率随温度的变化。

　　器件在工作过程中,温度逐渐上升,整个散热系统需要经过一定的弛豫时间,温度场才能达到稳定。我们可以借鉴电路中电容的概念来解释,与电容对应的概念为热容 C_s,指材料的热能随温度的变化率,可表示为

$$C_s = AdC_v = Ad\,\mathrm{d}Q/\mathrm{d}t \tag{6-5}$$

式中,C_v 为每单位体积的热能随温度的变化率;A 为介质横截面面积;d 为沿热传导方向的厚度。

　　当热量经过介质时,由于热容的存在,无法立即达到热平衡,介质两端的温差无法瞬时达到最大值,热容越大,介质可以吸收的热量越多,达到热稳态的时间越长,在此过程中,温差

$$T_j - T_c = \Delta T = P_C R_{th}\left[1 - \exp\left(-\frac{t}{\tau}\right)\right] \tag{6-6}$$

式中,τ 为时间常数,与热阻和材料的热容有关,

$$\tau = \pi R_{th}C_s/4 \tag{6-7}$$

　　在上述热阻和热容概念基础上,散热系统可以用简单的一维等效网络进行模拟。基于考尔(Cauer)模型的一维等效网络如图 6.13(a)所示,模型中的每个节点通过热容接地。如果系统中产生了功率损耗,节点温度将升高,热能存储在这些热容中。在热能到达冷板之前,热容存储的能量和温差成正比。因此,考尔模型直观地反映了器件散热的物理过程。

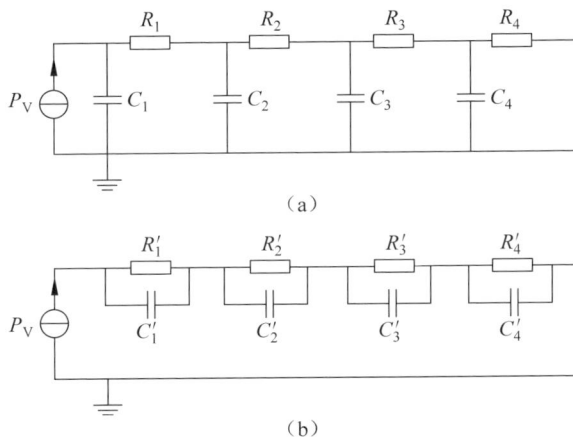

(a)

(b)

图 6.13　考尔模型(a)和福斯特模型(b)示意图

　　但是考尔模型也存在一定的局限性,即无法用一个简单的解析式表示,因此可以建立另一种热网络模型,即福斯特(Foster)模型。如图 6.13(b)所示,在福斯特

模型中,热容和热阻并联,可以用简单的解析式表达。需要注意的是,这两个网络中热阻与热容是不相同的:在考尔模型中,内部节点对应实际器件的封装结构几何位置,热阻热容参数可以通过材料参数计算;而福斯特模型中,节点并非与实际的封装结构对应,不是一个真实的物理模型,热阻热容可以通过最小二乘法拟合得到。

2. 稳态热阻与瞬态热阻

在实际应用中,通常不会利用上述热路模型直接计算结温,而是抽象出稳态热阻与瞬态热阻两个关键参数,以更便捷地评估器件结温状态。其中稳态热阻用于表征热流稳定时的器件散热特性,定义为器件与散热器达到热平衡、温度分布不再随时间变化时,单位功率引起的温差。由于此时热路中各节点温度达到稳态,热容不再发挥作用,故稳态热阻等于热路中的热阻之和。瞬态热阻则关注热流变化时的器件散热特性,定义为器件与散热器尚未达到热平衡、温度随时间变化时,单位功率引起的瞬时温差。此时,瞬态热阻需同时考虑热容影响。本节将对两个关键热阻参数展开介绍。

1) 稳态热阻

在 IGCT 器件的散热系统中,芯片为热源,其在导通、阻断及开关过程中产生的总损耗为热流 P,假定散热器温度为 T_s,IGCT 芯片结温为 T_{vj},则芯片与散热器之间的热阻 $R_{th(j\text{-}s)}$ 为

$$R_{th(j\text{-}s)} = \frac{T_{vj} - T_s}{P} = \frac{\Delta T_{js}}{P} \tag{6-8}$$

从上式可以看出,器件工作时,芯片产生的功耗转化成能量导致结温上升,当温差一定时,热阻越小,可以传递的热量越大。因此,热阻代表了整个散热回路的散热能力。

从芯片到散热器的散热系统中包括:芯片到管壳表面的热阻 $R_{th(j\text{-}c)}$,管壳表面到散热器表面的接触热阻 $R_{th(c\text{-}s)}$ 与散热器本身的体热阻 $R_{th(s\text{-}a)}$,因此,散热系统的总热阻可以表示为

$$R_{th(j\text{-}s)} = R_{th(j\text{-}c)} + R_{th(c\text{-}s)} + R_{th(s\text{-}a)} \tag{6-9}$$

IGCT 的参数规格书中通常会给出芯片到管壳的热阻与管壳到散热器的接触热阻。ABB 公司 4 英寸 IGCT 器件的结壳热阻表 6.4 所示。需要注意的是,$R_{th(c\text{-}s)}$ 与散热器有关,在实际工程应用中,这个数值会受到散热器加工水平、压力均匀性、接触面间是否增加导热油等多种因素的影响。

表 6.4　ABB 公司 4 英寸 IGCT 器件(型号 5SHY 65L4522)的结壳热阻

(K/kW)

参数	符号	测试条件	最大值
结壳热阻	$R_{th(j\text{-}c)}$	双面散热压装力 50～60kN	6.8
	$R_{th(j\text{-}c)A}$	阳极散热压装力 50～60kN	11.3
	$R_{th(j\text{-}c)K}$	阴极散热压装力 50～60kN	17.1
壳-散热器热阻	$R_{th(c\text{-}s)}$	双面散热、压装力 50～60kN	2.4

为了更好地理解 IGCT 封装结壳热阻的来源,图 6.14 给出了 IGCT 封装的散热路径示意图,其结壳热阻包括各层材料的体热阻以及各层结构之间的接触热阻(将在 6.2.3 节中详细介绍)。

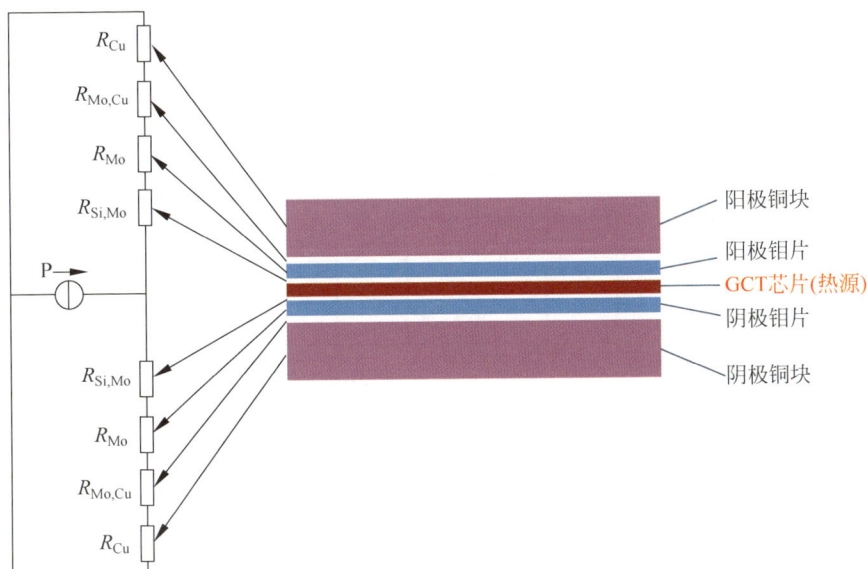

图 6.14　IGCT 封装的稳态散热路径示意图

由于 IGCT 为双面散热结构,因此其结壳热阻 $R_{th(j\text{-}c)}$ 为阳极侧热阻 $R_{th(j\text{-}c)A}$ 与阴极侧热阻 $R_{th(j\text{-}c)K}$ 并联,表达式如下:

$$\frac{1}{R_{th(j\text{-}c)}} = \frac{1}{R_{th(j\text{-}c)A}} + \frac{1}{R_{th(j\text{-}c)K}} \tag{6-10}$$

以阳极侧为例,若忽略硅片体内热阻,其单侧热阻包括铜块热阻 R_{Cu}、钼片热阻 R_{Mo}、铜块和钼片的接触热阻 $R_{Mo,Cu}$ 和钼片与硅的接触热阻 $R_{Si,Mo}$:

$$R_{th(j\text{-}c)A} = R_{Si,Mo} + R_{Mo} + R_{Mo,Cu} + R_{Cu} \tag{6-11}$$

计算实例

在数据手册中,可使用通态平均电流 $I_{T(AV)}$(正弦半波电流在一个周期内的平均值)表征器件的稳态导通能力。下面以 ABB 公司推出的 5SHY 65L4522 型 IGCT 器件为例,说明稳态热阻对器件导通能力的影响。在结温 $T_{vj}=140℃$ 条件下,该器件的门槛电压 V_0 和斜率电阻 r_t 分别为 1.08V 和 0.243mΩ,在规定的壳温 $T_c=85℃$、双面散热条件下,根据表 6.4 给出的结壳热阻 $R_{th(j-c)}$,$I_{T(AV)}$ 可用下式计算得到:

$$P_{out} = \frac{T_{vj}-T_c}{R_{th(j-c)}} = P_{heat} = \int_0^{\pi/\omega}[V_0 + r_t i(t)] \cdot i(t)\mathrm{d}t \qquad (6\text{-}12)$$

$$i(t) = I_0 \sin(\omega t) = \pi I_{T(AV)}\sin(\omega t) \qquad (6\text{-}13)$$

图 6.15 给出了 $I_{T(AV)}$ 随 $R_{th(j-c)}$ 的变化曲线,可以直观看到稳态热阻对 $I_{T(AV)}$ 的影响非常显著,稳态热阻越大,$I_{T(AV)}$ 单调减小。

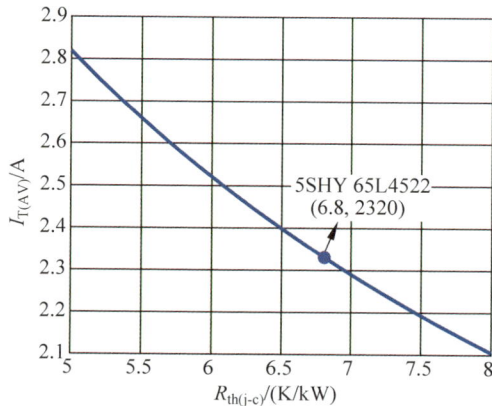

图 6.15   IGCT 稳态热阻与通态平均电流的关系

2)瞬态热阻

瞬态热阻反映了热量在器件内部结构中热传递的过程,不能用一个简单的数值来表示。数据手册中一般使用函数曲线和与之对应的表达式来表示。图 6.16 展示了 5SHY 65L4522 型 IGCT 器件的瞬态热阻抗曲线和参数,利用给出的 R_i 与 τ_i 的参数,可以快速计算器件的瞬态热阻及相应工况下的瞬态热响应。

计算实例

在此以器件关断过程为例,介绍不同瞬态热阻参数对器件瞬态结温变化的影响。仍以 5SHY 65L4522 型 IGCT 为例,关断 4kA 电流时产生的损耗为 17.6J,关断时间 8μs,因此单次关断损耗可简化为方波脉冲。根据福斯特热阻模型,两个节点之间传输的热功率与节点间热阻抗及节点温度的关系如式(6-14)所示。因此,通过热功率、热阻抗曲线、上一时刻的节点温度反推下一时刻的节点温度,即可得到单次关断的升降温曲线。

瞬态热阻抗解析函数

$$Z_{th(j-c)}(t) = \sum_{i=1}^{n} R_i(1-e^{-t/\tau_i})$$

i	1	2	3	4
R_i/(K/kW)	3.45	2.26	0.97	0.10
τ_i/s	0.6050	0.1010	0.0052	0.0006

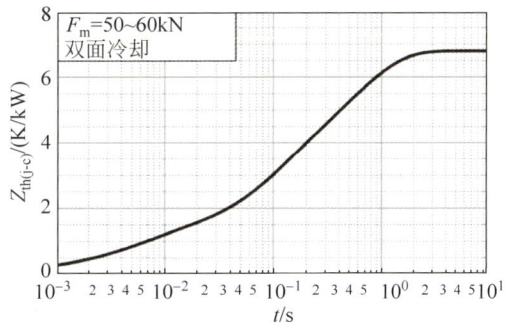

图 6.16　IGCT 器件的瞬态热阻抗曲线(来源：参考文献[55])

$$P = \frac{T_i - T_j}{R_i} + C_i\left(\frac{dT_i}{dt} - \frac{dT_j}{dt}\right) \tag{6-14}$$

虽然福斯特模型并非与实际的封装结构对应,但其可以表示热阻抗随时间的变化关系,即 R_4 对应百微秒级时间尺度下的热阻,而 R_1 则对应了百毫秒尺度下的热阻。例如将 R_1 增大后瞬态温度曲线的变化如图 6.17 所示,将 R_4 增大后瞬态温度曲线如图 6.18 所示。

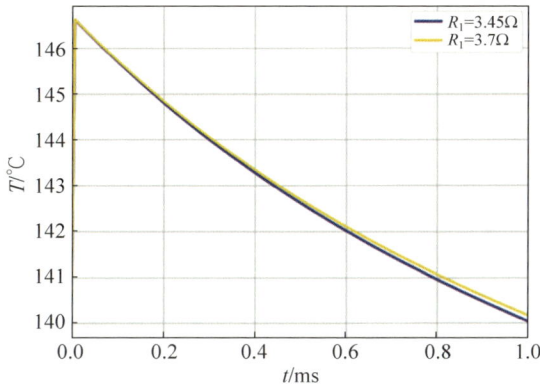

图 6.17　$R_1 = 3.45\Omega$(蓝线,数据手册参数)与 $R_1 = 3.7\Omega$(黄线)瞬态结温升对比图

3. 体热阻与接触热阻

对于压接式功率半导体器件,其封装热阻包括各层材料的体热阻,以及各层结构之间的接触热阻。其中,体热阻 R_b 可以根据材料参数计算得到：

$$R_b = \frac{d}{kA} \tag{6-15}$$

式中, d 为厚度; A 为结构的横截面积; k 为材料热导率。IGCT 元件的主要材料包括硅、无氧铜和钼,其热导率参数如表 6.5 所示。需要说明的是,硅材料的热导率将随温度有显著的变化,表中给出的是硅在 25℃ 下的热导率,实际工况中需要考虑硅的热导率变化。

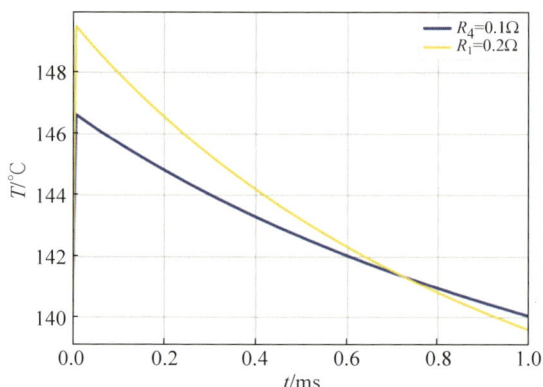

图 6.18 $R_4 = 0.1\Omega$(蓝线,数据手册)与 $R_1 = 0.2\Omega$(黄线)瞬态结温升对比图

表 6.5 IGCT 封装材料热导率参数

材　　料	热导率/(W·(m·K)$^{-1}$)
硅	148(25℃)
无氧铜	401
钼	138

　　界面接触热阻影响因素众多,主要包括接触材料的热导率、表面粗糙度、硬度、空隙厚度、接触压力等。在 IGCT 中,接触热阻占结壳热阻的 40% 以上,因此减小器件封装结构中的接触热阻是提高器件通流能力的重要手段。

　　由于界面微观形貌复杂且结构微小,因此接触热阻 R_c 尚无成熟、精准的理论计算方法。实践中常采用有限元仿真与测试得到,仿真模型包括分型模型、接触传热模型、多点接触模型等,测试方法有瞬态红外温度测量、激光光热法等。

　　此外,也可采用如下半经验计算公式:

$$R_c = \frac{1}{A_{\text{nom}} \times (h_s + h_g)} \tag{6-16}$$

式中,

$$h_s = 0.155 k_s \sigma^{-0.257} \left(\frac{p}{c_1 \left(\dfrac{13.07 \sigma^{0.257}}{1\mu m} \right)^{c_2}} \right)^{\frac{0.95}{1+0.071c_2}}$$

$$h_g = \frac{k_g}{1.53\sigma \left(\dfrac{p}{c_1 \left(\dfrac{13.07\sigma^{0.257}}{1\mu m} \right)^{c_2}} \right)^{\frac{-0.097}{1+0.071c_2}} + M}$$

式中，A_{nom} 为界面名义接触面积；$\sigma = \sqrt{\sigma_1^2 + \sigma_2^2}$，是两接触面的方均根粗糙度；

$k_s = \dfrac{2k_1 k_2}{k_1 + k_2}$，是两接触材料热导率的调和平均数；$c_1 = H_{BGM}(4 - 5.77\kappa + 4\kappa^2 -$

$0.61\kappa^3)$，$c_2 = -0.57 + \left(\dfrac{\kappa}{1.22} - \dfrac{\kappa^2}{2.42} + \dfrac{\kappa^3}{16.58}\right)$，$\kappa = \dfrac{H_B}{H_{BGM}}$；$H_B$ 为较软材料的布氏

硬度，$H_{BGM} = 3.178\text{GPa}$；$k_g$ 为填充气体热导率；M 为气体参数；p 为外界载荷压强。

需要注意的是，上述半经验公式与接触热阻模型是基于微观形貌或者小尺寸接触面的物理模型提出的。对于 IGCT 器件来说，整晶圆压接式器件的接触面积较大，其接触热阻的主要影响因素除材料特性、压装力外，也应将机械加工带来的平面度误差考虑在内。

6.3　IGCT 封装工艺

IGCT 器件的封装工艺流程主要包括组件加工与装配、焊接与气密性检测。

6.3.1　组件加工与装配

前文提到，IGCT 的封装由管壳、钼片和门极组件三部分组成，各部分在选材和加工时需要考虑以下因素：

1. 管壳

管壳中金属部分大多采用表面镀镍的无氧铜，镀镍可使材料更加稳定、耐磨，加工方式为机加和电镀；陶瓷部分使用氧化铝，是一种无电痕化材料，具有硬度高、化学稳定性高、熔点高等优点，且采用银铜焊可与无氧铜形成良好的密封连接。

2. 钼片

钼片主体材料选用具有高硬度和高屈服强度的高纯钼，加工方式为机加；此外，钼片表面通常需沉积 $100 \sim 300\text{nm}$ 的钌，以降低运行过程中温度变化造成的钼片与芯片间微动磨损。

3. 门极组件

钼环材料的加工方式与钼片相同；碟簧多采用结构钢，具有一定机械强度，可以产生形变来吸收应力；绝缘座需要考虑绝缘、机械性能、耐热性与加工精度，一般采用聚苯硫醚（PPS）、聚醚醚酮（PEEK）和聚四氟乙烯（PTFE）。

综上，各部件的材料与加工方式如表 6.6 所示。

表 6.6　IGCT 封装各部件的材料与加工方式

部　　件		材　　料	加 工 方 式
管壳	金属部分	无氧铜(表面镀镍)	机加
	陶瓷	氧化铝	等静压成型、烧结
钼片		钼(表面镀钌)	机加
门极组件	门极钼环	钼(表面镀钌)	机加
	碟簧	弹簧钢或不锈钢	冲压
	绝缘件	PPS、PEEK 或 PTFE	机加或注塑

　　封装的各部分组件完成加工后,为保证装配精度和电气性能,在使用前应按照图纸对各结构的关键尺寸与参数进行检查。除外形尺寸外,还应重点关注的参数包括:同心度、钼片与管壳的平面度、阴极内外钼片高度差等。

　　在装配前,应根据来料和需求不同分别进行清洗、烘烤等流程。装配过程中,应注意安装顺序和对准定位。装配完成后,应测试器件在额定压力下门阴极电阻,合格后方可进行下一步。

6.3.2　焊接与气密性检测

1. 焊接

　　为保证器件的密封性,装配完成后需要将管座的阳极裙边与管盖的边缘进行焊接。一般采用冷压焊或微束等离子弧焊的方式。

　　冷压焊是一种固态焊接方法,室温下借助压力使待焊金属产生塑性变形,从而挤出连接部位界面上的氧化膜等杂质,使纯净金属紧密接触,达到晶间结合。IGCT 的冷压焊密封需要定制专门的设备与夹具,如图 6.19 所示,完整的 IGCT 冷压焊密封的流程包括:合模、焊接、开模。在合模过程中,设备内部的夹具形成一个密封腔,依次进行抽真空、充氮、施加焊接压力,最后完成密封焊接。

| 合模 | 焊接 | 开模 | 封装完成 |

图 6.19　冷压焊封装流程

　　微束等离子体弧焊是利用等离子弧高能量密度束流作为焊接热源的熔焊方法,相比于冷压焊,具有焊接速度快、焊缝窄、热影响区小、焊接变形小等优点。但IGCT 器件内部需充氮,因此需对微束等离子体弧焊设备进行特殊改造。

2. 气密性检测

IGCT 器件焊接封装完毕后,需要使用氦质谱检漏系统检测其密封性。氦质谱检漏系统的工作原理是,将氦气压入被测件内部,然后使用氦质谱检漏仪检测器件内部是否有氦气泄漏。由于氦气分子较小,能够容易地透过较小的裂缝、孔隙或其他微小的渗漏细节,因此使用氦气进行检漏可以达到非常高的精度。

具体操作步骤为:首先将元器件放在能加压的密封容器中,预先对容器抽真空,再将纯度大于 95% 的氦气加进压力容器,根据标准规定,加压压力为 2～7atm(1atm＝101325Pa),加压时间为 1～10h,加压完毕后将元器件从压力容器中取出。使用干燥的氮气或空气吹除表面吸附的氦气后把被检元器件放入检漏罐中,将检漏罐抽真空至 10Pa 以下,开启检漏阀,若焊缝处存在漏点,则压入的氦气会通过漏点逸出进入检漏仪,显示该元器件的漏率。检漏完毕后,关闭检漏阀,开启放气阀,打开检漏罐,取出被检元器件。

6.4　IGCT 的先进封装技术

IGCT 器件封装技术的发展方向主要是降低结壳热阻、降低门阴极杂散电感、提高芯片的压力与散热均匀性等,旨在提高器件的通流能力与关断能力。本节介绍四种先进封装技术,部分技术已经在 IGCT 中有应用实例,也有部分技术被认为是未来的发展方向。

6.4.1　边缘门极技术

传统 IGCT 器件通常采用中间门极结构,如图 6.4 所示。边缘门极封装结构是一种新型封装技术,其典型封装结构如图 6.20 所示。

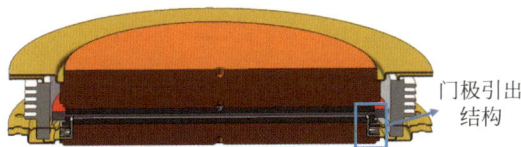

图 6.20　一种典型的 IGCT 边缘门极封装结构示意图

对比中间门极结构,边缘门极结构具有以下优势:

(1)降低门阴极杂散电感:由于门极调整至芯片外侧,门极引出环与阴极铜块之间的电流路径缩短,可提升器件硬驱动关断电流极限。

(2)提升压力均匀性:中间门极的阴极钼片包括外环与内环,外环在加工过程中平面度很难保证;而边缘门极结构的阴极钼片为整圆片,加工难度降低的同时可提高平面度,有利于提升芯片表面压力均匀性。

（3）降低结壳热阻：边缘门极引出结构不再需要穿过阴极铜块，使得阴极钼片与阴极铜块整面接触，降低了阴极铜块的体热阻及阴极钼片-铜块接触热阻；此外，整面接触也有利于均匀散热。

然而，边缘门极结构的芯片门极紧贴红胶，若仍采用绝缘座承载钼环的方案，需增加门极引出区宽度，这会降低芯片的有效通流面积。ABB给出了L型门极钼环的解决方案（图6.21），可缩短芯片的门极宽度、增大有源区面积，同时钼环嵌入红胶的设计也使得整体结构更加紧凑，依靠钼片-绝缘-钼环进行定位，芯片的横向位移偏差极小。

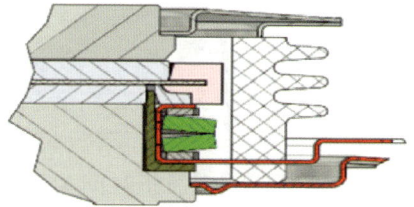

图 6.21　ABB 公司的边缘门极 IGCT 封装方案（来源：参考文献[56]）

6.4.2　低温键合技术

银烧结技术是一种消除接触热阻的有效手段目前已在部分功率器件中得到应用。其基本方法为将银膏置于芯片和钼片之间，在一定的温度和压力下进行烧结，使芯片与钼片形成紧密连接。传统的银烧结技术需要的温度较高（300℃以上）。在如此高温度下完成烧结后，器件退回常温过程中，芯片与钼片由于膨胀系数不同而存在较大的应力。这对于大尺寸整晶圆的 IGCT 来说，该应力将使得边缘形变过大，存在开裂风险。

随着材料与工艺的不断发展，目前已实现在相对低温（300℃以下）的条件下完成烧结，从而减小芯片与钼片之间的应力和形变，这种方式被称为低温键合。图 6.22 展示了低温键合的加工流程。首先在钼片与芯片表面制备一层打底银薄膜，然后在其表面制备一层纳米银颗粒，最后在一定温度和压力的作用下完成芯片与钼片的烧结连接。

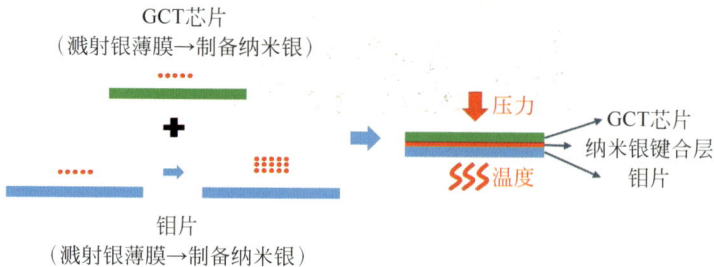

图 6.22　低温键合流程

低温键合技术已在 IGBT、FRD 等功率器件中应用，在应用于 IGCT 时，需关注大尺寸整晶圆器件键合层的孔隙率和均匀性。

6.4.3　集成水冷技术

提升器件散热性能的另一个方法是缩短散热路径。IGCT 压接使用时,散热路径为器件—散热器—冷却液。为提高器件散热效率,可以采用集成水冷的方案,即将冷却液通道集成到器件管壳铜块体内。该做法将散热路径缩短为器件—冷却液,还消除了器件和散热器之间的接触热阻,从而可提升散热性能。

图 6.23 展示了一种集成水冷封装结构示意图,在器件的阳极管盖中增加散热流道与进出水口。类似地,该技术也可应用至阴极铜块。然而,该技术使得管壳结构更加复杂,且增加了运行维护难度,目前尚无应用实例。

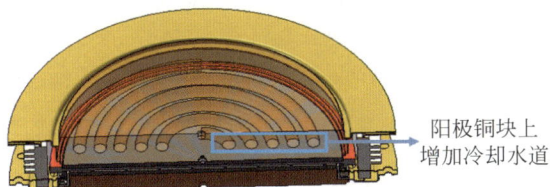

阳极铜块上增加冷却水道

图 6.23　一种集成水冷封装结构示意图

6.4.4　微流道技术

微流道冷却技术的实现思路与集成水冷技术类似,区别在于将冷却液流道移至接近芯片表面,进一步缩短散热路径,并将流道尺寸降低为几十到几百微米量级。该技术具有集成度高、散热面积大、换热效率高等优势,是当前功率器件封装技术的研究热点。

对于 IGCT,一种可能的实现方案为:阳极侧在钼片表面刻蚀微尺度流道,阴极侧由于梳条高度和间隙宽度符合微流道特征尺寸,可直接作为天然的微流道,如图 6.24 所示。然而,由于 IGCT 面积大,可能会导致流体流阻大、芯片温度分布不均等问题;此外,微流道设计和实现较为复杂,可能影响管壳机械支撑性能和导电性能,目前尚无应用实例。

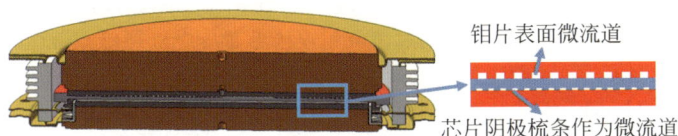

钼片表面微流道

芯片阴极梳条作为微流道

图 6.24　基于微流道技术的 IGCT 封装结构示意图

参考文献

[1] GRUENING H E,KOYANAGI K. A modern low loss,high turn-off capability GCT gate drive concept[C]//2005 European Conference on Power Electronics and Applications. Dresden,Germany：IEEE,2005：10.

[2] SYED-KHAJA A,FRANKE J. Characterization and reliability of paste based thin-film Sn-Cu TLPS joints for high temperature power electronics[C]//Proceedings of PCIM Europe 2015；International Exhibition and Conference for Power Electronics,Intelligent Motion, Renewable Energy and Energy Management. Nuremberg,Germany：VDE,2015：1-7.

[3] SYED-KHAJA A, FRANKE J. Investigations on advanced soldering mechanisms for transient liquid phase soldering (TLPS) in power electronics[C]//Proceedings of the 5th Electronics System-integration Technology Conference (ESTC). Helsinki,Einland：IEEE, 2014：1-7.

[4] SYED-KHAJA A, FRANKE J. Process optimization in transient liquid phase soldering (TLPS) for an efficient and economical production of high temperature power electronics[C]// CIPS 2016；9th International Conference on Integrated Power Electronics Systems. Nuremberg,Germany：VDE,2016：1-7.

[5] 董红杰. Cu/Sn/Ni 体系瞬态液相软钎焊工艺及互连机理研究[D].哈尔滨：哈尔滨工业大学,2016.

[6] 冯洪亮. Ni-Sn TLPS 连接特性与动力学研究[D].北京：北京科技大学,2018.

[7] KATO F, LANG F, NAKAGAWA H，et al. Thermal resistance evaluation of die-attachment made of nano-composite Cu/Sn TLPS paste in SiC power module[C]//2017 International Conference on Electronics Packaging (ICEP). Yamagata,Japan：IEEE,2017：125-129.

[8] FAIZ M K, YAMAMOTO T, YOSHIDA M. Low temperature and low pressure fluxless Cu-Cu bonding by Ag-based transient liquid phase sintering for high temperature application[C]//2017 IEEE CPMT Symposium Japan (ICSJ). Kyoto,Japan：IEEE,2017：195-198.

[9] YAMAMOTO T,FAIZ M K,SUGA T,et al. Low temperature,low pressure,fluxless and plateless Cu-Cu bonding by Cu nano particle transient liquid phase sintering[C]//2017 IEEE CPMT Symposium Japan (ICSJ). Kyoto,Japan：IEEE,2017：139-140.

[10] 田皓.应用于高温功率芯片封装的过渡液相连接界面反应机理研究[D].哈尔滨：哈尔滨工业大学,2018.

[11] TATSUMI H, LIS A, MONODANE T, et al. Transient liquid phase sintering using copper-solder-resin composite for high-temperature power modules[C]//2018 IEEE 68th Electronic Components and Technology Conference (ECTC). San Diego,CA,USA：IEEE, 2018：564-567.

[12] MIN K D,JUNG K H,LEE C J,et al. Pressureless transient liquid phase sintering bonding

of sn-58Bi with Ni particles for high-temperature packaging applications[C]//2019 IEEE 69th Electronic Components and Technology Conference (ECTC). Las Vegas, NV, USA: IEEE, 2019: 2290-2295.

[13]　TATSUMI H, LIS A, YAMAGUCHI H, et al. Evaluation of Stiffness-Reduced Joints by Transient Liquid-Phase Sintering of Copper-Solder-Resin Composite for SiC Die-Attach Applications[J]. Components, Packaging and Manufacturing Technology, IEEE Transactions on, 2019, 9(10): 2111-2121.

[14]　石小龙. Cu/In 体系低温瞬态液相键合工艺及其机理的研究[D]. 苏州: 苏州大学, 2019.

[15]　HWANG B U, MIN K D, JUNG K H, et al. Pressureless transient liquid phase sintering bonding using SAC305 with hybrid Ag particles for high-temperature packaging applications[C]//2020 IEEE 70th Electronic Components and Technology Conference (ECTC). Orlando, FL, USA: IEEE, 2020: 1855-1860.

[16]　LI S, SHI Y, WROSCH M, et al. TLPS Sintering Solder Pastes for High-Temperature Packaging[C]//2021 China High-level SMT Technology Conference. Chongqing: Chinese Institution of Electronics, 2021: 199-209.

[17]　KIM K Y, HA E, NOH T, et al. The transient liquid phase bonding by ultrasonic-assisted soldering of Cu contained Sn-58Bi solder paste for high-temperature packaging applications[C]// 2022 International Conference on Electronics Packaging (ICEP). Sapporo, Japan: IEEE, 2022: 39-40.

[18]　王月. Ni-Sn 瞬时液相烧结连接化合物生长与等温凝固动力学研究[D]. 北京: 北京科技大学, 2022.

[19]　DENG E, REN B, LI A, et al. An integrated packaging structure of press pack for high power IGBTs[C]//2019 31st International Symposium on Power Semiconductor Devices and ICs (ISPSD). Shanghai, China: IEEE, 2019: 243-246.

[20]　DENG E, ZHAO Z, XIN Q, et al. Analysis on the difference of the characteristic between high power IGBT modules and press pack IGBTs[J]. Microelectronics Reliability, 2017, 78: 25-37.

[21]　李辉, 龙海洋, 姚然, 等. 不同封装形式压接型 IGBT 器件的电-热应力研究[J]. 电力自动化设备, 2020, 40(8): 76-81.

[22]　曾嵘, 陈政宇, 赵彪, 等. 大容量全控型压接式 IGBT 和 IGCT 器件对比分析: 原理, 结构, 特性和应用[J]. 中国电机工程学报, 2022, 42(8): 2940-2956.

[23]　杨鹏飞, 王彩琳. 压接式 GCT 封装的热特性分析[J]. 固体电子学研究与进展, 2013, 33(2): 199-204.

[24]　邹贵生, 林路禅, 肖宇, 等. 超快激光纳米连接及其在微纳器件制造中的应用[J]. 中国激光, 2021, 48(15): 122-139.

[25]　曹强, 陈芳林, 陈勇民, 等. 6 英寸 IGCT 器件紧固力的适应性研究[J]. 机车电传动, 2023(5): 71-77.

[26]　张明, 戴小平, 李继鲁, 等. 1100A/4500V 逆导型 IGCT 组件的研究[J]. 变流技术与电力牵引, 2007(3): 15-20.

[27]　ULISSI G, VEMULAPATI U R, STIASNY T D D. High-Frequency Operation of Series-

Connected IGCTs for Resonant Converters[J]. IEEE Transactions on Power Electronics, 2022,37(5): 5664-5674.

[28] VEMULAPATI U, STIASNY T, WIKSTROM T, et al. Integrated Gate Commutated Thyristor: From Trench to Planar[C]//2020 32nd International Symposium on Power Semiconductor Devices and ICs (ISPSD). Vienna, Austria: IEEE,2020: 490-493.

[29] 曾文彬,颜骥,任亚东,等. IGCT 晶片的封装结构设计[J]. 大功率变流技术,2015(6): 20-24.

[30] 张明,赵燕峰,陈彦. IGCT 器件的研究与进展[C]//第四届电能质量(国际)研讨会论文集. 扬州: 中国电力出版社,2008: 402-409.

[31] 孙永伟,陈芳林,曾文彬,等. IGCT 芯片边缘门极封装结构设计[J]. 电子质量,2023(9): 55-59.

[32] 张明,戴小平,李继鲁,等. KIc 4000-45 非对称型 IGCT 组件的研究[J]. 变流技术与电力牵引,2007(2): 22-26.

[33] VEMULAPATI U, RAHIMO M, ARNOLD M, et al. Recent advancements in IGCT technologies for high power electronics applications[C]//2015 17th European Conference on Power Electronics and Applications (EPE'15 ECCE-Europe). Geneva, Switzerland: IEEE,2015: 1-10.

[34] 高原,陈洁莲,王才孝,等. 大功率半导体组件压装技术研究[J]. 科技创新与应用,2023, 13(1): 55-59.

[35] VEMULAPATI U, BELLINI M, ARNOLD M, et al. The concept of Bi-mode Gate Commutated Thyristor-A new type of reverse conducting IGCT[C]//2012 24th International Symposium on Power Semiconductor Devices and ICs. Bruges, Belgium: IEEE, 2012: 29-32.

[36] 张明,陈芳林,李继鲁,等. 国内 IGCT 器件的新进展[J]. 大功率变流技术,2008(6): 1-5.

[37] 蔡维,王诗祺,李雪飞,等. 集成门极换流晶体管(IGCT)机械压装研究[J]. 电工文摘, 2014(6): 18-20.

[38] 张明. 目前我国兆瓦级新型电力半导体器件[J]. 大功率变流技术,2012(1): 1-8.

[39] HINATA Y, HORIO M, IKEDA Y, et al. Full SiC power module with advanced structure and its solar inverter application[C]//2013 Twenty-Eighth Annual IEEE Applied Power Electronics Conference and Exposition (APEC). Long Beach, CA, USA: IEEE,2013: 604-607.

[40] MADHUSOODHANAN S, HATUA K, BHATTACHARYA S, et al. Comparison study of 12kV n-type SiC IGBT with 10kV SiC MOSFET and 6.5kV Si IGBT based on 3L-NPC VSC applications[C]//2012 IEEE Energy Conversion Congress and Exposition (ECCE). Raleigh, NC, USA: IEEE,2012: 310-317.

[41] 方杰,常桂钦,彭勇殿,等. 基于 ANSYS 的大功率 IGBT 模块传热性能分析[J]. 大功率变流技术,2012(2): 16-20.

[42] HAYASHI T, IZUMI T, HEMMI T, et al. Insulating properties of package for ultrahigh-voltage, high-temperature devices [C]//Materials Science Forum. Saint-Petershurg, Russia: Trans Tech Publications Ltd,2013: 1036-1039.

［43］ MOBALLEGH S，MADHUSOODHANAN S，BHATTACHARYA S. Evaluation of high voltage 15kV SiC IGBT and 10kV SiC MOSFET for ZVS and ZCS high power DC-DC converters［C］//2014 International Power Electronics Conference（IPEC-Hiroshima 2014-ECCE ASIA）. Hiroshima，Japan：IEEE，2014：656-663.

［44］ FUKUDA K，OKAMOTO D，OKAMOTO M，et al. Development of ultrahigh-voltage SiC devices［J］. IEEE Transactions on Electron Devices，2014，62（2）：396-404.

［45］ 张蕎方. 基于有限元法的 IGBT 模块封装散热性能及热应力的仿真研究［D］. 重庆：重庆大学，2015.

［46］ CAI C，YU C，YUXIONG L，et al. An SiC-Based Half-Bridge Module With an Improved Hybrid Packaging Method for High Power Density Applications ［J］. IEEE TRANSACTIONS ON INDUSTRIAL ELECTRONICS，2017，64（11）：8980-8991

［47］ DIMARINO C，BOROYEVICH D，BURGOS R，et al. Design and development of a high-density，high-speed 10kV SiC MOSFET module［C］//2017 19th European Conference on Power Electronics and Applications（EPE'17 ECCE Europe）. Warsaw，Poland：IEEE，2017：1-10.

［48］ REN H，LAI W，JIANG Z，et al. Finite element model optimization and thermal network parameter extraction of press-pack IGBT［C］//2018 IEEE Applied Power Electronics Conference and Exposition（APEC）. San Antonio，TX，USA：IEEE，2018：2892-2899.

［49］ 陈明，曾书俐. IGBT 热网络传热模型研究［J］. 船电技术，2018，38（9）：1-6.

［50］ WIKSTROEM T，ALEXANDROVA M，KAPPATOS V，et al. 94 mm reverse-conducting IGCT for high power and low losses applications［C］//PCIM Asia 2017：International Exhibition and Conference for Power Electronics，Intelligent Motion，Renewable Energy and Energy Management. Shanghai，China：VDE，2017：1-6.

［51］ LUTZ J，SCHLANGENOTTO H，SCHEUERMANN U，et al. Semiconductor power devices：physics，characteristics，reliability［M］. New York：Springer Science & Business Media，2011.

［52］ 英飞凌科技. Infineon Technologies-IGBT Press Packs［EB/OL］.（2022-03-21）［2025-02-16］. https：//www. infineon. com/cms/en/product/power/igbt/igbt-press-packs/♯.

［53］ 日立能源. Hitachi Energy-Press-pack IGBT and diode modules［EB/OL］.（2023-10-30）［2025-02-16］. https：//www. hitachienergy. com/products-and-solutions/semiconductors/stakpak.

［54］ ABB. ABB-5SHY65L4522［EB/OL］.（2021-03-21）［2025-02-16］. https：//new. abb. com/products/5SHY65L4522/5shy65l4522.

第 7 章

IGCT驱动技术

驱动是连接电力电子装备与功率半导体器件的枢纽,用于接收来自控制器的开通与关断指令,通过向器件控制极施加信号实现器件的开通、关断,监测器件状态并进行故障保护,同时将器件状态上报给装备。按照驱动施加给控制极的信号类型,器件主要可以分为电压控制型(如 MOSFET、IGBT)、电流控制型(如电控晶闸管、GTO、IGCT)、光控型(如光控晶闸管)等。IGCT 是典型的电流控制型器件,驱动对保障其高性能开关、安全可靠运行发挥了重要作用。

本章首先介绍了 IGCT 驱动基本原理,包括驱动电路的典型架构,开通电路和关断电路的典型拓扑,以及供能方法和电路;针对核心的关断电路,介绍了几种提升换流能力的新型关断电路拓扑;最后结合应用需求和具体案例,简述了 IGCT 驱动在可靠性、可用性、可维护性、安全性四个方面的基本情况。

7.1 IGCT 驱动原理及电路架构

GCT 的单个元胞结构可等效成 PNP 和 NPN 两个晶体管。开通时,驱动向 NPN 晶体管的基极注入门极电流 i_G,进而使得 NPN 和 PNP 两个晶体管进入正反馈过程,GCT 芯片快速导通。由于 GCT 由数千元胞并联,为了使门极电流快速扩散到芯片的每个元胞,缩小不同元胞开通过程的差异,保证整个芯片均匀开通,驱动应适当提高开通瞬间向 GCT 注入门极电流 i_G 的幅值和上升率,即施加强触发电流。此外,强触发电流也有利于提高芯片阳极电流上升率 di_A/dt 并降低开通损耗。

导通期间,若阳极电流 i_A 大于某一特定电流时,则利用正反馈机制,GCT 可以维持导通,无须注入门极电流,此时对应的阳极电流称为维持电流 I_H;实际工况中,阳极电流 i_A 可能降低至维持电流以下导致 GCT 退出擎住状态。一般为了使 GCT 始终保持导通,驱动需向 GCT 门极注入一定的稳态触发电流。

关断时,驱动需要在阳极电压建立之前将 GCT 阴极电流全部经门极抽出,即满足"硬驱动"条件,从而避免因丝状电流现象或元胞间门极抽出电流分配不均匀而导致关断失效。GCT 阴极电流全部从门极抽出至驱动的时间称为换流时间,该时间要求极短,一般为 $1\mu s$ 以内。

阻断期间,驱动向芯片门阴极间施加反向偏置电压,确保 GCT 在高阳极电压应力下保持可靠阻断状态。反向偏置电压应低于 GCT 门极反向重复峰值电压(一般为 $22\sim24V$),防止芯片 J_3 结击穿。

驱动电路典型架构如图 7.1 所示,各功能模块电路的作用如下:

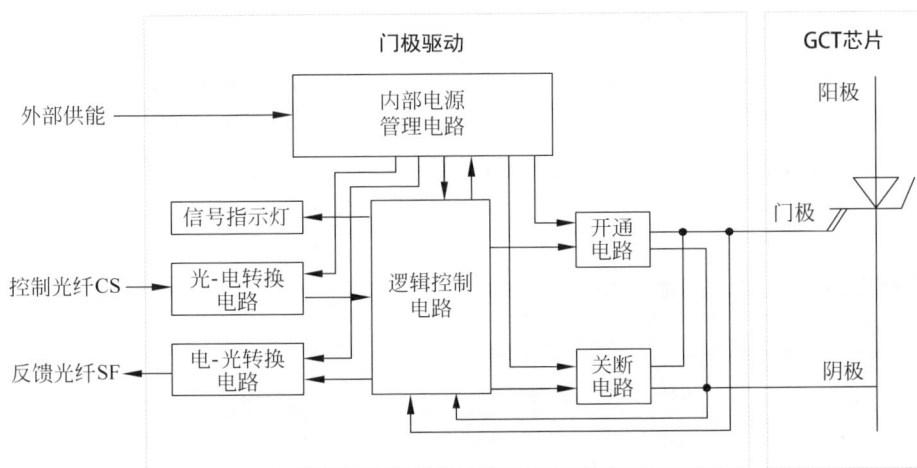

图 7.1　IGCT 驱动电路典型架构图

(1) 内部电源管理电路:连接外部配置的供能电源,对供能电源提供的电压进行整流滤波,并转换为驱动内部所需的各级电压,实现对开通和关断储能电容充电、为逻辑控制电路供电等。

(2) 开通电路:开通时,产生强触发电流注入 GCT 门极,并在导通过程中产生稳态触发电流。

(3) 关断电路:关断时,提供门阴极电流换流通道,在 GCT 阳极电压建立之前将阴极电流全部换流至门极。

(4) 光-电/电-光转换电路:将上级系统的开通关断指令由光信号转换为电信号,传递给驱动逻辑控制电路,并将驱动逻辑控制电路判断的器件状态由电信号转换为光信号,反馈给上级系统。

(5) 逻辑控制电路:接收光-电转换电路的开通关断指令电信号,控制开通电路、关断电路工作,监测 GCT 门阴极及驱动状态,判断正常/故障的工作状态,并通过电-光转换电路反馈给上级系统。

（6）信号指示灯:实时显示器件状态,显示内容可以包括导通状态、关断状态、电源状态及故障类型等。

上述各功能模块中,光-电/电-光转换电路、逻辑控制电路和信号指示灯较为常规,根据具体需求设计即可,本书重点介绍开通、关断和电源电路的工作原理和设计方法。

7.2　IGCT 驱动关键电路设计

7.2.1　开通电路

驱动开通电路主要包括强触发电路和稳态触发电路两部分,前者在开通瞬间向 GCT 门极注入高峰值、大 di/dt 的强触发电流,使 GCT 均匀开通,后者在导通期间注入小幅值、稳定的稳态触发电流,保证 GCT 始终处于导通状态。

开通和导通期间驱动注入门极的典型电流波形如图 7.2 所示。$t_0 \sim t_1$ 期间,向门极注入强触发电流,峰值通常大于 $150A$,di/dt 通常约为 $1kA/\mu s$;此后持续注入稳态触发电流,一般为 $5 \sim 10A$,直至 t_2 时刻器件关断,门极注入电流迅速截止。

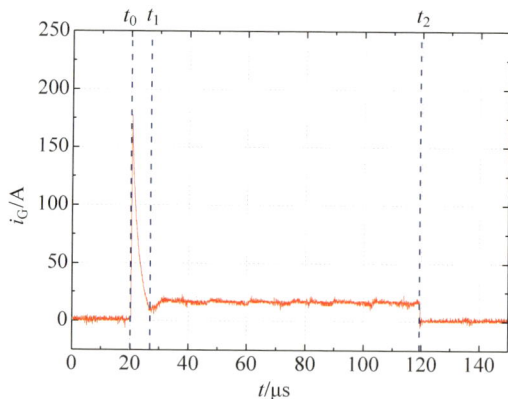

图 7.2　开通和导通期间驱动注入门极的典型电流波形

1. 主电路拓扑

产生强触发电流和稳态触发电流的电路实现方式多样,一种典型的主电路拓扑如图 7.3 所示。其中 Q_1、Q_2、Q_{on}、Q_{off} 为功率 MOSFET,L_1 为产生强触发电流的预充电电感,L_2 为稳态触发电流的滤波电感,D_1、D_2、D_3 为续流二极管,R_S 为稳态触发电流的采样电阻,C_{on} 为开通电路储能电容,C_{off} 为关断电路储能电容。为了对 L_1 快速充电,开通电路复用了关断电路的 Q_{off} 和 C_{off}。

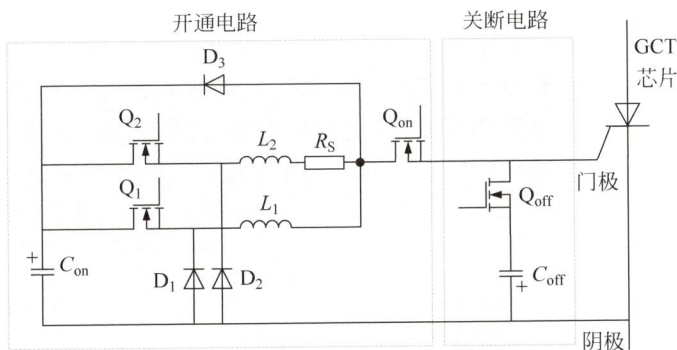

图 7.3　IGCT 驱动主电路典型拓扑

2. 工作原理

开通过程各 MOSFET 的动作时序及主要通流电子元件的电流波形如图 7.4 和图 7.5 所示。

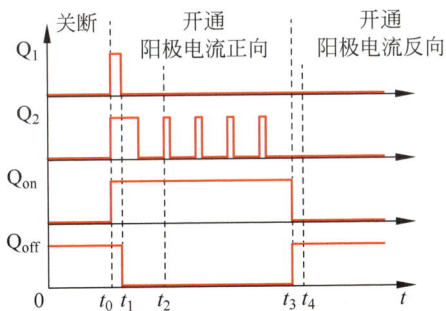

图 7.4　开通过程各 MOSFET 动作时序

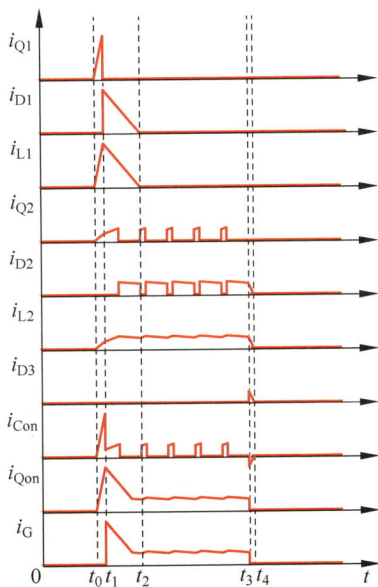

图 7.5　开通过程主要通流电子元件的电流波形示意图

强触发电路的具体工作原理如下：

（1）关断期间 Q_{off} 为闭合状态，Q_1、Q_2、Q_{on} 为断开状态；

（2）t_0 时刻开始执行开通指令，Q_1 和 Q_{on} 闭合，C_{on} 通过 Q_1、L_1、Q_{on}、Q_{off}、C_{off} 回路对 L_1 充电，如图 7.6(a)所示；

（3）约百纳秒后 t_1 时刻，当脉冲电流峰值达到要求时，Q_1、Q_{off} 断开，Q_{off} 关断使电流从 Q_{off} 支路快速转移至 GCT 门阴极支路，提供强触发电流，如图 7.6(b)所示，随后 L_1 通过 Q_{on}、GCT 的 J_3 结、D_1 回路续流，直至 t_2 时刻衰减至零。

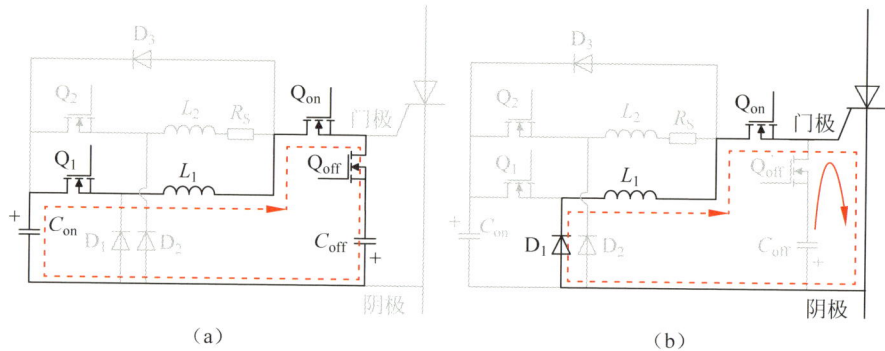

图 7.6　强触发电路工作原理示意

稳态触发电路的具体工作原理如下：

（1）t_0 时刻开始执行开通指令，Q_2 和 Q_{on} 闭合，如图 7.7(a)所示，C_{on} 通过 Q_2、L_2、R_S、Q_{on}、Q_{off}、C_{off} 回路放电，通过滤波电感 L_2 上的电流上升；

（2）t_1 时刻 Q_{off} 断开，如图 7.7(b)所示，C_{on} 通过 Q_2、L_2、R_S、Q_{on}、GCT 门阴极回路放电，通过滤波电感 L_2 上的电流继续上升；

（3）$t_1 \sim t_3$ 期间，阳极电流为正向，通过 R_S 对稳态触发电流采样进行闭环控制，当稳态触发电流达到预设上限阈值时，如图 7.7(c)所示，Q_2 断开，L_2 通过 R_S、Q_{on}、GCT 门阴极、D_2 回路续流，直至稳态触发电流衰减至预设下限阈值，再次闭合 Q_2，返回到图 7.7(b)工作状态；

（4）t_3 时刻，若阳极电流在开通指令保持期间下降至零并通过与 GCT 反并联的二极管续流，则为了降低驱动功率，断开 Q_2、Q_{on}，如图 7.7(d)所示，门极驱动不再向 GCT 注入门极电流，L_2 通过 R_S、D_3、C_{on}、D_2 回路续流，t_4 时刻电流衰减至零。

7.2.2　关断电路

IGCT 驱动典型的关断电路拓扑及关断过程如图 7.8 所示，使用预充电压的关断储能电容 C_{off} 作为恒压源，通过可控开关 Q_{off}（通常为 MOSFET）与 GCT 门阴极并联，关断具体过程如下：

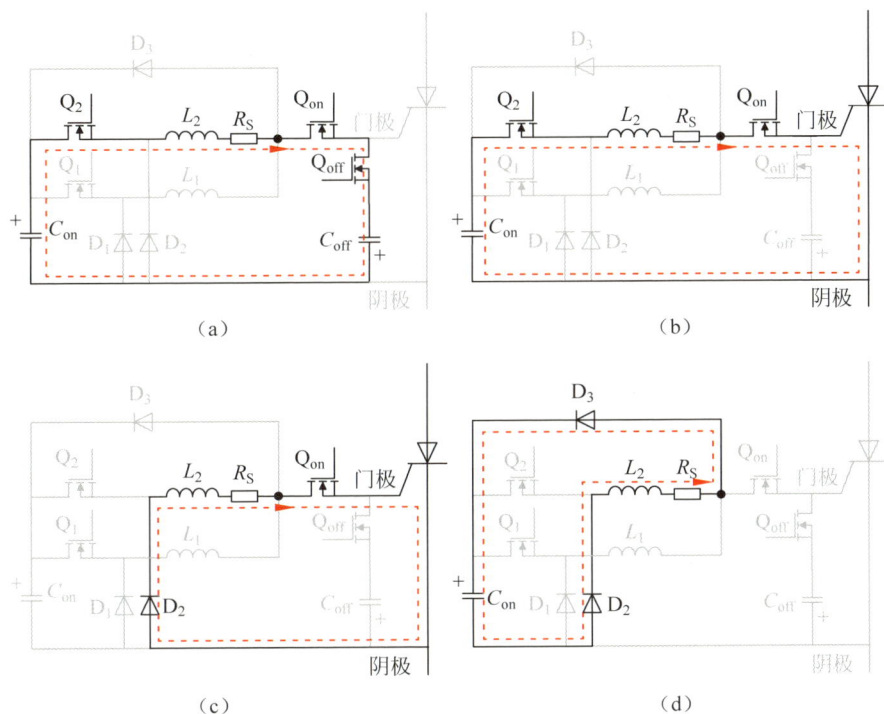

（a）　　　　　　　　　　　　　（b）

（c）　　　　　　　　　　　　　（d）

图 7.7　稳态触发电路工作原理示意

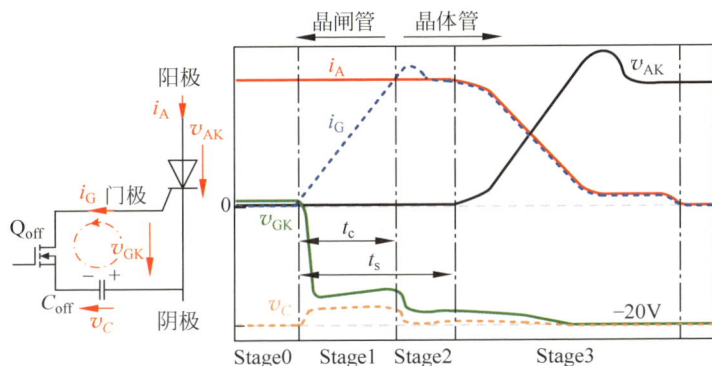

图 7.8　IGCT 驱动关断电路拓扑结构及关断过程示意图

（1）关断前的导通阶段（Stage0）：Q_{off} 处于断开状态，GCT 通流，门阴极电压 v_{GK} 为 J_3 结的通态电压，约为 0.7V，C_{off} 电容电压 v_C 为预充电压（通常为 -20V）。

（2）换流阶段（Stage1）：门极驱动接收到关断指令后，Q_{off} 闭合，阳极电流 i_A 在驱动 C_{off} 反向偏置电压 v_C 的作用下开始从阴极向门极转移，驱动电流 i_G 逐渐增大。电流完全转移至门极前，即 $i_G < i_A$ 时，GCT 的 J_3 结仍正向导通电流 i_A-i_G，

v_{GK} 大于 0,但由于驱动与 GCT 芯片 J_3 结之间通过封装结构实现电气连接,存在杂散阻感,因而在有门极电流 i_G 和 di_G/dt 的情况下,驱动封装接口处的电压 v_{GK} 为 GCT 的 J_3 结通态电压和 v_C 的中间值,与驱动杂散阻感和封装结构杂散阻感在瞬态电流下的分压有关。类似地,由于 C_{off} 内部杂散阻感的作用,电容两端电压 v_C 在换流期间会出现电位抬升现象。当 i_G 上升至与 i_A 相等时,换流过程基本结束。

(3) 换流结束后,阳极电压建立前的多余载流子清除阶段(Stage2)、阳极电流下降及拖尾阶段(Stage3)及此后的阻断状态,Q_{off} 保持闭合状态,确保 GCT 门阴极反向偏置,阳阴极可靠阻断。

关断电路的设计是 IGCT 驱动的核心。为满足 $1\mu s$ 内快速换流的"硬驱动"条件,关断换流回路阻感要求极为苛刻。另外,关断电路需要在门阴极开始换流到阳极电流降至零的过程中承载数千安的电流,电荷量可达百毫库,因此关断电路 C_{off} 容量也需要重点关注。下面将对关断回路阻感及关断电容容量的设计要求进行阐述。

1. 换流回路阻感要求

换流时间 t_c 即全部元胞完成阴极向门极换流的时间。IGCT 驱动关断电路换流期间的等效电路模型如图 7.9 所示,假设 C_{off} 为理想电压源 V_{drv},其电压受到 GCT 芯片 J_3 结耐压限制,换流回路杂散电阻 R_S 和电感 L_S 恒定,根据基尔霍夫电压定律(KVL),换流期间有如下关系:

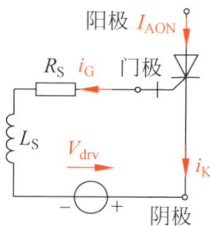

$$-V_{drv} + v_{J3} = i_G \cdot R_S + \frac{di_G}{dt} \cdot L_S \quad (7\text{-}1)$$

式中,i_G 为驱动从门极抽出的电流;v_{J3} 为换流期间的 J_3 结压降,近似为恒定值 $0.7V$,远小于 V_{drv},

图 7.9　IGCT 驱动关断电路换流期间等效电路模型

在后续计算中可以忽略。假设拟关断的阳极电流 I_{AON} 在换流期间保持恒定,忽略换流结束之后 J_3 结的反向恢复过程,则换流结束后 i_G 与 I_{AON} 相等,可求解换流时间 t_c:

$$t_c = -\frac{L_S}{R_S} \cdot \ln\left(1 + \frac{I_{AON} \cdot R_S}{V_{drv}}\right) \quad (7\text{-}2)$$

由于 GCT 芯片的 P 透明发射极结构和高浓度 N 缓冲层设计,α_{PNP} 很小,正反馈更容易被打破,这使得换流之后便几乎不再产生新的载流子,P 基区和 N 基区存储的空穴从门极抽出、存储的电子由阳极抽出。若不考虑掺杂浓度对载流子寿命的影响,P 基区内部的总存储电荷 Q_{SP} 可简化描述如下:

$$Q_{SP} = \left(\frac{W_P}{W_P + W_N} \right) \cdot I_{AON} \cdot \tau_{HL} \tag{7-3}$$

其中,P基区和N基区厚度 W_P 和 W_N、大注入载流子寿命 τ_{HL} 几乎不变,可以认为 Q_{SP} 正比于阳极电流 I_{AON}。Q_{SP} 被完全清除所需要的时间即为存储时间 t_s(即图7.8中的Stage1和Stage2的总时间),之后 J_2 结耗尽层开始建立,阳极电压开始上升。恰好满足硬驱动条件对应换流时间的最大值,即 $t_c = t_s$,此时

$$Q_{SP} = \int_0^{t_s} i_G \, dt \tag{7-4}$$

在 $t_c = t_s$ 时,联立式(7-2)和式(7-4)得到换流回路参数与芯片参数之间的关系:

$$Q_{SP} = -\frac{V_{drv} \cdot L_S}{R_S^2} \left[\frac{I_{AON} \cdot R_S}{V_{drv}} - \ln\left(1 - \frac{I_{AON} \cdot R_S}{V_{drv}} \right) \right] \tag{7-5}$$

其中,除关断电流 I_{AON} 外,等式左侧的 Q_{SP} 仅与芯片参数有关,等式右侧的各项仅与换流回路参数有关。

图7.10给出了典型的GCT芯片在不同关断电流条件下,恰好满足硬驱动条件时 L_S 随 R_S 变化的关系。若实际换流回路阻感处于曲线左下侧,则可以满足硬驱动条件,$t_c < t_s$。可见,在关断相同电流时,换流回路 R_S 越大,就要求 L_S 越小;随着关断电流的增大,对换流回路阻感的要求越来越苛刻。

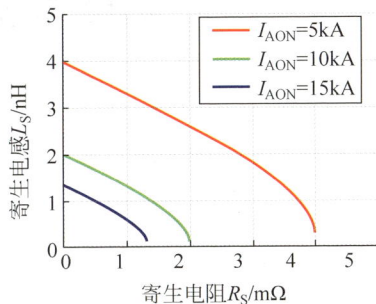

图 7.10　满足硬驱动条件的门阴极换流回路杂散阻感边界条件

2. 换流回路低阻感设计方法

图7.11给出了一种IGCT驱动实物图及杂散阻感分布示意图,根据关断电路拓扑及关断换流回路的实际空间布局,换流回路阻感来源于以下五部分:

(1) GCT芯片内部换流路径的等效电感 L_K 和电阻 R_K(包括 J_3 结的等效电阻),主要与芯片结构设计有关;

(2) GCT芯片门极与驱动门极之间的电阻 R_{H1} 和电感 L_{H1}、GCT芯片阴极与驱动阴极之间的杂散电阻 R_{H2} 和电感 L_{H2},主要与封装结构有关(简单起见,后文合并为 R_H 和 L_H);

(3) 驱动关断电容并联阵列的等效串联电阻 R_C 和电感 L_C;

(4) 驱动MOSFET并联阵列的等效电阻 R_M 和电感 L_M;

(5) 驱动电路板门阴极走线的等效电阻 R_P 和电感 L_P。

降低换流回路阻感有利于提高换流速度,对增强器件关断能力具有重要意义。

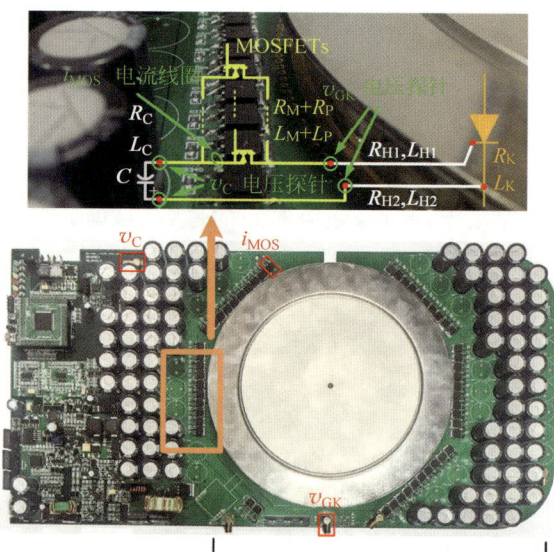

图 7.11　一种 IGCT 驱动实物图及杂散阻感分布示意图

可以从以下三方面对驱动开展设计：

（1）对于关断电容阵列，在保证足够容量的前提下，通过电容选型、多种类型电容混合并联等方式，提高整体关断电容阵列的高频特性，降低杂散电感和电阻；

（2）对于关断 MOSFET 阵列，开展选型优化，以获取最优的导通电阻、封装杂散电感；

（3）对于换流回路路径，设计紧耦合的 GCT 封装与驱动电路板接口，且门极驱动采用多层印制 PCB 板，并合理优化关断电容和 MOSFET 阵列布局，从而降低关断换流路径的电感。

设计实例

下面首先介绍换流回路杂散阻感分布的实验提取方法，然后给出优化前后的杂散阻感分布实测结果，以此说明阻感优化设计方法的有效性。

为提取杂散阻感分布，需在换流回路设置多个测量点位，如图 7.11 所示，包括门极驱动与封装门阴极接口连接处的电压 v_{GK}、C_{off} 两端电压 v_C、阳极电流 i_A 和门极驱动的门极电流 i_G。其中：v_{GK} 和 v_C 的测量点分别尽可能地靠近 GCT 封装门阴极接口和 C_{off} 正负极，并使用同轴电缆引出到测量设备以减小测量干扰；i_A 和 i_G 使用罗氏线圈测量，i_G 既可以通过测量单个 MOSFET 源极引线电流 i_{MOS} 再经比例变换间接获取，也可以在封装与门极驱动接口连接处布置测量点位，但要尽可能减少对换流回路空间结构的影响。

某 6 英寸 IGCT 驱动优化前的关断测量波形如图 7.12 所示。在关断过程的不同阶段,根据等效电路模型,可得被测量之间的关系。

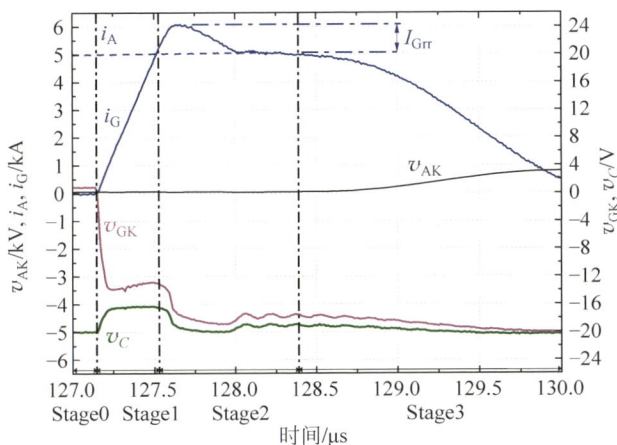

图 7.12　某 6 英寸 IGCT 驱动优化前的关断 5.0kA 电流实验结果

① 关断前的导通阶段 Stage0：Q_{off} 处于断开状态,$i_G = 0$,阳极电流 i_A 由外电路决定,GCT 门阴极 J_3 结通流特性近似于二极管,有以下关系：

$$v_{GK} = R_K \cdot (i_A - i_G) = R_K \cdot i_A \tag{7-6}$$

② 换流阶段 Stage1：Q_{off} 闭合,预充负电压的 C_{off} 接入关断回路,换流回路等效电路如图 7.13(a)所示。基于基尔霍夫电压定律和基尔霍夫电流定律,v_{GK} 和 v_C 有以下关系：

$$v_{GK} = R_K \cdot (i_A - i_G) - R_H \cdot i_G - (L_H + L_K) \cdot di_G/dt \tag{7-7}$$

$$v_{GK} = v_C + (R_M + R_P) \cdot i_G + (L_M + L_P) \cdot di_G/dt \tag{7-8}$$

$$v_C = -v_{Coff} + R_C \cdot i_G + L_C \cdot di_G/dt \tag{7-9}$$

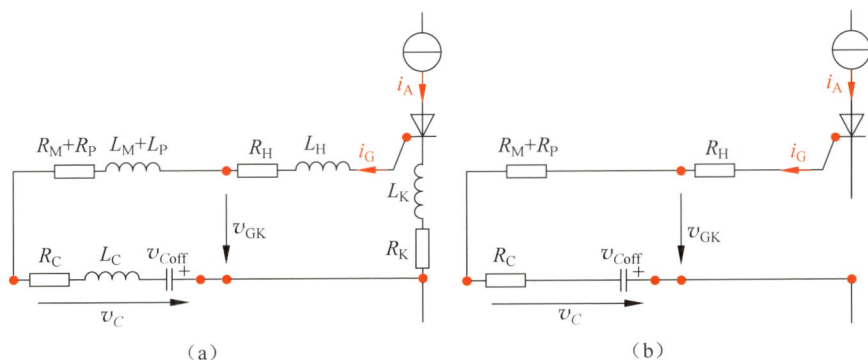

图 7.13　Stage1(a)和 Stage2(b)的换流回路阻感分布电路模型

其中,v_{Coff} 为 C_{off} 内部存储电压,v_C 为考虑内部阻感的输出电压。考虑 C_{off} 容量足够大,换流期间的放电电荷所引起 v_C 的变化可以忽略不计,认为 v_{Coff} 恒定 20V。

③ 换流结束后,阳极电压建立前的多余载流子清除阶段 Stage2:J_3 结反向偏置,表现为高阻状态,阳极电流全部通过门极驱动,$i_A = i_G$。此后阳极电压建立、i_A 下降之前的一小段时间里,i_G 基本恒定,换流回路杂散电感 L_H、L_M、L_P 和 L_C 压降近似为零,换流回路等效电路如图 7.13(b)所示。v_{GK} 和 v_C 有以下关系:

$$v_{GK} = v_C + (R_M + R_P) \cdot i_G \tag{7-10}$$

$$v_C = -v_{Coff} + R_C \cdot i_G \tag{7-11}$$

基于不同关断电流下实验测量的 v_{GK}、v_C、i_G、i_A,可得换流回路各阻感的计算方法:①Stage0,利用式(7-6),可以求得稳态 R_K 与电流的关系曲线;②Stage2 中 di_G/dt 近乎为零的时间段,利用式(7-10)和式(7-11),可以求得 $R_M + R_P$ 和 R_C;③利用已经求得的 R_K、$R_M + R_P$ 和 R_C,在 Stage1,利用式(7-8)和式(7-9),可以求得 $L_M + L_P$ 和 L_C;④利用式(7-7),可以计算得到 R_H 和 $L_H + L_K$。

需要注意,式(7-7)中的 R_K 不是 Stage0 阶段的稳态阻值,而是 GCT 的 J_3 结在换流过程中的动态阻值,该动态阻值难以测量,这也导致 R_H 难以通过关断实验获取,但是 R_H 可以通过封装结构的有限元仿真得到(约为 0.3mΩ)。根据经验,R_K 和 R_H 阻值较小,尽管无法准确获取,但其计算误差对利用式(7-7)求解 $L_H + L_K$ 结果的精度影响很小。实际计算时,数据可选取 i_G 很小即 R_K 变化很小的换流初始阶段,进一步降低 R_K 和 R_H 计算误差对 $L_H + L_K$ 求解精度的影响。

使用不同关断电流的实验结果进行计算,可得该 6 英寸 IGCT 换流回路各杂散阻感如图 7.14 所示。受实验测量采样率的影响,关断大电流的换流时间更长,可用于计算的数据更多,计算结果更为准确。

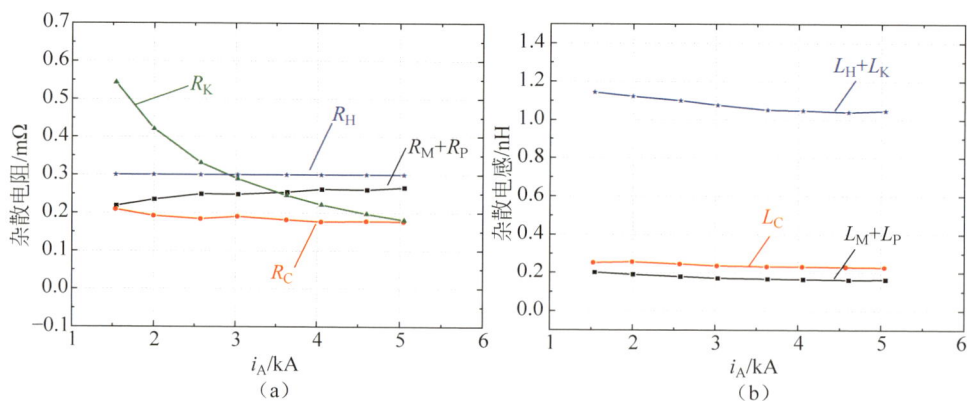

图 7.14 某 6 英寸 IGCT 优化前换流回路各杂散电阻(a)和电感(b)的测量结果

基于上述结果,对该 6 英寸 IGCT 驱动进行优化:关断电路 MOSFET 选用低阻感封装型号;关断电容使用大容量电解电容 C_1 与杂散电感近零的陶瓷电容 C_2 混合并联,使换流期间门极电流优先从陶瓷电容通过,电解电容几乎被旁路;关断电路环形布置于封装周围,使换流路径尽可能紧凑、对称。优化前后驱动实物图如图 7.15 所示,各杂散阻感测量结果如表 7.1 所示。认为封装杂散阻感仍为 $0.3\mathrm{m\Omega}$ 和 $1.06\mathrm{nH}$,则优化后门阴极换流回路的总杂散电阻、电感分别约为 $0.53\mathrm{m\Omega}$、$1.1\mathrm{nH}$,由图 7.10 可知,该驱动的换流能力为 $10\sim15\mathrm{kA}$。

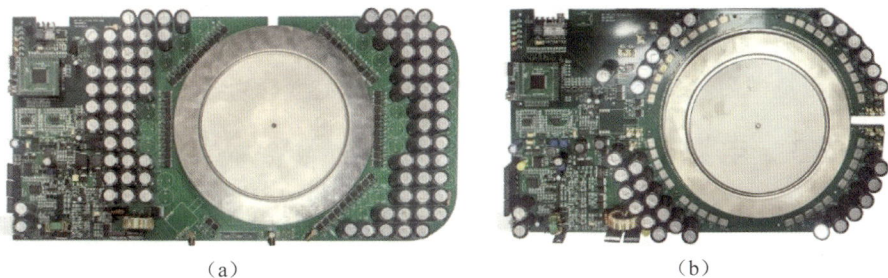

(a)   (b)

图 7.15 某 6 英寸 IGCT 驱动优化前(a)和优化后(b)的实物图

表 7.1 驱动优化前后的各杂散阻感测量结果

	L_M+L_P /nH	L_{C1} /nH	L_{C2} /nH	R_M+R_P /mΩ	R_{C1} /mΩ	R_{C2} /mΩ	驱动总电感/nH	驱动总电阻/mΩ
优化前	0.164	0.231	未并联	0.266	0.178	无	0.395	0.444
优化后	0.037	旁路	近零	0.027	旁路	0.200	0.037	0.227

3. 关断电容容量设计

关断电容组 C_{off} 在 IGCT 器件关断过程中抽取数千安级关断电流,需具备足够容量以保持关断期间门阴极具有足够高的反偏电压,从而可靠完成单次关断。由此,C_{off} 容量需要满足以下关系:

$$C_{\mathrm{off}} \geqslant \frac{Q_{\mathrm{Coff}}}{V_{\mathrm{Coff\_rated}} - V_{\mathrm{Coff\_min}}} \tag{7-12}$$

式中,$V_{\mathrm{Coff\_rated}}$ 为 C_{off} 的额定充电电压;$V_{\mathrm{Coff\_min}}$ 为关断期间允许的驱动关断电容组最低电压;Q_{Coff} 为从换流开始至阳极电流衰减至 0 抽取的电荷量,是 IGCT 器件关断相关的技术指标之一,与存储电荷 Q_{SP} 有关,可以通过器件测试获得,最大可达百毫库以上。

在一些工况下,IGCT 器件需要以相对较短的时间间隔(通常为百微秒级)连续关断,在该时间尺度下,关断电容组的充电电源受功率限制,对 C_{off} 的补能几乎可以忽略,在第 n 次关断前的 C_{off} 电压为

$$V_{\text{Coff\_n}} = V_{\text{Coff\_rated}} - \frac{\sum\limits_{0}^{n-1} Q_{\text{Coff}}}{C_{\text{off}}} \tag{7-13}$$

式中,n 为要求的连续关断次数。理论上,根据器件允许的最低关断电压,可以计算 C_{off} 下限,即

$$C_{\text{off}} \geqslant \frac{\sum\limits_{0}^{n-1} Q_{\text{Coff}}}{V_{\text{Coff\_rated}} - V_{\text{Coff\_min}}} \tag{7-14}$$

需要说明的是,随着运行年限的增加,电容量会逐渐衰减,设计时应考虑在设计寿命年限范围内,衰减后的电容容量仍能满足上述要求。

7.2.3　电源电路

与 MOSFET、IGBT 等电压型驱动控制原理不同,IGCT 为电流型驱动控制,驱动功率较高,严苛工况下可达 100W 以上,是 IGCT 驱动电源设计时需要满足的重要指标之一。本节给出了驱动功率的来源与核算方法,然后分别介绍驱动的内部电源管理电路和外部供能电路。

1. 驱动功率

根据驱动原理,门极驱动功率包括两个部分:驱动自身工作的损耗和控制 IGCT 器件开通关断所需功率。前者在不同的工作条件下变化不大,一般小于 5W,而后者与 IGCT 的开关频率和关断电流等有较大关系,是影响驱动功率的主要因素。图 7.16 给出了清华-中车联合开发的 IGCT 产品 CAC5000-45 的驱动功率曲线,可以看出,其与关断电流、开关频率近似呈线性关系。因此,分析驱动损耗主要面向开通电路(包括强触发电路和稳态触发电路)和关断电路进行。

根据强触发电路的工作原理,开通电容先向强触发电感充电,电感再通过 GCT 门阴极续流,直至电流衰减至零。因此,每次开通时,强触发功率主要来源于电感充电的能量,与强触发电流注入的次数(即开通和重触发频率)成正比。若电感为 100nH,峰值电流 200A,则单次开通时强触发电感充电的能量仅为 2mJ,即使工作在 1kHz 频率时,强触发功率也仅为 2W。电感充电实际过程中,电感的寄生电阻及充电回路其他电子元器件也会产生导通损耗,实际的强触发功率会略高。图 7.17 给出了不同频率下强触发功率实测结果,1kHz 时功率约为 3W。

稳态触发功率主要来源于稳态触发电流注入 GCT 芯片门阴极产生的导通损耗,因此功率主要取决于稳态触发电流平均值、门阴极压降、开通占空比以及稳态触发电流注入回路其他电子元器件的导通损耗。若稳态触发电流平均值为 10A,门阴极压降 1V,开通占空比 0.5,电流回路其他电子元器件的损耗与门阴极相当,

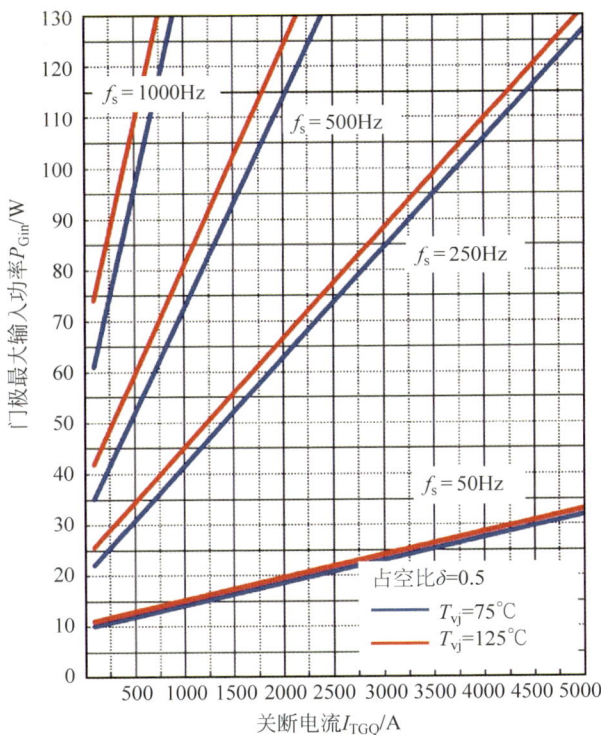

图 7.16　CAC5000-45 门极最大输入功率

则稳态触发功率约为 10W。

　　根据 IGCT 关断电路的工作原理，每次关断在阴极电流开始向门极换流至阳极电流衰减至零的过程中，关断电容需要泄放一定的电荷量 Q_{Coff}，关断后驱动内部电源需要向 C_{off} 再次充电注入该电荷量。若忽略关断前后 C_{off} 电压变化，则关断功率与 Q_{Coff}、关断频率 f 成正比：

$$P_{off} = f \cdot V_{Coff} \cdot Q_{Coff} \quad (7\text{-}15)$$

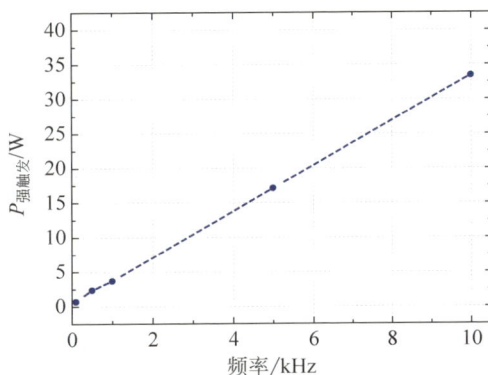

图 7.17　不同频率下强触发功率测量结果

　　关断功率是 IGCT 驱动功率的主要组成部分，与关断电流幅值和频率呈线性关系。以清华-中车 IGCT 产品 CAC5000-45 为例，当器件在 50Hz 频率下关断 5kA 时，关断功率约为 21W；而在 250Hz 频率下关断 5kA 时，关断功率约为 105W。

2．内部电源管理

对于驱动内部电源管理电路，主要分为开关电源和线性稳压电源两类。开关电源主要用于对较大功率需求的电路供电，如开通储能电容、关断储能电容充电，常用的开关电源拓扑包括 Buck 电路、Boost 电路等；线性稳压电源主要用于对精度要求较高的电路供电，如驱动的逻辑控制芯片、电源管理芯片的供电，也可作为检测电路基准电压源。

在开展内部电源管理电路的功率设计时，需覆盖最严苛的开关频率和关断电流工况，并考虑各级电能变换过程中的效率。由于内部电源管理电路的架构与驱动电路各功能模块的供电需求紧密相关，实现方式也已较为成熟，本书不再给出具体实现案例。

3．外部供能

外部供能电源需充分考虑上电启动和各类运行工况：①上电启动时，IGCT 驱动的储能电容容量较大，充电时间通常需要百毫秒至秒级，外部供能电源应具备足够的功率输出能力；②运行时，与内部电源管理电路的功率设计相似，外部供能电源的输出功率需按照实际应用中最严苛的开关频率和关断电流工况进行设计，并考虑各级电源的充电效率。

此外，IGCT 器件往往应用于高压装置中，外部供能电源还需解决高压应用场景下的适配问题。根据 IGCT 的使用环境，驱动供能的对地绝缘电压等级可从数千伏到数百千伏，普遍较高且差异较大。面向不同的应用场景，外部供能主要有以下几种方案。

1）基于隔离电源的隔离供能

隔离电源一般将参考地电位的低压直流通过斩波方式输出高频方波，再通过隔离变压器为高电位的 IGCT 驱动供能，如图 7.18 所示。这种供能方式不受装置主电路拓扑和参数影响；然而，由于隔离变压器原副边、IGCT 阴极电位与参考地电位存在寄生电容 C_{s1} 和 C_{s2}，在 IGCT 开关动作时，其阴极电位与参考地电位之间存在高 $\mathrm{d}v/\mathrm{d}t$ 变化，因此，设计时需额外关注上述寄生电容产生的位移电流对外部供能电路的影响。由于每个器件驱动都需隔离供能，这种方案仅适用于电压等级不高（如 10kV 以下）的应用场景，随着电压等级的提升，隔离供能的体积、成本将显著增加。

2）基于交流电流取能接直流隔离变换的自励取能

在一些应用场景中，为降低关断电压应力，IGCT 器件阳阴极两端会并联 RC 缓冲支路。在 IGCT 器件阳阴极电压变化过程中缓冲电容 C_s 会进行充放电，可以利用该充放电电流实现降压取能，再通过反激等 DC/DC 隔离变换输出直流电压为 IGCT 驱动供能。一种典型的供能方案如图 7.19 所示，交流降压取能模块中，通过

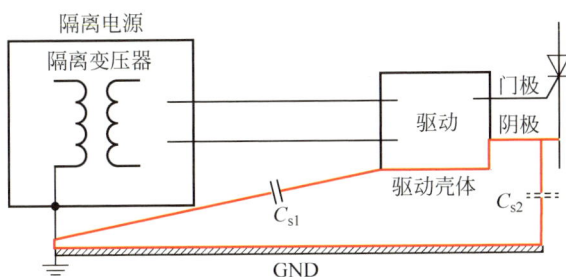

图 7.18　隔离电源供能方案及寄生电容示意图

二极管 $D_1 \sim D_4$ 将缓冲支路的电流整流,并为 C_1 充电;当 C_1 电压足够高时,触发与保护电路控制 Q_1 开通,防止电容 C_1 过压。这种方式的取能最大功率与阳极电压变化、缓冲电路参数密切相关,需综合考虑器件应用工况、驱动功率开展参数设计。DC/DC 变换无须高电压隔离,因此该方案可适用于高电压等级的装备应用。

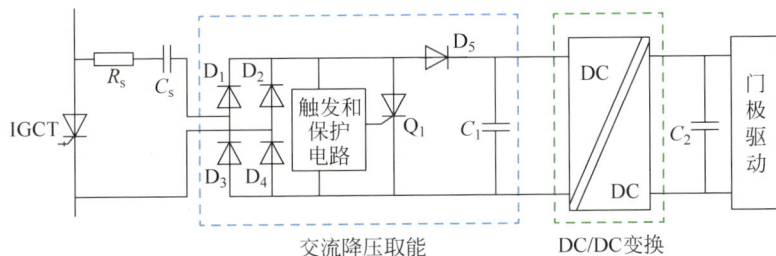

图 7.19　交流电流取能接直流变压的供能方案

3）基于直流电压取能接直流隔离变换的自励取能

在半桥或全桥级联等应用场景中,通常会使用毫法级的电容做电压支撑。可以利用该电容电压,经高比例 DC/DC 隔离变换输出低压直流为 IGCT 驱动供能,一种典型的供能方案如图 7.20 所示。这种方式的毫法级电容直流电压输入较为稳定,取能设计需重点考虑输出功率需求,并根据半桥或全桥拓扑实现 2 路或 4 路

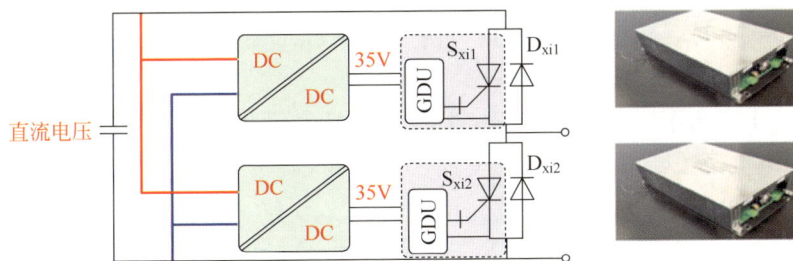

图 7.20　直流电压取能接直流隔离变换的供能方案

隔离输出。DC/DC 直流变换的隔离电压等级仅需匹配单个器件的阻断能力,可适用于多器件串联的高电压装备应用。

7.3　先进关断电路拓扑

关断电路是 IGCT 驱动的核心,对器件可控关断电流能力、驱动功率及驱动寿命都有重要影响,近年来国内外学者在驱动拓扑方面的研究主要聚焦于关断电路方面。为了使 IGCT 器件在关断过程中满足硬驱动条件,需优化驱动换流回路的杂散阻感,从而提升电流从阴极向门极换流的速度。尽管已有研究将驱动换流阻感降至 $0.3\mathrm{m}\Omega/0.04\mathrm{nH}$ 以下,理论换流能力也仅为 $10\sim15\mathrm{kA}$,进一步提升极其困难。除此之外,驱动功率、电容容量等特性还有待改善。

根据式(7-2),提高驱动电压 V_{drv} 可以显著缩短换流时间,是打破硬驱动条件限制的有效手段。但是,常规 IGCT 驱动的 V_{drv} 为恒压源,受限于芯片 J_3 结耐压,调整范围有限。那么,在 J_3 结耐压不变的前提下,则需要打破常规思路,探索关断电路拓扑新路线,提高换流速度,同时兼顾驱动功率和电容容量的优化。下面列出三种可行的路线。

(1)将恒定电压源改为多级电压源,换流期间电压高于 J_3 结耐压从而提升换流速度,在换流结束后及时恢复至 J_3 结耐压以下,避免门阴极击穿;

(2)在阴极通流支路串联可控开关,关断换流期间切断阴极电流,强迫电流转移至门极驱动,而在导通期间开关闭合,承载阴极电流;

(3)将电压源改为电流源,调控电流源的电流变化率实现快速换流,并在换流结束后确保电流源提供的电流与阳极电流相等。

本节将对上述三种路线分别进行介绍。

7.3.1　多级电压源换流

通过设置多个并联的关断支路,并采用特定的时序配合,可以产生所需要的电压波形。本节以双级负压关断电路为例展开介绍,同理可拓展至多级电压源换流拓扑。

图 7.21 给出了一种双级负压关断电路拓扑和常规 IGCT 关断电路拓扑的对比。在双级负压关断电路中,一个支路中电容组(C_{off1})预充 20V 电压,低于 GCT 芯片的 J_3 结耐压(V_{GRM});另一支路电容组(C_{off2})电压高于 20V。C_{off1} 支路串联二极管,用于防止关断换流期间 C_{off2} 直接向 C_{off1} 放电,同时实现 C_{off2} 放电之后可以被 C_{off1} 钳位在约 20V。

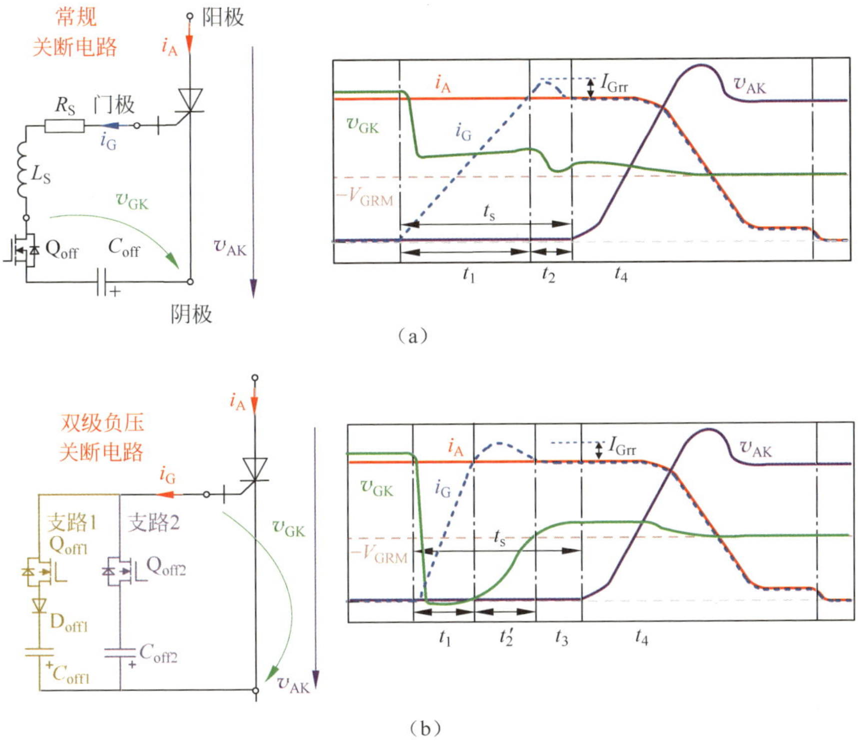

（a）

（b）

图 7.21　常规（a）和双级负压（b）关断电路拓扑对比

1. 工作原理

（1）导通期间：Q_{off1}、Q_{off2} 断开，直到收到关断指令。

（2）换流至 C_{off2}：同时闭合 Q_{off1}、Q_{off2}，由于 C_{off2} 预充电电压最高，阴极电流优先向 C_{off2} 换流，此时 v_{GK} 略高于 $-v_{Coff2}$（由于杂散阻感分压），远低于 $-20V$；随着 C_{off2} 放电，$-v_{Coff2}$ 与 v_{GK} 逐渐升高，直到 $v_{GK} = -v_{Coff1}$。

（3）换流至 C_{off1}：阴极电流从 C_{off2} 支路向 C_{off1} 换流，v_{GK} 略高于 $-v_{Coff1}$，且 $-v_{Coff2}$ 受到 $-v_{Coff1}$ 钳位，直至进入反向恢复过程，此时 v_{GK} 一直高于 $-20V$。

（4）反向恢复：C_{off1} 支路电流达到最大，v_{GK} 电压也达到最高，此时在 J_3 结上产生的反向过电压需小于 V_{GRM}，避免门阴极过压击穿风险。

（5）C_{off1} 维持门极电流：阳极流全部注入 C_{off1} 支路，直到拖尾结束；C_{off2} 电压与 C_{off1} 几乎相同），各支路之间结束电荷交换；由于 C_{off1} 容量较大，其电压变化很小。

（6）各电容重新充电：Q_{off1} 维持闭合，断开 Q_{off2}，对 C_{off1}、C_{off2} 充电，电压恢复至关断之前的水平，为下次关断做准备。

在（2）换流期间，虽然关断电容电压较高，但 J_3 结正向导通，因此电压均施加在换流回路杂散阻感上,J_3 结不会被反向击穿。换流结束后,若关断电容仍在门极长时间施加大于 J_3 结耐压的反向电压,J_3 结存在击穿风险。因此,要合理设置 C_{off2} 电容电压和容量,若电容电压或容量过低,则对换流速度的增加程度有限;若电容电压或容量过高,则会增加 J_3 结反向击穿风险。

除了利用关断电容高电压加快换流速度外,该拓扑另一个优势在于可以充分利用高压电容放电的电荷量,减小关断电容容量。根据式(7-6),对于双级负压关断电路,关断门极抽出电荷量需要满足以下关系:

$$C_{off1} \cdot \Delta V_{Coff1} + C_{off2} \cdot \Delta V_{Coff2} \geqslant Q_{Coff} \tag{7-16}$$

其中 $\Delta V_{Coff2} \gg \Delta V_{Coff1}$,因此两组电容的总容量可以大幅降低。

2. 原理样机

图 7.22 给出了一个 4 英寸基于双级负压关断电路的驱动原理样机。C_{off2} 由陶瓷电容并联构成,容量在几百微法至 $1mF$,与 Q_{off2} 紧密环绕在管壳四周;C_{off1} 由陶瓷电容和固态电容混合并联构成,容量相比于常规驱动从 $60mF$ 以上减少到了 $20mF$ 以下,与 D_{off1}、Q_{off1} 环形布置在最外侧。经实验验证,该样机可在 $200ns$ 内换流 $5kA$,最大换流速度达 $25kA/\mu s$。对于更大关断换流需求,除了调整 C_{off2} 的电压和容量外,也可以再增加 $1 \sim 2$ 组并联电容支路,其拓扑和工作原理与双级负压关断电路类似。

图 7.22　基于双级负压关断电路的 4 英寸驱动原理样机

7.3.2　阴极关断换流

阴极关断换流的思路最早由 Alex Huang 提出,并命名为发射极关断晶闸管(emitter turn-off thyristor,ETO)。其关断电路拓扑如图 7.23 所示,使用两组可控开关 Q_E 和 Q_G(通常为 MOSFET)分别连接至 GCT 的门极和阴极。

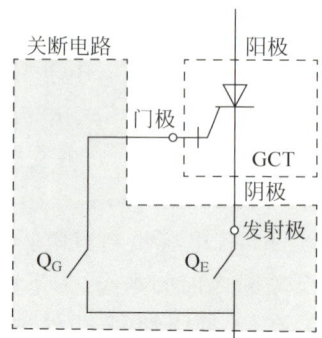

图 7.23　ETO 关断电路原理图

1. 工作原理

ETO 的关断等效电路及关断过程如图 7.24 所示,具体说明如下。

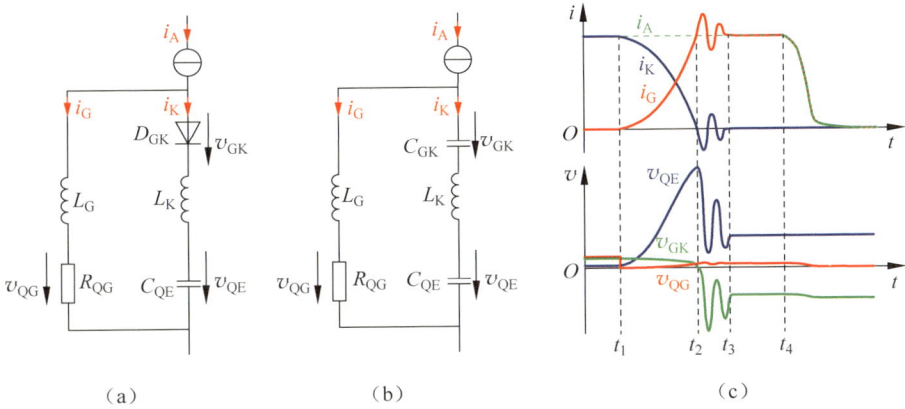

图 7.24　ETO 关断等效电路及关断过程示意图
(a) 换流过程中;(b) 换流结束后;(c) 电压、电流波形

(1) t_1 时刻前,ETO 处于导通状态,Q_G 断开,Q_E 闭合,v_{QG} 为 v_{QE} 与 GCT 门阴极 J_3 结通态电压 v_{GK} 之和。

(2) t_1 时刻触发 ETO 关断时,Q_G 闭合,同时 Q_E 断开,强制 i_K 向门极转移,i_K 下降、i_G 上升。t_2 时刻 i_K 下降至零之前为换流过程,等效电路图 7.24(a)所示,D_{GK} 为 GCT 的 J_3 结等效二极管,v_{GK} 随 i_K 变化较小,C_{QE} 为 Q_E 关断过程等效的容值变化的电容,R_{QG} 为 Q_G 导通电阻,L_G 和 L_K 为换流回路杂散电感,主要由封装结构、MOSFET 以及电路板走线引起。换流速度 $\mathrm{d}i_G/\mathrm{d}t$ 与各部分电压、杂散电感的关系如下:

$$\mathrm{d}i_G/\mathrm{d}t = (v_{QE} + v_{GK} - v_{QG})/(L_G + L_K) \tag{7-17}$$

换流期间,C_{QE} 被 i_K 充电,v_{QE} 迅速上升,而 v_{GK} 和 v_{QG} 幅值及变化量均较小,故 $\mathrm{d}i_G/\mathrm{d}t$ 随 v_{QE} 的上升而快速增大,L_G 和 L_K 越小,换流速度越快。

(3) t_2 时刻以后,i_K 下降至零并变为反向,GCT 开始由晶闸管模式转变为晶体管模式,门阴极 J_3 结进入反向恢复过程,可以等效为容值变化的电容 C_{GK},如图 7.24(b)所示。C_{QE}、C_{GK}、R_{QG}、L_G 和 L_K 间将会产生振荡,衰减系数为 $R_{QG}/2(L_G+L_K)$。若振荡衰减较慢并持续到阳极电压上升期间,则重新向 GCT 门极注入的振荡电流可能导致 GCT 部分元胞误触发,造成 GCT 失效。因此,应尽量减小 L_G+L_K 以加快振荡衰减速度。

(4) $t_3 \sim t_4$ 期间,多余载流子清除,t_4 后 GCT 阳极电压逐渐建立,i_A 逐渐下降至零,关断过程结束。

根据关断过程分析,ETO 通过控制 MOSFET 的开通和关断,实现了 GCT 阴极电流向门极转移,关断电路无须预充电的储能电容,使用寿命大幅提升。此外,驱动关断时的功率损耗仅为 MOSFET 的栅极驱动功率,根据 7.2.3 节的分析,ETO 的驱动功率可降至 20W 以下。但是,阴极串联的 Q_E 通流能力有限,约束了 GCT 发挥其浪涌电流能力。同时,Q_E 的引入也改变了原有的阴极侧连接结构,限制了器件的散热能力。

2. 原理样机

图 7.25 给出了 ETO 原理样机的实物图和通流路径截面示意图,导通期间,阳极电流从上铜块流出后,先经过驱动电路板上的 Q_E,再从下铜块流出。由于上下铜块存在电位差,两者之间需增加绝缘层,但该绝缘层严重阻碍了 GCT 芯片阴极侧的散热能力。以 4 英寸的 IGCT 和 ETO 为例,从 GCT 芯片到散热器的热阻分别为 11.5K/kW 和 15.7K/kW,也就是说,从散热角度考虑,ETO 的最大功率等级仅为 IGCT 的 70%。另外,ETO 管壳结构换流回路较大的杂散电感,使得换流速度的改善不及预期,并会引起电流振荡,严重时会导致器件关断失效。上述问题也导致 ETO 器件的发展受限,已有报道中仅实现了耐压 4.5kV、关断 4kA 的样机。

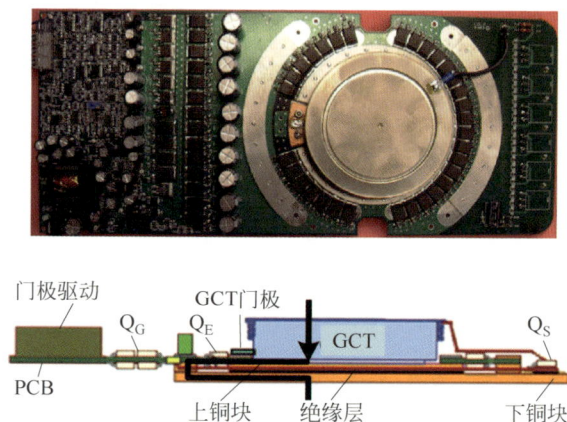

图 7.25 ETO 的管壳结构及通流路径示意

针对 ETO 杂散电感大的问题,亚琛工业大学提出集成发射极关断晶闸管(integrated emitter turn-off thyristor,IETO),将 Q_E 和 Q_G 两组 MOSFET 集成在管壳内部,如图 7.26(a)所示,从而大幅降低换流电感,采用额定关断电流 520A 的 2 英寸 GCT 芯片,通过 IETO 驱动模式将关断能力提升至 1600A。在此基础上,清华大学提出了 6 英寸的 IETO 实现方案,如图 7.26(b)所示,实验最大关断电流达到 17.5kA,换流时间仅 250ns。然而 IETO 管壳结构复杂,需要综合考虑电气特性、热特性和机械特性,实际应用中尚存在较大挑战。

（a）　　　　　　　　　　　　　　　　（b）

图 7.26　2 英寸(a)和 6 英寸(b)IETO 样机

7.3.3　电流源换流

理想的电流源换流拓扑如图 7.27 所示,关断时在门阴极接入电流源 I_{drv},强迫阴极电流换流至门极。

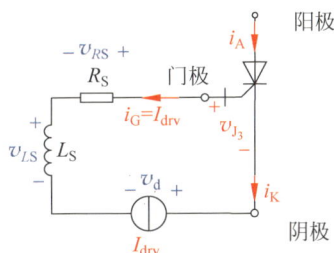

图 7.27　理想的电流源换流拓扑

1. 工作原理

根据基尔霍夫电流定律(KCL)可得到:

$$i_K = i_A - i_G = i_A - I_{drv} \tag{7-18}$$

换流的驱动力为电流源的电流,当 $i_{drv} = i_A$ 时即完成换流。换流速度取决于电源特性,不受回路杂散参数的制约,理论上可以通过增大电流源的变化率实现任意时间内的换流,因此,相较于传统恒压源型关断电路拓扑,电流源强迫换流的方式在换流速度上更有潜力。

在电流源型驱动拓扑设计过程中,需要着重考虑以下物理过程:

(1) 换流过程中,电流源上产生的电压 v_d 满足式(7-19)。电流源的电流变化率越大,在电流源上产生的电压也越大。实际设计中要考虑电流源能够承受过电压的能力,合理选择电流变化率。

$$v_d = i_{drv} \cdot R_S + \frac{dI_{drv}}{dt} \cdot L_S - v_{J_3} \tag{7-19}$$

(2) 换流结束直至阳极电流下降至拖尾阶段,电流源电流与阳极电流需时刻保持相同。若电流源电流大于阳极电流,则导致芯片内部产生阴极向门极的反向电流(在 J_3 结反向恢复阶段等同于反向恢复电流,反向恢复结束之后等同于 J_3 结的漏电流),可能导致 J_3 结击穿;若电流源电流小于阳极电流,则不满足硬驱动条件,J_3 结内部依旧存在正向电流,器件无法成功关断。

(3) 关断稳态阶段,若阳极出现正向 dv/dt 时,电流源需要吸收 GCT 芯片 J_2

结的位移电流,避免该位移电流流入 J_3 结引起芯片误触发开通。

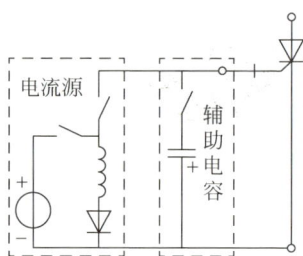

图 7.28　改进的电流源换流拓扑

为了增加电流源换流关断的实用性,一种电流源并联辅助电容的改进拓扑如图 7.28 所示。该拓扑下,预充电的电感仍作为电流源,同时预充电的辅助电容可发挥如下作用:①换流过程中,若电流源的电流变化率过快,辅助电容可以限制电流源两端的过电压;②换流结束直至阳极电流下降至拖尾段,可以利用辅助电容充放电以补足或吸收电流源与阳极电流的差值;③关断稳态阶段,在 J_3 结两端施加反偏电压,确保器件可靠阻断。由于辅助电容充放电的电流仅为电流源和阳极电流的差值,且持续时间短,因此毫法级电容即可满足需求。

2. 原理样机

图 7.29 给出了基于电流源换流拓扑的 4 英寸驱动原理样机,辅助电容支路紧密环绕在管壳四周,电流源支路布置在辅助电容支路外侧,同样呈环形分布,以尽可能减小两个支路之间、两个支路与管壳之间的杂散参数。样机使用 2mF 的陶瓷电容组为电流源的电感预充电,使用 6mF 的陶瓷电容组作为辅助电容。相比于常规 IGCT 方案,储能电容容量大幅下降。该样机在关断 5kA 电流的实验中,换流时间仅 250ns,换流速度 20kA/μs,提升效果显著。

图 7.29　基于电流源换流拓扑的 4 英寸驱动样机

尽管电流源换流拓扑在换流速度、辅助电容容量等方面更具优势,但这类驱动往往需要集成关断电流测量功能,根据电流测量结果产生幅值略大的门极反向电流,以确保全部阴极电流经门极流出,因而控制电路可能更为复杂,增加了实施难度。

7.3.4　关断电路拓扑对比

综上分析,常规恒压源型关断拓扑与三种先进拓扑的特点总结如表 7.2 所示。多级电压源拓扑虽然控制略微复杂,但换流速度快更快,相比于常规驱动没有明显缺点,可适用于常规驱动现有的应用场合。阴极关断拓扑换流速度快、控制方式简单,压控驱动功率大幅减小,但管壳结构复杂、散热能力受限,无浪涌电流能力,可适用于器件运行功率较小但关断电流较大的应用场合。电流源拓扑具有换流速度快、电容用量小、体积较小的优点,主要适用于关断大电流工况,在关断小电流时控制复杂、无明显优势。

表 7.2　各种关断电路拓扑性能对比

性能	拓扑类型			
	恒　压　源	多级电压源	阴　极　关　断	电　流　源
换流原理	恒定电压源换流	多级电压源换流	阴极电流关断换流	可控电流源换流
换流速度	慢	较快	快	快
换流速度限制因素	J_3 结耐压和回路阻感	电源电压和回路阻感	开关电子元器件的关断速度	开关电子元器件的关断速度
关断回路数量	一个	多个	一个	两个
关断回路电容容量(4 英寸器件)	30～80mF	10～30mF	无须电容	10mF 以下
关断回路 MOSFET	一组	多组	两组	三组
驱动体积和重量	最大	较大	最小但结构复杂	较小
控制方式	简单	一般	简单	需要电流测量
驱动功率	正比于关断电流和开关频率	略大于恒压源驱动	最小	与恒压源型驱动相当
驱动电路 EMI	较小	较小	较小	电感产生辐射干扰

7.4　IGCT 驱动的 RAMS 性能

RAMS 性能指可靠性(reliability)、可用性(availability)、可维护性(maintainability)和安全性(safety),是一种面向产品或系统的综合评估和优化方法,贯穿了设计、生产、操作和维护的生命周期全过程。相较于 GCT 元件,驱动是由上千个电子元器件焊接在印制电路板上构成的复杂系统,因此其 RAMS 性能尤为关键。本节结合应用需求和具体案例,简述 IGCT 驱动在 RAMS 四个方面的基本情况。

7.4.1　可靠性

可靠性指产品在规定的条件下和时间内,完成规定功能的能力。可以使用失效率对产品的可靠性进行定量评估。失效率 $\lambda(t)$ 指产品在 t 时刻前正常工作,在 t 时刻的瞬时失效概率,是条件概率。在数值上可以用单位时间内发生的失效产

品数 $\Delta r/\Delta t$ 与 t 时刻正常工作的产品总数 $N_0-r(t)$ 之比表示,如式(7-20)所示。失效率 $\lambda(t)$ 的典型单位为 FIT,$1\text{FIT}=10^{-9}\text{h}^{-1}$,指 1 个产品在 10^9h 内出现 1 次失效的概率,即

$$\lambda(t)=\frac{\Delta r}{[N_0-r(t)]\Delta t} \tag{7-20}$$

IGCT 驱动失效率 $\lambda(t)$ 取决于电路板、电子元器件和焊点,一般符合浴盆曲线,如图 7.30 所示。可以看出,随着时间推移,失效率主要分为三个阶段:①早期失效期,失效率高,但随着工作时间的增加而迅速下降;②偶然失效期,主要由不确定因素引起,失效率低,且与时间几乎无关,可近似为常数;③耗损失效期,失效率随工作时间迅速上升,主要原因是长期使用而产生的损耗、老化、疲劳等,与电路板、电子元器件和焊点的材料长期物理、化学反应有关。

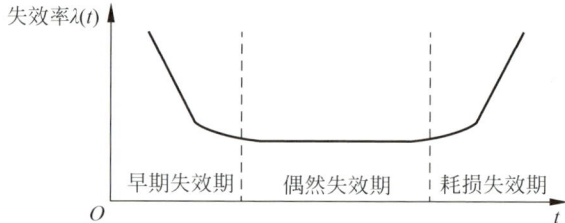

图 7.30　符合浴盆曲线的失效规律

在早期失效期,IGCT 驱动的主要失效原因为电热应力、机械震动、腐蚀等造成的疲劳损伤导致的局部短路或开路。这类问题大多由设计与工艺缺陷所导致,改进的措施包括:在设计时,预留足够的裕量、优化电子元器件选型和布局等;在制造时,加强来料检验、改进 PCB 焊接工艺、涂敷三防、强化功能测试和老炼筛选等。

在偶然失效期,大多是电子元器件引起的失效。根据 ABB 的统计结果,2012年以来,IGCT 器件失效率均在 100FIT 以下,其中,由于驱动失效占比约为 50%。图 7.31 给出了驱动的失效根因统计数据,可以看出,IC 芯片(如 MOSFET 的栅极

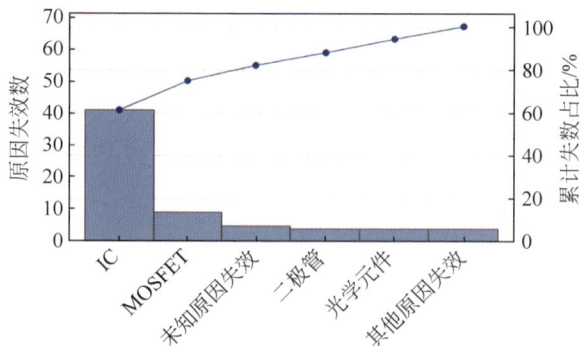

图 7.31　ABB 近年 IGCT 驱动失效根因统计数据

驱动电路)以及非关断电路的 MOSFET 是最主要的失效因素,占比高达 74.6%;而关断电路的电容和 MOSFET 阵列并非主要因素。

在耗损失效期,IGCT 的设计寿命与运行工况密切相关。以 ABB 4.5kV/5kA 器件为例,图 7.32 给出了 IGCT 驱动预期设计寿命达到 20 年时,关断电流 $I_{TGQ(AV)}$ 与频率 f_s 的运行边界。其中,T_a 为环境温度,T_c 为壳温,$P_{GIN,Max}$ 为驱动输入功率。

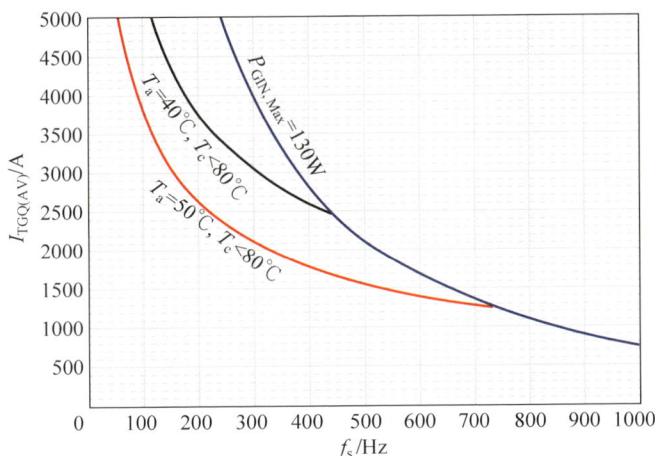

图 7.32　IGCT 驱动达到预期设计寿命时的运行工况边界条件

在耗损失效阶段,最受关注的是关断电路电容的参数退化问题。常规 IGCT 驱动使用液态铝电解电容并联阵列作为关断储能电容,其退化的主要原因是:工作过程中,液态铝电解电容的阳极电解液不断修补并增厚阳极金属氧化膜,会导致容值不断下降,等效串联电阻逐渐增大;同时,阴极反应产生的氢气会加速电解液挥发,进一步加剧参数退化过程。

日本 NCC 和 Rubycon 等电容厂家提出使用阿伦尼乌斯(Arrhenius)方程评估电容老化速度与温度之间的关系,得到"10℃/2 倍"寿命计算模型,即温度每降低 10℃,寿命提升至原来的 2 倍。若 T_{max} 为允许使用的最高环境温度,L_0 为 T_{max} 时的额定寿命,则可以得到环境温度 T_a 时电解电容寿命 L 的预测模型如下:

$$L = L_0 \cdot 2^{\frac{T_{max}-T_a}{10}} \tag{7-21}$$

实际过程中,纹波电流在电解电容内部产生温升、橡胶塞老化造成电解液泄漏等因素也会对寿命产生影响,预测寿命时可在式(7-21)基础上做适当修正。此外,电解电容耐受较高电压时产生的泄漏电流也会对其寿命造成影响,但这一现象主要发生在 100~160V 以上的高压电解电容中,对于 IGCT 驱动使用的低压电容而言,其影响可忽略。

近年来,导电性高分子铝固体电解电容技术发展迅速,容量密度不断提升,使用长寿命的固体电容替代液态铝电解电容,是提升 IGCT 驱动整体寿命的有效方法之一。固体电容存储电荷的原理与液态电容相同,但固态电解质不易挥发,不存在漏液问题,因而不需要密封,规避了橡胶塞老化开裂失效的风险。松下等电容厂家研究表明,固态电容的温度老化特性更接近"20℃/10 倍"的规律。

表 7.3 以液态和固态两种电容产品为例,给出了主要参数性能对比。由此可见,若使用固体电容作为 IGCT 驱动关断电路储能电容,可以大幅提升运行寿命,但其单体容量较低,需结合应用工况及冗余裕度,对驱动关断电容容量进行设计。

表 7.3　液态电容与固态电容参数性能对比

类　型	液态铝电解电容	固态铝电解电容
品牌	红宝石 ZLH 系列	松下 SVPK 系列
规格	$35\,V/1.5\,mF$	$35\,V/330\,\mu F$
工作温度	$-40\sim+105℃$	$-55\sim+125℃$
额定纹波电流@105℃、100kHz	$3250\,mA$	$4400\,mA$
阻抗@20℃、100kHz	$15\,m\Omega$	$18\,m\Omega$
直径	$12.5\,mm$	$10\,mm$
高度	$30\,mm$	$12.6\,mm$
寿命	$10000\cdot 2^{\frac{105-T_a}{10}}$	$1000\cdot 10^{\frac{125-T_a}{20}}$

7.4.2　可用性

可用性指产品在任一随机时刻需要开始执行任务时,处于可工作或可使用状态的程度。可用性评估包括系统备份和容错设计等。通过优化维护策略、改进备件管理和故障诊断,可以提高产品的可用性。

IGCT 在阳极 dv/dt 较大时,芯片 J_2 结内电场强度变化产生的位移电流,经过 J_3 结可能引发与正常开通时相似的正反馈过程,造成误触发开通。晶闸管在芯片上设计了门阴极短路点,可以从门极导出大部分位移电流,提升芯片 dv/dt 耐受能力至千伏/微秒量级。然而,GCT 芯片无阴极短路结构,当驱动带电时,对 GCT 芯片门阴极施加反偏电压,使其具有高 dv/dt 耐受能力;当驱动无电时,若 GCT 芯片门阴极为开路不受控状态,则极易在 dv/dt 下误触发开通,这是限制 IGCT 在高压场景中可用性的核心问题。

可见上述 dv/dt 耐受问题与驱动供电状态密切相关。根据 7.1.4 节中介绍的 IGCT 常用外部供能方式,对于数十千伏以下的场景,IGCT 门极驱动通常采用基于直流斩波接隔离变压器的隔离供能(见图 7.18 隔离电源供能方案及寄生电容示意图）。这种供能方式下,若门极驱动先于主电路完成上电启动,驱动提供的门阴极反压可以使芯片可靠耐受阳极 dv/dt。

对于数百千伏的更高电压场景,IGCT 门极驱动可以采用高压自励取能的方法,利用阳极电压或电流为驱动供能(见图 7.19 和图 7.20)。这种供能方式下,主回路启动早于驱动启动,在其启动完成前,驱动无法给门阴极施加反压。此时,就需要对驱动进行特殊设计,将 J_2 结位移电流从门极引出,防止误触发开通。

将位移电流从门极引出的一种简单方法为在门阴极并联缓冲支路,如图 7.33 所示,缓冲支路中选用的二极管 D_1 压降需比 GCT 门阴极 J_3 结压降低。驱动无电时,缓冲支路引出部分位移电流,使经 J_3 结的电流不足以触发 GCT 开通。C_g 越大、R_g 越小,缓冲支路引出的位移电流越多,IGCT 耐受 dv/dt 的能力越强。然而,在器件开通时,驱动向芯片门极注入的强触发和稳态触发电流也会被缓冲电路分流,若 C_g 过大或 R_g

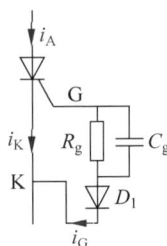

图 7.33　用于位移电流吸收的缓冲电路

过小,将导致注入芯片门极的触发电流过小,芯片无法充分开通。因此,该方法仅能在一定程度上提升 dv/dt 耐受能力。

为进一步提升 dv/dt 耐受能力,可以在器件门阴极两端并联以常闭型开关电子元器件(如常闭型继电器、JFET 等)为核心的低阻抗启停电路,如图 7.34 所示,具体工作原理如下:

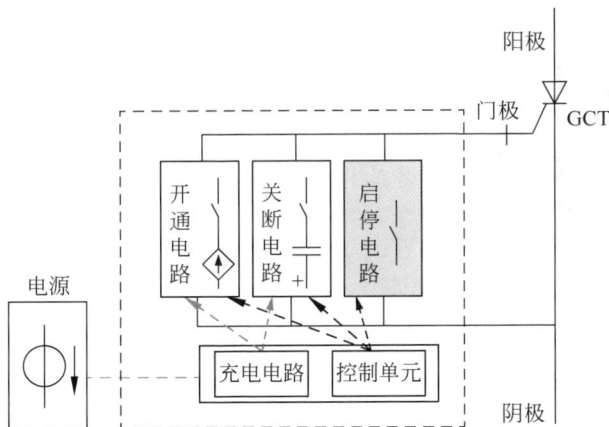

图 7.34　用于位移电流引出的启停电路

(1) 装置未充电或充电初期,阳极电压低于一定阈值时,驱动电源无功率输出,门极驱动不工作,启停电路为闭合短路状态,GCT 芯片阳极漏电流从门极经启停电路流出,而不会从 GCT 门阴极 J_3 结流通,避免了 GCT 芯片部分元胞误触发失效。

（2）装置充电过程中,当阳极电压高于一定阈值时,驱动电源开始取能,在驱动内部储能电容充电完成之前,启停电路仍维持闭合短路状态,防止 GCT 芯片误触发失效。

（3）驱动内部储能电容充电完成时,启停电路切换为开路状态,同时驱动关断电路开始为 GCT 门阴极提供反向偏置电压,保证 GCT 芯片可靠关断。

（4）装置下电过程中,当阳极电压低于一定阈值后,驱动电源停止工作,驱动依靠内部储能电容继续运行。当内部储能电容电压跌落到一定阈值以下时,驱动关断电路切除,不再对 GCT 门阴极提供反向偏置电压,此时启停电路切换为闭合状态,防止 GCT 漏电流通过 J_3 结导致部分元胞误触发失效。

7.4.3　可维护性

可维护性指的是一种产品、设备或系统在特定使用条件下,通过特定的维修方法和工具,在规定时间内恢复至功能正常状态的能力。可维护性评估包括维修时间、技能要求、维修支持、维修频率等。通过改进产品或系统的可拆卸性、易维修性和可调整性,可以提高其可维护性能。

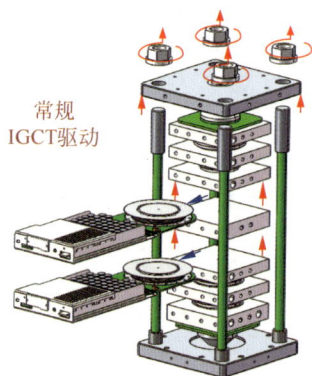

常规
IGCT驱动

图 7.35　常规 IGCT 驱动更换
方法示意

常规 IGCT 驱动为满足关断换流回路低阻感要求,采用与元件紧密连接的一体式结构,这种结构要求在生产时就将驱动与元件组装为整器件,并在运输、装备、组装、测试、运行、维护时均作为一个整体处理。当驱动达到服役年限或发生随机失效时,需要进行更换。然而,一体式的 IGCT 器件单独更换驱动时,需要先拆解阀串,取出整个 IGCT 器件,然后才能将驱动与元件分离并更换,可维护性较差,如图 7.35 所示。

为解决该问题,清华大学提出一种分体式驱动,如图 7.36 所示,与元件集成的连接单元只有 PCB 板和机械支撑结构,不含任何电子元器件,使用寿命长,无须拆卸;驱动单元和连接单元之间采用便于拆装的机械结构进行固定,实现机械上的分体和电气上的集成。若在装备组装后需要更换驱动,无须拆解阀串,仅需拆卸驱动单元与连接单元接口处的紧固螺栓,可显著降低更换工序复杂度,提高 IGCT 驱动的可维护性。

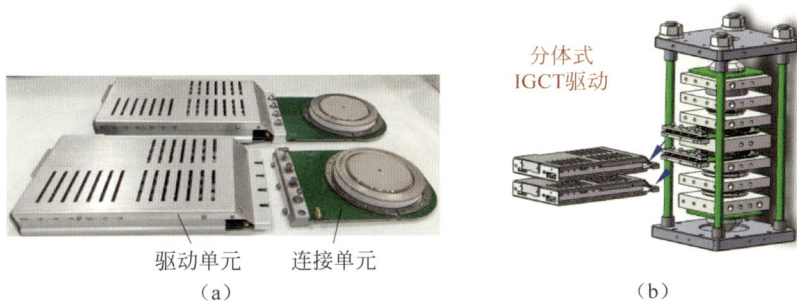

图 7.36　分体式驱动实物图(a)及更换方法示意(b)

7.4.4　安全性

安全性指产品使用期间,保障人员、财产和环境免受伤害的能力。安全性评估包括风险评估、安全设计和安全应急措施等。通过执行安全标准、识别潜在风险并采取适当的风险控制措施,可以提高产品安全性。

对于 IGCT 驱动,可以通过监测驱动本体及 GCT 芯片的关键物理量达到以下三方面效果:①在达到极限工况之前预警并采取应对措施自保护,避免器件极端应力损坏,如重触发、过压和过流保护等;②对器件健康情况进行评估,在性能退化达到预期寿命前上报,提前在检修期有计划性更换,预防器件老化失效;③将器件故障或失效状态及时上报,以便装置控制保护系统及时采取应对措施,避免故障扩散、损坏装置其他组部件。具体而言,驱动可以通过以下设计提高器件的安全性。

1. 重触发

在阳极电流 I_A 较小时,GCT 芯片可能存在部分元胞未充分导通的情况,此时若 I_A 迅速增加,电流易集中汇聚到已开通的元胞,进而导致局部过热。这种情况下,为确保所有元胞充分开通,驱动应重新向 GCT 门极注入大幅值、高上升率的强触发电流,即驱动"重触发"过程,具体可分为内部重触发和外部重触发两种情况。

对于一些应用,如电压型换流器,可能存在 GCT 处于导通状态但正向不通流、反并联二极管 D_F 反向通流的工况,如图 7.37 所示。此时,需要通过检测 GCT 导通状态的门阴极电压或电流来判断电流流向,在 D_F 反向通流转变为 GCT 正向通流时,驱动将自行向 GCT 门极注入强触发电流,保证 GCT 均匀导通,即内部重触发。

在一些应用中,可能存在 IGCT 工作在正向导通状态但阳极电流为零或很小的工况,此时若阳极电流快速增加,GCT 芯片可能因导通不均匀而失效损坏。但

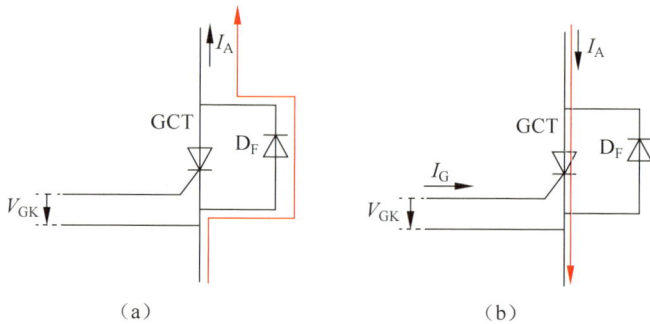

图 7.37　IGCT 与反并联二极管的反向（a）和正向（b）通流示意

由于稳态注入电流始终存在，驱动难以通过门阴极电压检测到该状态。事实上，阳极电流快速增加往往由于装置控制引起的，因此，可以由装置在该时刻主动下发重触发指令，控制驱动向 GCT 门极注入强触发电流，保证 GCT 均匀导通，即外部重触发。

2. 阳极过压保护

　　驱动实现阳极过压保护主要用两种方式，如图 7.38 所示。一种是通过阻容分压等电压采样方式实现 GCT 阳极电压检测，在检测到过压时控制驱动的开通电路产生强触发和稳态触发电流，使 GCT 开通。另一种是在阳极和门极间并联过压保护电路，利用转折二极管 BOD、瞬态电压抑制二极管 TVS 等电子元器件的过压击穿或过压钳位特性，在阳极过压时，将阳极电压转换成一定幅值的电流并注入门极，触发 GCT 开通。

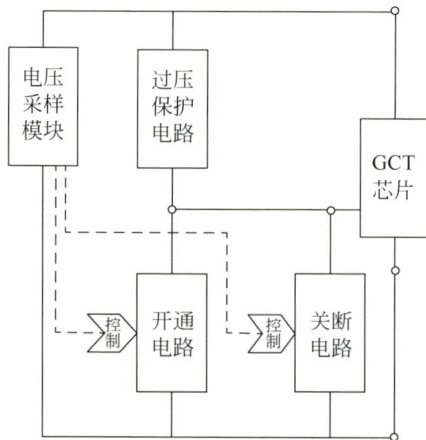

图 7.38　阳极过压保护方法示意

3. 阳极过流保护

过流保护的实现方式如图 7.39 所示,当驱动检测到阳极电流接近最大可控关断电流时,控制关断电路快速动作,防止电流继续上升;当检测到阳极电流超过最大可控关断电流时,禁止关断电路动作,直至电流下降到安全关断范围以下,避免器件过流关断失效。过流保护实现的关键是在器件导通期间测量阳极电流。电流测量方法多样,包括霍尔传感器、隧道磁阻效应 TMR 电流传感器、巨磁阻效应 GMR 电流传感器或集成在印制电路板内的罗氏线圈等。

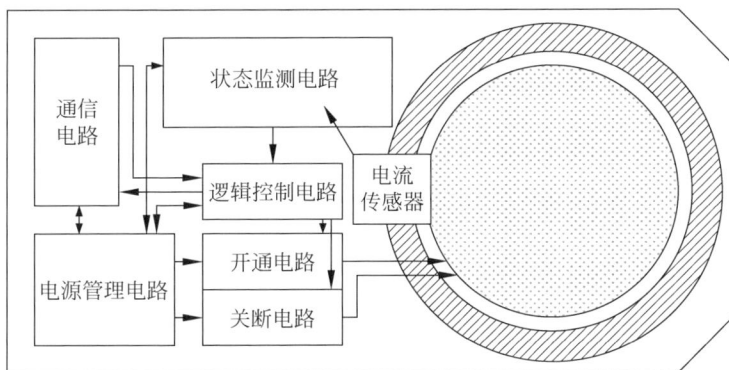

图 7.39　阳极过流保护方法示意图

4. 健康状态监测

通过长期监测芯片、驱动特征参量,可以对器件的健康状态进行评估,若特征参量变化速度加快或超过设定阈值,则表示器件老化已达到一定程度,需要重点关注和预警,并在适当的时候及时更换器件,防止过度老化导致器件失效和装置故障。常用的特征参量包括阳阴极漏电流、门阴极漏电流、通态电压、开通和关断损耗、驱动功率、壳温以及结温等,具体检测方法及老化判据需要结合工况、器件类型及老化机理确定。

5. 驱动电源故障保护

监测门极驱动输入电压、开通储能电容电压、关断储能电容电压、逻辑控制芯片供电电压及其他关键节点的供电电压等,若电源电压异常,通常意味着驱动电源掉电、驱动中某电子元器件工作异常或 GCT 门阴极短路。此时驱动应根据工况需求立即执行关断动作,或保持当前状态,同时上报故障信息,等待装置采取应对措施。

6. 关断失效检测

关断失效是 IGCT 器件较为常见的失效根因,实现 IGCT 器件关断失效的快速检测,有利于装置控制保护系统及时采取故障保护措施,避免故障扩散。常规的关断失效检测主要基于 IGCT 失效后的门阴极短路特性。然而,关断失效后门阴极发展为短路的时间与外回路的电压、电流应力有关,可能长达毫秒量级,不利于装置实现快速保护。一种更快速的关断失效检测原理如图 7.40 所示:在关断末期拖尾电流阶段,若门极电流随阳极电流一同衰减至零,则关断成功,反之则关断失败。图 7.41 给出了利用该原理的具体实现方案,通过测量关断电路 MOSFET 的通态电压,间接判断门极电流是否衰减至零。基于该方法,可以在执行关断指令后数十微秒内快速判断出器件是否关断失效,并将结果反馈给上级控制保护系统,以便及时采取应对措施,避免故障扩散。

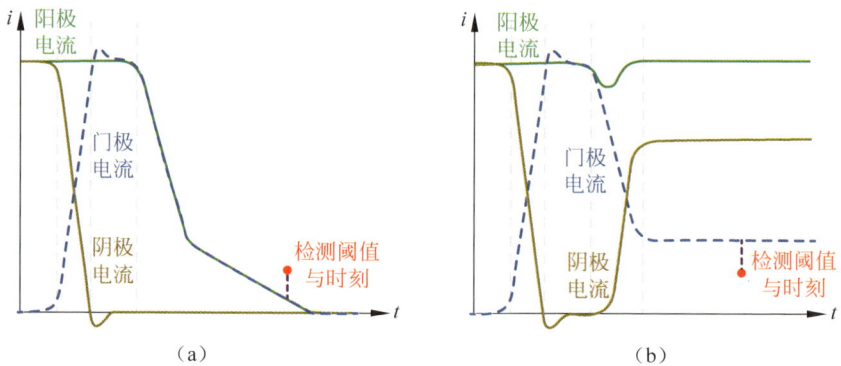

图 7.40 一种关断失效快速检测原理

(a) 关断成功;(b) 关断失败

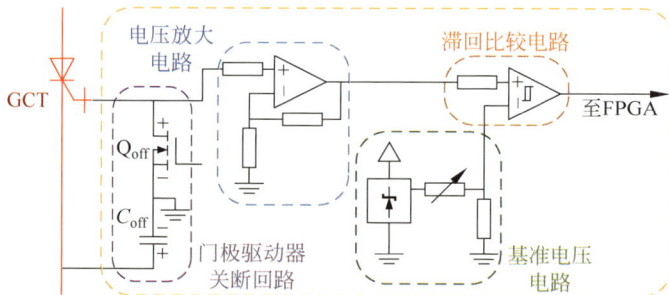

图 7.41 关断失效快速检测的具体实现方案

参考文献

[1] GRUENING H E,KOYANAGI K. A modern low loss,high turn-off capability GCT gate drive concept[C]//2005 European Conference on Power Electronics and Applications. Dresden,Germany:IEEE,2005:10.

[2] YAMAMOTO M,SATOH K,NAKAGAWA T,et al. GCT (gate commutated turn-off)

thyristor and gate drive circuit[C]//PESC 98 Record. 29th Annual IEEE Power Electronics Specialists Conference (Cat. No. 98CH36196). Fukuoka, Japan：IEEE, 1998, 2：1711-1715.

[3]　ABB S L. Applying IGCT gate units[OL]. Intergrated gate commutated thyristors application note, Doc. No. 5SYA 2031-01, Dec. 2002. Online.

[4]　ABB S L. Asymmetric intergrated gate-commutated thyristor 5SHY 55L4500[OL]. Datasheet, Doc. No. 5SYA1243-06 Apr. 13, Online.

[5]　陈政宇, 曾嵘. 大功率门极换流晶闸管的驱动研究[D]. 北京：清华大学, 2019.

[6]　尚杰, 曾嵘. 门极换流晶闸管驱动的关断换流能力及可靠性提升研究[D]. 北京：清华大学, 2024.

[7]　张婵. IGCT 集成门极驱动电路研究[D]. 北京：北京交通大学, 2007.

[8]　曾宏, 陈修林, 王三虎, 等. 一种新型 GCT 开通驱动电路拓扑[J]. 大功率变流技术, 2015, (6)：25-28.

[9]　GRUENING, KOYANAGI：A new compact high dI/dt gate drive unit for 6-inch GCTs [gate commutated turn-off thyristor][C]//2004 Proceedings of the 16th International Symposium on Power Semiconductor Devices and ICs. Kitakyushu, Japan：IEEE, 2004：265-268.

[10]　ZHENGYU C, ZHANQING Y, RONG Z, et al. Stray Impedance Measurement and Improvement of High Power IGCT Gate Driver Units[J]. IEEE Transacitions on Power Electronics, 2019, 34(7)：6639-6647.

[11]　BACKLUND B, LUESCHER M. Recent developments in IGCT gate units[C]//2007 European Conference on Power Electronics and Applications. Aalborg, Denmark：IEEE, 2007：1-7.

[12]　ZOU P, CHEN F, ZENG H, et al. Research on characteristics of 6-inch IGCT with 15kA turn-off capability in DC circuit breaker[C]//2021 Annual Meeting of CSEE Study Committee of HVDC and Power Electronics (HVDC 2021). Hybrid Conference, China：IET, 2021：139-143.

[13]　陈政宇, 曾嵘, 余占清, 等. 应用于 GCT 器件门极驱动的电源管理电路：CN201810002287. X[P]. 2024-03-12.

[14]　余占清, 曾嵘, 尚杰, 等. 一种功率器件高位取能模块及方法：CN202210506233. 3[P]. 2022-09-16.

[15]　SHANG J, CHEN Z, ZHAO B, et al. A Novel Multistage Gate Unit of Integrated Gate Commutated Thyristor[J]. IEEE Transactions on Power Electronics, 2023, 38(11)：13606-13611.

[16]　ZENG H, SHEN F, CHEN Y, et al. Research on high voltage turn-off topology of IGCT gate unit[C]//2021 Annual Meeting of CSEE study Committee of HVDC and Power Electronics (HVDC 2021). Hybrid Conference, China, 2021：159-162.

[17]　YUXIN L, HUANG A Q, LEE F C. Introducing the emitter turn-off thyristor (ETO)[C]// 1998 IEEE Industry Applications Conference, 33th IAS Annual Meeting, MO, USA：IEEE, 1998(2)：860-864.

[18]　CHEN B, HUANG A Q, ATCITTY S, et al. Emitter turn-off (ETO) thyristor：an emerging, lower cost power semiconductor switch with improved performance for converter-based transmission controllers[C]//31st Annual Conference of IEEE Industrial Electronics Society, IECON, Raleigh, NC, USA, 2005：1-6.

[19]   BRAGARD M,CONRAD M,DE DONCKER R W. The integrated emitter turn-off thyristor (IETO)-an innovative thyristor-based high power semiconductor device using MOS assisted turn-off[J]. IEEE Transactions on Industry Applications,2011,47(5): 2175-2182.

[20]   BRAGARD M,VAN HOEK H,DE DONCKER R W. A major design step in IETO concept realization that allows overcurrent protection and pushes limits of switching performance[J]. IEEE Transactions on Power Electronics,2012,27(9): 4163-4171.

[21]   CHEN Z,YU Z,ZHAO B,et al. An Advanced 4-in Integrated Emitter Turn-off Thyristor With Ultralow Commutation Impedance to Achieve 8kA Turn-off Capability: Comprehensive Analysis,Design,and Experiments[J]. IEEE Transactions on Industrial Electronics,2021, 68(10): 9444-9454.

[22]   SHANG J,CHEN Z,ZHAO B,et al. A 6-in Integrated Emitter Turn-OFF Thyristor With 17.5kA Turn-OFF Current[J]. IEEE Transactions on Power Electronics,2023,38(7): 8419-8429.

[23]   曾嵘,吴锦鹏,陈政宇,等. 一种功率半导体器件、功率半导体器件的控制方法及系统: CN202311563723[P]. 2024-03-22.

[24]   STIASNY T,QUITTARD O,WALTISBERG C,et al. Reliability evaluation of IGCT from accelerated testing, quality monitoring and field return analysis [J]. Microelectronics Reliability,2018,88-90: 510-513.

[25]   王守国. 电子元器件的可靠性[M]. 北京: 机械工业出版社. 2014.

[26]   袁立强,等. 电力半导体器件原理与应用[M]. 北京: 机械工业出版社. 2011.

[27]   YANG C,YU Z,SHANG J,et al. Research on the reliability theory and lifetime prediction model of IGCT gate driver[J]. 18th International Conference on AC and DC Power Transmission (ACDC 2022),2022,5: 316-322.

[28]   曾嵘,余占清,陈政宇,等. 一种功率半导体器件的驱动保护电路及控制方法: 202210506232.9[P]. 2022-09-20.

[29]   曾嵘,陈政宇,尚杰,等. 具有分离式门极驱动的可关断晶闸管器件: 202010712715.5[P]. 2022-07-08.

[30]   SHANG J,CHEN Z,ZHAO B,et al. A Novel Detachable Gate Driver Unit With Ultralow Inductance for Integrated Gate Commutated Thyristor[J]. IEEE Transactions on Power Electronics,2022,37(12): 14000-14004.

[31]   谢路耀. 基于 IGCT 的 NPC 三电平中压大容量变流装置关键技术研究[D]. 北京: 北京交通大学,2013.

[32]   余占清,陈政宇,曾嵘,等. 一种可关断晶闸管的过压保护电路及控制方法: 202210506234[P]. 2022-07-29.

[33]   陈政宇,曾嵘,欧阳勇,等. 一种基于电流测量的电力电子器件驱动电路及其控制方法: 201610284057[P]. 2016-08-24.

[34]   ZENG H,CHEN X,ZHANG S,et al. An IGCT anode current detecting method based on Rogowski coil[C]//2017 IEEE Applied Power Electronics Conference and Exposition (APEC). FL,USA: IEEE,2017: 1480-1483.

[35]   BAI R,ZHAO B,YANG C,et al. A Novel Ultrafast Turn-Off Failure Detection Method of Integrated Gate Commutated Thyristor for VSC Application[J]. IEEE Transactions on Power Electronics,2023,38(3): 2839-2843.

第 8 章

IGCT测试与可靠性

器件测试是获取器件性能参数、评估可靠性的重要途径。IGCT 器件性能参数不仅包含阻断、通流、开通、关断、反向恢复等电气参数,也包含驱动接口、热与机械等方面的参数。通过测试获取这些参数,可以指导装备研发人员正确使用 IGCT 器件,在安全工作区内发挥其最大效能。此外,通过开展环境、耐久、电磁兼容等多类试验,可以帮助器件研发人员评估产品在各种应用条件下的适应能力,验证器件在长期使用或重复操作下的可靠性。

本章将介绍 IGCT 器件主要性能参数的基本概念及测试方法,并围绕型式试验和出厂试验两种试验类型,介绍 IGCT 器件所需开展的典型试验项目。此外,针对宇宙射线可能导致的器件失效,介绍其内在物理机制及加固措施。

8.1　IGCT 性能参数

IGCT 器件性能特性主要可分为电特性、热特性、机械特性及门极驱动对外接口特性等类型。其中,依据器件工作状态,电特性又可进一步细分为阻断、通态两类静态特性和开通、关断和反向恢复三类动态特性。本节将对上述 IGCT 器件性能参数进行简要介绍。

8.1.1　阻断电特性参数

IGCT 的阻断能力主要体现在其能够承受较高电压水平而不产生显著的漏电流。此外,在阻断状态下,IGCT 阳极与阴极间能够承受较大的电压变化率而不发生误触发,这一特性同样是衡量器件阻断性能的重要指标。IGCT 阻断工况的电特性参数如表 8.1 所示。

表 8.1　IGCT 阻断工况电特性参数

符　　号	参 数 名 称
V_{DRM}	断态重复峰值电压
I_{DRM}	断态重复峰值电流
V_{RRM}	反向重复峰值电压
I_{RRM}	反向重复峰值电流
dv/dt	断态电压临界上升率
V_{RAS}	反向短雪崩电压
V_{RAL}	反向长雪崩电压

V_{DRM}：表示器件能重复阻断的最高正向电压峰值（通常为工频正弦半波）。如果超过此额定值，漏电流和功耗会快速增加，可能导致器件热失控及正向阻断能力失效或降级。测试时，门极与阴极之间应保持短路或反偏状态。

I_{DRM}：表示器件加载 V_{DRM} 时，所允许的最大峰值漏电流。此额定值一般是在额定结温 T_{vj} 下采用正弦半波电压（$t_p = 10ms$）测得的。I_{DRM} 小，则器件的阻断损耗低；I_{DRM} 一致性好，则串联应用时静态均压较好。

V_{RRM}：表示器件能重复阻断的最高反向电压峰值。对于对称 IGCT，该值与 V_{DRM} 相等或无显著差别；对于不对称 IGCT，该值显著低于 V_{DRM}，一般由门阴极反向阻断能力决定。

I_{RRM}：表示器件加载 V_{RRM} 时，所允许的最大峰值漏电流。

dv/dt：表示器件可耐受而不发生误触发的最大电压上升率。当驱动带电时，门阴极通常处于反偏，器件耐 dv/dt 能力较强；当驱动无电时，若仍希望器件耐受较高的 dv/dt，则应使门阴极处于短路状态，具体方法可参考 7.4.2。

V_{RAS} 和 V_{RAL}：表示器件在两种不同电压波形下的反向雪崩击穿耐受能力，通常仅针对对称 IGCT。根据试验要求，可调整测试回路使反向雪崩电压值、波形参数及脉冲次数达到相应规定要求，如图 8.1 所示。以高压直流输电工况为例，通常以雷电和操作冲击电压作为 V_{RAS} 和 V_{RAL} 的波形，即 t_a/t_b 分别为 $1.2/50\mu s$ 和 $250/2500\mu s$，脉冲次数为 3 次。

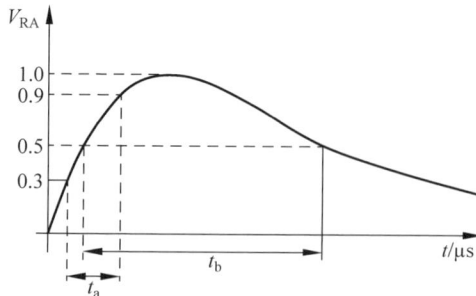

图 8.1　反向雪崩电压波形示意

8.1.2　通态电特性参数

IGCT 器件通态特性主要关注通态电压和导通电流。在导通状态下,器件既需要长时间耐受额定电流,又需具备瞬时耐受浪涌电流的能力。IGCT 导通工况的电特性参数如表 8.2 所示。

表 8.2　IGCT 导通工况电特性参数

符　　号	参 数 名 称
V_T	通态电压
V_{T0}	门槛电压
r_T	斜率电阻
$I_{T(RMS)}$	通态方均根电流
$I_{T(AV)}$	通态平均电流
$I_{T(D)}$	通态直流电流
I_{TSM}	通态不重复浪涌电流
$I^2 t$	电流平方时间积

V_T:表示在给定通态电流 I_T 和结温 T_{vj} 条件下的器件阳阴极两端电压。通态电压决定了器件在给定通态电流下的产热功率。

V_{T0}, r_T:在较大电流时(通常 1kA 以上),相同结温下 V_T 随着电流增加而近似线性增大。因此,用线性拟合的方式,由两个给定通态电流下的 V_T 可计算得到门槛电压和斜率电阻,用于估算 IGCT 在不同电流下的通态电压:

$$V_T(I_T) = V_{T0} + I_T \cdot r_T \tag{8-1}$$

$I_{T(RMS)}$:表示器件工作在最大结温状态下,管壳温度为给定值(如 85℃)时,通态电流在一个整周期内的方均根值;该参数为计算值,可用于表征及对比不同器件的通态电流处理能力。

对于 IGCT 器件,$I_{T(RMS)}$ 通常使用的电流波形为工频正弦半波(幅值为 I_m),此时认为器件处于热平衡态,即发热功率等于散热功率,其中发热功率为器件通态电压和导通电流之积,散热功率 P_{max} 为结温 T_{jmax} 与壳温 T_C 之差除以热阻 $R_{th(j-c)}$,有

$$\frac{\int_0^{\frac{\pi}{\omega}} I_m \sin(\omega t) \cdot (V_{T0} + r_T \cdot I_m \sin(\omega t)) dt}{\frac{2\pi}{\omega}} = P_{max} = \frac{T_{jmax} - T_C}{R_{th(j-c)}} \tag{8-2}$$

解得

$$I_{T(RMS)} = \frac{1}{2} I_m = \frac{1}{\pi} \frac{-V_{T0} \pm \sqrt{V_{T0}^2 + 4\pi^2 P_{max} r_T}}{r_T} \tag{8-3}$$

$I_{\rm T(AV)}$：表示器件工作在最大结温状态下，管壳温度为给定值（如 85℃）时，通态电流在一个整周期内的平均值。对于 IGCT，通常也使用工频正弦半波电流计算，此时与 $I_{\rm T(RMS)}$ 有如下关系：

$$I_{\rm T(AV)} = \frac{I_{\rm m}}{\pi} = \frac{2}{\pi} I_{\rm T(RMS)} \tag{8-4}$$

$I_{\rm T(D)}$：部分特殊工况下，IGCT 器件两端的电流不随时间变化或变化很小，此时可用通态直流电流 $I_{\rm T(D)}$ 表征器件的电流处理能力，与 $I_{\rm T(RMS)}$ 计算方法类似，有

$$(V_{\rm T0} + r_{\rm T} \times I_{\rm C}) \times I_{\rm C} = P_{\rm max} = \frac{T_{\rm jmax} - T_{\rm C}}{R_{\rm th(j\text{-}c)}} \tag{8-5}$$

解得

$$I_{\rm T(D)} = \frac{-V_{\rm T0} + \sqrt{V_{\rm T0}^2 + 4 \times r_{\rm T} \times P_{\rm max}}}{2r_{\rm T}} \tag{8-6}$$

$I_{\rm TSM}$：表示 IGCT 工作在最大结温时所允许施加的最大不重复瞬时电流，该电流一般为单个或多个正弦半波，其可耐受电流峰值与正弦半波的脉宽有关。

浪涌期间，结温升高且超过最大额定结温，这会导致器件阻断能力暂时下降；因此，浪涌后如需对器件施加断态或反向电压，应参照数据手册以确保器件安全运行。此外，还需要注意，浪涌电流对器件的损伤存在累积效应，应注意生命周期内的浪涌次数。

$I^2 t$：表示通态浪涌电流的平方在浪涌持续时间内的积分，$I^2 t$ 是 $\int I_{\rm T}^2 \mathrm{d}t$ 的缩写，可作为判据，衡量浪涌电流在不同脉宽下的峰值。

8.1.3 开通电特性参数

IGCT 器件的开通特性包括开通时间、上升时间、开通能量、电流上升率等参数，如表 8.3 所示。

表 8.3 IGCT 开通工况电特性参数

符　　号	参 数 名 称
$t_{\rm donSF}$	开通反馈延迟时间
$t_{\rm don}$	开通延迟时间
$t_{\rm r}$	上升时间
$E_{\rm on}$	开通能量
$\mathrm{d}i_{\rm T}/\mathrm{d}t$	通态电流临界上升率

IGCT 开通波形示意如图 8.2 所示。其中 CS 表示控制信号，SF 表示状态反馈信号。

di_T/dt：表示器件可耐受的最大电流上升率。开通时，由于驱动对门极注入强触发电流，IGCT 可快速、均匀开通，此时可耐受的 di_T/dt 较大。导通期间，如果阳极电流较大，则无论驱动是否对门极注入强触发电流，IGCT 均可耐受较大的 di_T/dt；但如果阳极电流较小，则需要驱动对门极注入强触发电流，否则可耐受的 di_T/dt 较小。

t_{donSF}、t_{don}、t_r：如图 8.2 所示，t_{donSF} 表示器件接收到控制信号后的状态反馈时间，为门极控制信号 CS 上升至其幅值的 10% 的时刻和门极驱动反馈开通状态信号 SF 下降至其幅值的 90% 的时刻之间的时间间隔；t_{don} 表示器件接收到控制信号后到断态电压开始下降的时间，为门极控制信号 CS 上升至其幅值的 10% 的时刻和阳极电压下降至规定的较高基准值的时刻之间的时间间隔，通常，较高基准值为断态电压 V_D 的 90%；t_r 表示从断态向通态转换期间，断态电压从规定的较高基准值的时刻下降至规定的较低基准值的时刻之间的时间间隔，通常，较高基准值和较低基准值分别为断态电压 V_D 的 90% 和 10%。

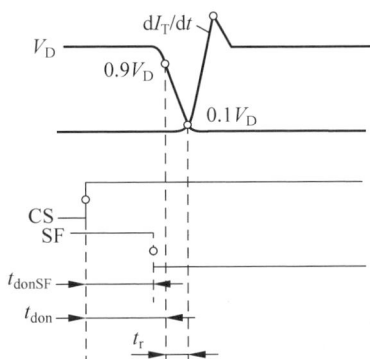

图 8.2　IGCT 的开通波形示意

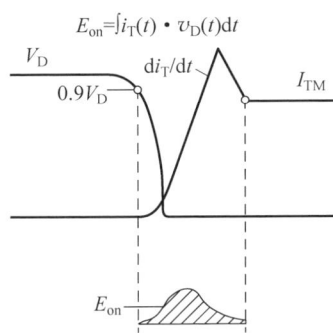

图 8.3　IGCT 的开通能量示意

E_{on}：表示器件开通过程的能量损耗，为断态电压 V_D 下降至其幅值 90% 的时刻至通态电流 I_T 稳定时刻之间的功率积分，如图 8.3 所示。该参数一般不随开通频率变化。在 IGCT 的开关损耗中，开通损耗远低于关断损耗。

为了方便读者更好地理解 IGCT 器件的开通关断特性参数，下面对 IGCT 的开通关断测试电路进行简要介绍。为了等效实际工况中的电气应力，测试回路通常都配有钳位电路，如图 8.4 所示。图中，DUT 为待测的 IGCT 器件，C_1 为支撑电容，L_2 为负载电感，二极管 D_1、电感器 L_1 和电阻器 R_1 组成 di/dt 钳位电路，限制 IGCT 开通时过大的 di/dt 以避免损坏续流二极管 D_2，C_2 是钳位电容器，限制 IGCT 关断时的过电压。通常使用双脉冲试验对 IGCT 的开通特性进行测试，该试验也可用于 IGCT 的关断特性测试。如图 8.5 所示，试验中，第一个脉冲在电感中建立电流，需注意调整电流的幅值；第二个脉冲到来时，器件电流快速上升至负载电感电流,此时可以测量得到开通损耗 E_{on}。而后电感电流将继续上升,此时需注意调整脉冲的宽度,以保障脉冲结束时负载 L_2 电流小于 IGCT 最大可控关断电流。

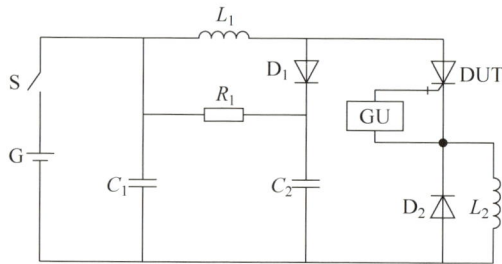

C_1—支撑电容器;C_2—钳位电容器;R_1—钳位电阻器;D_1—钳位二极管;D_2—续流二极管;
G—直流电源;GU—门极驱动;L_1—钳位电感器;L_2—负载电感器;S—开关;DUT—被测器件。

图 8.4 IGCT 的开通关断测试电路

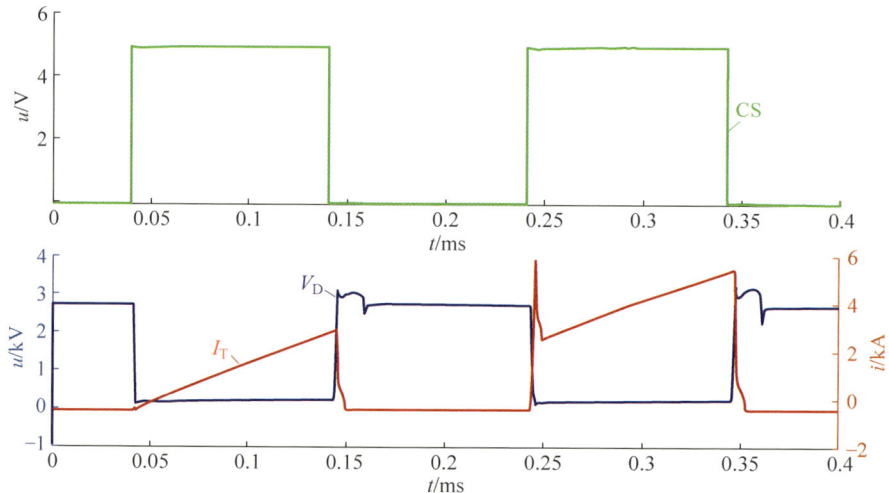

图 8.5 典型的 IGCT 双脉冲试验波形

8.1.4 关断电特性参数

IGCT 是一种具备主动关断能力的高压大容量电力电子器件,表征其关断的主要特性参数包括最大可控关断电流及关断时间、下降时间和关断能量等描述关断瞬态特性的参数。IGCT 关断工况电特性参数如表 8.4 所示,关断波形示意如图 8.6 所示。

表 8.4　IGCT 正向关断工况电特性参数

符　　号	参 数 名 称
I_{TGQM}	最大可控关断电流
t_{doffSF}	关断反馈延迟时间
t_{doff}	关断延迟时间
t_{f}	下降时间
E_{off}	关断能量

I_{TGQM}：表示器件在规定测试回路及断态电压 V_{D}、结温 T_{vj} 下可被关断的最大阳极电流。在关断过程中，应确保器件关断电流小于 I_{TGQM}，且关断瞬态过电压不超过 V_{DRM}，否则可能导致器件的不可逆失效。

t_{doffSF}、t_{doff}、t_{f}：如图 8.6 所示，t_{doffSF} 表示器件接收到控制信号后的状态反馈时间，为门极控制信号 CS 下降至其幅值的 90% 的时刻和门极驱动反馈开通状态信号 SF 上升至其幅值的 10% 的时刻之间的时间间隔；t_{doff} 表示器件接收到控制信号后到通态电流开始下降的时间，为门极控制信号 CS 下降至其幅值的 90% 的时刻和通态电流下降至规定的较高基准值的时刻之间的时间间隔，通常，较高基准值为通态峰值电流 I_{TM} 的 90%；t_{f} 表示从通态向断态转换期间，通态电流从规定的较高基准值的时刻下降至规定的较低基准值的时刻之间的时间间隔，通常，较高基准值和较低基准值分别为通态峰值电流 I_{TM} 的 90% 和 10%。

E_{off}：表示器件关断过程的能量损耗，为断态电压上升至其幅值 5% 的时刻至通态电流 I_{T} 下降至其幅值 5% 的时刻之间的功率积分，如图 8.7 所示。该参数一般不随关断频率变化。

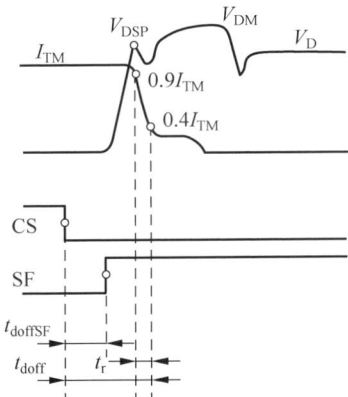

图 8.6　IGCT 关断波形示意

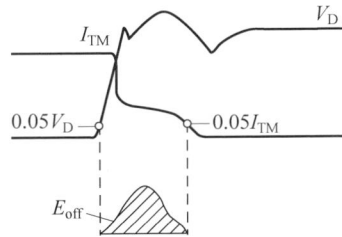

图 8.7　IGCT 的关断能量示意

8.1.5　反向恢复电特性参数

反向恢复是对称器件由正向导通向反向阻断状态过渡的瞬态过程，表征反向恢复过程的主要特性参数包括反向恢复峰值电流、反向恢复时间和恢复电荷等描述反向恢复瞬态特性的参数及电路换相关断时间。IGCT 反向恢复工况电特性参数如表 8.5 所示。反向恢复波形示意如图 8.8 所示。

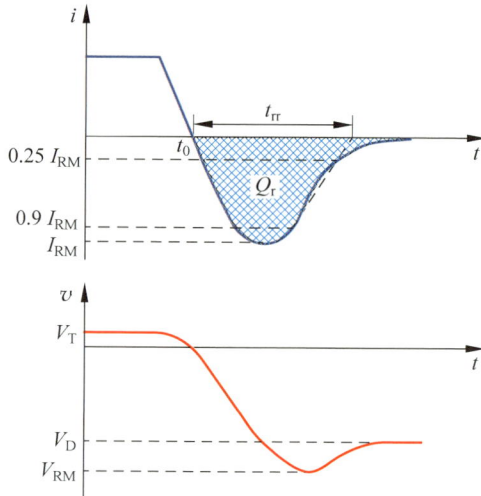

图 8.8　IGCT 反向恢复波形示意

表 8.5　IGCT 反向恢复工况电特性参数

符号	参数名称
I_{RM}	反向恢复峰值电流
t_{rr}	反向恢复时间
Q_r	恢复电荷
t_q	电路换向关断时间

I_{RM}：表示反向恢复期间产生的反向电流最大值。该值主要与器件通态电流 I_T、电流下降率 di/dt、反向电压 V_R 和结温 T_j 等参数相关。

t_{rr}：反向恢复时间是当器件从通态向反向阻断态转换时，从电流过零瞬间起，至反向电流从峰值 I_{RM} 减小到某一规定值止，或至反向电流外推的零点为止的时间间隔。反向恢复时间表征了器件的反向恢复速度，该参数限制了器件的工作频率。

Q_r：表示反向恢复期间，在规定的时间内，器件恢复的总电荷。恢复电荷包括贮存的载流子电荷和耗尽层电容两种电荷。Q_r 小，则器件的反向恢复损耗低；Q_r 一致性好，则串联应用时反向恢复动态均压较好。

t_q：表示在反向恢复及其后续过程中，从阳极电流下降至零起，经反向恢复至能够重新耐受规定的正向断态电压的时间间隔。由于 IGCT 在电流过零后能够通过门极驱动施加反偏电压，确保在重新耐受正向断态电压时不会意外开通，因此其

t_q 值相比于传统晶闸管可以显著降低。

8.1.6　门极驱动接口参数

IGCT 驱动对外接口分为功率接口和信号接口,其中功率接口参数包括外部供电的电压、电流、功耗,信号接口参数包括接收和发送信号的光功率。IGCT 门极驱动主要接口参数如表 8.6 所示。

表 8.6　IGCT 门极驱动主要接口参数

符　号	参 数 名 称
$V_{GIN,RMS}$	门极驱动供电电压
$I_{GIN,Min}$	门极驱动最小输入电流
$I_{GIN,Max}$	门极驱动内部电流限值
$P_{GIN,Max}$	门极驱动最大功耗
$P_{H\,CS}$	输入高电平光功率
$P_{L\,CS}$	输入低电平光功率
$P_{H\,SF}$	输出高电平光功率
$P_{L\,SF}$	输出低电平光功率

$V_{GIN,RMS}$:表示门极驱动的供电电源电压范围。

$I_{GIN,Min}$:表示使门极驱动能够正常启动的最小输入电流。

$I_{GIN,Max}$:表示外部电源向门极驱动供电的电流限制值,该值由驱动内部电路限制。通常,建议外部电源的输出电流能力(或过流保护阈值)大于该参数。

$P_{GIN,Max}$:表示门极驱动允许工作的最大功耗。在使用器件时,应避免关断电流和开关频率过高,以确保驱动功耗在该值以下。

$P_{H\,CS}$:表示输入至门极驱动,使其正确接收高电平信号所需的光功率范围,为光输入功率。

$P_{L\,CS}$:表示输入至门极驱动,使其正确接收低电平信号所需的光功率范围,为光噪声功率。

$P_{H\,SF}$:表示反馈信号为高电平时的光功率范围,为光输出功率。

$P_{L\,SF}$:表示反馈信号为低电平时的光功率范围,为光噪声功率。

8.1.7　热特性参数

IGCT 器件的热特性主要从温度范围和热阻两方面评估。温度范围描述了器件可以工作或贮存的温度限制,热阻表征了器件的散热能力。IGCT 主要热特性参数如表 8.7 所示。

表 8.7　IGCT 热特性参数

符　号	参 数 名 称
T_{STG}	贮存温度范围
T_{vj}	工作结温范围
T_a	环境温度范围
$R_{th(j-c)}$	结壳热阻

T_{STG}：表示存储温度范围，在此范围内器件可以长期存放并且不会影响后续的正常使用。

T_{vj}：表示工作结温范围。结温下限值主要由器件的开通和关断特性决定：结温过低可能使得器件不能正常开通，或最大可控关断电流下降。结温上限则由器件的阻断能力决定：结温过高可能导致漏电流超出限值，甚至还可能引发热失控现象。

T_a：表示门极驱动可靠工作的环境温度。环境温度低于 T_a 下限时，可能导致最大可控关断电流 I_{TGQM} 下降；环境温度超过 T_a 上限时，可能加速门极驱动老化。

$R_{th(j-c)}$：表示压接力 F_m 和接触表面满足要求条件下的双面冷却结壳热阻。

8.1.8　机械特性参数

IGCT 器件的机械特性主要从压接力、尺寸和绝缘间距三方面评估，主要参数如表 8.8 所示。

表 8.8　IGCT 机械特性参数

符　号	参 数 名 称
F_m	压接力
—	几何尺寸与外观
D_s	表面爬电距离(阳极到门极)
D_a	电气间隙(阳极到门极)

F_m：适当且均匀的压接力可以实现 GCT 芯片与封装之间良好的电气连接和热接触。若压接力不足，将导致热阻上升，可能加大封装内部接触界面的损伤；同时，也可能导致阴极梳条接触不良，引起通态电压、浪涌电流和最大可控关断电流的参数下降。相反，压接力过高则会导致芯片在温度循环过程中的疲劳损伤，缩短使用寿命；同时，可能造成阴极电极的磨损，甚至导致门阴极短路失效。

几何尺寸与外观：IGCT 器件的几何尺寸通常包括台面尺寸、裙边尺寸和管壳厚度，在使用器件时，应根据尺寸信息选择合适的散热器，并设计与之匹配的阀串结构。

D_s 与 D_a：爬电距离 D_s 是沿陶瓷外壳表面从阳极到门极之间的最短路径；电气间隙 D_a 是阳极和门极间的最短空气距离。在使用器件时，应确保绝缘间距与使用环境(例如海拔高度、气候状况等)相适应。

8.2　IGCT 型式试验与出厂试验

型式试验是为了验证产品能否满足技术规范的全部要求所进行的试验。型式试验通常发生在产品开发阶段，通过型式试验后，产品即通过了定型认证，可以正式投入批量生产。型式试验通常包括电/热/机械特性试验及环境试验、耐久试验、电磁兼容试验等。出厂试验是在产品定型后的生产过程中进行的试验，对产出产品的性能参数等全数测试，防止产品参数偏离初始设计。

本节对 IGCT 产品的型式试验和出厂试验的试验项目、试验方法，以及试验重点等进行介绍。

8.2.1　试验项目

表 8.9 列出了 IGCT 型式试验和出厂试验的参考试验项目。根据 IGCT 器件的具体类别和应用工况，试验项目可进行调整。

表 8.9　IGCT 型式试验和出厂试验的参考试验项目

试 验 名 称	型式试验	出厂试验	特性值	额定值
电特性-阻断				
断态重复峰值电流 I_{DRM}	√	√	√	
反向重复峰值电流 I_{RRM}	√	√	√	
断态电压临界上升率 dv/dt	√	√	√	
反向短雪崩电压 V_{RAS}^*	√	○		√
反向长雪崩电压 V_{RAL}^*	√	○		√
电特性-通态				
通态电压 V_T	√	○	√	
维持电流 I_H	√	○	√	
通态不重复浪涌电流 I_{TSM}	√	×		√
电特性-开通				
通态电流临界上升率 di_T/dt	√	○		√
开通延迟时间 t_{don}	√	√	√	
开通信号反馈延迟时间 $t_{d(on)SF}$	√	○		
上升时间 t_r	√	○	√	
单脉冲开通能量 E_{on}	√	√	√	

试 验 名 称	型式试验	出厂试验	特性值	额定值
电特性-关断				
最大可控关断电流 I_{TGQM}	✓	✓		✓
电路换向关断时间 t_q *	✓	○		
关断延迟时间 t_{doff}	✓	✓	✓	
关断信号反馈延迟时间 $t_{d(off)\,SF}$	✓	○		
下降时间 t_f	✓	○	✓	
单脉冲关断能量 E_{off}	✓	✓	✓	
反向恢复峰值电流 I_{RM}	✓	○	✓	
反向恢复时间 t_{rr} *	✓	○	✓	
反向恢复电荷 Q_r *	✓	✓	✓	
门极驱动				
输出高电平光功率 $P_{H\,SF}$	✓	○	✓	
输出低电平光功率 $P_{L\,SF}$	✓	○	✓	
输入高电平光功率 $P_{H\,CS}$	✓	○	✓	
输入低电平光功率 $P_{L\,CS}$	✓	○	✓	
门极驱动供电电压 $V_{GIN,\,RMS}$	✓	○	✓	
热特性				
结壳热阻 $R_{th(j-c)}$	✓	○	✓	
机械特性				
尺寸测试	✓	○	✓	
环境试验				
高温/低温贮存试验	✓	✕		
机械振动和冲击试验	✓	✕		
盐雾试验	✓	✕		
温度变化继之密封试验	✓	✕		
霉菌试验	○	✕		
交变湿热试验	✓	✕		
高温/低温运行试验	✓	✕		
耐久试验				
高温阻断试验	✓	✕		
热循环负载试验	✓	✕		
高温高湿耐久试验	○	✕		
电磁兼容试验				
静电放电抗干扰度试验	✓	✕		
射频电磁场辐射抗扰度试验	✓	✕		
电快速瞬变脉冲群抗扰度试验	✓	✕		
浪涌抗扰度试验	✓	✕		

续表

试 验 名 称	型式试验	出厂试验	特性值	额定值
射频场感应的传导骚扰抗扰度	√	×		
工频磁场抗扰度试验	√	×		
阻尼振荡波抗扰度试验	√	×		
脉冲磁场抗扰度试验	○	×		
阻尼振荡磁场抗扰度试验	○	×		
振铃波抗扰度试验	○	×		
抗电磁骚扰试验	○	×		

注：① 表中√表示建议开展的试验，○表示可选做的试验，×表示不必要进行的试验；
　　② 标记 * 的试验仅适用于对称反向阻断 IGCT 器件。

关于 IGCT 电/热/机械的主要特性参数试验已在 8.1 节介绍，下面重点介绍环境试验、耐久试验和电磁兼容试验。

8.2.2　环境试验

环境试验是检验产品环境适应性的必要手段。环境试验是将产品暴露在某种环境中，以此来评价其在运输、贮存、使用环境条件下的性能。进行环境试验，一方面可以通过施加预先设定的环境条件暴露产品缺陷，并为其质量改善提供依据；另一方面可以考核验证产品的环境适应能力。

IGCT 需要开展的基本环境试验项包括温度变化继之密封试验、机械振动和冲击试验、高温/低温贮存试验、盐雾试验、霉菌试验、高温/低温运行试验、交变湿热试验等，具体试验方法可参考《电工电子产品环境试验》（GB/T 2423）。下面仅对各试验项目进行简要说明。

1. 温度变化继之密封试验

温度变化试验旨在模拟器件在使用过程中环境温度波动的工况。在这一工况下，由于器件内不同材料的热膨胀系数存在差异，可能会导致结构形变，甚至产生裂纹，从而引发器件功能异常，因此在温度变化后需开展器件的电学特性测试；又由于 IGCT 器件为内部密封结构，故在温度变化试验后，会继之开展密封试验，以检测器件气密性是否发生异常。

温度变化试验可采用两箱法，两个腔室的空气分别被加热或冷却到最大或最小试验温度，将待测器件在两个腔室内移动，由此快速改变器件所处的环境温度，每次转换温度前，需保证器件达到热平衡状态；在温度变化试验后，应紧跟密封试验，可通过氦质谱检漏法检验器件气密性。

2. 机械振动和冲击试验

该试验旨在模拟器件在运输、组装或工作工程中受到的冲击或者振动应力。试验时通过特殊设计的夹具将被测器件固定在试验台上,并使其处于带电或不带电状态,随后,对试验台施加正弦脉冲或者特定的振动谱。试验后,应检验 IGCT 器件的电路状态和功能,以及是否存在零部件松脱或者损坏、触点接触阻抗是否变大等。

3. 高温/低温贮存试验

该试验旨在模拟器件在规定的最高或最低温度时的贮存工况,其验证重点主要为热塑性材料(如橡胶材料、树脂材料、硅胶、有机胶黏剂等)的特性退化,包括:高温下可能出现的结构强度降低;部分材料内阻燃剂可能出现的活性下降;不同材料因热膨胀系数差异可能出现的结合特性变差。对于 IGCT 器件,需重点关注GCT 芯片边缘红胶、门极驱动印制电路板材及各类电子元器件等。

4. 盐雾试验

产品工作的大气环境中含有氧气、水蒸气、污染物等腐蚀成分,这在沿海地区尤为突出。该试验旨在考核器件在特定大气环境下的耐腐蚀性能。试验中用氯化物盐模拟恶劣环境,测试材料或产品的耐腐蚀性。氯离子能穿透金属保护层导致腐蚀,使金属表面受损并可能影响其性能。对于 IGCT 器件,试验后,应检查其封装和门极驱动电路板的金属材料是否生锈,以及器件功能是否异常。

5. 霉菌试验

潮湿环境中,霉菌容易附着在产品表面并大量生长。产品本身的材料可能直接作为霉菌的营养物质,或者霉菌的代谢产物可能间接引起产品的劣化。试验通常在恒温恒湿箱内进行,以模拟最适宜霉菌生长的环境。试验分为两组,一组直接将霉菌接种到待测产品表面;另一组将待测产品喷洒营养液后接种霉菌,模拟产品实际使用中可能被污染的工况。对于 IGCT 器件,在规定时间后,应检查其封装和门极驱动电路板表面的霉菌长势、物理损伤,以及器件功能是否异常。

6. 高温/低温运行试验

这两项试验是基本的功能试验,旨在检验器件在额定工作温度边界下的性能和稳定性。

7. 交变湿热试验

该试验旨在模拟温度交替变化且伴随湿度变化的气候环境。该试验通过周期性地在高温高湿和低温高湿(或其他温湿度组合)之间变化,加速水蒸气进入产品内部,影响产品的性能和寿命,从而更快速地揭示产品在极端环境下的性能表现。

8.2.3　耐久试验

建议针对 IGCT 产品开展的耐久试验项主要包括高温阻断试验、热循环负载试验、高温高湿耐久试验等,具体试验方法可参考《半导体器件 第 6 部分:晶闸管》(GB/T 15291—2015),下面对各试验项目进行简要介绍。

1. 高温阻断试验

该试验旨在评估器件在高温条件下的阻断电压耐受能力(常采用漏电流参数表征),以保证器件在高温恶劣条件下的可靠性和稳定性。通过高温阻断试验,可以检验器件边缘终端和钝化层是否存在缺陷,为产品的设计、制造和质量控制提供有力支持,对其可靠性评估与提升具有重要意义。

2. 热循环负载试验

该试验旨在评估器件在温度循环和负载作用下的性能稳定性和可靠性。在温度循环期间,材料内部会产生疲劳损伤,且不同材料的热膨胀系数差异会导致界面磨损,通过本试验可以暴露器件在长时间使用过程中可能因温度变化而产生的潜在缺陷。试验时,器件恒定电流通流,被自身的损耗加热,当温度达到目标上限时,被测器件停止通流,冷却到目标下限温度,此后器件再次通流,温度再次升高,达到目标上限温度后再次冷却,如此往复直至达到规定的循环次数。试验后,需开展器件的电学特性测试,以检测器件特性是否发生退化。

与温度变化继之密封试验相比,本试验依靠器件通流实现主动加热,温度变化范围相对较小,但循环次数通常会达到数千次以上。

3. 高温高湿耐久试验

该试验旨在模拟器件在实际存储和工作过程中可能遇到的高温高湿条件,以检验产品在此环境下的性能表现和可靠性。得益于 IGCT 压接式封装技术,GCT 芯片对外界湿度的敏感度较低。因此,本试验的重点在于检验门极驱动电路板及其配套电子元件在上述条件下的性能稳定性,包括水蒸气渗透引起的电化学腐蚀、高温引发的材料受热膨胀及加速性能劣化等。

8.2.4　电磁兼容试验

电磁兼容试验考核的重点是门极驱动,主要测试其电磁抗扰性能,包括静电放电抗扰度、电快速瞬变脉冲群抗扰度、射频电磁场辐射抗扰度、工频磁场抗扰度、脉冲磁场抗扰度等。要求试验过程中,不产生误触发、误关断等误动作,且反馈信号不报错。具体试验方法参照《电磁兼容 试验和测量技术 第 1 部分:抗扰度试验总论》(GB/Z 17626.1—2024)。

8.3 IGCT 宇宙射线失效

主要的宇宙射线由高能粒子组成,初级高能粒子主要包括质子(占约 90%)、α 粒子(约 9%)以及少量的重核和电子。这类粒子通常不会直接到达地球表面,它们会先与大气分子的原子核相互碰撞,产生一系列新的高能粒子。这些称为次级高能粒子,包括介子(如 π 介子和 μ 介子)、中子、质子以及 γ 射线等,并且以地面宇宙辐射的形式存在于大气辐射环境中。半导体器件容易受到这些高能粒子影响,从而发生电学性能的降低甚至永久性的器件损伤。

8.3.1 宇宙射线损伤机理

宇宙射线导致半导体器件失效的机理包括单粒子效应(single event effect,SEE)、电离辐射总剂量效应(total ionizing dose,TID)和位移损伤效应(displacement damage,DD)。在大气环境下,一般认为半导体器件受宇宙射线影响而失效的模式主要为单粒子效应失效。单粒子效应失效是指由单个粒子入射半导体器件,在局部产生浓度较高的电子-空穴对,进而导致器件发生失效的过程。

根据原理的不同,可将 SEE 划分为多种类型,总结如表 8.10 所示。由于 IGCT 器件既包含高压功率半导体芯片,也在驱动上使用了功率 MOSFET、逻辑控制芯片、存储器等多种电子元器件,因此,可能受到不同类型 SEE 效应的影响。本节对各种 SEE 效应机理展开介绍。

表 8.10 不同类型的单粒子效应

类型名称	概念简述	对应失效部分
单粒子烧毁 SEB	单个粒子入射直接导致半导体部件烧毁的现象	IGCT 芯片
单粒子栅穿 SEGR	绝缘栅器件吸收足够多的电荷导致栅区击穿	IGCT 驱动上的功率 MOSFET
单粒子瞬态脉冲 SET	单个高能粒子入射 IC 后导致节点电压漂移	
单粒子翻转 SEU	半导体器件辐射足够多的能量导致逻辑状态改变	
单粒子功能中断 SEFI	复杂器件中的 SEU,导致芯片无法正常工作	IGCT 驱动上的 FPGA、CPU、逻辑门、存储器等
单粒子锁定 SEL	含有最少 4 层半导体 PNPN 结构的器件,吸收足够辐射后,导致无论怎样施加输入,在某节点上始终维持一个固定的状态直至器件发生断电现象,可能是破坏性现象,也可能是非破坏性现象	

1. 单粒子烧毁（SEB）机理

单粒子烧毁主要发生在高压大容量半导体器件中，其烧毁过程示意如图 8.9 所示。当高能粒子穿过功率器件时，它在器件的耗尽区中产生大量电子-空穴对，引发载流子密度骤增，导致局部电场强度显著升高。若电场强度超过器件的耐受极限，会引发局部击穿和载流子骤增现象，最终可能演变为热失控，导致材料熔化或永久性损伤。在具有 PNPN 结构的双极功率器件，上述载流子骤增还有可能导致内部寄生的 NPN 和 PNP 晶体管形成正反馈，最终使得器件进入闩锁状态而误开通。

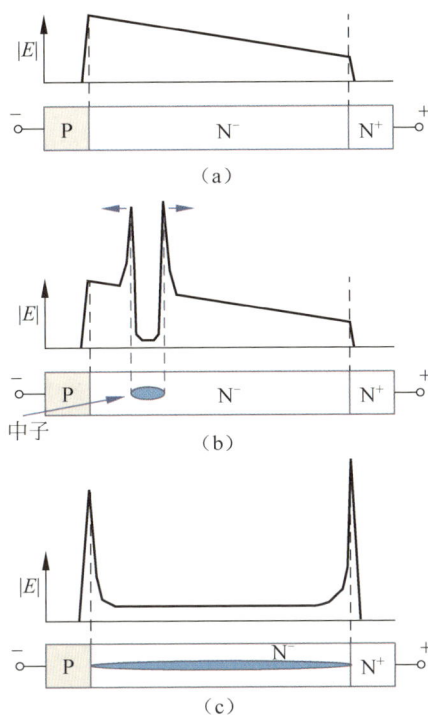

图 8.9 单粒子烧毁过程示意图

(a) 器件处于阻断状态；(b) 注入粒子的非弹性散射形成电子-空穴等离子体，在等离子体边缘有高场峰值；(c) 场峰穿过器件形成闪流

2. 单粒子栅极击穿（SEGR）机理

单粒子栅极击穿主要发生在具有栅氧结构的器件中。以 N 沟道功率 MOSFET 为例，单粒子栅极击穿效应示意如图 8.10 所示。当入射粒子穿过器件内部时会在 N 型掺杂的外延层中产生电子-空穴对。在电场作用下，电子沿入射粒子径迹向漏极移动，空穴则向栅极移动，由于电荷收集效应会在栅极下方的 Si/SiO_2 界面产生

局部的瞬态场强。若该电场瞬时增量足够大,持续时间足够长,将引起入射轨迹附近的栅介质层击穿,造成永久性损伤。

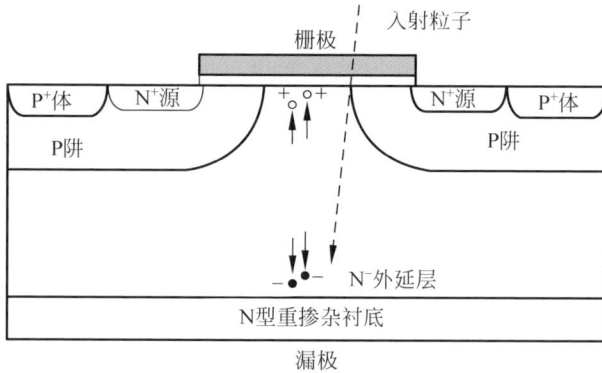

图 8.10   MOSFET 单粒子栅极击穿效应示意图[5]

3. 单粒子瞬态脉冲(SET)机理

单粒子瞬态脉冲主要影响逻辑电路的功能。当高能粒子入射逻辑电路的敏感区附近时,会产生瞬态电流脉冲并使逻辑输出产生漂移紊乱。若该瞬态扰动的幅值足够大、持续时间足够长,且在时钟边沿处到达锁存器,就有可能导致电路错误,即引起单粒子翻转(SEU)。若该扰动沿后级逻辑电路传递,还可能造成大规模的数字电路错误。SET 在反相器链中传播的示意图如图 8.11 所示。

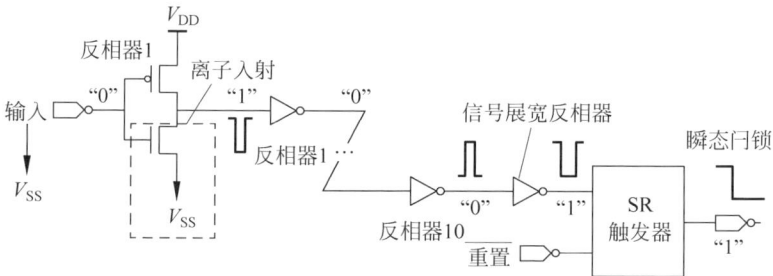

图 8.11   单粒子瞬态脉冲在反相器链中传播的示意图[6]

4. 单粒子翻转(SEU)机理

单粒子翻转主要发生在存储电路和逻辑电路中。一个高能粒子入射器件敏感节点时,如果向节点注入的电荷足够多并形成足够的电荷密度,则可能导致节点的逻辑状态翻转,即 SEU。由于大型半导体器件发生的 SEU 临界电荷较高,其一般不容易发生 SEU 失效。在逻辑电路中,当 SET 通过组合逻辑传播并被锁存器或触发器捕获时,也可能导致 SEU。图 8.12 展示了在反相器中发生的 SEU 典型情况,该图中的两个 CMOS 构成了一个反相器,当反相器无输入时,若宇宙射线中的高能粒子入射 CMOS 衬底,将注入电荷并导致电荷流向漏极,使漏极即反相器的输出端产生脉冲,导致输出端的逻辑状态翻转。

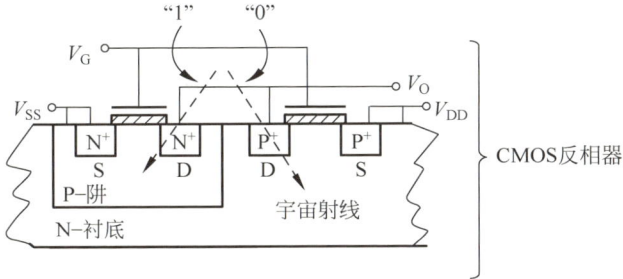

图 8.12　CMOS 反相器单粒子翻转示意图[12]

5. 单粒子功能中断(SEFI)机理

单粒子功能中断是由单个离子撞击引起的非破坏性中断,导致器件复位、挂起或进入不同的操作条件或测试模式。单粒子功能中断一般发生在大型集成电路如 CPU、GPU、FPGA 和存储器中,可能是由于这些大型集成电路使用的一些寄存器或锁存器发生了故障。图 8.13 给出了典型的 SEFI 过程,图中 SEU 造成的控制逻辑中的一个位损坏导致了内存阵列(红色位)中的许多故障,使内存阵列停止工作。

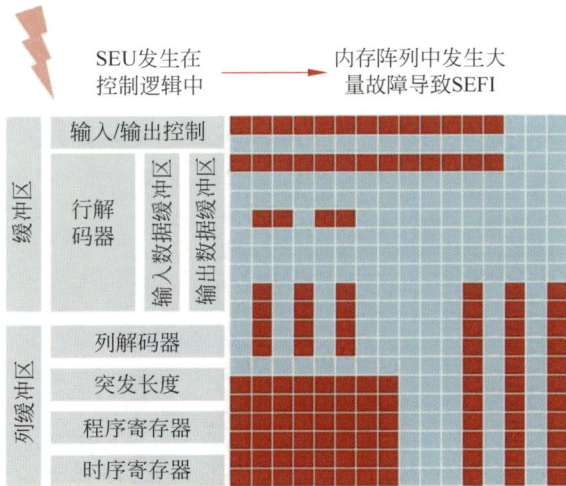

图 8.13　内存阵列中由 SEU 导致的单粒子功能中断示意图[14]

6. 单粒子锁定(SEL)机理

单粒子锁定通常发生在微米级、纳米级尺寸的 PNPN 结构中,如 IGCT 驱动

CMOS 中的寄生 PNPN 结构,这种 PNPN 结构可以使用两个交叉耦合的三极管表示。一种 N 阱体 CMOS 反相器中的 PNPN 寄生结构如图 8.14 所示,其中 N-阱/P-衬底结形成了两个三极管的基极-集电极结,N^+ 源极 P 衬底结和 P^+ 源极 N 阱结形成了两个三极管的发射极-基极结。当高能粒子入射 PNPN 结构时,若该结构承受正向偏压且正在执行电路操作,则该结构有可能被触发导通,由高阻态转变为低阻态,宏观上表现为器件两端直接导通且状态被锁定。

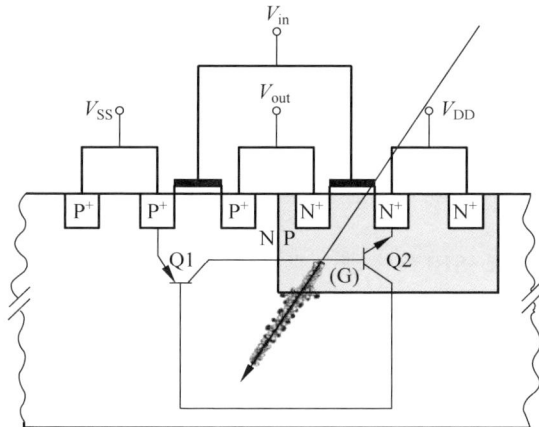

图 8.14　单粒子锁定示意图[13]

延伸材料：宇宙射线失效率模型

　　国外 ABB 公司的 Kaminski 对 IGCT 的宇宙射线失效进行了定量试验与建模研究,提出的器件在阻断状态下的经典失效率模型表达形式如下。该模型仅考虑了三个最主要的因素,即阻断电压、芯片结温和海拔对器件失效率的影响,并把三种影响因素表示为三个由自然指数函数表示的因子组成：

$$\lambda(V_{DC}, T_{vj}, h) = \underbrace{C_3 \cdot \exp\left(\frac{C_2}{C_1 - V_{DC}}\right)}_{①} \cdot \underbrace{\exp\left(\frac{25 - T_{vj}}{47.6}\right)}_{②} \cdot \underbrace{\exp\left(\frac{1 - \left(1 - \dfrac{h}{44300}\right)^{5.26}}{0.143}\right)}_{③}$$

$$(8\text{-}7)$$

其中①表示了阻断电压对失效率的影响,包含 C_1、C_2 和 C_3 三个待定参数,为得到该类参数,ABB 对不同型号的 IGCT 器件进行了试验,结果如表 8.11 所示。②表示了芯片结温对失效率的影响,ABB 的试验表明失效率随结温的升高指数下降,且这种相关关系与器件型号无关。③由气压公式推导,表示了海拔对失效率的影响。

表 8.11　不同型号 IGCT 对应的失效率模型参数

产 品 型 号	C_1/V	C_2/V	C_3/FIT
5SHX 04D4502	2650	5500	2.28E+06
5SHX 08F4510	2650	5500	4.22E+06
5SHX 14H4510	2650	5500	7.66E+06
5SHX 26L4510 5SHY 35L45××	2650	5500	1.39E+07
5SHX 03D6004	2900	8700	6.88E+06
5SHX 06F6010	2900	8700	1.27E+07
5SHX 10H6010	2900	8700	2.31E+07
5SHX 19L6010	2900	8700	4.21E+07
5SHY 30L60××	3050	9900	3.66E+07

对于 5SHY 35L4510 型号的 IGCT 器件,在 2900V 的直流运行电压、25℃结温和 6000m 的海拔高度下,得到的失效率为

$$\lambda(2900V,25℃,6000m) = 1.39 \cdot 10^7 \cdot \exp\left(\frac{5500}{2650-2900}\right) \cdot$$

$$\exp\left(\frac{1-\left(1-\frac{6000}{44300}\right)^{5.26}}{0.143}\right) \approx 0.16FIT$$

代入不同的海拔高度和不同结温,可作出 5SHY 35L4510 型号的 IGCT 器件失效率随直流运行电压变化的曲线如图 8.15 所示。

8.3.2　宇宙射线失效加固措施

IGCT 器件的宇宙射线加固措施主要可分为外部屏蔽和器件优化两个方向。

外部屏蔽的典型方法是将器件和电力电子设备转移到地下,或在器件及电力电子设备外部加装混凝土,以降低宇宙射线的影响。东芝公司有关研究表明,混凝土屏蔽能降低晶闸管类器件失效率,并且混凝土的厚度越大器件失效率越低,如图 8.16 所示。

器件优化设计方面,需要根据不同的失效机理分别给出加固设计策略。对于 SEB 可能引发的芯片失效,可采用增加片厚、减小电阻率等方式,提高芯片阻断能力阈值;对于其他机理可能引发的驱动失效,可采用选用抗辐照元器件、增厚铝质材料屏蔽壳、设计软件校验与复位纠正算法等措施,尽可能降低宇宙射线的影响。

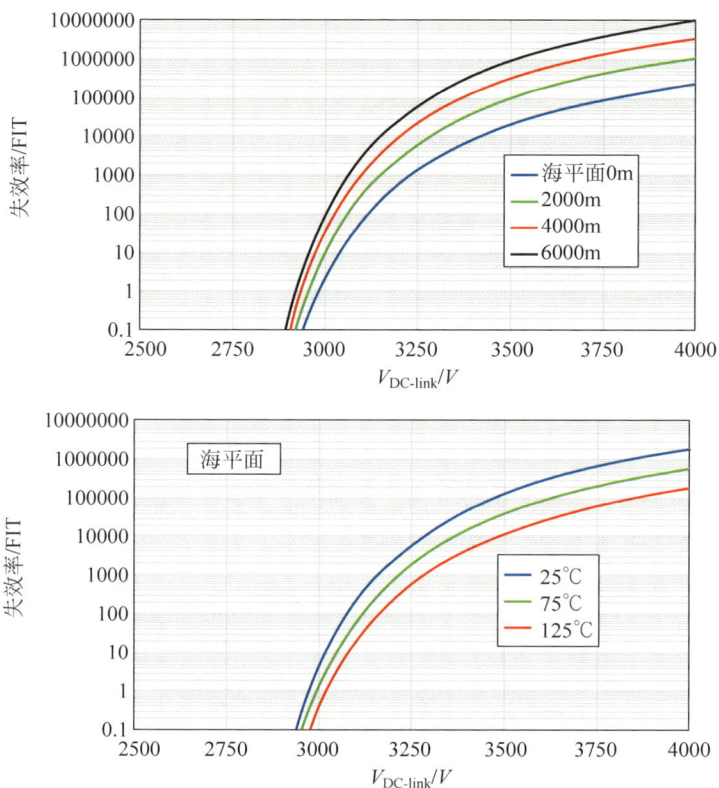

图 8.15 5SHY 35L4510 型号 IGCT 器件失效率曲线

混凝土屏蔽层厚度	0m	0.5m	2m
失效率	4×10^8FIT	5×10^5FIT	1×10^5FIT

图 8.16 混凝土屏蔽对晶闸管类器件失效率的影响

参考文献

[1] 全国航空电子过程管理标准化技术委员会.大气辐射影响 航空电子设备单粒子效应防护设计指南：GB/T 34956—2017[S].北京：中国标准出版社,2017.

［2］　航空电子设备过程管理. 环境辐射影响 第 1 部分：航空电子设备内部由单粒子效应引起
　　　的环境辐射影响的调节：IEC 62396-1-2012［S］. 2012.

［3］　LUTZ J，HERRMANN T，FELLER M，et al. Power cycling induced failure mechanisms in
　　　the viewpoint of rough temperature environment［C］//Integrated Power Systems（CIPS），
　　　2008 5th International Conference on. Nuremberg，Germany：VDE，2008：1-4.

［4］　SHOJI T，NISHIDA S，OHNISHI T，et al. Neutron induced single-event burnout of IGBT［C］//
　　　The 2010 International Power Electronics Conference-ECCE ASIA-. Sapporo，Japan：IEEE，
　　　2010：142-148.

［5］　陈宝忠，宋坤，王英民，等. 功率 MOSFET 抗单粒子加固技术研究［J］. 集成电路与嵌入式
　　　系统，2024，24（3）：19-22.

［6］　MICHAEL NICOLAIDIS. Soft Errors in Modern Electronic Systems［M］. US：Springer，2011.

［7］　Failure rates of IGBT modules due to cosmic rays［EB/OL］.（2004-11-04）［2025-02-16］.
　　　abb. com/semiconductor.

［8］　Failure rates of IGCTs due to cosmic rays［EB/OL］.（2005-07-05）［2025-02-16］. abb. com/
　　　semiconductors.

［9］　MATSUDA H，FUJIWARA T，HIYOSHI M，et al. Analysis of GTO failure mode during
　　　DC voltage blocking［C］//International Symposium on Power Semiconductor Devices and
　　　ICs. Davos，Switzerland：IEEE，1994：221-225.

［10］　MIKKELSEN J. Failure Analysis on Direct Bonded Copper Substrates after Thermal Cycle
　　　in Different Mounting Conditions PC 15. 5［J］. Pcim，2001.

［11］　LUTZ J，SCHLANGENOTTO H，SCHEUERMANN U，et al. Semiconductor power
　　　devices：physics，characteristics veliability［M］. New York：Springer Science and Business
　　　Media，2011.

［12］　MCLEAN F B，OLDHAM，T R. Basic mechanisms of radiation effects in electronic
　　　materials and devices［J］. Basic Mechanisms of Radiation Effects in Electronic Materials
　　　and Devices，1987.

［13］　TIMISCHL F. Interaction of mixed high energy radiation with semiconductor materials
　　　and electronic components［D］. Austrian：Graz University of Technology，2004.

［14］　OGDEN N. Survey of Single Event Functional Interrupt Test and Prediction Methods［EB/
　　　OL］.（2020-06-20）［2025-02-16］. https：//nepp. nasa. gov/docs/etw/2020/16-JUN-TUE/
　　　1130-Ogden-NEPP-ETW-SEFI. pdf.

［15］　NORMAND E. Correlation of Inflight Neutron Dosimeter and SEU Measurements With
　　　Atmospheric Neutron Model［J］. IEEE Transactions on Nuclear Science，2001，48（6）：1996-2003.

［16］　KABZA H，SCHULZE H J，GERSTENMAIER Y，et al. Cosmic radiation as a cause for
　　　power device failure and possible countermeasures［C］//Proceeding of the 6th International
　　　Symposium on Power Semiconductor Devices and ICs. Davos，Switzerland. 1994：9-12.

［17］　ZELLER H R. Cosmic ray induced breakdown in high voltage semiconductor devices，
　　　microscopic model and phenomenological lifetime prediction［C］//Proceeding of the 6th
　　　International Symposium on Power Semiconductor Devices and ICs. Davos，Switzerland.
　　　1994：339-340.

[18] NORMAND E,WERT J L,OBERG D L,et al. Neutron-induced single event burnout in high voltage electronics[J]. IEEE Transactions on Nuclear Science,1997,44(6)：2358-2366.

[19] 赖祖武.抗辐射电子学：辐射效应及加固原理[M].北京：国防工业出版社,1998.

[20] 陈盘训.半导体器件和集成电路的辐射效应[M].北京：国防工业出版社,2005.

[21] BIELEJEC E,VIZKELETHY G,FLEMING R M,et al. Metrics for Comparison Between Displacement Damage due to Ion Beam and Neutron Irradiation in Silicon BJTs[J]. IEEE Transactions on Nuclear Science,2007,54(6)：2282-2287.

[22] BARNABY H J,SMITH S K,SCHRIMPF R D,et al. Analytical model for proton radiation effects in bipolar devices[J]. IEEE Transactions on Nuclear Science,2002,49(6)：2643-2649.

[23] ENLOW E W,PEASE R L,COMBS W,et al. Response of advanced bipolar processes to ionizing radiation[J]. IEEE Transactions on Nuclear Science,1991,38(6)：1342-1351.

[24] JOHNSTON A H,SWIFT G M. Total dose effects in conventional bipolar transistors and linear integrated circuits [J]. IEEE Transactions on Nuclear Science, 1994, 41 (6)：2427-2436.

[25] AKTURK A,WILLKINS R,MCGARRITY J,et al. Single Event Effects in Si and SiC Power MOSFETs Due to Terrestrial Neutrons[J]. IEEE Transactions on Nuclear Science,2016,64(1)：529-535.

[26] LEROY C,RANCOITA P G. Particle interaction and displacement damage in silicon devices operated in radiation environments[J]. Reports on Progress in Physics,2007,70(4)：493-625.

[27] TUOMISTO F,MAKKONEN I. Defect identification in semiconductors with positron annihilation：Experiment and theory[J]. Review of Modern Physics,2013,85(4)：1583-1631.

[28] HUHTINEN M. Simulation of non-ionising energy loss and defect formation in silicon[J]. Nuclear Instruments & Methods in Physics Research Section A,2002,491(1-2)：194-215.

[29] KAINDL W,SOLKNER G,BECKER H W,et al. Physically based simulation of strong charge multiplication events in power devices triggered by incident ions [C]//2004 Proceedings of the 16th International Symposium on Power Semiconductor Devices and ICs. Kitakyushu,Japan：IEEE,2004：257-260.

[30] SCHEUERMANN U,SCHILLING U. Cosmic ray failures of power modules-the diode makes the difference[C]//Proceedings of PCIM Europe 2015；International Exhibition and Conference for Power Electronics,Intelligent Motion,Renewable Energy and Energy Management. Nuremberg,Germany：VDE,2015：1-8.

[31] MITSUZUKA K, YAMADA S, TAKENOIRI S, et al. Investigation of anode-side temperature effect in 1200V FWD cosmic ray failure[C]//2015 IEEE 27th International Symposium on Power Semiconductor Devices & IC's (ISPSD). HongKong,China：IEEE,2015：117-120.

[32] HALLEN A,BLEICHNER H,NORDGREN K. Cosmic ray-induced DC-stability failure in Si diodes[C]//Proceedings of 9th International Symposium on Power Semiconductor Devices and IC's. Weimar,Germany：IEEE,1997：121-124.

［33］ SOELKNER G，VOSS P，KAINDL W，et al. Charge carrier avalanche multiplication in high-voltage diodes triggered by ionizing radiation［J］. IEEE Transactions on Nuclear Science，2000，47(6)：2365-2372.

［34］ SHOJI T，NISHIDA S，HAMADA K，et al. Cosmic ray neutron-induced single-event burnout in power devices[J]. IET Power Electronics，2015，8(12)：2315-2321.

［35］ SHOJI T，NISHIDA S，HAMADA K，et al. Observation and analysis of neutron-induced single-event burnout in silicon power diodes[J]. IEEE transactions on power electronics，2014，30(5)：2474-2480.

［36］ FINDEISEN C，HERR E，SCHENKEL M，et al. Extrapolation of cosmic ray induced failures from test to field conditions for IGBT modules［J］. Microelectronics Reliability，1998，38(6-8)：1335-1339.

［37］ KAINDL W，SOELKNER G. Cosmic radiation-induced failure mechanism of high voltage IGBT［C］//Proceeding of the 17th International Symposium on Power Semiconductor Devices and ICs. CA，USA. 2005：199-202.

［38］ ODA T，ARAI T，FURUKAWA T，et al. Electric-Field-Dependence Mechanism for Cosmic Ray Failure in Power Semiconductor Devices［J］. IEEE Transactions on Electron Devices，2021，68(7)：3505-3512.

［39］ SENAJ V，DUCIMETIERE L. Attempt to a non-destructive Single Event Burnout test of Fast High Current Thyristors［C］//2011 IEEE Pulsed Power Conference. IL，USA，2011：797-801.

［40］ KUBOYAMA S，MIZUTA E，NAKADA Y，et al. Physical Analysis of Damage Sites Introduced by SEGR in Silicon Vertical Power MOSFETs and Implications for Post-Irradiation Gate-Stress Test［J］. IEEE Transactions on Nuclear Science，2019，66(7)：1710-1714.

［41］ DARWISH M N，SHIBIB M A，PINTO M R，et al. Single event gate rupture of power DMOS transistors［C］//International Electron Devices Meeting. DC，USA：IEEE，2002：671-674.

［42］ PEYRE D，PIOVEY C，BINOIS C，et al. SEGR Study on Power MOSFETs：Multiple Impacts Assumption［C］//European Conference on Radiation & Its Effects on Components & Systems. Deauville，France：IEEE，2009：2181-2187.

［43］ FORO L L，TOUBOUL A D，MICHEZ A，et al. Gate Voltage Contribution to Neutron-Induced SEB of Trench Gate Fieldstop IGBT［J］. IEEE Transactions on Nuclear Science，2014，61(4)：1739-1746.

［44］ DALY E J，LEMAIRE J. Problems with models of the radiation belts［J］. IEEE Transactions on Nuclear Science，1996，43(2)：403-415.

［45］ ZIEBRO B，HEMSKY J W，LOOK D C. Defect Models in Electron-Irradiated N-Type GaAs［J］. Journal of Applied Physics，1992，72(1)：78-81.

［46］ NOWLIN R N，ENLOW E W，SCHRIMPF R D，et al. Trends in the total-dose response of modern bipolar transistors[J]. IEEE Transactions on Nuclear Science，1992，39(6)：2026-2035.

［47］ 李尧圣，张进，陈中圆，等.高海拔地区晶闸管宇宙射线失效等效加速试验研究［J］.中国电机工程学报，2024，44(2)：682-690.

第 9 章

IGCT失效短路特性

在高压大容量应用场景中,由于硅材料受到临界雪崩电场强度约束,单只IGCT器件的阻断电压(断态重复峰值电压)通常为数千伏,为满足高压装备的阻断能力要求,通常需要串联使用。但在长期运行的过程中,难免出现通信或控制故障等引起的器件过应力失效。单个器件失效后,其状态可分为开路与短路两类,如图 9.1 所示:当失效器件呈现开路状态时,由于器件串联连接,该组件将同样处于开路状态,引发装置级故障;而当失效器件呈现短路状态时,该串联组件仍可依靠冗余的未失效器件正常运行,仅需在计划检修中将失效器件替换。因此,在高可靠的串联应用场景下,通常期望 IGCT 器件具有失效后稳定短路的特性。

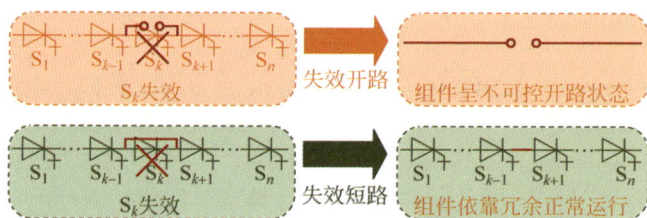

图 9.1 串联组件在单器件失效开路和失效短路下的运行状态

从时间尺度上来看,IGCT 器件失效后的发展过程可划分为三个主要阶段:①失效点产生阶段,发生在微秒级时间尺度,主要关注失效点的形貌特征,这对后续短路特性的演变起着关键作用;②冲击电流耐受阶段,发生在毫秒级时间尺度,主要关注封装结构是否破裂;③长时电流通流阶段,发生在秒级以上时间尺度,主要关注失效短路后等效阻抗的演变规律。本章将围绕 IGCT 器件的失效短路特性,对以上三个阶段分别展开介绍。

9.1　失效类型与失效点特征

按运行状态分类,IGCT 器件通常可分为导通、阻断两种稳态工况及开通、关断两种暂态工况。由于器件极少在开通暂态过程中发生应力集中而失效,故器件的失效类型主要包括导通工况下的过电流通流(浪涌)失效、关断工况下的过电流关断失效和阻断工况下的过电压阻断失效三种。无论哪种失效类型,器件均会在瞬态高温、机械应力等作用下,发生局部熔融、碎裂等结构性破坏,但不同失效类型下,其失效点特征有所差异。本节将对三种失效类型下的失效点典型特征展开介绍。

9.1.1　过电流通流失效

由于大电流下 IGCT 器件的通态电压具有正温度系数,且广泛分布的门极电极可以触发各元胞均匀开通,故在导通状态,一般认为 IGCT 芯片内部具有较好的电流分布均匀性。在承受浪涌电流时,芯片内各个区域的产热与散热情况十分相似,其失效点通常呈现出多点随机分布的特征,图 9.2 给出了三个样品在过电流通流失效后的形貌。

图 9.2　IGCT 器件过电流通流失效典型形貌

9.1.2　过电流关断失效

如本书第 4 章所述,器件的过电流关断失效分为不满足硬驱动条件、低压自触发和高压自触发三种类型。其中,在不满足硬驱动条件的失效类型下,芯片上距离门极引出区域较远的区域杂散阻感较大,换流速度较慢,在阳极电压上升过程中,电流会向该区域汇聚,引发失效,其典型形貌如图 9.3(a)所示;而在低压自触发或高压自触发的失效类型下,芯片上梳条排布密集的区域电流密度较高,在关断过程中,该区域的 P 基区内横向电压降也较大,更容易引发自触发失效,其典型形貌如图 9.3(b)所示。

需要额外说明的是,在部分芯片的设计中,会采用局部电子辐照等方式调控局部载流子寿命,进而影响电流密度分布状态,此时,失效点分布还要依据参数设计情况再做判断。

（a）　　　　　　　　　　　　　　　（b）

图 9.3　IGCT 器件过电流关断失效典型形貌
（a）不满足硬驱动条件失效；（b）低压或高压自触发失效

9.1.3　过电压阻断失效

如本书第 2 章所述,IGCT 器件耐受阻断电压时,有源区及终端区域同时承受该电压并形成空间电场。由于 IGCT 通常采用负斜角终端,在终端区域内存在局部的电场强度集中,其理论阻断能力低于有源区的平行平面结构。故在过电压发生时,IGCT 器件失效点常出现在终端区域,图 9.4 给出了三个样品在过电压阻断失效后的形貌。

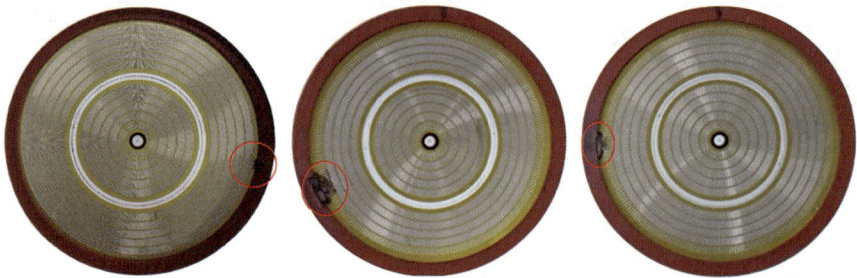

图 9.4　IGCT 器件过电压阻断失效典型形貌

9.2　失效后暂态冲击耐受特性

在 IGCT 失效点产生后,由于器件已经失去基本的电压阻断能力,在变换器中,器件可能随之需要承受由储能电容引起的毫秒级暂态冲击电流,这一工况在模块化多电平变换器（modular multilevel converter,MMC）中尤为典型,其基本工作原理将在本书第 12 章中展开介绍。根据 MMC 子模块电容值与运行电压的不同，器件在这一阶段所需承受的浪涌电流低至 100kA，高至数千千安，这一冲击能量可能引起 IGCT 封装结构的破裂，威胁装备的安全稳定运行。在本节中，将首先探讨暂态冲击电流引起封装破裂的内在机制，随后针对不同失效类型的 IGCT 器件，介绍其耐受暂态冲击的特性。值得说明的是，由于 MMC 等电压源型变换器中使用的是不对称 IGCT 器件，因此本节所作讨论均针对该类器件展开。

9.2.1　暂态冲击下的封装破裂机制

如上所述，IGCT 在失效点产生后，对应区域已经发生了半导体与金属电极的渗透互融，使器件失去了电压阻断能力；而相对应的，未失效区域仍具备阻断电压。这意味着，在承受暂态冲击电流时，芯片的失效区域会出现集中而剧烈的发热，造成封装内局部区域温度的快速上升。图 9.5 为典型工况下器件耐受 700kA 峰值电流冲击的电压电流仿真波形，以此数据为输入，搭建封装有限元模型，分别设定从芯片中心区至终端区的 A、B、C、D 四个失效位置，可以得到 IGCT 封装内部热扩散过程和 IGCT 陶瓷外壳内表面的瞬态温度变化如图 9.6 和图 9.7 所示。

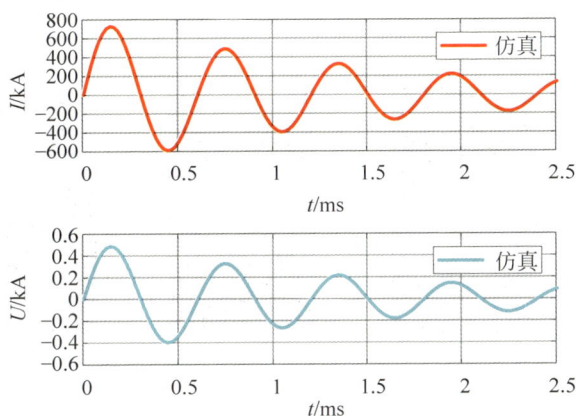

图 9.5　典型工况下 IGCT 失效后耐受冲击电流和电压的仿真结果

可以看到，当失效区位置位于芯片中心区域时，冲击电流造成的瞬态热量在向封装边缘传递过程中可以经由阴阳极钼片和铜电极充分传导，因此最终传递至边缘空隙处的热量很少，这种情况下，陶瓷外壳内表面的温度在整个冲击电流作用期间变化不大，峰值温升仅为数摄氏度。随着失效区位置逐渐向芯片终端区域移动，冲击电流造成的瞬态热量有更大部分被迅速传递至边缘空隙，使得陶瓷外壳内表面的温度显著上升，峰值温升最高可达数百摄氏度。

相较于钼、铜等金属材料，陶瓷的导热系数较低。因此，当陶瓷外壳的内表面温度迅速升高时，热量在短时间内难以有效地传递到外壳外部。在这种情况下，陶

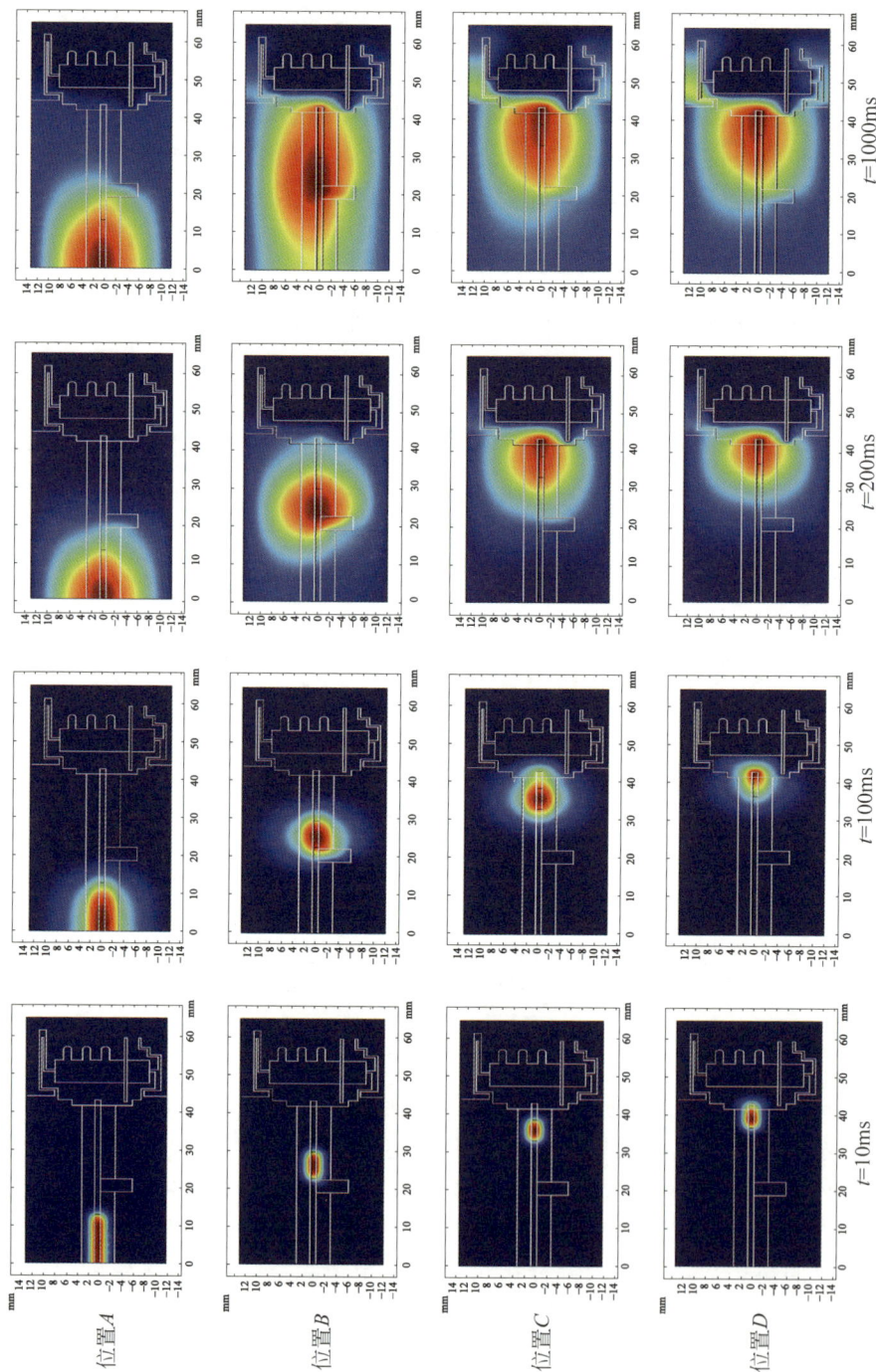

图 9.6 不同失效位置的 IGCT 封装内部热扩散过程比较

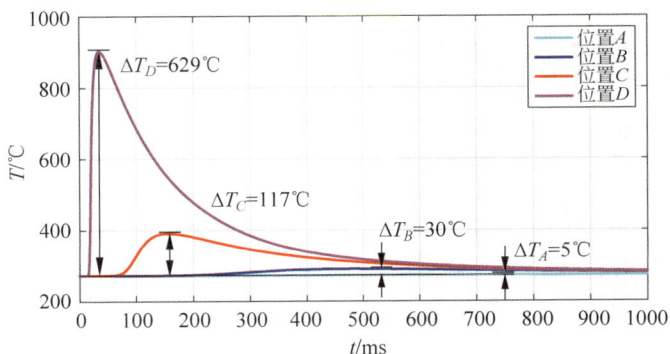

图 9.7　不同失效位置的陶瓷外壳内表面瞬态温度变化

瓷外壳内表面的瞬时温升可以视为内外表面之间的温差。随着陶瓷外壳内外表面的温差逐步增大,其内部热应力快速上升,直至超过材料固有强度时,陶瓷管壳便会发生破裂。一般地,评价陶瓷材料耐受热应力的特性称为抗热震性能,发生破裂时对应的温度骤变定义为临界抗热震温差。以 IGCT 封装中较常采用的 97 氧化铝陶瓷材料为例,其临界抗热震温差一般认为在 $300 \sim 400 ℃$。

　　基于上述分析,可以看出失效区域的分布特征会显著影响封装破裂的可能性。当 IGCT 失效区产生于芯片内部多处区域时,冲击电流产生的焦耳热在器件内的分布和传递较为均匀,陶瓷外壳承受的暂态温差和热应力较小,破裂风险较低。但当 IGCT 冲击电流集中在芯片边缘区域时,焦耳热的分布和传递较不均匀,陶瓷外壳将具有较大的暂态温差和热应力(仿真中 D 区域失效时,陶瓷外壳内外表面温差$>600 ℃$),其破裂的风险显著增大。

9.2.2　不同失效类型下的暂态冲击耐受特征

　　基于上述分析,不同的失效点位置下,器件的暂态冲击耐受能力不尽相同。结合 9.1 节中的分析,我们知道实际工况中有三种不同的失效类型及对应的失效点位置分布规律,可以预测器件在经历这三种失效工况后,承受暂态冲击的表现也将有所不同。本节以 MMC 半桥子模块拓扑为例,通过实证研究,分别介绍 IGCT 器件在不同失效类型下的暂态冲击耐受表现。

实证研究之一:过电流通流失效

(1)电路拓扑与试验过程

　　由于 IGCT 的过电流通流失效发生于 MMC 子模块的额定电压运行条件中,因此可以直接在标准 IGCT-MMC 子模块中模拟相应故障,引发冲击电流。测试平台及电路拓扑如图 9.8 所示,MMC 子模块母线电容 C_{DC} 通过充电开关 K_1 连接到直流源 V_{DC},同时通过放电开关 K_2 连接到放电电阻 R,子模块的输出端连接到负载电感 L_{LOAD},相关电路参数在表 9.1 中列出。

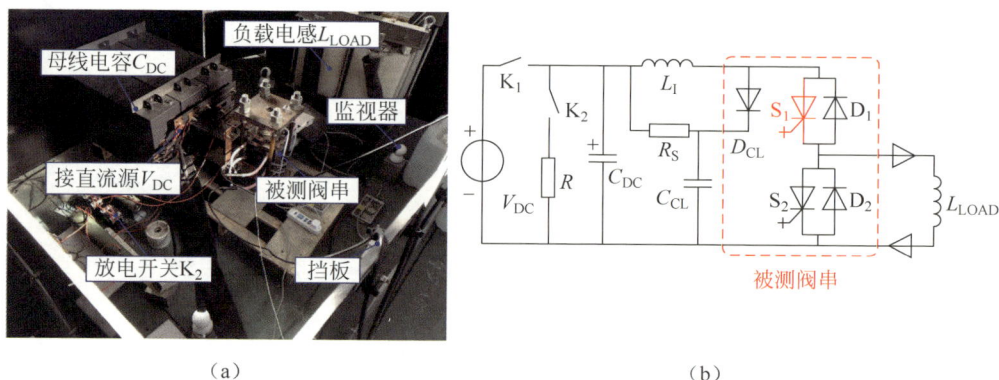

（a）   （b）

图 9.8　IGCT 过电流失效暂态冲击耐受测试平台

（a）实验平台照片；（b）实验平台电路拓扑

表 9.1　IGCT 过电流失效暂态冲击耐受测试平台各部件参数

平 台 部 件	符　　号	单　　位	数　　值
直流源	V_{DC}	kV	0～7
放电电阻	R	kΩ	1
母线电容	C_{DC}	mF	10～15
阳极电感	L_I	μH	0.8
钳位电阻	R_S	Ω	2
钳位电容	C_{CL}	μF	4
负载电感	L_{LOAD}	mH	1

在模拟 IGCT 的过电流通流失效时，首先闭合充电开关 K_1，通过直流源 V_{DC}将母线电容 C_{DC} 充电至 2.8kV 左右，然后打开充电开关 K_1，将直流源进行隔离。接着触发上管 S_1 以在 S_1 中建立负载电流，经计算，S_1 触发后 1.15ms，负载电流将超过 S_1 额定运行电流。最后触发 S_2，以造成 S_1 及下管 S_2 中的电流迅速上升，模拟在实际 MMC 工况中的过电流通流失效。

（2）失效判定及暂态冲击强度评估

首先判定器件的失效时刻。如图 9.9 所示，红色虚线是 S_2 在 2.55kV 条件下未失效时的预期门极电压，大约为 0.7V，可以看到 S_2 的门极电压在触发后0.08ms 突然下降，可以判定为 S_2 发生过电流通流失效的时刻。此时 S_2 上的冲击电流水平约为 194kA。

上述分析说明 IGCT 器件是先发生过电流通流失效，随后又经历了巨大冲击电流，图 9.10 所示为过电流通流失效下耐受暂态冲击的典型波形。冲击电流峰值约为 240kA，时刻位于放电后约 150μs，最大 I^2t 约为 $1.42 \times 10^7 A^2 \cdot s$，母线电容在放电过程中释放的总能量约为 32.5kJ。

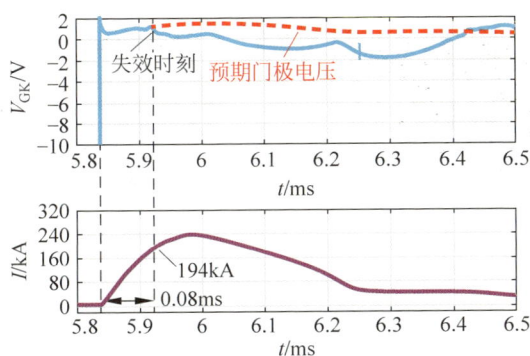

图 9.9　S$_2$ 在过电流通流失效时刻附近的门极电压测试结果

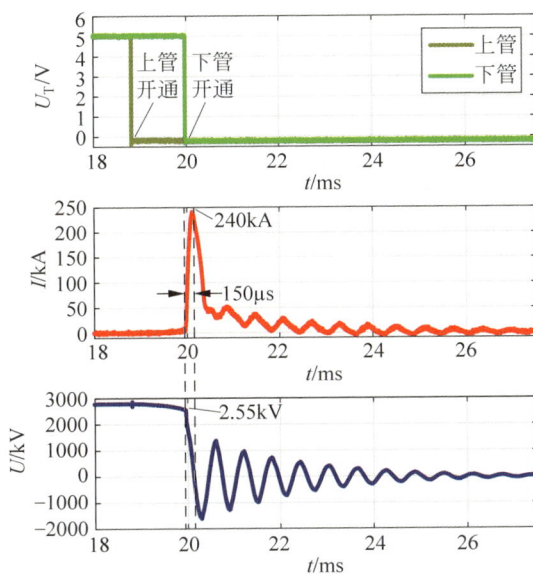

图 9.10　过电流通流失效 IGCT 暂态冲击电流测试结果

（3）失效表现

在该工况条件下，IGCT 封装未发生破裂。在 240kA 暂态冲击电流测试结束后解开阀串，可以看到子模块内的 IGCT 器件封装外观与测试前无异；解剖器件后，封装完好无损，芯片表现为多处失效特征，如图 9.11（a）和（b）所示。

上述实验结果说明过电流通流失效下的 IGCT 器件由于失效点分布分散，具有良好的暂态冲击耐受能力，不易发生封装结构的破裂。

实证研究之二：过电流关断失效

（1）电路拓扑与试验过程

类似地，为了模拟 IGCT 过流关断失效的应用工况，仍采用图 9.8 所示的电路

（a）   （b）

图 9.11　过电流通流失效 IGCT 在暂态冲击电流测试后的特征表现

（a）IGCT 器件外观；（b）IGCT 解剖后芯片与封装形貌

拓扑。在控制方面，在负载电流超过上管 S_1 额定运行电流，并触发下管 S_2 开通 $20\mu s$ 后，对 S_1 执行一次主动关断动作。此时，S_1 将首先发生过流关断失效，而后承受子模块的暂态冲击电流。

（2）失效判定及暂态冲击强度

通过门极电压的放大波形判定失效，如图 9.12 所示。S_2 在 t_1 时刻触发开通，S_1 在 $20\mu s$ 后的 t_2 时刻执行关断动作，S_1 的反向门极电压表明此时驱动正在执行关断动作，也证明 S_1 在 t_2 时刻仍然正常工作。但由于 S_1 此时电流高达 $70kA$，无法关断，因此在 $8\mu s$ 后，S_1 的门极电压再次发生转变变为正偏，电压过冲达到 $20V$，这意味着此时器件关断电流失败，局部发生了失效并涌入冲击电流。

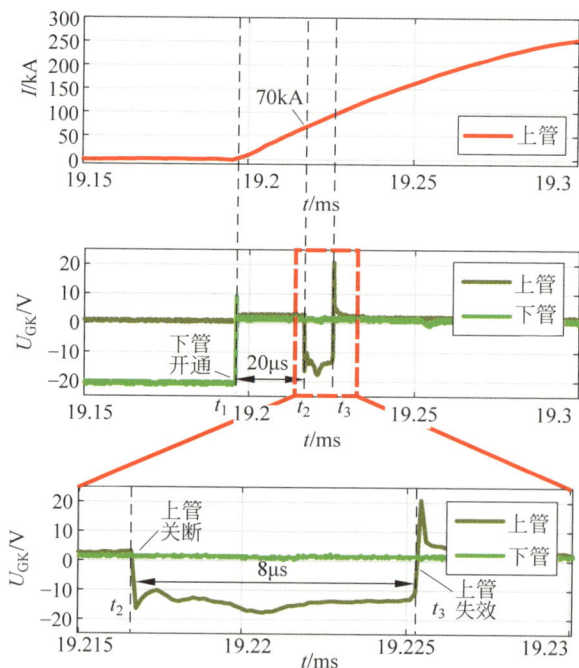

图 9.12　S_1 在过电流关断失效时刻附近的门极电压测试结果

图 9.13 所示为过电流关断失效下耐受暂态冲击的典型波形,可以看出在该试验中,直通前母线电容电压为器件额定运行电压 2.5kV,S_1 和 S_2 上承受的冲击电流首波峰值约为 266kA,峰值时刻位于放电后约 $140\mu s$,最大 I^2t 约为 $1.7 \times 10^7 A^2 \cdot s$,母线电容在放电过程中释放的总能量约为 31.25kJ。

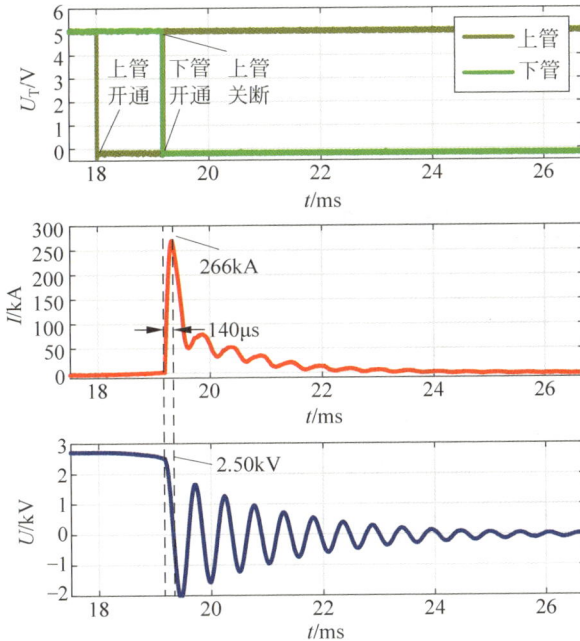

图 9.13 过电流关断失效 IGCT 暂态冲击电流测试结果

(3)失效表现

图 9.14 给出了测试后的器件状态,可以看到外观和内部封装同样完好无损,芯片主要表现为外环单处区域损毁特征。

(a)   (b)

图 9.14 过电流关断失效 IGCT 在暂态冲击电流测试后的特征表现

(a) IGCT 器件外观;(b) IGCT 解剖后芯片与封装形貌

上述实验结果说明过电流关断失效下的 IGCT 器件由于失效点依然不在边缘终端区域,仍具有良好的暂态冲击耐受能力,不易发生封装结构的破裂。

实证研究之三：过电压阻断失效

（1）电路拓扑与试验过程

与上述两种失效工况不同，IGCT 的过电压阻断失效通常发生于 MMC 半桥子模块闭锁充电状态下。如若测试 IGCT 在过电压阻断失效后对冲击电流的耐受特性，需要搭建多子模块级联的阀段测试平台，以同时实现大电流和高电压输出，较为复杂。因此本节采用如下的等效方法进行测试验证，测试平台及电路拓扑如图 9.15 所示。该测试平台对半桥子模块结构进行了简化，主要由直流母线电容 C_{DC}、阳极电感 L_1、被测 IGCT 以及实验触发用 6.5kV 等级晶闸管 T 组成，其余与前述平台组成相同。

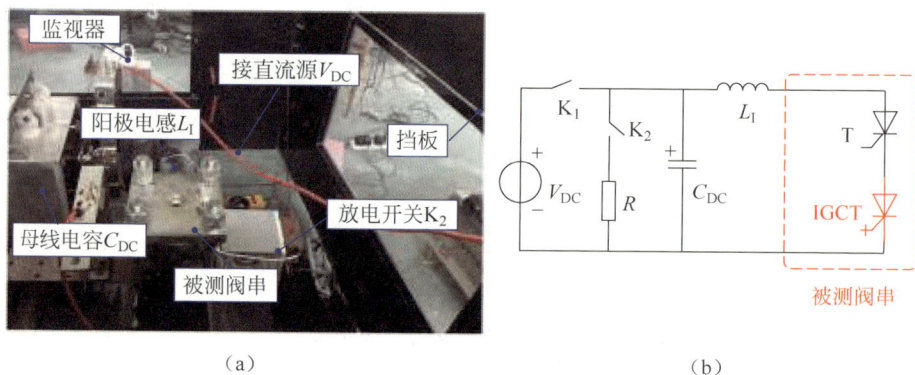

（a）　　　　　　　　　　　　　　（b）

图 9.15　IGCT 过电压失效暂态冲击测试平台

(a) 实验平台；(b) 实验平台电路拓扑

这一部分将采用两个试验步骤模拟 IGCT 的过电压阻断失效及之后承受冲击电流的过程。第一步采用低能高压脉冲对被测 IGCT 进行预处理，使其阻断电压发生大幅降级；第二步在等效平台中对预处理后的 IGCT 直接进行冲击电流耐受实验。在第二步测试中，首先闭合充电开关 K_1，通过直流源将子模块母线电容 C_{DC} 充电至 4.5kV 左右，此时与被测 IGCT 串联的晶闸管 T 主要承担母线电容电压。然后打开充电开关 K_1，将直流源进行隔离，接着触发晶闸管 T 开通，将母线电容电压直接施加在被测 IGCT 上，IGCT 将会因为无法承受电压而发生失效。同时由于晶闸管 T 处于开通状态，因此母线电容会经由回路电感放电，并使过电压阻断失效的 IGCT 承受冲击电流。

（2）失效判定及暂态冲击强度

可通过器件两端电压判定失效，如图 9.16 所示，随着晶闸管电压下降，IGCT 器件电压上升，直至某时刻瞬间跌落，标志着此时发生了过电压阻断失效。可以看出，在该工况下，失效 IGCT 承受的冲击电流峰值约为 646kA，峰值时刻位于放电后约 145μs，最大 I^2t 约为 $6.05\times10^7 A^2\cdot s$，母线电容在放电过程中释放的总能量约为 182.25kJ。

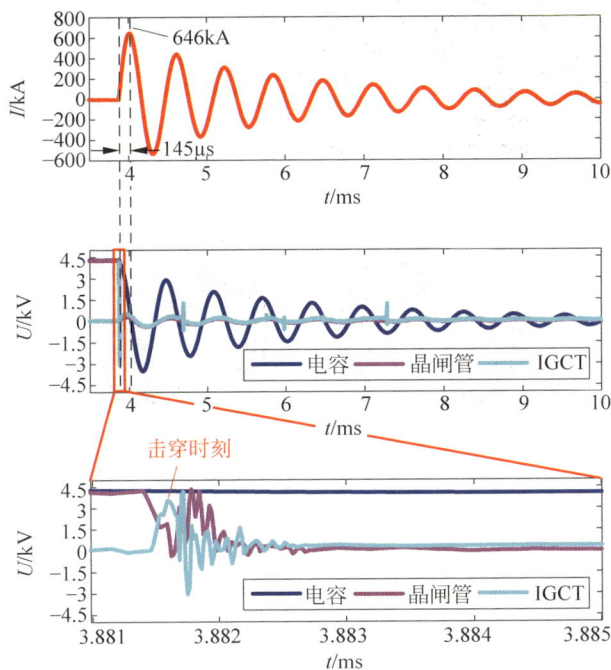

图 9.16　过电压击穿失效瞬间 IGCT 电压电流测试结果

（3）失效表现

与上述两种失效模式不同的是,过电压阻断失效的 IGCT 封装在冲击耐受过程中会产生明显的多处破裂,其形貌如图 9.17 所示。进一步地,取出封装内的失效芯片观察,可以看到 IGCT 芯片过电压阻断失效点位于边缘,符合 9.1 节中的失效点分布规律;冲击电流过后边缘的过电压阻断击穿失效点产生了大面积烧蚀,与封装陶瓷外壳的破裂位置形成对应。

显然,过电压阻断失效实例中的冲击电流峰值及能量均大于过电流通流失效和过电流关断失效实例中的数据。为排除冲击电流峰值及能量对 IGCT 封装抗破裂特性的影响,进一步在图 9.15 拓扑下,通过将 IGCT 器件 S_1 和晶闸管 T 同时触发,构建出过电流通流失效工况,其电压电流波形如图 9.18 所示。此时,失效后的冲击电流提升至 700kA,峰值时刻位于放电后约 $140\mu s$,最大 I^2t 约为 $6.61\times10^7 A^2\cdot s$,母线电容在放电过程中释放的总能量同样约为 182.25kJ。器件经历冲击电流后的形貌状态如图 9.19 所示,可以看出,过电流失效 IGCT 封装在实验后外观依然保持良好,无任何破裂,同时芯片解剖结果显示,IGCT 芯片存在多个均匀分布的烧蚀位置。这就说明,单纯增加冲击电流峰值至 700kA,并不会引起管壳结构的破裂。

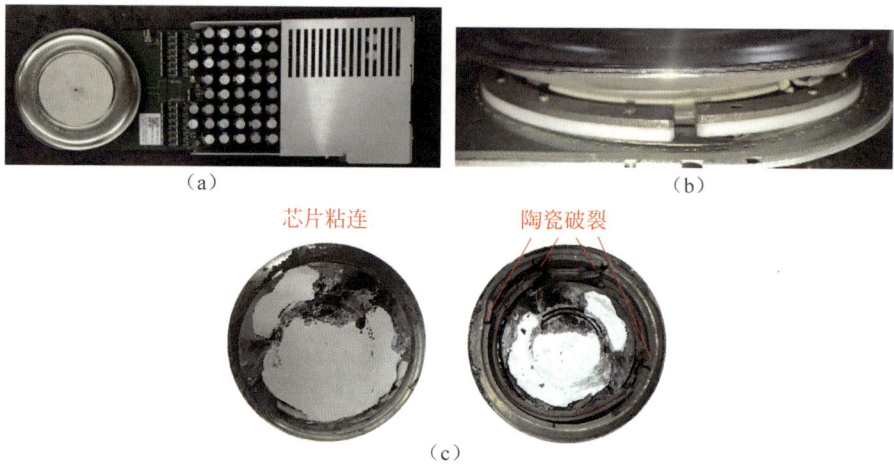

(a)　　　　　　　　　　　　　　　　　(b)

芯片粘连　　　　　陶瓷破裂

（c）

图 9.17　过电压阻断失效 IGCT 在暂态冲击电流测试后的特征表现

（a）IGCT 器件外观；（b）IGCT 器件封装侧面；（c）IGCT 解剖后封装内形貌

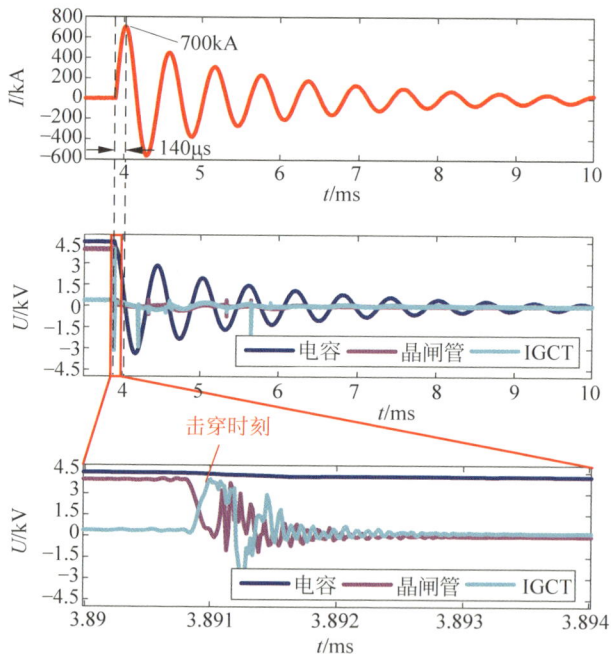

击穿时刻

图 9.18　过电流通流失效 IGCT 耐受 700kA 暂态冲击电流测试结果

综合以上分析,对于过电压阻断失效下的 IGCT 器件,由于失效点位于边缘终端区域,在暂态冲击电流下产生的应力会导致封装结构出现破裂。尽管此时失效器件仍为短路状态,但在实际中应尽量规避封装破裂的发生。

图 9.19　过电流通流失效 IGCT 在耐受 700kA 暂态冲击电流后的特征表现

9.2.3　器件抗破裂设计

基于 9.2.2 节中的分析,当 IGCT 在发生过电流通流失效和过电流关断失效时,由于失效点不在终端区域,继之通过的冲击电流不会导致管壳发生破裂;但发生过电压阻断失效时,由于 IGCT 的失效点位于芯片的终端区域,冲击电流产生的焦耳热会快速扩散到封装气隙中并对封装造成巨大的热应力,使得 IGCT 面临封装破裂风险,从而危及装备的安全性。

为了提升 IGCT 在过电压阻断失效故障下的封装抗破裂特性,可在芯片中心处设置阻断能力较为薄弱的区域,使得器件在发生过电压阻断失效时,失效点由终端区域转移到中心区域,进而提升其失效后的暂态冲击耐受能力。这种通过主动设计实现中心薄弱结构的器件称为可控击穿型 IGCT(CP-IGCT)。下面具体介绍CP 型器件的工作原理、位置选择和工艺实现。

1. 设计原理

IGCT 芯片在阻断状态下的一维泊松方程简化形式如下:

$$\frac{\mathrm{d}E}{\mathrm{d}x} = \frac{q}{\varepsilon_{\mathrm{Si}}}(N_{\mathrm{D}} + p - N_{\mathrm{A}} - n) \approx \frac{q}{\varepsilon_{\mathrm{Si}}}N_{\mathrm{D}} \tag{9-1}$$

式中,E 是电场强度;x 是深度位置;N_{D} 和 N_{A} 分别是施主和受主的掺杂浓度;p 和 n 分别是空穴和电子浓度;q 是单位电荷;$\varepsilon_{\mathrm{Si}}$ 是硅的介电常数。

从式(9-1)可以看出,IGCT 芯片内的电场强度随深度的变化率主要与施主的掺杂浓度相关。为了兼顾 IGCT 的高阻断和低压降特性,在 IGCT 中的阳极侧一般会设置一层掺杂浓度较高的 N 缓冲层。这是因为 IGCT 芯片的 N 基区掺杂浓度通常设计得较低,电场变化缓慢,而增加的 N 缓冲层可以将电场峰值快速降低,以避免空间电场直接抵达芯片 P 发射极发生击穿。同时采用缓冲层结构也可以缩减 N 基区的厚度,以实现更低的通态压降。

CP-IGCT 的基本思路就是围绕缓冲层做一些特殊的设计,其基本结构和原理如图 9.20 所示。相比于常规 IGCT,CP-IGCT 在芯片上设置了特殊的可控穿通区域(CP区),该区域内的 N 缓冲层厚度与掺杂浓度低于正常区域。当外加电压达到预设阻断电压时,CP 区内的耗尽区边界先于其他区域延伸至 P 发射极附近,使得该区域内泄漏电流密度快速增大,温度骤升至硅材料的热耐受极限,引发热击穿。由于这种击穿原理遵循泊松方程,基本不受温度影响,因此阻断电压几乎不依赖于温度,芯片阻断电压的一致性好。

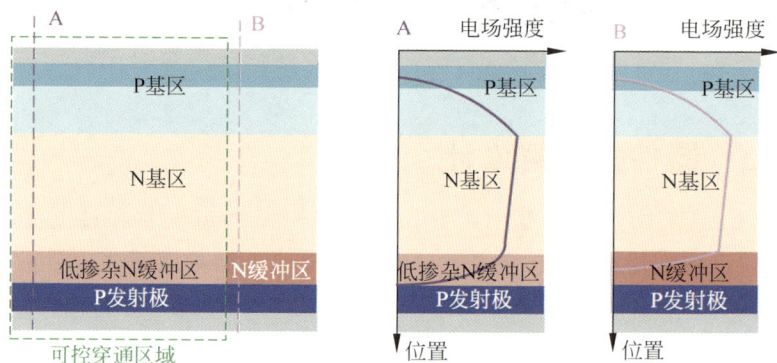

图 9.20　可控击穿型 CP-IGCT 结构及电场强度分布

2. 位置选择

在 IGCT 芯片上选择 CP 区位置时,一方面应远离终端区域,以提升过电压阻

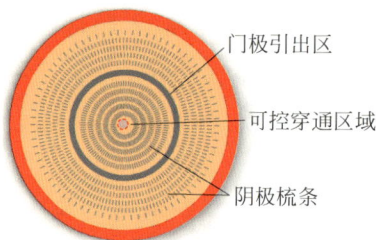

图 9.21　CP-IGCT 芯片版图设计示意

断失效后的冲击电流耐受能力,另一方面应保证该结构的引入不影响到芯片的其他特性。考虑到在常规 IGCT 芯片中,元胞同心排列,在中心区域一直存在一个未利用区域,故恰好可在该区域设置 CP 区,如图 9.21 所示。这样的布置既可实现失效点位置与终端距离最远,又可最大限度降低对器件其他特性的影响。

3. 工艺实现

如本书第 5 章所述,IGCT 芯片缓冲层的制备可通过离子注入及高温扩散实现。其中离子注入剂量 Q_{imp} 即为该区域新增的掺杂剂量,而高温扩散参数则决定了该区域的掺杂分布。

根据式(2-21)和式(2-25),考虑 N 缓冲层的厚度相较 N 基区可忽略,可以得到穿通电压 V_{pt} 与离子注入剂量 Q_{imp} 间满足:

$$V_{pt} \approx \frac{qN_D}{2\varepsilon_{Si}} \times L_N^2 + \frac{q \times L_N \times Q_{imp}}{\varepsilon_{Si}} \tag{9-2}$$

式中，N_D 是 N 基区掺杂浓度；L_N 是 N 基区和低掺杂 N 缓冲层的总厚度。可以看出，CP 区穿通击穿电压几乎仅取决于注入剂量 Q_{imp}，而与该区域结深和表面浓度关联性不大。这一性质极大程度保证了该结构工艺实现的便利性。

设计实例

在 TCAD 软件中建立了包含中心 CP 区的 IGCT 芯片仿真模型。仿真模型选取柱坐标参考系，常规区域阻断电压为 4.5kV，芯片厚度约为 $600\mu m$，N 基区掺杂浓度为 $9.2\times10^{12}\,\mathrm{cm^{-3}}$，$J_2$ 结深设置为 $110\mu m$，P 基区表面掺杂浓度选取在 $1\times10^{17}\sim1\times10^{18}\,\mathrm{cm^{-3}}$。

（1）结构设计

图 9.22 给出了不同低掺杂缓冲层注入剂量对 CP 区阻断电压的影响（设定 CP 区阻断电压为 4kV 时的注入剂量为参考剂量）。可以看出，无论哪种注入剂量，IGCT 的阻断特性均为硬转折，这意味着芯片一旦达到 CP 区阻断电压，漏电流就会急剧增大并发生击穿，从而实现 IGCT 在特定电压下的自毁击穿功能。图中还显示阻断电压随注入剂量的近似线性变化关系，与式（9-2）中理论分析结果一致。

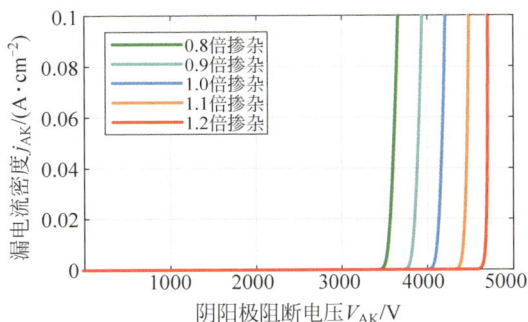

图 9.22　CP-IGCT 在不同掺杂设计下的阻断特性仿真结果

图 9.23 展示了 CP-IGCT 在不同温度下的阻断特性仿真结果（以阻断电压 4kV 设计为例）。可以看出，CP-IGCT 的阻断电压几乎不依赖芯片温度，这有助于实现 CP-IGCT 在不同运行工况下的击穿鲁棒性。

（2）实测验证

图 9.24 给出了 CP-IGCT 与常规 IGCT 两种器件在 300K 和 400K 下的阻断电压实测结果。可以看出，相比常规 IGCT，CP-IGCT 可以在设计阻断电压值 4kV 下发生硬转折击穿，而且不同温度下的测试结果表明 CP-IGCT 的转折电压几乎不变，这一结果验证了前述的仿真分析。

进一步评估新增 CP 区对器件的导通、开通和关断特性影响，如图 9.25、图 9.26、图 9.27 所示。可以看出，CP-IGCT 和常规 IGCT 的通态与开关特性没有显著差异，与前文的理论及仿真分析一致。

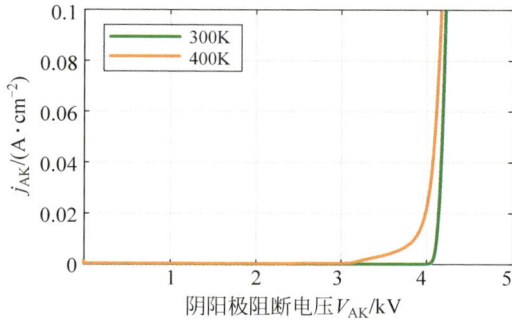

图 9.23　CP-IGCT 在不同温度下的阻断特性仿真结果

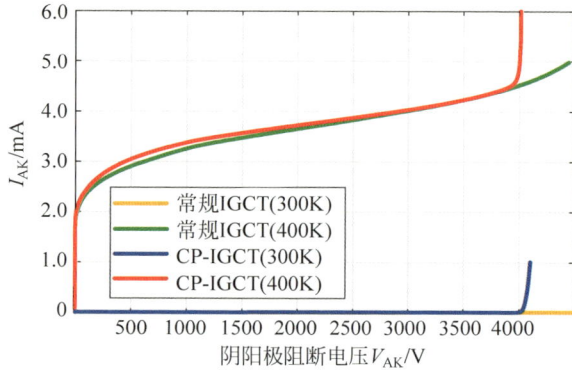

图 9.24　CP-IGCT 与常规 IGCT 在不同温度下的阻断特性比较

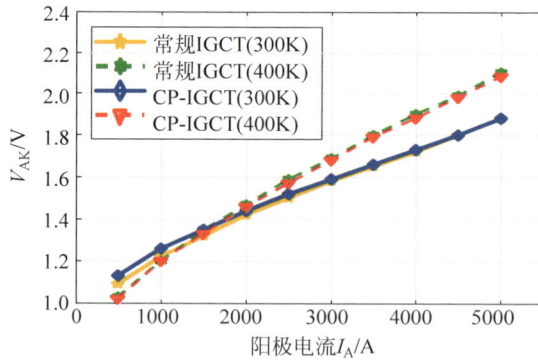

图 9.25　CP-IGCT 与常规 IGCT 在不同温度下的通态电压比较

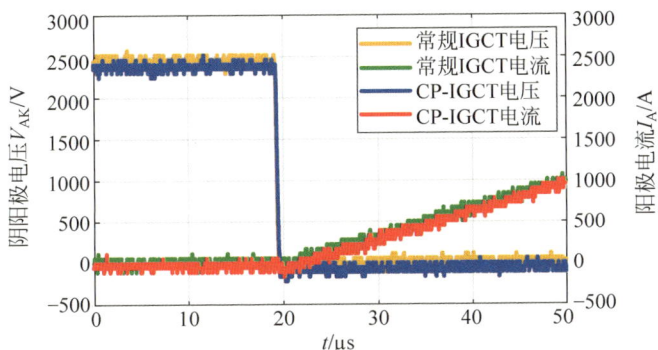

图 9.26　CP-IGCT 与常规 IGCT 在 2.4kV 母线电压下的开通特性比较

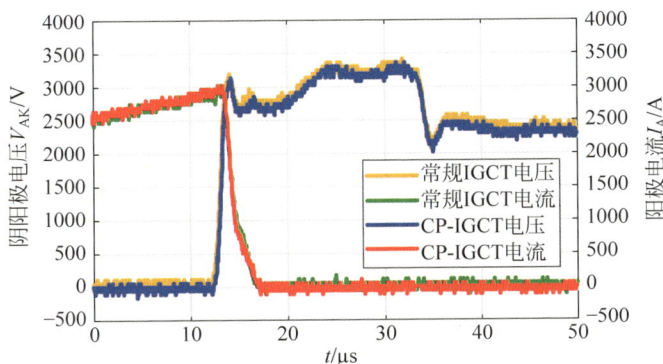

图 9.27　CP-IGCT 与常规 IGCT 在 2.4kV 母线电压下的关断特性比较

　　最终,对 CP-IGCT 在过电压阻断失效下的暂态冲击电流耐受能力进行验证。图 9.28 给出了 MMC 子模块直流电容通过回路电感放电的冲击电流、电容电压和半导体器件的电压波形结果。如图所示,被测 CP-IGCT 的阳极电压在上升到 4.58kV 左右并维持了 500ns 后发生了击穿,电容直通放电产生的冲击电流峰值约为 640kA,峰值时刻在击穿后约 180μs。

　　与常规 IGCT 器件不同,CP-IGCT 器件在暂态冲击下并未发生封装结构破裂。进一步解剖器件后可以看到,CP-IGCT 芯片的失效区域以中心区域为主,如图 9.29 所示,与预期相符。这印证了 CP-IGCT 在过电压阻断击穿并耐受暂态冲击电流时,具有优异的封装抗破裂特性及失效短路特性。

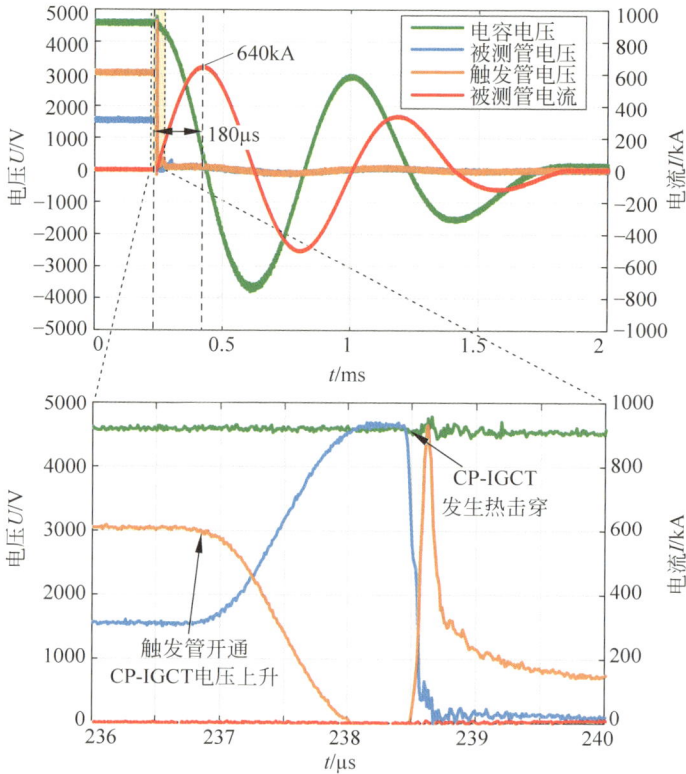

图 9.28 CP-IGCT 过电压阻断失效后的暂态冲击电流测试结果

图 9.29 CP-IGCT 耐受暂态冲击电流后的封装外观和内部解剖情况

9.3 失效后长时电流通流耐受特性

通常而言,电力装备在单一器件失效后不会立即停运,而是依靠系统冗余维持运行,直到设备检修时再将失效器件统一进行更换。这一应用需求要求 IGCT 器件在承受暂态冲击电流后,还需耐受长时的通流电流而维持稳定的短路状态。本节介绍两种确保失效 IGCT 器件长时通流可靠短路的物理机制。

9.3.1　金属-半导体的熔融互掺机制

在 IGCT 器件失效过程中,瞬间的应力集中导致器件物理上出现了不可逆的变化,其中较为典型的就是金属-半导体的熔融互掺。图 9.30 所示为某过电流通流失效 IGCT 芯片在暂态冲击耐受后的表面状态。从光学显微镜的观察结果可以看出,失效区域形成的导电合金具有类金属的表面光泽。

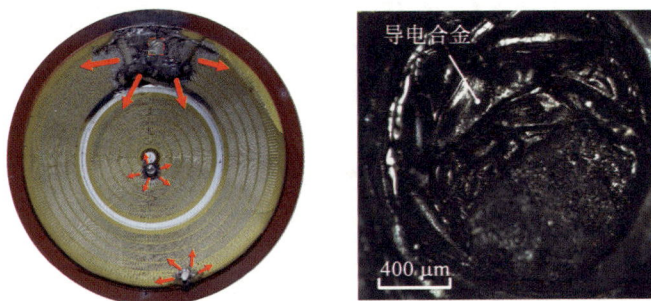

图 9.30　过电流通流失效 IGCT 在暂态冲击耐受后的失效区域形貌

图 9.31 进一步给出了导电合金和钼片的界面在扫描电镜(scanning electron microscope,SEM)下的拍摄结果与界面附近的 X 射线能谱仪(energy dispersive spectrometer,EDS)的元素面扫分析结果。可以看出,形态上,导电合金已经扩展进入钼片较深距离,同时导电合金与钼片剩余部分之间的边界清晰可见;组分上,失效区域导电合金以硅元素为主,同时包含一定量的铝和钼元素。

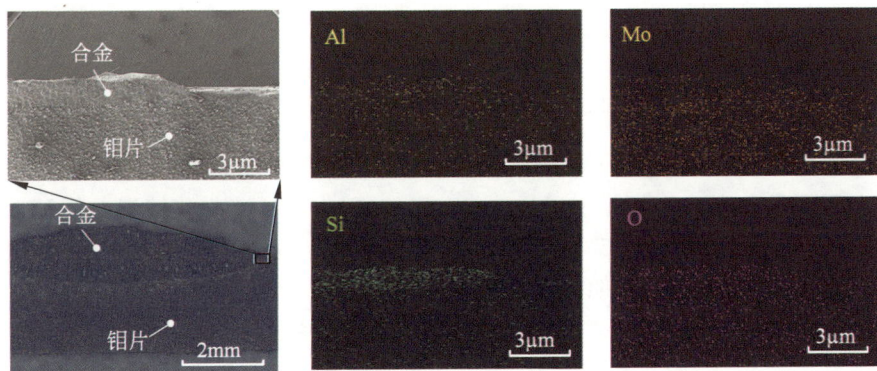

图 9.31　导电合金和钼片界面的 SEM 与 EDS 元素面扫分析结果

对导电合金与钼片界面两侧区域进行元素原子定量分析,结果如图 9.32 所示。结果显示,位于界面上方的导电合金区域中硅原子数占比约为 35.19%,钼和铝原子数占比分别约为 7.65％ 和 6.87％。而位于界面下方的钼片区域中硅原子数占比约为 13.95％,钼和铝的原子数占比分别约为 20.16％ 和 5.56％。这一结果表明在短路电流的高温作用下,导电合金与钼片之间发生了较为充分的熔融互掺。

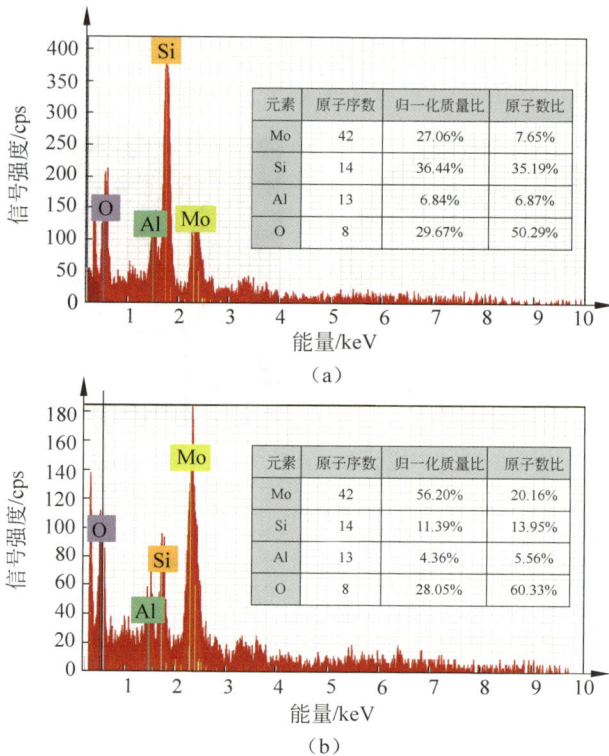

元素	原子序数	归一化质量比	原子数比
Mo	42	27.06%	7.65%
Si	14	36.44%	35.19%
Al	13	6.84%	6.87%
O	8	29.67%	50.29%

（a）

元素	原子序数	归一化质量比	原子数比
Mo	42	56.20%	20.16%
Si	14	11.39%	13.95%
Al	13	4.36%	5.56%
O	8	28.05%	60.33%

（b）

图 9.32 导电合金和钼片界面附近元素原子定量分析结果
（a）界面上方导电合金区域；（b）界面下方钼片区域

该熔融互掺机制可以保证 IGCT 在长时通流时维持较低的短路压降。图 9.33 所示为两个失效 IGCT 器件在 3kA 通流 12h 过程中的压降变化情况及通流后的芯片形貌。可以看出,两个样品在通流过程中仅表现出由熔融互掺区域的扩展和烧融引起的 V_{ak} 微小变化,说明该失效短路状态是较为稳定的。在试验后进一步观察芯片也可发现,两个样品内部都存在多处失效区域,且呈现一定的扩展痕迹,与预期相符。

9.3.2　邻近区域的自触发扩展机制

除了熔融互掺机制外,已有研究也在部分失效 IGCT 器件中也观察到了可以使失效点邻近区域自触发扩展的机制。

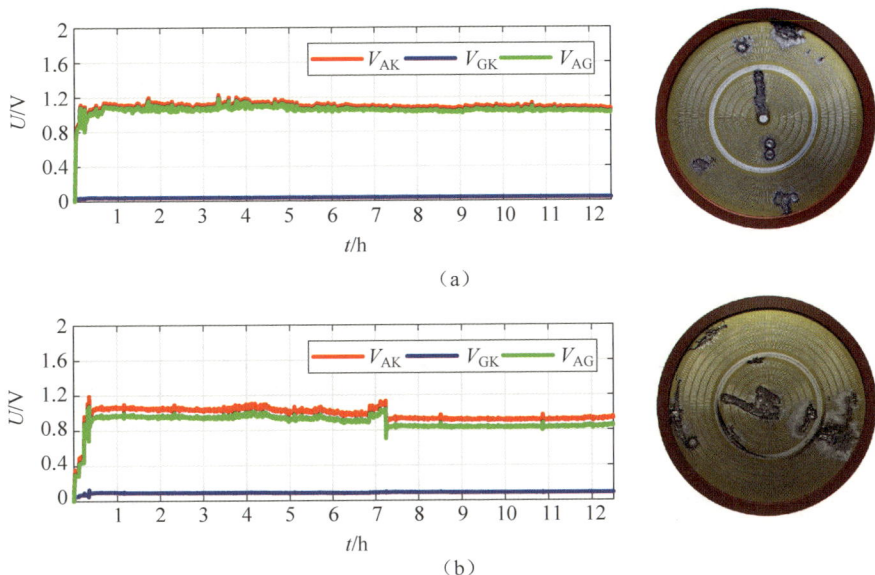

图 9.33　失效 IGCT 在通流 12h 过程中的压降变化及通流后的芯片形貌

(a) 样品 A；(b) 样品 B

图 9.34 给出了某过电流关断失效 IGCT 长时通流状态下的自触发扩展机制示意。当 IGCT 发生失效后,在芯片击穿位置(标记为第 9 环)首先形成一条低阻的失效熔融通路,据此可以建立失效 IGCT 的整晶圆等效电路模型。图中 R_{GK} 和 R_{AG} 代表第 9 环处熔融区 P 基区分别与阴极钼片和阳极钼片连接的等效电阻,$J_{R1} \sim J_{R10}$ 分别代表 IGCT 芯片的阴极环 1 到环 10 中未失效工作元胞的 J_3 结。$R_{G12} \sim R_{G910}$ 分别代表 IGCT 芯片中相邻两个阴极环之间的 P 基区横向电阻。

当失效 IGCT 的短路电流 I_{short} 较低时,I_{short} 主要从失效通路流过,如图 9.34(a) 所示。随着短路电流的不断提升,失效通路温度提高、电阻率增大,导致 V_{GK} 增大,直至超过邻近未损坏元胞 J_3 结的开通阈值电压(0.7~0.8V)后,短路电流注入到 J_3 结中,触发对应元胞导通辅助通流,原有仅流经失效通路的短路电流现在由邻近新开通的元胞共同分担。在之后的短路运行过程中,失效区域将围绕初始失效区域发生缓慢的面积扩展,如图 9.34(b) 所示。我们将这种机制称为"自触发扩展机制"。

图 9.35 给出了过电流关断失效后的 IGCT 经 1.6h 通流所呈现的典型形貌。可以看出,由于邻近失效点的区域共同承担了较高的短路电流,导致门极区域表面有机钝化材料发生碳化。

图 9.36 所示为两个失效 IGCT 样品在持续 3kA 通流 12h 期间的 V_{AK}、V_{GK} 和 V_{AG} 波形。可以看出,在"自触发扩展机制"作用下,V_{GK} 表现出正偏 PN 结的典

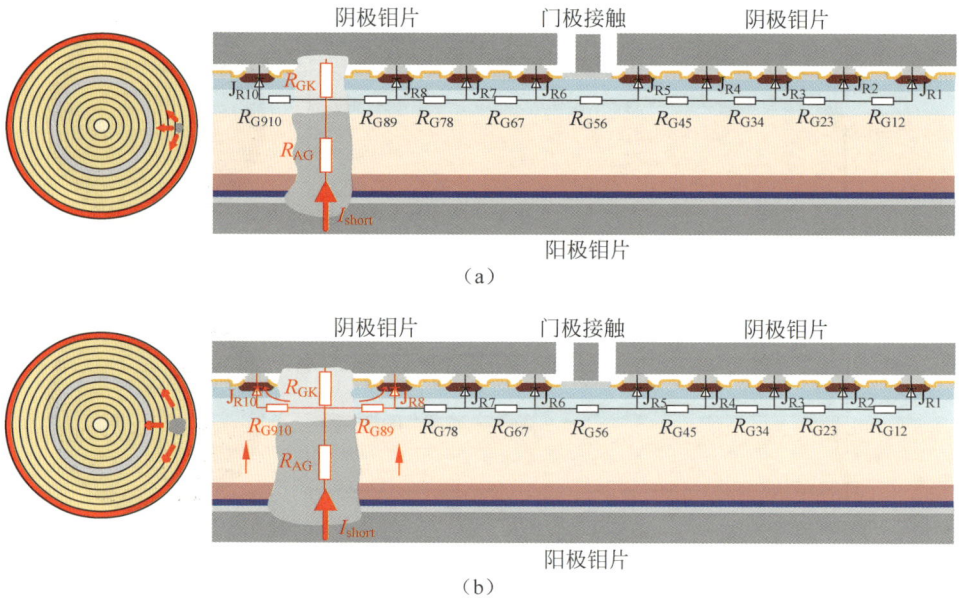

图 9.34 过电流关断失效 IGCT 的短路运行状态发展过程示意

(a) 初始短路电流密度分布情况；(b) 短路电流密度重新分布情况

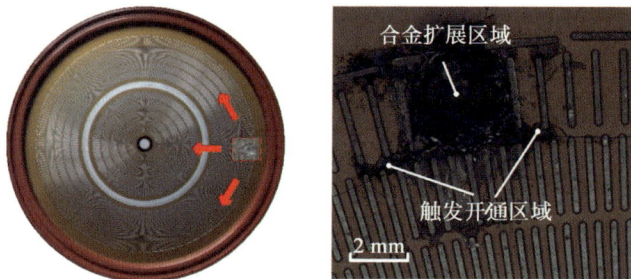

图 9.35 过电流关断失效 IGCT 在 1.6h 通流后的失效区域形貌

型特征(维持在 $0.7\sim0.8\mathrm{V}$ 的 J_3 结开通阈值电压)，且在测试期间，失效器件的各电压维持稳定。根据试验后 IGCT 样品的芯片形貌，芯片在初始失效点周围形成了一个扩展的导电合金区域；此外，两个样品失效区域都没有扩散到芯片门极引出区的内侧区域，这可能是由于门极引出区下侧具有较大的 P 基区横向电阻，在失效区域的扩展过程中，门极引出区外侧的未损坏元胞优先被触发。

在熔融互掺机制以外，短路自触发机制的存在进一步增强了 IGCT 器件失效后的长时通流能力，可以保证器件处于长期可靠的失效短路状态。

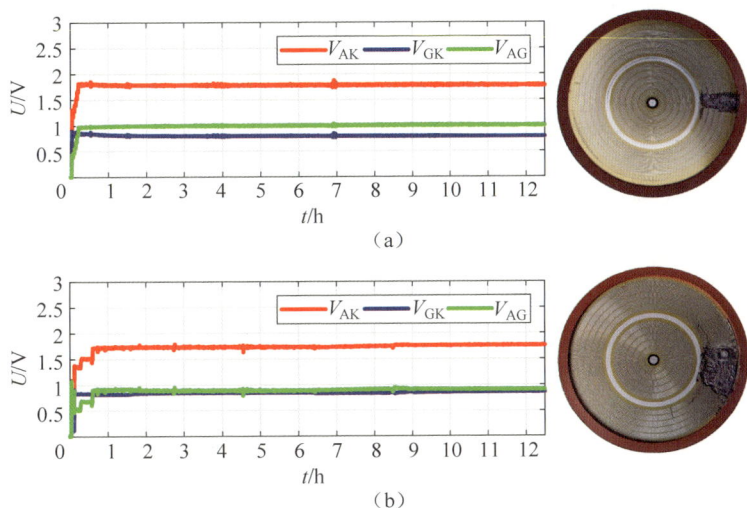

图 9.36　过电流关断失效 IGCT 在通流 12h 过程中的压降变化及通流后的芯片形貌

(a) 样品 A；(b) 样品 B

对比：IGBT 器件的失效短路特性

IGBT 器件是在电力系统中广泛应用的另一类高压大容量功率器件，其内部为多芯片并联结构。与 IGCT 器件相比，由于 IGBT 为压控型半导体器件，在其失效后长时通流时，栅极-发射极电压的正偏状态难以维持，因此无法触发开通正常芯片辅助通流，短路电流将集中于失效芯片处而无法扩展；而后，由于失效芯片处电流集中，发热严重，可能造成有机树脂材料发生分解及碳化；最后，当失效区域位于 IGBT 的封装边缘时，由于短路电流难以向其他区域扩展，IGBT 封装会承受与 9.2.1 节相似的集中热应力，存在较大破裂风险。上述失效后的短路状态发展过程如图 9.37 所示。

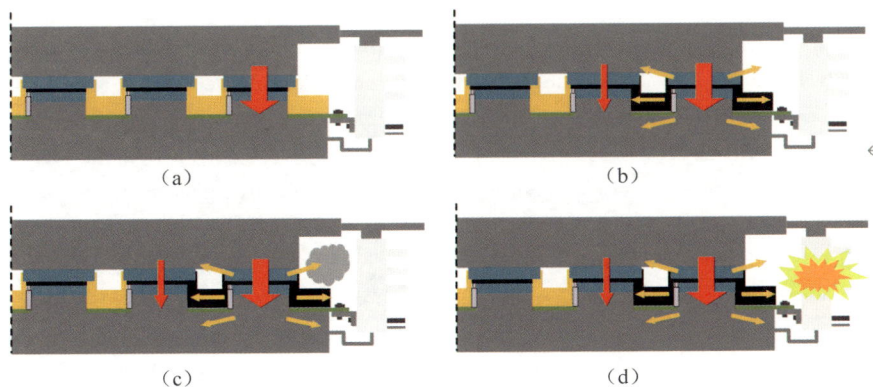

图 9.37　压接式 IGBT 失效后的短路状态发展过程

(a) 通流位置集中；(b) 局部温升较高；(c) 有机材料分解；(d) 封装破裂

相比而言,失效 IGCT 则充分继承了整晶圆型芯片的优势,具有更为稳定的短路运行状态发展过程。

参考文献

［1］ ZHOU W,SHANG Z,LIU J,et al. Experimental Investigation on the Turn-Off Current Redistribution Characteristics of IGCT Based on an Isolated Anode Design［J］. IEEE Transactions on Electron Devices,2024,71(8)：4897-4905.

［2］ JACOBS K,NORRGA S,NEE H. Dissipation loop for shoot-through faults in HVDC converter cells［C］//2018 International Power Electronics Conference (IPEC-Niigata 2018-ECCE Asia). Niigata,Japan：IEEE,2018：3292-3298.

［3］ WIKSTRÖM T,ØDEGÅRD B,BAUMANN R. An 8.5kV sacrificial bypass thyristor with unprecedented rupture resilience［C］//2019 31st International Symposium on Power Semiconductor Devices and ICs (ISPSD). Shanghai,China：IEEE,2019：491-494.

［4］ ZHANG X,CAO G,ZENG W. Research on application technology of sacrificial bypass thyristor suitable for VSC-HVDC system［C］//2020 4th International Conference on HVDC (HVDC). Xi'an,China：IEEE,2020：26-30.

［5］ 操国宏,高军,张西应,等. VSC-HVDC 用集成转折击穿功能旁路晶闸管的研制［J］. 电力电子技术,2021,55(3)：138-140.

［6］ LI D,QI F,PACKWOOD M,et al. Explosion mechanism investigation of high power IGBT module［C］//2018 19th International Conference on Thermal,Mechanical and Multi-Physics Simulation and Experiments in Microelectronics and Microsystems (EuroSimE). Toulouse,France：IEEE,2018：1-5.

［7］ JUNGHANS C,ECKEL H G. A novel parameter for the evaluation of protective circuits for IGBT explosion protection in submodules of MMC［C］//2022 24th European Conference on Power Electronics and Applications (EPE'22 ECCE Europe). Hanover,Germany：IEEE,2022：1-10.

［8］ ZHOU Y,LIN Z,DAI A,et al. Study on the Explosion-proof Failure of Press-pack Power Moducle Shell［C］//2021 IEEE 1st International Power Electronics and Application Symposium (PEAS). Shanghai,China：IEEE,2021：1-5.

［9］ WANG H,PRZYBILLA J,ZHANG H,et al. A new press pack IGBT for high reliable applications with short circuit failure mode［J］. CPSS Transactions on Power Electronics and Applications,2021,6(2)：107-114.

［10］ BIANDA E,SUNDARAMOORTHY V. K,KNAPP G,et al. Floating gate method to protect IGBT module from explosion in traction converters［C］//PCIM Europe 2018；International Exhibition and Conference for Power Electronics,Intelligent Motion,Renewable Energy and Energy Management. Nuremberg,Germany：VDE,2018：1-7.

［11］ SUNDARAMOORTHY V K,BIANDA E,KNAPP G,et al. A novel method to protect IGBT module from explosion during short-circuit in traction converters［C］//2015 IEEE

Energy Conversion Congress and Exposition (ECCE). Montreal, QC, Canada: IEEE, 2015: 2734-2741.

[12] KOTANI R, NITTA T, TSUKAMOTO N, et al. 4. 5kV rupture resistant press pack IEGT[C]//PCIM Europe 2018: International Exhibition and Conference for Power Electronics, Intelligent Motion, Renewable Energy and Energy Management. Nuremberg, Germany: VDE, 2018: 1-4.

[13] 段军,谢晔源,朱铭炼,等.模块化多电平换流阀子模块旁路方案设计[J].电力工程技术, 2020,39(4): 207-213.

[14] GLEISSNER M, BAKRAN M, KHALID H. Influence of the power semiconductor packaging on the failure characteristic for safety-critical applications[C]//PCIM Europe 2017: International Exhibition and Conference for Power Electronics, Intelligent Motion, Renewable Energy and Energy Management. Nuremberg, Germany: VDE, 2017: 1-8.

[15] GUNTURI S, SCHNEIDER D. On the operation of a press pack IGBT module under short circuit conditions[J]. IEEE Transactions on Advanced Packaging, 2006, 29(3): 433-440.

[16] WAKEMAN F, PITMAN J, STEINHOFF S. Long term short-circuit stability in press-pack IGBTs[C]//2016 18th European Conference on Power Electronics and Applications (EPE'16 ECCE Europe). Karlsruhe, Germany: IEEE, 2016: 1-10.

[17] WANG Z, LI H, WAN C, et al. Research on the current flow mechanism of press-pack IGBT under short circuit condition in VSC-HVDC system[C]//2020 4th International Conference on HVDC (HVDC). Xi'an, China: IEEE, 2020: 906-910.

[18] LI H, YAO R, LAI W, et al. Modeling and analysis on overall fatigue failure evolution of press-pack IGBT device[J]. IEEE Transactions on Electron Devices, 2019, 66 (3): 1435-1443.

[19] LI H, LONG H, YAO R, et al. A study on the failure evolution to short circuit of nanosilver sintered press-pack IGBT[J]. IEEE Transactions on Components, Packaging and Manufacturing Technology, 2020, 10(1): 184-187.

[20] 康升扬.压接式 IGBT 的电热特性与失效短路分析[D].重庆:重庆大学,2018.

[21] NIETO M I, MARTÍNEZ R, MAZEROLLES L, et al. Improvement in the thermal shock resistance of alumina through the addition of submicron-sized aluminium nitride particles[J]. Journal of the European Ceramic Society, 2004, 24(8): 2293-2301.

[22] 朱耀范.大功率半导体器件的冷焊封装[J].机车电传动,1990,(4): 51-53.

[23] 李飞宾,吴爱萍,邹贵生,等.高纯氧化铝陶瓷与无氧铜的钎焊[J].焊接学报,2008,29(3): 53-56+155-156.

[24] 肖茂贺.陶瓷金属立封结构封接工艺及无氧铜冷压焊工艺介绍[C]//中国硅酸盐学会特陶瓷专委会,中国电子学会生产技术学会.第一届陶瓷与金属封接会议论文集.中科院电子所,1990: 46-48.

[25] ATEL P, HULL T R, LYON R E, et al. Investigation of the thermal decomposition and flammability of PEEK and its carbon and glass-fibre composites[J]. Polymer Degradation and Stability, 2011, 96(1): 12-22.

[26] 姚凤英,王维.聚醚醚酮(PEEK)及其碳纤维复合材料的热分解动力学研究[J].塑料,

1989,18(3)：40-44.

[27] ZHOU W，ZHAO B，BAI R，et al. Comprehensive analysis and experiment of extreme faults in MMC based on IGCT[J]. IEEE Transactions on Power Electronics，2023，38(5)：6272-6282.

[28] ZHOU W，ZHAO B，LIU J，et al. Systematic analysis and characterization of extreme failure for IGCT in MMC-HVdc system—Part I：Device structure，explosion characteristics，and optimization[J]. IEEE Transactions on Power Electronics，2022，37(7)：8076-8086.

[29] ZHOU W，YU Z，CHEN Z，et al. Systematic analysis and characterization of extreme failure for IGCT in MMC-HVDC system—Part II：Failure mechanism and short circuit characteristics[J]. IEEE Transactions on Power Electronics，2022，37(5)：5562-5573.

[30] ZHOU W，ZHAO B，LIU J，et al. Comprehensive analysis，design，and experiment of shoot-through faults in MMC based on IGCT for VSC-HVDC[J]. IEEE Transactions on Power Electronics，2021，36(6)：6241-6250.

[31] ZHOU W，TANG B，ZHAO B，et al. A novel solution for handling with the extreme shoot-through fault in MMC-HVDC system based on IGCT[C]//18th International Conference on AC and DC Power Transmission (ACPC 2022). Online Conference，China：IET，2022：1664-1668.

[32] LIU J，ZHAO B，CHEN Y，et al. A novel controlled punch-through IGCT for modular multilevel converter with overvoltage bypass function[J]. IEEE Transactions on Power Electronics，2021，36(7)：8280-8290.

第 ⑩ 章

IGCT仿真模型

半导体器件的仿真模型有两种用途：一种用于器件的物理过程分析与结构设计,通常基于半导体有限元方法,其物理方程完备、计算精度高,但运算速度较慢,典型的商业软件包括 Sentaurus、Silvaco、Medici 等,本书在第 2～4 章中的模拟实例部分已经应用这一类模型进行了仿真分析;另一种用于器件的电气特性分析,如功率电路的控制仿真、拓扑和参数设计等,无须反映器件内部物理过程,通常采用简化物理模型或电路元件模型,运算速度较快。

本章主要针对后一种用途,介绍 IGCT 器件在功率电路仿真中的模型原理、架构与搭建方法。

10.1　IGCT 模型分类

按照模型的特征和运算速度,可以将面向功率电路仿真的半导体器件模型分为如表 10.1 所总结的三类模型。

表 10.1　适用于功率电路仿真的半导体器件模型

模型名称	模型特征	计算速度	模型应用
理想开关	阻断时开路,导通时短路	非常快	功率电路电力的控制仿真 大规模电子电路的仿真
基于行为特性的电路模型	利用电路元件模拟器件的静态和动态特性	很快	功率电路的拓扑和参数设计
基于物理过程的紧凑模型	利用简化的半导体物理方程更精确地模拟器件的静态和动态特性	较快	功率电路的拓扑和参数设计、器件电热特性分析

理想开关模型：阻断时开路，导通时短路，且关断状态和导通状态的切换时间为零的模型。该模型通常用于装备和系统的控制仿真。

基于行为特性的电路模型：从器件的外特性出发，通过电路元件拟合器件的电压电流关系的模型。该模型通常用于功率电路的拓扑和参数设计。

基于物理过程的紧凑模型：从半导体掺杂结构出发，利用简化的物理方程模拟器件的静态和动态特性的模型。该模型通常用于更精确的功率电路拓扑和参数设计、器件电热特性分析等。

在上述三类模型中，由于理想开关模型结构简单，在本章仅对基于行为特性的电路模型和基于物理过程的紧凑模型予以介绍。

10.2　基于行为特性的电路模型

在 IGCT 模型的发展过程中，根据不同适用工况、不同研究重点，发展出种类繁多的电路模型，例如利用含有电压源、电流源的电路模拟 IGCT 动静态行为的模型，利用由晶闸管、电阻、电容等无源元件构成的电路模拟 IGCT 结构与电学性能的模型等。

本书将以前者为例，介绍如何搭建模拟行为特性的电路模型。

10.2.1　模型原理与架构

该模型利用含有电压源、电流源的电路模拟器件动态和静态行为，主要关注器件的外部特性，即器件两端的电压和通过器件的电流。建模思路为：开通过程中，控制 IGCT 阳极电压按照一定的规律由开通前的断态电压降为通态电压，电流由外电路决定；关断过程中，控制通过 IGCT 的电流按照一定规律由关断前的通态电流降为阻断漏电流，电压由外电路决定。

IGCT 的开通和关断相对触发信号来说都有一定的延时，因此，在该模型搭建过程中，除了反映上述过程的开通/关断模块，还包含触发信号延迟模块，单独考虑门极信号延迟特性。

10.2.2　电路搭建方法

1. 触发信号延迟模块

触发信号延迟模块电路如图 10.1(a)所示，G 为门极触发信号，G_{on} 为开通电压源支路的使能信号，G_{off} 为关断电流源支路的使能信号，均为高电平使能。通过逻辑门电路和延迟模块组合，分别设置开通延迟时间 t_{don} 和关断延迟时间 t_{doff}。以 t_{don} 为 $4\mu s$、t_{doff} 为 $8\mu s$ 为例，触发信号延迟模块的输入门极触发信号 G 和输出

使能信号 G_{on} 如图 10.1(b)所示。

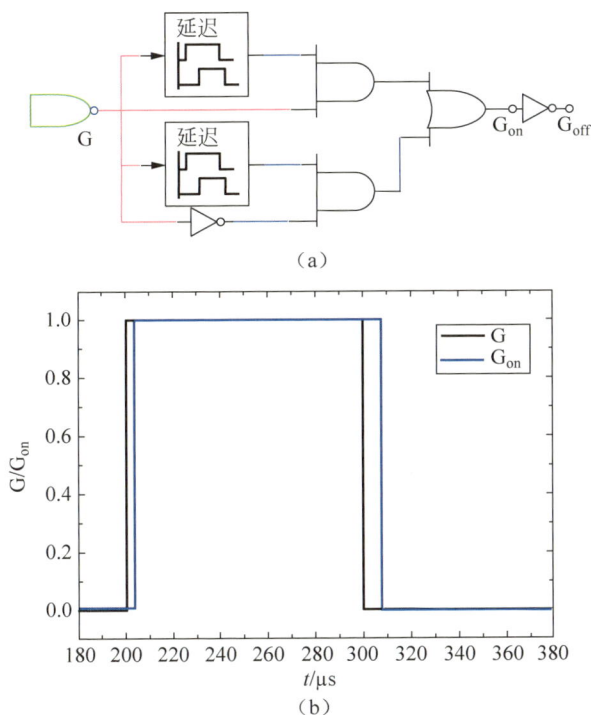

(a)

(b)

图 10.1　触发信号延迟模块(a)及其输入输出信号仿真结果(b)

2. 开通/关断模块

开通/关断模块的一种电路搭建方法如图 10.2 所示,由可控理想开关、受控电压源和受控电流源模块构成。理想双向可控开关用于切换开通支路和关断支路,由 G_{on} 控制的可控理想开关所在的支路为开通支路、由 G_{off} 控制的可控理想开关所在的支路为关断支路。

对于开通支路的电压源 V_X,在开通动态过程,利用余弦函数拟合阳极电压下降过程;在导通状态,V_X 为通态电压,由 IGCT 电流 I_S、门槛电压 $V_{(T0)}$ 和斜率电阻 r_t 计算得到:

开通动态过程:

$$V_X = V_T + (V_S - V_T)(1 + \cos(\pi t / T_{on}))/2, \quad t < T_{on}$$

导通状态:

$$V_X = V_T = V_{(T0)} + r_t I_S, \quad t \geqslant T_{on}$$

式中,V_T 为器件通态电压;V_S 为开通前的断态电压;T_{on} 为开通过程阳极电压下降时间。

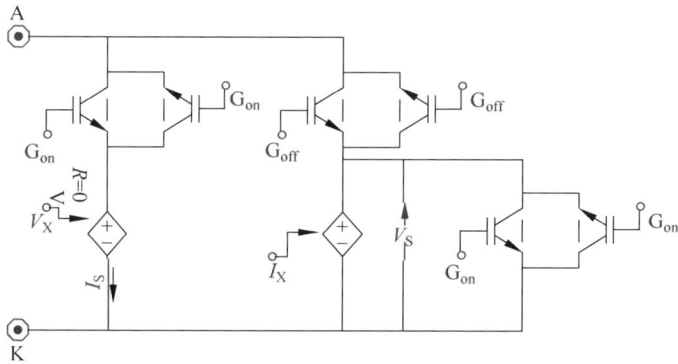

图 10.2　开通/关断模块

对于关断支路的电流源 I_X，在关断动态过程，利用两段余弦函数和一段平台拟合阳极电流下降过程；在阻断状态，I_X 为漏电流，由 IGCT 出厂测试数据给出：

关断动态过程：

$$I_X = \begin{cases} kI_S + (1-k)*I_S*(1+\cos(\pi t/T_{off1}))/2 & t \leqslant T_{off1} \\ kI_S & T_{off1} < t < (T_{off1}+T_{off2}) \\ I_{block}+(kI_S-I_{block})*(1+\cos(\pi(t-T_{off1}-T_{off2})/T_{off3}))/2 \\ \qquad\qquad (T_{off1}+T_{off2}) \leqslant t \leqslant (T_{off1}+T_{off2}+T_{off3}) \end{cases}$$

阻断状态：

$$I_X = I_{block} \quad t > (T_{off1}+T_{off2}+T_{off3})$$

式中，I_S 为关断前的电流值；k 为电流平台时电流值与关断前电流值的比例系数，关断时电流平台值通常也被称为关断拖尾电流值；I_{block} 为阻断漏电流；T_{off1} 为关断时电流下降第一段余弦拟合的时间；T_{off2} 为电流下降平台的时间；T_{off3} 为电流下降第二段余弦拟合的时间。

10.3　基于物理过程的紧凑模型

10.3.1　模型原理与架构

与上述基于行为特性的电路模型不同，紧凑型模型对半导体内的实际物理过程进行建模。首先，需要将器件分区域建立半导体描述方程，而后通过边界载流子和电子、空穴电流等构建边界条件，将区域之间联系起来，进行整体模型的构建。

对于不对称 IGCT，其纵向结构自阳极至阴极可简化为如下区域：P 发射极、N 缓冲层、N 基区、P 基区和 N 发射极。其中，对于 N 基区，由于其既存在耗尽区，又存在存储电荷区,两者对于器件特性均有较大影响且描述方程形式完全不同,故需将 N 基区分为耗尽区与存储电荷区两部分,并将两者通过合适的边界条件连接起来;对除了 N 基区外的其余区域,在导通、阻断等各工作状态下,区域内部几乎仅存在单一状态,可在统一架构下考虑。同时,考虑到 N 和 P 发射极掺杂浓度高,始终处于小注入状态,容易通过连续性方程获得其区域内描述方程与边界条件,为简化模型架构,将其与相邻的 P 基区或 N 缓冲层共同建模。综上,不对称 IGCT 器件可以划分为 N 发射极与 P 基区、N 基区存储电荷区、N 基区耗尽区、N 缓冲层与 P 发射极四个区域进行建模,如图 10.3 所示。

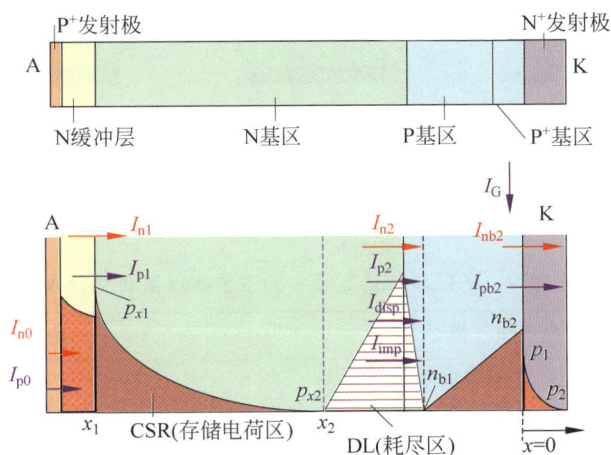

图 10.3　不对称 IGCT 简化结构及模型

类似地,对于对称 IGCT,其纵向结构可简化为: P 发射极、N 基区、P 基区和 N 发射极。与不对称 IGCT 不同,由于对称 IGCT 具备对称的正反向阻断电压能力,其 N 基区可分为 J_2 结耗尽区、存储电荷区和 J_1 结耗尽区三部分,如图 10.4 所示。其余区域的处理与不对称 IGCT 几乎一致。考虑到不对称器件与对称器件的建模过程十分相似,本章后续部分仅以不对称 IGCT 为例介绍紧凑型仿真模型的构建方法,给出主要的建模思路与主要方程,模型的详细描述可参考文献[34]。

10.3.2　区域描述方程建立与验证

基于上述架构,在本节中面向不对称 IGCT 的各区域建立描述方程。其中,各区域掺杂浓度采用恒定浓度近似。本节涉及的主要物理量及其表示符号如表 10.2 所示,也可参考图 10.3。

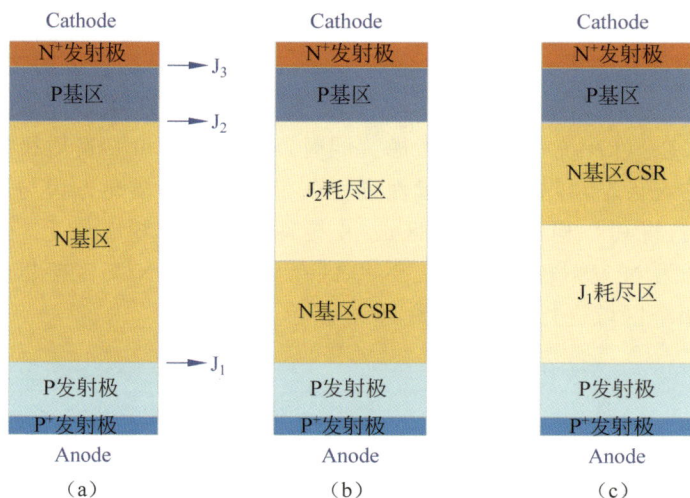

图 10.4 对称 IGCT 简化结构

(a) 导通状态；(b) 正向阻断；(c) 反向阻断

表 10.2 各区域描述方程中的主要物理量及其符号

物　理　量	物理量符号
N 基区在 J_2 结耗尽区边缘的空穴电流	I_{p2}
P 基区在 J_2 结耗尽区边缘的电子电流	I_{n2}
J_3 结空穴、电子电流	I_{nb2}、I_{pb2}
耗尽区位移电流	I_{disp}
耗尽区碰撞电离电流	I_{imp}
N 基区在 J_2 结耗尽区边缘载流子浓度	p_{x2}
P 基区存储电荷区边缘载流子浓度	n_{b1},n_{b2}
N 发射极边界空穴浓度	p_1,p_2
P 基区宽度、N 发射极宽度	W_{Pb}、W
P 基区存储电荷量	Q_{Pb}
N 缓冲层存储电荷量	Q_{Nb}
电子、空穴扩散系数	D_n、D_p

1. N 发射极与 P 基区描述方程

N 发射极属于重掺杂,掺杂浓度达到 $10^{19}\,\mathrm{cm}^{-3}$ 以上,在器件不同运行状态下始终处于小注入状态,故少子空穴电流只需要考虑扩散电流。在边界条件的选取上,可以选用欧姆边界条件,即阳极电极边界处空穴浓度近似为零。此时,结合对流扩散方程,只要确定了 N 发射极在 J_3 结处的空穴浓度,即可确定此处的空穴电流。

由此可得,N 发射极内的空穴分布 $p(x)$:

$$
\begin{cases}
\dfrac{\mathrm{d}^2 p(x)}{\mathrm{d}x^2} = \dfrac{p(x)}{D_{\mathrm{p}}\tau_{\mathrm{N}^+}} = \dfrac{p(x)}{L_{\mathrm{p}}^2} \\
p_1 = \dfrac{n_{\mathrm{b2}}^2}{N_{\mathrm{N}^+}} \\
p_2 = 0
\end{cases}
\tag{10-1}
$$

式中,D_{p} 为空穴扩散系数;τ_{N^+} 为空穴在 N 发射极内的复合寿命;N_{N^+} 为 N 发射极的掺杂浓度。

求解可得

$$
I_{\mathrm{pb2}} = qAD_{\mathrm{p}} \left.\frac{\mathrm{d}p}{\mathrm{d}x}\right|_{x=0} = \frac{qAD_{\mathrm{p}}n_{\mathrm{b2}}^2}{L_{\mathrm{p}}N_{\mathrm{N}^+}\tanh(W_{\mathrm{N}^+}/L_{\mathrm{p}})}
\tag{10-2}
$$

J_3 结的结压降,则可根据玻尔兹曼平衡条件求取:

$$
V_{J_3} = V_{\mathrm{t}}\ln\frac{n_{\mathrm{b2}}N_{\mathrm{Pb}}}{n_{\mathrm{i}}^2}
\tag{10-3}
$$

对于 P 基区而言,在 IGCT 器件通流时,其处大注入状态,注入的少数载流子远大于平均掺杂浓度,同时由于 P 基区相对于 N 基区较窄,采用电荷控制方法(集总电荷方法)进行描述,并采纳电中性假设,将 P 基区内的电荷量作为一个整体求解。

P 基区中的总空穴量表达式如下:

$$
\frac{\mathrm{d}Q_{\mathrm{Pb}}}{\mathrm{d}t} = -\frac{Q_{\mathrm{Pb}}}{\tau_{\mathrm{Pb}}} + I_{\mathrm{p2}} + I_{\mathrm{disp}} + I_{\mathrm{imp}} - I_{\mathrm{pb2}} + I_{\mathrm{G}}
\tag{10-4}
$$

式中,I_{disp} 为耗尽区位移电流;I_{imp} 为耗尽区碰撞电离电流,来源于耗尽区中电荷碰撞电离产生的等离子体,其中空穴注入 P 基区;τ_{Pb} 为 P 基区载流子寿命。可以看出 P 基区内存储电荷的变化,一方面随着 I_{disp}、I_{imp}、I_{p2} 的"注入"而增加,另一方面,随着载流子复合以及 J_3 结处空穴电流 I_{pb2} 的"抽出"而减小。I_{G} 为门极电流,此处近似认为均为空穴电流,在开通时注入,在关断时抽出。

在线性分布假设下,总空穴量 Q_{Pb} 可以与存储电荷区边缘载流子浓度 n_{b1} 和 n_{b2} 建立关联,如式(10-5)表示。同时认为电子电流仅有扩散电流,可推导得到 I_{n2} 的表达式如式(10-6)所示。根据总电流 I_{A},可以由式(10-7)计算得到 J_2 结处的空穴电流。其中碰撞电离电流和位移电流的计算由耗尽层模型给出。

$$
Q_{\mathrm{Pb}} = \frac{qAW_{\mathrm{Pb}}(n_{\mathrm{b1}}+n_{\mathrm{b2}})}{2}
\tag{10-5}
$$

$$
I_{\mathrm{n2}} = \frac{qAD_{\mathrm{n}}(n_{\mathrm{b2}}-n_{\mathrm{b1}})}{W_{\mathrm{Pb}}}
\tag{10-6}
$$

$$I_{p2} = I_A - I_{disp} - I_{imp} - I_{n2} \tag{10-7}$$

2. N 基区存储电荷区描述方程

N 基区宽度较大,不能通过集总电荷法描述。在 IGCT 导通和关断过程中,从阳极和阴极发射极注入的少数载流子,远大于基区的掺杂浓度,即存储电荷区处于大注入状态,电子和空穴数量近似相等,即 $n \approx p$。忽略电子和空穴的产生率与 N 基区的本征掺杂,得到大注入形式的双极扩散方程 ADE 如式(10-8)所示。

$$\frac{\partial p(x,t)}{\partial t} = D_A \frac{\partial^2 p(x,t)}{\partial x^2} - \frac{p(x,t)}{\tau_{HL}}$$

$$D_A = \frac{2D_n D_p}{D_n + D_p} \tag{10-8}$$

式中,D_A 为双极扩散系数。τ_{HL} 为 N 基区中载流子的大注入寿命。

如图 10.3 所示,x_1 与 x_2 为存储电荷区的边界,其边界条件可由电流方程求得:

$$\frac{\partial p}{\partial x}\bigg|_{x1} = \frac{1}{2qA}\left(\frac{I_{n1}}{D_n} - \frac{I_{p1}}{D_p}\right)$$

$$\frac{\partial p}{\partial x}\bigg|_{x2} = \frac{1}{2qA}\left(\frac{I_{n2} + I_{imp} + I_{disp}}{D_n} - \frac{I_{p2}}{D_p}\right) \tag{10-9}$$

式中,A 为芯片面积。

为了实现 ADE 方程的快速求解,可采用傅里叶方法,具体在本书中不再展开,可参考文献[34]。求解得到载流子浓度分布后,可进一步获得电场分布,对电场积分后可得到 N 基区存储电荷区的压降。

3. N 基区耗尽区描述方程

IGCT 阻断电压时,J_2 结将产生耗尽区。当电压达到一定等级时,耗尽区将穿过整个 N 基区,发展至 N 缓冲层,由非穿通状态变为穿通状态。IGCT 耗尽区的示意如图 10.5 所示。

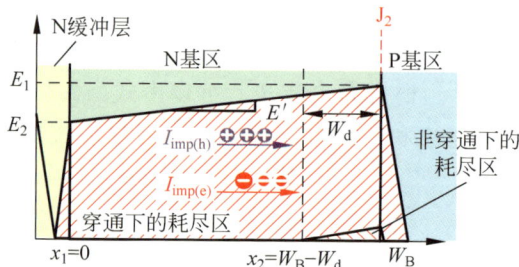

图 10.5 IGCT 非穿通与穿通下的耗尽区示意

图 10.5 中,N 缓冲层与 N 基区边界定义为零点,即 $x_1 = 0$,W_B 为 N 基区宽度,W_d 为耗尽区在 N 基区中的宽度。E_1 为 J_2 结处的峰值电场,E_2 为 N 缓冲层与 N 基区边界电场,在非穿通状态下,$E_2 = 0$。

在耗尽区中,载流子在剧烈的电场下通过碰撞电离作用产生新的电子空穴对,即存在碰撞电离电流,碰撞电离的剧烈程度与电场强度相关。除 J_2 结附近的很小区域内,电场梯度 E 近似不变,可用式(10-10)表示。需要说明的是,碰撞电离作用主要对关断过程影响较大,此时 $I_{p2} \gg I_{n2}$,为简化方程的表达式,下面的分析忽略了 I_{n2} 对碰撞电离和电场调制的贡献。

$$E' = \frac{qN_B}{\varepsilon_{Si}} + \frac{I_{p2}}{\varepsilon_{Si}Av_{sat}} - \frac{I_{imp}}{\varepsilon_{Si}Av_{sat}} \tag{10-10}$$

式中,v_{sat} 为载流子饱和漂移速度。

由此,可计算阳极电压 V_d 条件下,穿通与非穿通状态 N 基区的耗尽区宽度:

$$W_d = \begin{cases} \sqrt{\dfrac{2V_d}{E'}}, & V_d \leqslant \dfrac{E'W_B^2}{2} \quad (\text{非穿通}) \\[4mm] W_B, & V_d > \dfrac{E'W_B^2}{2} \quad (\text{穿通}) \end{cases} \tag{10-11}$$

$$x_2 = \begin{cases} W_B - W_d, & V_d \leqslant \dfrac{E'W_B^2}{2} \quad (\text{非穿通}) \\[4mm] 0, & V_d > \dfrac{E'W_B^2}{2} \quad (\text{穿通}) \end{cases}$$

并可进一步推导 J_2 结处峰值电场 E_1 以及 N 缓冲层与 N 基区边界电场强度 E_2:

$$E_1 = \begin{cases} E'W_d, & W_d \leqslant W_B \\[3mm] \dfrac{V_d}{W_B} + \dfrac{W_B E'}{2}, & W_d > W_B \end{cases} \tag{10-12}$$

$$E_2 = \begin{cases} 0, & W_d \leqslant W_B \\[2mm] E_1 - E'W_d, & W_d > W_B \end{cases}$$

碰撞电离电流与位移电流可根据耗尽区电场进行推导:

$$I_{imp} = \frac{m_0 I_{p2}}{\left(\dfrac{m_1 E'}{\alpha_0 \exp(m_1 E_2 - m_2)(\exp(m_1 E_1' W_d) - 1)} - 1 \right)}$$

$$I_{disp} = \varepsilon_{Si} A \frac{dE_1}{dt} \tag{10-13}$$

式中,$\alpha_0 = A_i \exp(-b_i/E_0)$,$m_1 = b_i/E_0^2$,$m_2 = b_i/E_0$,$A_i = 1.07 \times 10^6 \, \text{cm}^{-1}$,$b_i = 1.65 \times 10^6 \, \text{V} \cdot \text{cm}^{-1}$,$E_0 = 1.9 \times 10^5 \, \text{V} \cdot \text{cm}^{-1}$。

4. N 缓冲层与 P 发射极描述方程

N 缓冲层的建模过程与 P 基区类似,均采用集总电荷方法。但是在穿通条件下,N 缓冲层也需要分为耗尽区与存储电荷区两个部分进行描述。N 缓冲层的主要描述方程如下所示:

$$\begin{cases} \dfrac{\mathrm{d}Q_{\mathrm{Nb}}}{\mathrm{d}t} = -\dfrac{Q_{\mathrm{Nb}}}{\tau_{\mathrm{NB}}} + I_{\mathrm{p0}} - I_{\mathrm{p1}} \\[2mm] Q_{\mathrm{Nb}} = \dfrac{qAx_{\mathrm{Nb}}(p_{\mathrm{b1}} + p_{\mathrm{b2}})}{2} \\[2mm] I_{\mathrm{p1}} = \dfrac{qAD_{\mathrm{p}}(p_{\mathrm{b1}} - p_{\mathrm{b2}})}{x_{\mathrm{Nb}}} + I_{\mathrm{E}} \end{cases} \tag{10-14}$$

式中,x_{Nb} 为 N 缓冲层的宽度,$x = x_{\mathrm{Nb}}$ 处为 N 缓冲层存储电荷区在 N 基区侧的边界(右边界),$x = 0$ 处为存储电荷区在 P 发射极侧的边界(左边界);p_{b1} 为 $x = 0$ 处的存储电荷浓度;p_{b2} 为 $x = x_{\mathrm{Nb}}$ 处的存储电荷浓度;I_{E} 是考虑了电场对于存储电荷的"扫出"效应后的电流项。

P 发射极的建模方式与 N 发射极相似,处于小注入状态,少子电流可认为均为扩散电流,因此可求得与 N 发射极相似的少子电流形式,如式(10-15)所示。

$$I_{\mathrm{n0}} = \dfrac{qAD_{\mathrm{n}}p_{\mathrm{b1}}^2}{L_{\mathrm{n}}N_{\mathrm{p^+}}\tanh(W_{\mathrm{p^+}}/L_{\mathrm{n}})} \quad (L_{\mathrm{n}} = \sqrt{\tau_{\mathrm{p^+}}D_{\mathrm{n}}}) \tag{10-15}$$

式中,L_{n} 为电子扩散长度;$N_{\mathrm{p^+}}$ 为 P 发射极掺杂浓度;$W_{\mathrm{p^+}}$ 为 P 发射极宽度;$\tau_{\mathrm{p^+}}$ 为电子在 P 发射极内的复合寿命。

5. 方程求解验证

将上述区域描述方程在 Simulink 中实现,因为涉及偏微分方程求解,因此需要采用 ode15s 和 ode23tb 进行求解。通过试验,ode23tb 具备较好的求解稳定性。Simulink 中的主要参数设置如表 10.3 所示。

表 10.3 Simulink 中主要参数设置

设 置 参 数	设 置 值
局部截断误差(LTE)	10^{-3}
相对误差	10^{-4}
迭代方法	ode23tb

通过提取 IGCT 掺杂结构作为模型的基本参数,可搭建器件的紧凑型模型;器件在同一典型工况下的仿真与测试结果对比如图 10.6 所示,可以看到,IGCT 器件的关断仿真波形与实验结果对应较好,说明紧凑模型有较好的准确性。

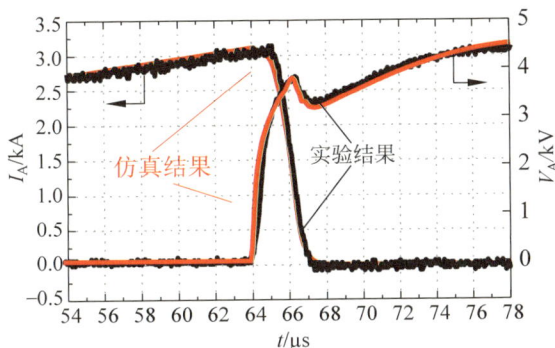

图 10.6　模型仿真结果与实验波形对比

10.3.3　应用仿真案例

1. 应用工况

在某些实际应用场合,需要对 IGCT 器件结温进行精准计算。传统的基于行为特性的电路模型难以精准反映温度和外部电路对器件特性的影响,求解精度难以满足应用要求;相比之下,基于物理过程的紧凑模型采用半导体物理方程求解,能够精准反映温度和外部电路对器件特性的影响,求解关断损耗等电气参数精度较高。此外,该模型的求解速度较快,适合进行连续开关仿真。因此,通过结合 IGCT 的紧凑型仿真模型和热阻-热容温升预测模型,可以有效地计算和仿真器件在多次开关工作状态下的温度升高情况。

2. 器件温升计算

一种基于物理过程的紧凑模型的 IGCT 器件温升计算方法如图 10.7 所示。首先,利用 IGCT 紧凑型模型对器件开关过程进行仿真,获取器件的电压、电流波形,计算其开通损耗、导通损耗、关断损耗;其次,建立器件所在散热条件下的热阻-热容温升模型,将器件仿真计算得到的损耗作为输入量,计算得到器件的温升;最后,当器件温度发生变化后,将其反馈到器件模型中,并据此更新载流子寿命、扩散系数、迁移率等半导体参数,用于下一次开关过程的仿真。随温度变化的主要参数如表 10.4 所示。

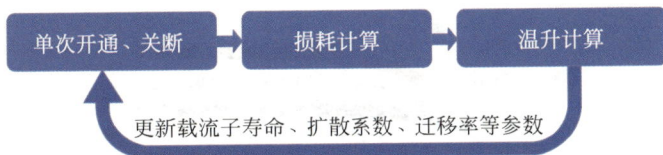

图 10.7　一种基于紧凑模型的 IGCT 器件温升计算方法

表 10.4　仿真中半导体物理参数与温度的函数关系

物 理 参 数	参 数 值
$\mu_{\mathrm{p}}/\mathrm{cm}^2\cdot\mathrm{V}^{-1}\cdot\mathrm{s}^{-1}$	$500\times\left(\dfrac{T}{300}\right)^{-2.5}$
$\mu_{\mathrm{n}}/\mathrm{cm}^2\cdot\mathrm{V}^{-1}\cdot\mathrm{s}^{-1}$	$1400\times\left(\dfrac{T}{300}\right)^{-2.5}$
$D_{\mathrm{n}}/\mathrm{cm}^2\cdot\mathrm{s}^{-1}$	$\mu_{\mathrm{n}}\dfrac{kT}{q}$
$D_{\mathrm{p}}/\mathrm{cm}^2\cdot\mathrm{s}^{-1}$	$\mu_{\mathrm{p}}\dfrac{kT}{q}$
n_i/cm^{-3}	$3.88\times10^{16}\times T^{1.5}\times\mathrm{e}^{-\frac{7.0\times10^3}{T}}$

在 MATLAB/Simulink 中搭建上述 IGCT 电热耦合模型,测试电路同图 8.4,电路条件设置如表 10.5 所示。不同运行频率下 IGCT 器件结温变化仿真结果如图 10.8 所示,可以看到,对于工作在相同电压、电流、占空比(50%)下的 IGCT 器件,其热平衡结温与运行频率不成线性关系变化:50Hz 频率时结温稳定在 38.05℃,75Hz 频率时结温稳定在 44.85℃,100Hz 频率时结温稳定在 57.30℃,而 150Hz 频率时结温则稳定在 97.33℃。这是由于随着结温的升高,IGCT 器件的单次开关损耗也在增大,进而导致热平衡温度进一步上升。上述非线性的变化关系说明电热耦合模型能够很好地考虑温度与半导体过程间的耦合效应。

表 10.5　电热耦合模型电路参数

电 路 参 数	数 值	电 路 参 数	数 值
实验运行频率/Hz	150	杂散电感/μH	0.03
支撑电容电压/kV	2.2	钳位电感/μH	1
关断电流/kA	1.5	钳位电容/μF	5
负载电感/H	0.01	实验温度条件/K	边界初始300

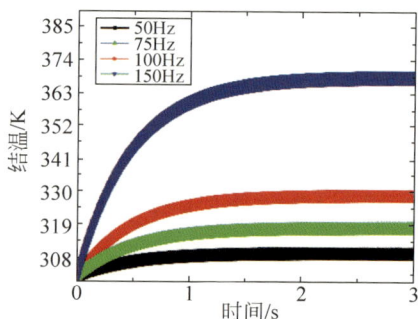

图 10.8　不同运行频率下的 IGCT 结温变化

参考文献

[1]　千金. IGCT 功能仿真模型及应用研究[D]. 北京：清华大学,2006.

[2]　吕纲. 适用于大功率关断的门极换流可关断晶闸管的研究[D]. 北京：清华大学,2018.

[3]　NAGEL A,BERNET S,BRUCKNER T,et al. Characterization of IGCTs for series connected operation [C]//Conference Record of the 2000 IEEE Industry Applications Conference. Thirty-Fifth IAS Annual Meeting and World Conference on Industrial Applications of Electrical Energy (Cat. No. 00CH37129). Rome,Italy：IEEE,2000,3：1923-1929.

[4]　BALIGA J B. Modern power devices[M]. New York：John Wiley & Sons,1987.

[5]　GÖHLER L,SIGG J. Analytical model for dynamic avalanche breakdown in power devices[C]//European Conference on Power Electronics and Applications. Proceedings Published by Various Publishers,1997,4：129-133.

[6]　SHAMPINE L F,REICHELT M W. Thematlab ode suite[J]. SIAM journal on scientific computing,1997,18(1)：1-22.

[7]　MNATSAKANOV T T,ROSTOVTSEV I L,FILATOV N I. Efficient algorithm for the physical-topological simulation of bipolar semiconductor devices with allowance for a combination of nonlinear effects of heavy doping and a high injection level[J]. Radioehlektronika,1987,30：30-36.

[8]　MNATSAKANOV T T,SCHLÖGL A E,POMORTSEVA L I,et al. Investigation of the optical. temperature dependent free-carrier absorption of a bipolar electron-hole plasma in silicon[J]. Solid-State Electronics,1999,43(9)：1703-1708.

[9]　MNATSAKANOV T T. Effect of high injection level phenomena on the feasibility of diffusive approximation in semiconductor device modeling[J]. Solid-state electronics,1998,42(1)：153-163.

[10]　GAUPP O,GRUENING H E,KREIENBUEHL M,et al. Experience with high power frequency converters employing advanced GTO (IGCT) series connection[C]//2000 IEEE Power Engineering Society Winter Meeting. Conference Proceedings (Cat. No. 00CH37077). Singapore：IEEE,2000,4：2519.

[11]　HUANG A Q,MOTTO K,LI Y. Development and comparison of high-power semiconductor switches[C]//Proceedings IPEMC 2000. Third International Power Electronics and Motion Control Conference (IEEE Cat. No. 00EX435). Beijing,China：IEEE,2000,1：70-78.

[12]　LYONS J P,VLATKOVIC V,ESPELAGE P. M,et al. Innovation IGCT main drives[C]//Conference Record of the 1999 IEEE Industry Applications Conference. Thirty-Forth IAS Annual Meeting (Cat. No. 99CH36370). AZ,USA：IEEE,1999,4：2655-2661.

[13]　EICHER S,BERNET S,STEIMER P,et al. The 10kV IGCT-a new device for medium voltage drives[C]//Conference Record of the 2000 IEEE Industry Applications Conference. Thirty-Fifth IAS Annual Meeting and World Conference on Industrial Applications of

Electrical Energy (Cat. No. 00CH37129). Rome,Italy：IEEE,2000,5：2859-2865.

[14] KUHN H,SCHRBDER D. A new validated physically based IGCT model for circuit simulation of snubberless and series operation[J]. IEEE transactions on Industry Applications,2002,38(6)：1606-1612.

[15] WANG X,CAIAFA A,HUDGINS J. L,et al. Implementation and validation of a physics-based circuit model for IGCT with full temperature dependencies[C]//2004 IEEE 35th Annual Power Electronics Specialists Conference (IEEE Cat. No. 04CH37551). Aachen, Germany：IEEE,2004,1：597-603.

[16] 扬大江,姚振华,朱长纯,等. IGCT 器件的计算机模拟[J]. 电力电子技术,2001,4(2)：54-57.

[17] 袁立强,赵争鸣,刘建政,等. 基于 IGCT 的大功率 NPC 逆变器设计仿真与分析[J]. 电力自动化设备,2004,24(1)：46-49+53.

[18] 王久和. 新型功率开关器件 IGCT 及其应用[J]. 华北矿业高等专科学校校报,2000,2(3)：9-11.

[19] LYU G,YU Z,ZENG R,et al. Optimisation of gate-commutated thyristors for hybrid DC breakers[J]. IET Power Electronics,2017,10(14)：2002-2009.

[20] ZOU P,CHEN F,ZENG H,et al. Research on the Characteristics of Reverse Blocking IGCT and Module for DC Power Grid application[C]//4th International Conference on HVDC,Xi'an,China,2020：888-893.

[21] VEMULAPATI U,ARNOLD M,RAHIMO M,et al. Reverse blocking IGCT optimised for 1kV DC bi-directional solid state circuit breaker[J]. IET Power Electronics,2015,8：2308-2314.

[22] AGOSTINI F,VEMULAPATI U,TORRESIN D,et al. 1MW bi-directional DC solid state circuit breaker based on air cooled reverse blocking-IGCT[C]//2015 IEEE Electric Ship Technologies Symposium,Old Town Alexandria,VA,USA：IEEE,2015：287-292.

[23] GERBEX S,CHERKAOUI R,GERMOND A J. Optimal location of multi-type FACTS devices in a power system by means of genetic algorithms[J]. IEEE transactions on power systems,2001,16(3)：537-544.

[24] EL-HABROUK M,DARWISH M K. A new control technique for active power filters using a combined genetic algorithm/conventional analysis[J]. IEEE transactions on Industrial Electronics,2002,49(1)：58-66.

[25] SHAHIRINIA A H,TAFRESHI S M M,GASTAJ A H,et al. Optimal sizing of hybrid power system using genetic algorithm[C]//2005 International Conference on Future Power Systems. Amsterdam,Netherlands：IEEE,2005：6.

[26] GRUENING H,TSUCHIYA T,SATOH K,et al. 6kV 5kA RCGCT with advanced gate drive unit [C]//Proceedings of the 13th International Symposium on Power Semiconductor Devices & ICs. Osaka,Japan：IEEE,2001：133-136.

[27] VEMULAPATI U,ARNOLD M,RAHIMO M,et al. 3. 3kV RC-IGCTs Optimized for Multi-Level Topologies[C]//Pcim Europe,International Exhibition & Conference for Power Electronics,Intelligent Motion,Renewable Energy and Energy Management.

Nuremberg,Germany：VDE,2014：1-8.

[28] APELDOORN O,STEIMER P,STREIT P,et al. High voltage dual-gate turn-off thyristors[C]//Conference Record-IAS Annual Meeting (IEEE Industry Applications Society). 2001,3：1485-1489.

[29] NISTOR I,WIKSTROM T,SCHEINERT M. IGCTs：High-power technology for power electronics applications [C]//2009 International Semiconductor Conference. Sinaia, Romania：IEEE,2009：65-73.

[30] PRIGMORE J,TCHESLAVSKI G,BAHRIM C. An IGCT-based electronic circuit breaker design for a 12. 47kV distribution system[C]//IEEE PES General Meeting. MN,USA：IEEE,2010：1-5.

[31] BUTSCHEN T,ZIMMERMANN J,DE D R W. Development of a Dual GCT[C]//The 2010 International Power Electronics Conference-ECCE ASIA-. Sapporo,Japan：IEEE, 2010：1934-1940.

[32] BUTSCHEN T,ETXEBERRIA G S,STAGGE H,et al. Gate drive unit for a Dual-GCT[C]// 8th International Conference on Power Electronics-ECCE Asia. Jeju,Korea：IEEE,2011：2419-2426.

[33] ARNOLD M,WIKSTROEM T,OTANI Y,et al. High temperature operation of HPT＋ IGCTs[C]//International Exhibition & Conference for Power Electronics,Intelligent Motion and Power Quality 2011. Nuremburg,Germany：VDE,2011：16-21.

[34] LYU G,YU Z,ZENG R,et al. Optimisation of gate-commutated thyristors for hybrid DC breakers[J]. IET Power Electronics,2017,10：2002-2009.

第 11 章

IGCT在大功率中压传动系统的应用

大功率中压传动系统功率等级一般在兆瓦至百兆瓦级,电压等级在数千伏至数十千伏,广泛应用于工业生产、轨道交通、船舶推进等场合。中压变频器是大功率中压传动系统实现电能变换和功率传输的核心电力装备。近年来,随着大功率中压传动领域节能环保要求的提高以及功率等级的提升,对中压变频器的效率、功率密度等性能提出了更高的需求,这要求功率器件具有更低的损耗、更大的通流及更高的阻断电压,为 IGCT 的应用带来了重要契机。本章将介绍 IGCT 器件在大功率中压变频器中的技术优势及应用情况。

11.1 应用场景与发展现状

11.1.1 应用场景

中压变频器可以分为电流源型和电压源型两大类,其中电流源型采用电感作为直流环节的储能元件,而电压源型采用电容作为直流环节的储能元件。与电容储能方式相比,电感储能密度低,电能损耗大,造成系统体积重量大、成本高,因此市场上电流源型中压变频器产品较少。电压源型中压变频器通常采用交流-直流-交流的系统结构,根据交流侧所连接电源或者负载类型的不同,中压变频器可广泛应用于各种工业场景。

在中压电气传动领域,中压变频器的整流侧和逆变侧分别为电网和电机负载,其系统结构如图 11.1 所示,具有调速精度高、环保节能等优点,是大型工业自动化系统的核心装备,广泛应用于冶金轧机、船舶推进、机车牵引、油气输送等基础装备和重工业领域,同时也可以用于舰艇和风洞等军事领域。其中,轧机传动容量为

10～20MW，矿井提升机传动容量为 1～10MW，大型舰船电力变速推进容量为 20～100MW，大型油气管道输送变频调速容量及液化天然气压缩机容量为 1～100MW。

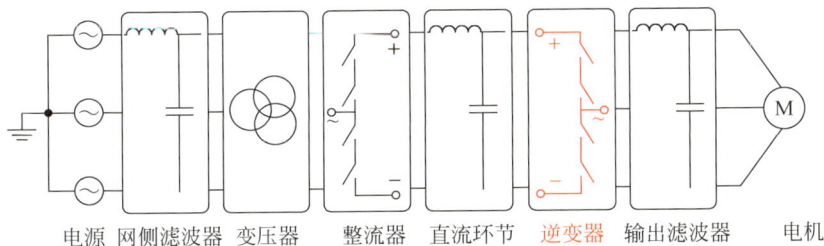

图 11.1　中压变频器系统结构

　　中压变频器还可应用于风力发电领域，即风电变流器，其整流侧和逆变侧分别连接风力发电机和电网。由于技术的进步以及对高效率、高可靠性的追求，基于永磁同步电机直驱式的风电机组逐渐成为主流方案，其系统结构如图 11.2 所示。提高风力发电机组电压等级有利于减小发电系统输出大电流时产生的诸多不利影响，可提升风力发电可靠性和效率。近年来，伴随着电压等级逐步从 690V、1140V 提升至 3300V，单机容量已经突破 10MW 等级，并逐步向 15～20MW 等级发展。

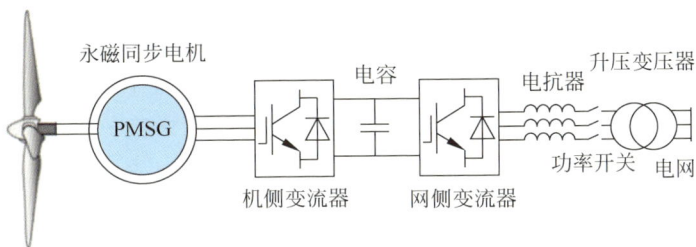

图 11.2　中压风电变频器系统结构框图

　　中压变频技术还可拓展到交流输配电领域，容量可达百兆瓦以上，但与中压电气传动领域的变频器不同，其整流侧和逆变侧均连接电网，频率与电网保持一致。典型的装备包括：静止同步补偿器（static synchronous compensator，STATCOM）、有源电力滤波器（active power filter，APF）、中压柔性互联变流器、统一潮流控制器（unified power flow controller，UPFC）等。图 11.3 给出了一种基于中压变频技术的 UPFC 系统结构框图。

11.1.2　发展现状

　　中压变频器的核心环节是 AC/DC 变换器和 DC/AC 变换器。一般将两个变

257

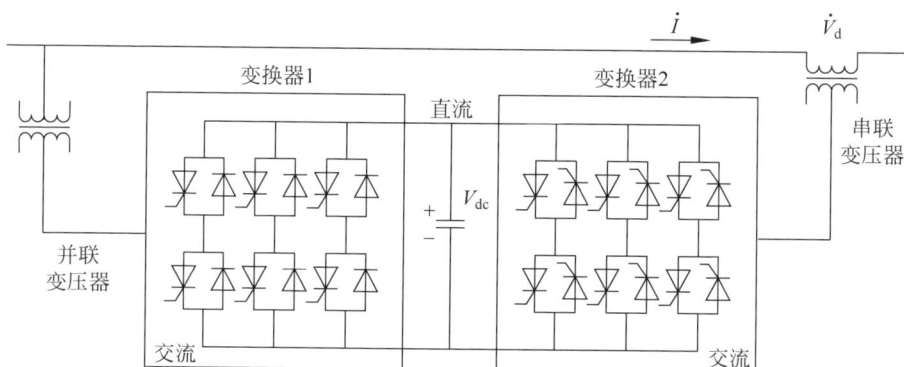

图 11.3　基于中压变频技术的 UPFC 系统结构框图

换器采用同一种拓扑结构,以具备四象限运行能力。本节围绕两电平、H 桥级联(cascaded H-bridge,CHB)多电平、飞跨电容型(flying-capacitor,FC)多电平、中点钳位型(neutral point clamped,NPC)多电平、有源中点钳位型(active neutral point clamped,ANPC)多电平等多种变换器典型拓扑结构,对中压变频器发展现状进行综述。

　　AC/DC 变换器最简单的拓扑为两电平结构,其典型结构如图 11.4 所示。两电平拓扑下功率器件的耐压等级与直流母线电压等级相当,为了达到电压等级要求,可使用高压大功率器件或利用低压功率器件的串联技术实现。然而,器件串联动态均压难,目前该拓扑结构下只有 ABB 实现了器件大规模串联技术的商业化探索。当两电平串联结构应用于大功率传动系统时,其桥臂中点输出电压跳变量为直流母线电压,较大的 dv/dt 将对电机及线缆绝缘产生影响;另外,由于桥臂中点输出电压谐波含量大,需配置大容量滤波装置,额外增加了系统成本。

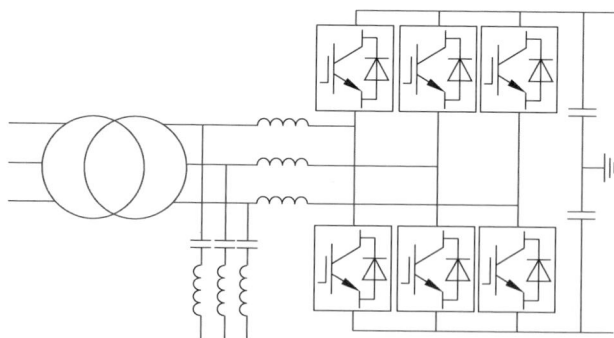

图 11.4　ABB 基于器件串联的两电平拓扑结构

　　为降低器件耐压等级要求,同时解决两电平拓扑交流输出电压谐波含量大的问题,20 世纪 60 年代 W. McMurray 等提出 H 桥级联多电平结构,在中压传动领域得到了较为广泛的应用,其拓扑结构如图 11.5(a)所示,具有以下特点。

(1) 采用低压功率器件组成两电平 H 桥,通过 H 桥的级联实现高压输出。

(2) 具有一定的故障容错能力,可通过旁路故障 H 桥单元提高运行可靠性。

(3) 每级 H 桥直流母线需要独立的电源供电,该电源一般采用多抽头绕结变压器整流获得,通过绕组的相移可实现网侧低谐波。然而,在级联数较多时,隔离变压器工艺复杂,体积和成本大幅增加。

同期,J.J.A.Dickerson 等提出了飞跨电容型多电平变换器。与 CHB 构造多电平的思路不同,FC 结构使用与直流电压成比例的悬浮电容来平均所有器件的电压应力,同时增加了输出电平数和电路模态,其拓扑结构如图 11.5(b)所示。相比于 CHB 多电平拓扑,飞跨电容型无须独立直流母线从而避免使用多抽头绕结变压器,但也带来了其他的问题。

(1) 需要为各飞跨电容设置单独的预充电电路,增加了额外的成本。

(2) 为保持各飞跨电容充放电平衡,需要对中间电平对应的功率器件开关状态进行控制,增加了逆变器调制方法的复杂性,且会增加功率器件的开关损耗。

由于上述原因,飞跨电容型多电平拓扑在中压变频器中应用较少。

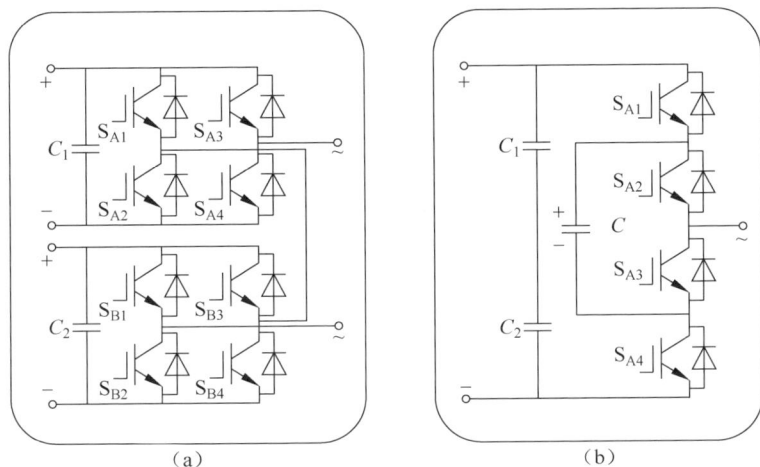

图 11.5　级联 H 桥拓扑结构与飞跨电容拓扑结构

(a) 级联 H 桥拓扑;(b)飞跨电容拓扑

1980 年,日本学者 A.Nabae 等提出了中点钳位型多电平拓扑,其典型三电平拓扑结构如图 11.6(a)所示。图 11.6(a)中,C_{d1} 和 C_{d2} 分别是直流上母线和下母线电容,T_1 至 T_6 为功率器件 IGCT,D_1 至 D_4 分别是 T_1 至 T_4 的反并联二极管。D_5 和 D_6 称为钳位开关管,T_1 和 T_4 为桥臂外开关管,T_2 和 T_3 为桥臂内开关管。L_{buf1} 和 L_{buf2} 分别是上桥臂和下桥臂阳极电抗器,用于抑制 IGCT 器件开通以及二极管反向恢复时的 $\mathrm{d}i/\mathrm{d}t$；R_{buf1}、D_{buf1}、C_{buf1} 和 R_{buf2}、D_{buf2}、C_{buf2} 分别构成钳位电路，用于抑制 IGCT 器件关断时由阳极电抗器和回路杂散电感引起的电压尖峰。该结构较为直接地从直流侧取等分的电位点作为输出，中间通过二极管构造电流通路。二极管钳位型多电平拓扑同时避免了使用多抽头绕结变压器和飞跨电容，相较于 CHB 拓扑成本更低，相较于 FC 拓扑控制复杂度更低，因而是目前中压变频器领域应用最为广泛的多电平拓扑。

对于中点钳位型拓扑，随着电平数的上升，所需钳位二极管数量迅速增加，造成变流器损耗增大、成本增加。因此，目前工业中实际应用的主要以三电平中点钳位型拓扑结构为主。由于中点钳位型多电平变流器的损耗分布不均匀，德国柏林工业大学的学者 Brückner T. 于 2005 年提出了有源中点钳位型三电平拓扑结构，其拓扑结构如图 11.6(b)所示。ANPC 拓扑在钳位二极管 D_5 和 D_6 的两端各并联了一只可控关断的功率半导体器件，即全控型功率器件，可以实现主动控制输出零电平时的通流回路，保证变流器损耗平衡分布。

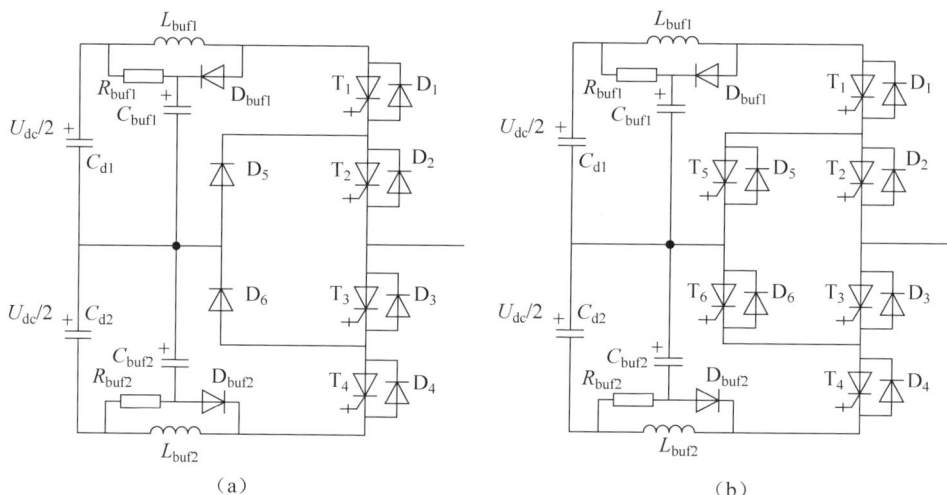

图 11.6　两种基于 IGCT 器件的中点钳位三电平拓扑结构
(a) NPC 拓扑原理图；(b) ANPC 拓扑原理图

通过中压变频器的拓扑演进可知，多电平拓扑虽然可以降低变频器对功率器件耐压等级的要求，但由于多种原因的限制，目前中压变频器应用的多电平拓扑仍以三电平拓扑为主，对功率器件耐压能力需求的降低程度有限，因此仍期望功率器件具有高耐压能力。另外，在中压变频器电压等级不变的情况下提升功率等级，可以通过器件并联或者模组并联的方式，但这带来了均流、环流、电磁干扰等问题，既降低了系统的可靠性又提高了系统成本，因而中压变频器需要通流能力高、关断电流大的功率器件。IGBT 和 IGCT 器件由于具有阻断电压高、通流能力强、开关特性好等优点,已成为中压变频器的主流选择。IGCT 由于其可靠的整晶圆压接结构和较低的通态损耗,在容量 10MW 以上、电压等级 3kV 以上的中压变频器中具有较好应用前景。

11.2　典型拓扑与工作原理

如前文所述,ANPC 拓扑可以实现损耗平衡分布,更适合于大功率中压变频器,本节以其为例,对工作原理进行介绍。

1. 开关状态类型

ANPC 拓扑的输出电平状态包含正电平 P、负电平 N 和四种零电平 OU_1、OU_2、OL_1、OL_2,各输出电平状态对应的功率器件开关状态如下表所示。在输出电平状态切换过程中设置了器件开关顺序死区,即在死区时间内应当遵循"先关断后导通"的原则,以保证 T_1/T_5、T_2/T_3、T_4/T_6 在状态切换过程中不存在同时导通的情况,防止电容短路。

表 11.1 中,桥臂输出 P 状态时,T_1 和 T_2 处于导通状态,T_6 既可处于导通状态,也可处于关断状态;若 T_6 在 P 状态处于通态,可平衡 T_3 和 T_4 关断时承受的电压。同样的原理,在 N 状态时除 T_3 和 T_4 导通外,T_5 也导通。

表 11.1　ANPC 拓扑的输出电平状态及器件开关状态

电平状态	器　　件						输出电压
	T_1	T_2	T_3	T_4	T_5	T_6	
P	1	1	0	0	0	1	$+U_{dc}/2$
OU_1	0	1	0	0	1	0	0
OU_2	0	1	0	1	1	0	0
OL_1	0	0	1	0	0	1	0
OL_2	1	0	1	0	0	1	0
N	0	0	1	1	1	0	$-U_{dc}/2$

下面具体介绍各种输出电平状态的器件开关状态及电流流径通路。

状态 1:正电平 P 且输出电流大于零。

ANPC 变流器导通的器件可由表 11.1 可知,T_1、T_2 和 T_6 处于导通状态,电流从正极母线经过 T_1、T_2 输出,T_6 无电流流过,如图 11.7(a)所示。

状态 2:负电平 N 及输出电流大于零。

T_3、T_4 和 T_5 处于导通状态,电流从正极母线经过续流二极管 D_3、D_4 输出,T_3、T_4 和 T_5 均无电流流过,如图 11.7(b)所示。

状态 3：正电平 P 及输出电流小于零。

T_1、T_2 和 T_6 处于导通状态，电流由续流二极管 D_1、D_2 流向正极母线，T_1、T_2 和 T_6 均无电流流过，如图 11.7(c) 所示。

状态 4：负电平 N 及输出电流小于零。

T_3、T_4 和 T_5 处于导通状态，电流由 T_3、T_4 流向负极母线，T_5 无电流流过，如图 11.7(d) 所示。

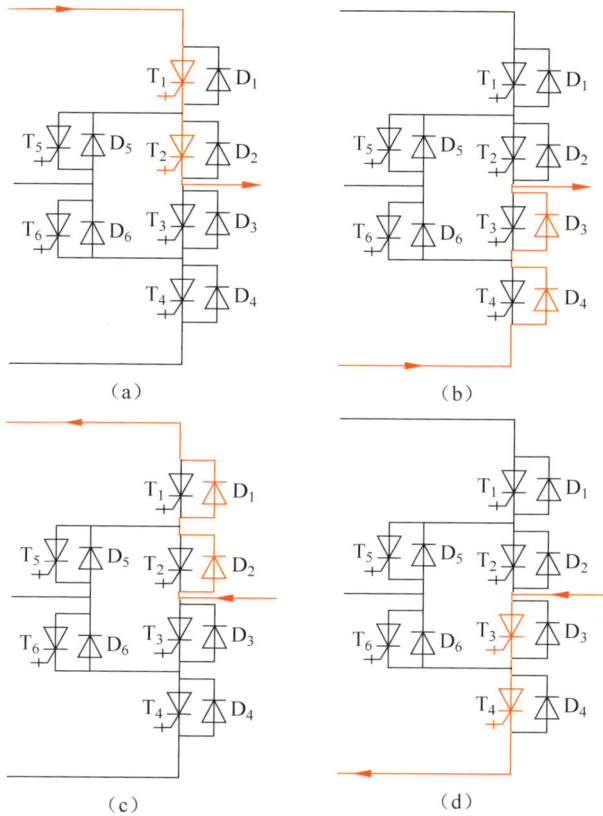

图 11.7　正负电平电流通路

(a) 状态 1；(b) 状态 2；(c) 状态 3；(d) 状态 4

状态 5：零电平且输出电流大于零。

ANPC 变流器在零电平状态下电流大于零时，同时存在两种电流流通路径。第一种电流流通路径对应零电平 OU_1 或 OU_2 状态，电流从电容中点经过续流二极管 D_5 和 T_2 输出，如图 11.8(a) 所示。其中，对于 OU_1 状态，T_2 和 T_5 处于导通状态；对于 OU_2 状态，T_2、T_5 和 T_4 处于导通状态。第二种电流流通路径对应零电平 OL_1 或 OL_2 状态，电流从电容中点经过 T_6 和续流二极管 D_3 输出，如图 11.8(b)

所示。其中,对于 OL_1 状态,T_3 和 T_6 处于导通状态;对于 OL_2 状态,T_3、T_6 和 T_1 处于导通状态。

状态 6:零电平且输出电流小于零。

ANPC 变流器在零电平状态下电流小于零时,与状态 5 类似,也同时存在两种电流流通路径。第一种电流流通路径对应零电平 OU_1 或 OU_2 状态,电流从交流侧经过续流二极管 D_2 和 IGCT 器件 T_5 输出,如图 11.8(c)所示。第二种电流流通路径对应零电平 OL_1 或 OL_2 状态,电流从交流侧经过 T_3 和续流二极管 D_6 输出,如图 11.8(d)所示。

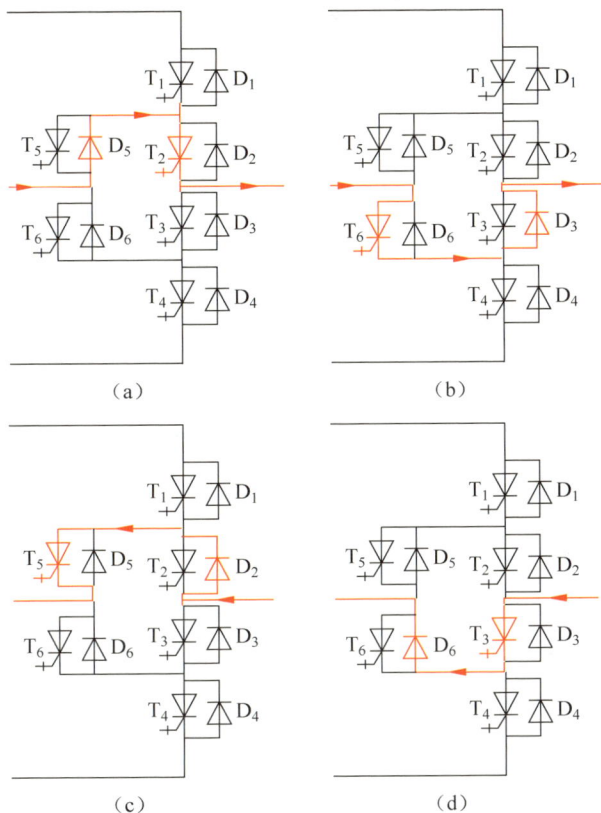

图 11.8　零电平电流通路

(a) OU_1 或 OU_2;(b) OL_1 或 OL_2;(c) OU_1 或 OU_2;(d) OL_1 或 OL_2

2. 输出电平切换方式

根据上述分析可知,ANPC 变流器在正电平 P、负电平 N 与零电平之间的切换时,可从电流流向来分析。切换方式分析如下。

切换情况 1:正电平 P 与零电平切换。

1) 当输出电流大于零

ANPC 变流器输出电平在正电平 P 和零电平之间切换的换流方式有 $P \leftrightarrow OU_1$ 和 $P \leftrightarrow OL_2$ 两种，其换流路径分别对应于图 11.7(a) 到图 11.8(a) 和图 11.7(a) 到图 11.8(b)。在 $P \leftrightarrow OU_1$ 方式下，电流在正电平 P 通过 T_1 和 T_2 流出，在 OU_1 状态通过 D_5 和 T_2 流出，在此换流过程中，T_1 和 D_5 存在开关切换，两者既有导通损耗，又有开关损耗（为表述方便，二极管的反向恢复损耗也称为开关损耗），而 T_2 一直处于导通状态，只有导通损耗。在 $P \leftrightarrow OL_2$ 方式下，电流在正电平 P 通过 T_1 和 T_2 流出，在零电平 OL_2 通过 T_6 和 D_3 流出，在此换流过程中，T_1 和 T_6 尽管分别在零电平 OL_2 和正电平 P 时电流为零，但其一直处于导通状态并没有开关过程，因此只有导通损耗，而 T_2 和 D_3 存在开关切换，两者既有导通损耗，又有开关损耗。

2) 当输出电流小于零

ANPC 变流器输出电平在正电平 P 和零电平之间切换的换流方式同样有 $P \leftrightarrow OU_1$ 和 $P \leftrightarrow OL_2$ 两种，其换流路径分别对应于图 11.7(c) 到图 11.8(c) 和图 11.7(d) 到图 11.8(d)。在 $P \leftrightarrow OU_1$ 方式下，电流在正电平 P 时通过 D_1 和 D_2 流入，在零电平 OU_1 时通过 T_5 和 D_2 流入，在此换流过程中，D_1 和 T_5 存在开关切换，两者既有导通损耗，又有开关损耗，而 D_2 一直处于导通状态，只有导通损耗。在 $P \leftrightarrow OL_2$ 方式下，电流在正电平 P 时通过 D_1 和 D_2 流入，在零电平 OL_2 时通过 D_6 和 T_3 流入，在此换流过程中，D_1 和 D_6 尽管分别在零电平 OL_2 和正电平 P 时电流为零，但其一直处于导通状态并没有开关过程，因此只有导通损耗，而 D_2 和 T_3 存在开关切换，两者既有导通损耗，又有开关损耗。

切换情况 2：负电平 N 与零电平切换。

1) 当输出电流大于零

ANPC 变流器输出状态在负电平 N 和零电平之间切换的换流方式有 $N \leftrightarrow OL_1$ 和 $N \leftrightarrow OU_2$ 两种，其换流路径分别对应于图 11.7(b) 到图 11.8(b) 和图 11.7(b) 到图 11.8(a)。在 $N \leftrightarrow OL_1$ 方式下，电流在负电平 N 时通过 D_3 和 D_4 流出，在零电平 OL_1 通过 T_6 和 D_3 流出，在此换流过程中，T_6 和 D_4 存在开关切换，两者既有导通损耗，又有开关损耗，而 D_3 一直处于导通状态，只有导通损耗。在 $P \leftrightarrow OU_2$ 方式下，电流在负电平 N 时通过 D_3 和 D_4 流出，在零电平 OU_2 时通过 D_5 和 T_2 流出，在此换流过程中，D_3、D_4、D_5 都存在导通损耗，但由于 T_4 和 T_5 一直处于导通状态，D_4、D_5 在关断时未承受反压，无开关损耗，仅 D_3 存在开关损耗。而 T_2 存在开关切换，其既有导通损耗，又有开关损耗。

2) 当输出电流小于零

ANPC 变流器输出电平在负电平 N 和零电平之间切换的换流方式有 $N \leftrightarrow OL_1$ 和 $N \leftrightarrow OU_2$ 两种，其换流路径分别对应于图 11.7(d) 到图 11.8(d) 和图 11.7(d) 到

图 11.8(c)。在 N↔OL_1 方式下,电流在负电平 N 时通过 T_3 和 T_4 流入,在零电平 OU_1 时通过 T_3 和 D_6 流入,在此换流过程中,T_4 和 D_6 存在开关切换,两者既有导通损耗,又有开关损耗,而 T_3 一直处于导通状态,只有导通损耗。在 N↔OU_2 方式下,电流在负电平 N 时通过 T_3 和 T_4 流入,在零电平 OU_2 时通过 D_2 和 T_5 流入,在此换流过程中,T_4 和 T_5 尽管分别在零电平 OU_2 和负电平 N 时电流为零,但其一直处于导通状态并没有开关过程,因此只有导通损耗,而 T_3 和 D_2 存在开关切换,两者既有导通损耗,又有开关损耗。

综上所述,ANPC 拓扑中负载电流在零电平流出时有两条通路,流进时也有两条通路,因此变频器在工作过程中负载电流的流进流出共有 4 种组合,每种组合下功率器件的损耗都不相同,因此合理分配这些组合的作用时间,便可实现功率器件损耗平衡控制。

11.3　技术特性分析

下面针对 3.3kV 电压等级、10MW 功率等级的中压变频器需求,应用 ANPC 三电平拓扑,分别采用电压等级相同、通流能力相近的 IGCT、IGBT 和 IEGT 器件,对变频器及器件损耗特性进行分析。其中,所采用的器件型号及其通态损耗指标、开关损耗指标对比分别如表 11.2 和表 11.3 所示。

表 11.2　相近容量 IGCT、IGBT 和 IEGT 通态压降对比

器件类型	IGCT	IGBT	IEGT
型号	CAC5000-45 Plus	5SNA3000K452300	ST3000GXH24A
阻断电压	4500	4500	4500
通流能力	$I_{T(RMS)}=3000A$	$I_C=3000A$	$I_C=3000A$
通态电压(2000A,25℃)	1.65V	2.3V	2.6V
通态电压(2000A,125℃)	1.8V	3V	2.9V

表 11.3　相近容量 IGCT、IGBT 和 IEGT 器件开关损耗特性对比

测试条件	IGCT		IGBT		IEGT	
	CAC5000-45 Plus		5SNA3000K452300		ST3000GXH24A	
	开通	关断	开通	关断	开通	关断
2800V,3000A,25℃	1.5J	20J	15J	15J	24J	16.5J
2800V,2000A,125℃	1J	13J	9J	10.5J	14J	11J

可以看出,IGCT 的通态压降要远低于 IGBT 和 IEGT;IGCT 虽然关断能量较高,但其开通能量远低于 IGBT 和 IEGT,因此总开关能量最低。

　　进一步地,在载波频率为 750Hz、功率因数为 0.95 以及采用混合基频调制策略的基础上,比较采用前述型号 IGCT、IGBT 和 IEGT 功率器件构建 ANPC 变频器的损耗。考虑到上下桥臂的对称性,这里仅给出上述工况中上桥臂功率半导体器件的损耗情况,用以反映整个 ANPC 三电平变频器的损耗对比情况。图 11.9 为分别采用三种器件时上桥臂各功率器件损耗对比以及各损耗类型(开通、关断、导通)的对比。由图 11.9(a)可知,采用三种功率器件时 T_1、T_2 和 T_5 的损耗占比基本没有变化,主要损耗集中在 T_1 和 T_2 器件,其占比各为 40% 左右。由图 11.9(b)可知,三类器件都是导通损耗占比最大,均大于 50%;IGCT 开通损耗占比远小于 IGBT 和 IEGT,但其还需配置钳位电路,额外产生损耗功率约为 1126W。综合考虑,采用 IGCT 器件的方案仍具有最低的总损耗。由于损耗越低,产品经济性越优,同时可以降低散热容量,因此从系统损耗角度而言,IGCT 器件相比于 IGBT 和 IEGT 器件,在 10MW 容量中压变频器中具有较高的效率和较好的经济性。

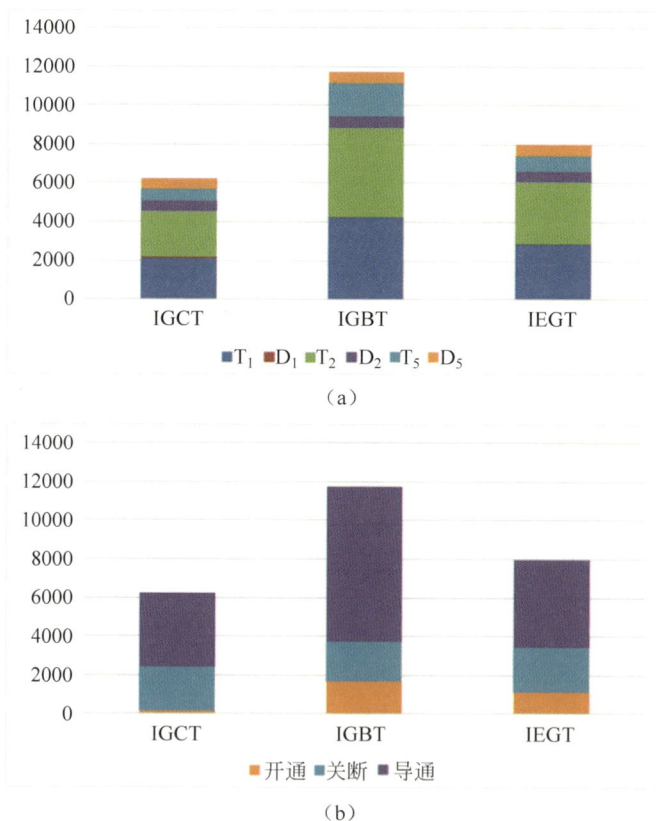

(a)

(b)

图 11.9　相同调制策略下各类器件的损耗对比以及各损耗类型的对比

(a) 各类器件损耗对比；(b) 各类损耗类型的对比

11.4　装备设计与应用

11.4.1　装备设计

以 3.3kV/15MW 中压变频器为例,介绍其基于 IGCT 器件的 ANPC 功率模块设计方案和测试方法,变流器基本参数如表 11.4 所示。

表 11.4　3.3kV/15MW 中压变频器基本参数

项　　目	基 本 参 数	项　　目	基 本 参 数
设备额定容量 S_n	15MW	额定交流电压 V_{AC}	3.3kV
额定直流电压 V_{DC}	$\pm 2.5\text{VkV}$	额定交流电流 I_n	2766A

1. 参数设计与器件选型

基于 IGCT 器件的 ANPC 功率模块电路原理图如图 11.6(b)所示。对于 3.3kV/15MW 中压变频器,在选用 ANPC 三电平拓扑情况下要求单器件直流耐压不低于 2.5kV,负载电流有效值为 2766A。选用中车 tPower-SC12.CAC 6500-45 型非对称 IGCT 器件作为功率器件,IGCT 的断态重复峰值电压 $V_{DRM}=4500V$,中间直流电压 $V_{DC}=2800V$,最大可控关断电流 $I_{TGQM}=6500A$,通态电流临界上升率 $di_T/dt=1000A/\mu s$。反并联功率二极管选用中车 FYD 4600-45 型快恢复二极管,断态重复峰值电压 $V_{RRM}=4500V$,正向平均通流 $I_{F(AV)}=4600A$。

每个 ANPC 功率模块配置独立的钳位吸收电路,根据功率器件的 di/dt 耐受约束、最小过渡时间约束以及欠阻尼振荡约束等多目标优化条件,确定钳位电路的优化配置和参数设计。典型的参数和选型如下：钳位二极管选择中车 TMFDO 220-45 型快恢复二极管,阳极电抗器电感值为 $2.5\mu H$,钳位电容为 $5\mu F$,钳位电阻为 0.7Ω。

2. 功率模块结构设计

基于 IGCT 器件的 15MW 级 ANPC 功率模块结构示意图及实物图分别如图 11.10 和图 11.11 所示。IGCT 器件和二极管分别压接阀串,利用碟形弹簧和拉杆施加压接力,通过散热器实现双面水冷散热,IGCT 器件与其反并联的二极管通过软铜排连接。由前述损耗分析结果及上下桥臂的对称性可知,功率器件 T_1、T_2、T_3、T_4 损耗高于 T_5 和 T_6,为避免发热源集中,一种典型的 IGCT 阀串压装顺序为 T_1、T_5、T_2、T_3、T_6、T_4。

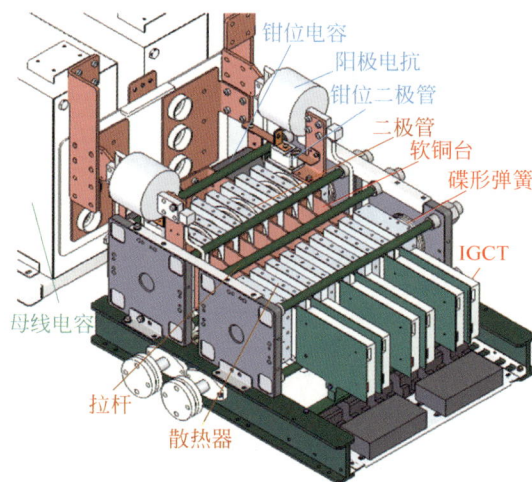

图 11.10　基于 IGCT 器件的 15MW 级 ANPC 功率模块结构示意图

图 11.11　基于 IGCT 器件的 15MW 级 ANPC 功率模块实物图

3. 功率模块的测试方法

基于 IGCT 器件的 ANPC 三电平功率模块的测试试验通常包括脉冲测试、单相功率循环测试和两相功率循环测试。

脉冲测试的主要目的是测试 IGCT 功率模块的开通和关断性能,以验证主电路参数和缓冲吸收电路参数设计的合理性。脉冲序列测试所采用的试验电路原理图如图 11.12 所示,将负载电感两端分别连接在 ANPC 功率模块交流输出端和直流电压中点,通过控制 IGCT 器件的开通和关断调节施加在负载电感上的电平脉冲。由于 ANPC 三电平拓扑具有四种输出零电平的方式,同时考虑到电流极性,其换流状态较多,通常可采用设计脉冲序列的方式开展脉冲测试试验。设计脉冲序列的一般原则为：单个脉冲测试序列应尽量短，同时应在单次测试序列中尽量覆盖多的脉冲序列以提高测试试验效率。根据上述原则，这里给出一组典型的脉冲序列，以便于开展脉冲测试试验，如表 11.5 所示。

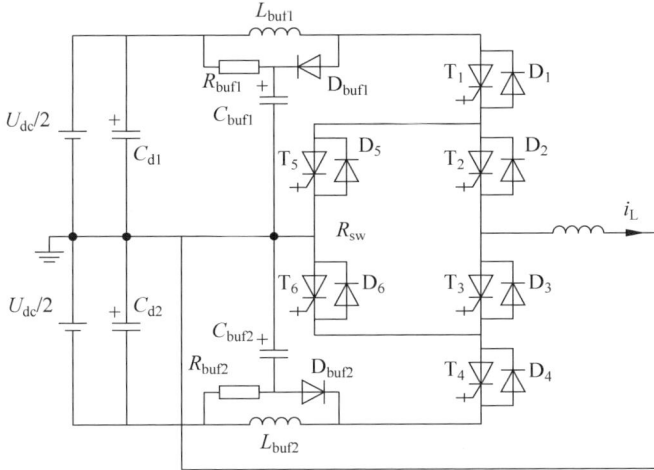

图 11.12　脉冲测试试验电路原理图

表 11.5　ANPC 三电平功率模块脉冲序列表

序 列 标 号	脉 冲 序 列
1	OU_1-P-OU_1-P-OU_1-OL_1-OU_1
2	OU_1-P-OL_2-P-OU_2-OL_2-OU_2
3	OL_1-N-OL_1-N-OL_1-OU_1-OL_1
4	OL_1-N-OU_2-N-OU_2-OL_2-OU_2
5	OL_1-N-OL_1-OU_1-P-OU_1-P-OU_1
6	OL_1-N-OL_1-OU_1-P-OL_2-P-OL_2
7	OU_1-P-OU_1-OL_1-N-OL_1-N-OL_1
8	OU_1-P-OU_1-OL_1-N-OU_2-N-OU_2

以表 11.5 中序列标号 1 所示脉冲序列为例，图 11.13 给出了其脉冲测试的试验波形。由图 11.13 可知，功率模块的起始输出电平为零电平 OU_1，以保证功率模块安全启动，此时 T_2 和 T_5 导通。零电平 OU_1 向正电平 P 切换的过程中，T_5 关断、T_1 和 T_6 导通，完成开关状态切换后功率模块输出正电平，负载电感电流线性上升。而后，正电平 P 向零电平 OU_1 切换，T_1 和 T_6 关断、T_5 导通，通过该切换过程可以测试 T_1 器件的关断特性以及 D_5 器件的开通特性。接下来，零电平 OU_1 向正电平 P 切换，通过该切换过程可以测试 D_5 器件的反向恢复特性和 T_1 器件的开通特性。接着，正电平 P 向零电平 OU_1 切换，并进一步进行 OU_1 和 OL_1 之间的相互切换，以测试不同零电平通流相互切换时器件的开关特性。最后，在 OU_1

状态下闭锁所有功率器件,负载电抗器下降至零,完成单次脉冲序列试验。

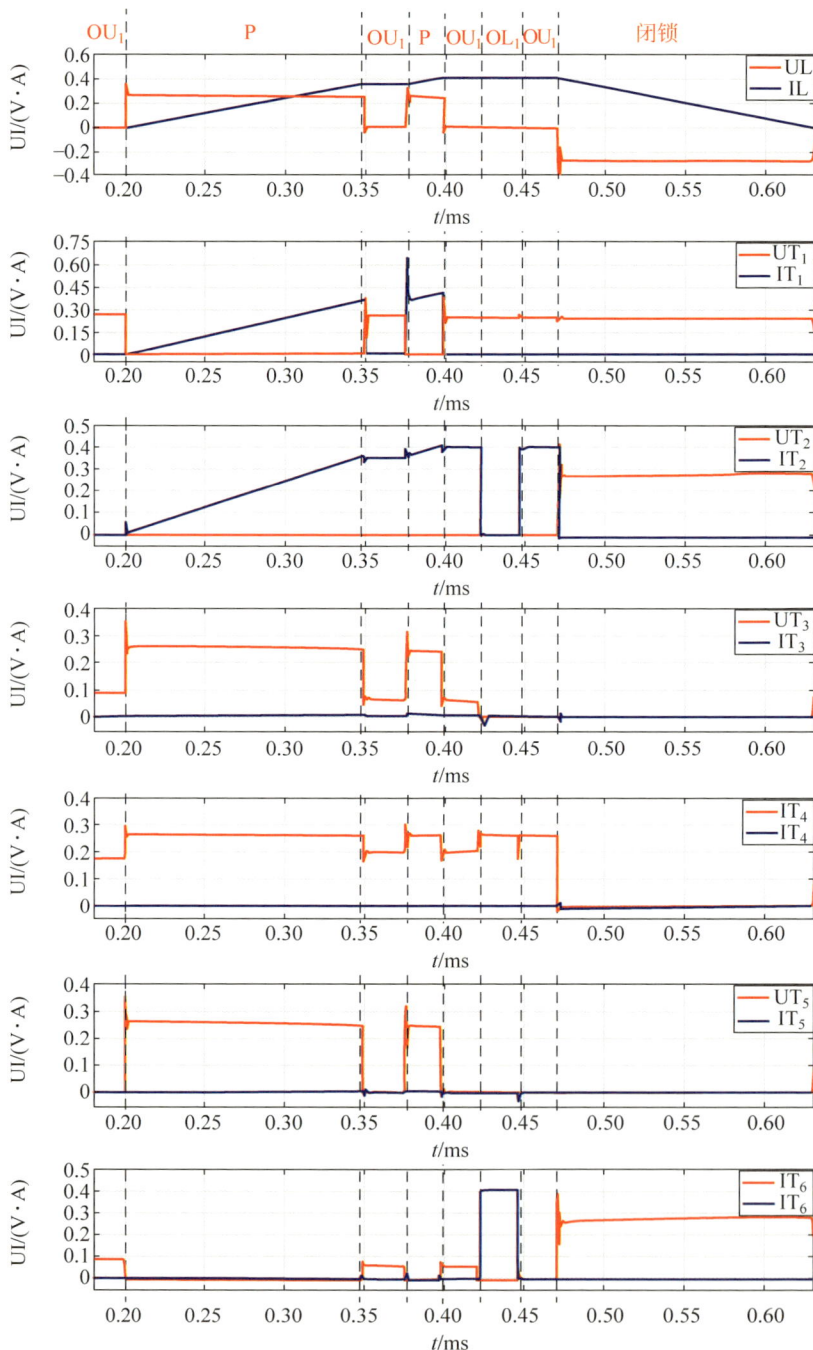

图 11.13　基于 IGCT 器件的 15MW 级 ANPC 功率模块脉冲测试波形示例

在完成所有的脉冲测试试验后,同样基于图 11.12 所示试验电路原理图,开展单相功率循环试验。单相功率循环试验以构成 ANPC 最小功率单元的半桥功率模块为试验对象,可以测试所设计调制策略的单相运行性能。最后,以图 11.14 所示的电路原理图开展两相功率循环测试试验。在该试验中,通过控制调制比使得两个功率模块的逆变输出电压幅值均为额定值,同时控制两个功率模块逆变输出电压的相位差使得负载电抗器电流幅值为额定值,这样实现了两个功率模块在额定功率下的运行试验,同时可以通过负载电抗器两端电压测试调制策略的线电压输出特性。

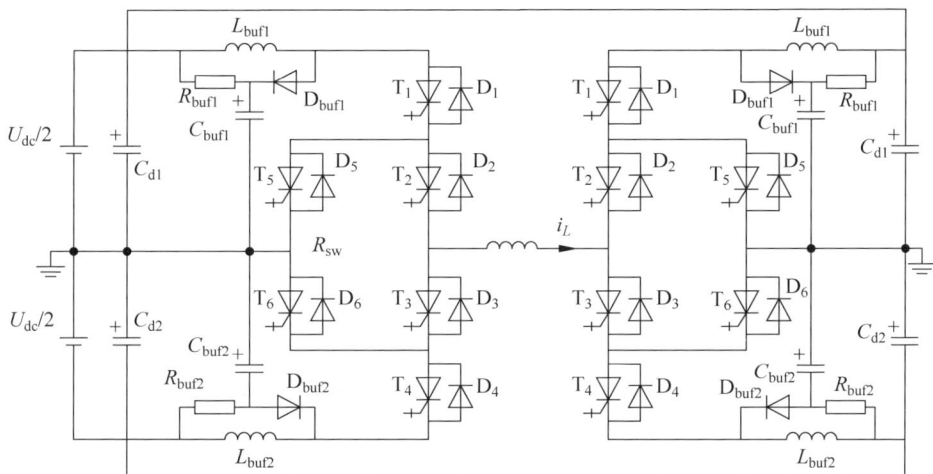

图 11.14　两相功率循环试验电路原理图

11.4.2　应用情况

IGCT 器件自商业化以来便在中压变频领域得到了规模应用,主要的中压变频器厂家包括国外的 ABB、西门子、通用电气等以及国内的禾望电气、株洲中车时代电气、天津电气科学研究院有限公司等。此外,中国科学院电工技术研究所针对高速磁悬浮列车场景,研发了相应的 IGCT 大功率变频器。本节将对部分厂商的中压变频器的应用情况进行介绍。

1. ABB 中压变频器

ABB 公司的中压变频器主要采用基于 IGCT 器件的 NPC 三电平拓扑,相关产品已经广泛应用于水泥、化工、油气、舰船、冶金、采矿等领域。其产品系列如表 11.6 所示,电压等级最高可达 11kV,功率等级最高可达 36MW。主要分为两类:一类是面向标准电机负载的易用型通用性变频器,包含的产品系列有ACS580MV 和 ACS5000;另一类是面向过程控制和工程解决方案的工业驱动器,包含的产品系列有 ACS1000、ACS6000 和 ACS6080。ACS6080 系列中压变频器如图 11.15 所示。

表 11.6　ABB 中压传动变频系统产品系列

分　　类	产品系列	电压等级/kV	功率等级/MW
面向标准电机负载的易用型通用性变频器	ACS580MV	3.3～11	0.2～6.3
	ACS5000	6～6.9	5～32
面向过程控制和工程解决方案的工业驱动器	ACS1000	3.3～4.16	1.8～5
	ACS6000	3.3	3～36
	ACS6080	2.3～3.3	5～36

图 11.15　ABB 公司 ACS6080 系列中压变频器

　　在船舶领域,ABB 采用模块化设计的 ACS6000 中压变频器可以满足浮动采油船、动态定位钻井船、穿梭油轮、服务船和大型邮轮的全部要求,其应用示意图如图 11.16 所示。ACS6000 系列采用直接转矩控制技术,能够为船舶推进电机提供精确、快速的转矩和速度控制,使船舶在起航、加速、减速以及航行过程中的速度调整时,变频器都能快速响应指令,精确控制推进电机的转速,提高船舶的操纵性和经济性。

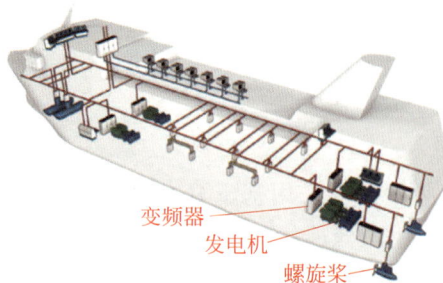

图 11.16　ABB 公司 ACS6000 中压变频器在船舶推进系统中的应用示意图

　　在冶金领域,ABB 的中压变频器用于驱动轧板机的传动电机,其应用示意图如图 11.17 所示。轧板机轧辊所需的高转矩由两台大功率同步电机(每台电机的额定功率通常在 10MW 级)通过传动轴产生,两台同步电机可分别由两台 ACS6000 单传动变频器控制。ACS6000 变频器采用直接转矩控制技术,可在几毫秒内控制满载转矩,消除可能发生的共振问题降低负荷冲击的影响,实现轧机较高的静态和动态准确度,确保钢材成品质量。

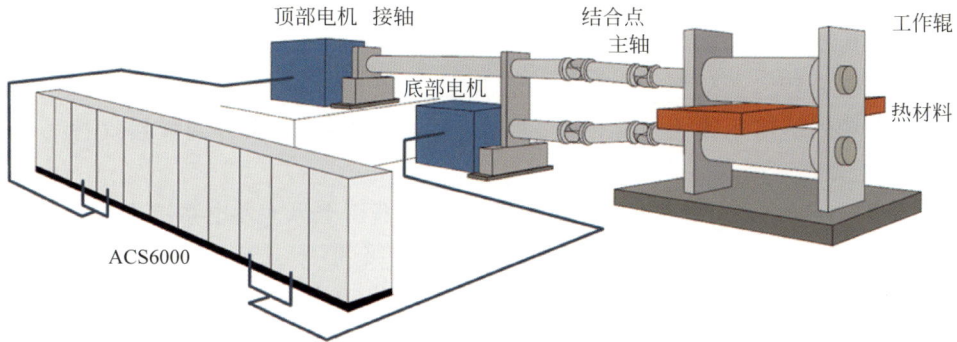

图 11.17　ABB 公司 ACS6000 中压变频器在轧钢厂中的应用示意图

在矿业领域,济宁矿业集团安居煤矿应用了 ACS6000 中压变频器来控制矿井提升机。ACS6000 中压变频系统基于直接转矩控制技术,能够为提升机提供精确的速度和转矩控制,使提升机运行更加平稳、高效。在该应用中,变频器的高可靠性和强大的保护功能有效保障了提升机的安全运行,降低了故障发生的概率,同时其良好的动态性能也满足了矿井提升机频繁变速和重载启动的要求。

在石油化工领域,陕西延炼实业集团公司压缩机系统重整改造工程中,应用了 ABB 公司 ACS1000 型中压变频器。ACS1000 型中压变频器采用交-直-交变频技术,具有良好的可靠性、稳定性和可调速性,操作简单、维护方便,在此次改造工程中成功实现了对压缩机的调速控制,满足了生产工艺的要求,提高了压缩机的运行效率和能源利用率。

在船舶甲板机械中,ABB 公司 ACS5000 系列中压变频器被用来控制起升、变幅和回转机构的电机。通过变频器的调速功能,可以根据货物的重量和吊运要求,精确调整电机的转速,实现平稳、高效的货物吊运作业。在起升过程中,能够避免货物的晃动和冲击,提高作业安全性;在变幅和回转过程中,也能实现精准的位置控制,提高作业效率。在特种船舶领域,中交天津航道局建造的"天麒"号、"天麟"号绞吸式挖泥船,其绞刀、水下泥泵等主要挖泥机具都采用了 ABB 的变频系统。该系统中的变频器能够根据挖泥工况的变化,快速、精确地调节电机的转速和输出功率,使绞刀和泥泵在不同的工作条件下都能保持最佳的工作状态。

2. 禾望电气中压变频器

禾望电气中压变频器主要分为面向电气传动领域的 HD8000 系列(图 11.18)

和面向风电领域的 HW8000 系列。两种系列化产品均采用基于 IGCT 器件的 NPC 三电平拓扑,具有效率高、功率密度高、过载能力强(可达 150％过载能力)、可靠性高(压接型结构特性,天然低失效率,杜绝"炸机"风险)等优势。

HD8000 系列中压变频传动系统包括单传动变频器和共直流母线多传动变频器,其最大功率可达 102MV·A,最高电压等级可达 19.8kV,最大可支持八机并联。其模块化的硬件和工程化软件设计理念使其具备各种复杂工况的传动能力,并具有超强的环境适应能力,整机满足 IP54 及以上防护等级。目前,HD8000 系列中压变频器已应用在冶金轧钢机、大型齿轮箱试验台、国家管网天然气管线压缩机、油气电驱压裂等领域。

禾望电气面向风电领域的 HW8000 系列变流器用于风力发电系统中(图 11.19),与中压永磁同步发电机配套使用,系统电压等级为 3.3kV,功率等级覆盖 5～25MW。变流器机侧变换器连接发电机定子,并将功率通过直流环节输送到网侧变换器;网侧变换器连接电网,在平衡直流电压的同时向电网提供优质的电能。目前,HW8000 风电变流器已经广泛应用于内蒙古、新疆、黑龙江、吉林等大型陆上风电场以及广东、福建、浙江、山东等海上风电场。

图 11.18　禾望电气 HD8000 系列中压变频系统

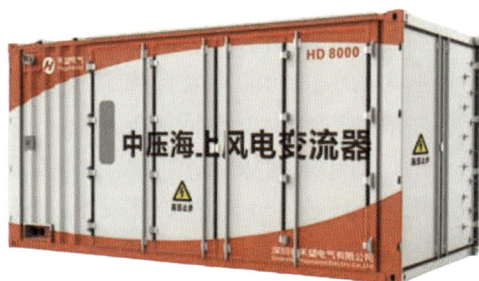

图 11.19　禾望电气集装箱式中压海上风电变频器

3. 株洲中车时代电气中压变频器

株洲中车电气时代股份有限公司是国内具有"器件-模块-控制-整机"全自主化产品平台的中压变频器厂商。其所研制的大功率中压 IGCT 变频器同样采用三电平 NPC 拓扑,主要面向轧机主传动、高速磁浮、高端船舶、海上风电、采矿和大功率电源领域。

表 11.7 所示为株洲中车时代电气船舶中压变频器参数,其实物图如图 11.20 所示,主要面向大型工程船、战略船舶、豪华邮轮、大型科考船等场景。

表 11.7　株洲中车时代电气船舶中压变频器参数

项　目	基 本 参 数
输入电压	$2\times$AC1750V
输入频率	50/60Hz
输出电压	AC3150V
输出频率	$0\sim$100Hz
整流形式	无能量回馈
冷却方式	水冷
功率范围	$5\sim$30MW
防护等级	IP55

图 11.20　株洲中车时代电气船舶中压变频器

表 11.8 所示为株洲中车时代电气中压轧机主传动变流器参数,其实物图如图 11.21 所示,最大容量可以达到 40MV·A,主要应用于冶金轧机市场。目前该系列变频器已经应用于广西国潮铝业 1850mm 铝热连轧项目,其中,粗轧 2 台主电机配置一套 20MV·A 主传动系统,精轧 3 台主电机配置一套 30MV·A 主传动系统。主传动系统采用四象限整流,当轧制过程中出现再生能量时,可通过四象限变频器将这部分能量回馈至电网,提升了能源利用效率,实现了良好的节能效果。

表 11.8　株洲中车时代电气中压轧机主传动变流器参数

项　目	基 本 参 数
输入电压	三相 3.16kV$(1\pm10\%)$
输入频率	50Hz$(1\pm3\%)$
输出容量	$5\sim$40MV·A
输出电压	三相 $0\sim$3300V

图 11.21　株洲中车时代电气中压轧机主传动装置

4. 中国科学院电工所高速磁浮列车牵引变流器

中国科学院电工研究所是国内首个对常温超导高速磁浮交通牵引供电与控制系统进行全面研究的单位,在"十五"期间突破大功率牵引变流器关键技术,成功研制出基于 IGCT 器件的 NPC 5MV·A 牵引变流器,并在"十一五"期间继续攻关,将 5MV·A 牵引变流器全面升级,研制制动能量可回收利用的四象限 15MV·A 牵引变流器。在"十三五"期间,再次创新突破,研制基于 ANPC 三电平拓扑的 24MV·A 牵引变流器,如图 11.22 所示,其系统应用示意图如图 11.23 所示。

图 11.22 "十三五"期间研制的高速磁浮 24MV·A 高速磁浮牵引变流器

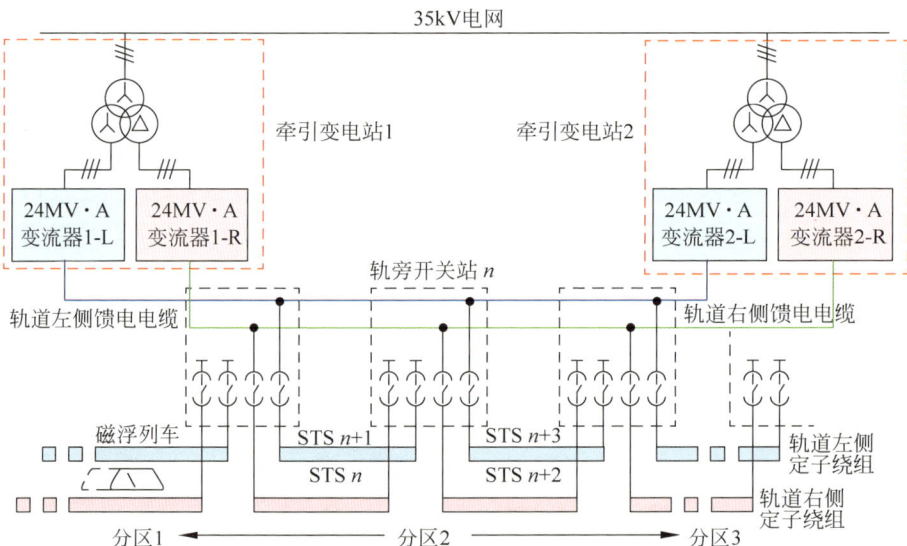

图 11.23 24MV·A 高速磁浮牵引变流器系统应用示意图

所研制的 24MV·A 牵引变流器由两组 12MV·A 变流器系统并联构成,可实现四象限运行,将列车制动的能量回馈至电网。由于制动能量可回馈,取消了制动电阻及其斩波控制器,可大幅节约电能和成本,提高能量利用效率。通过有源中点钳位结构,实现了大功率半导体器件损耗均衡控制、中点电压平衡和容量提升。

参考文献

［1］　胡存刚,芮涛,马大俊,等.三电平 ANPC 逆变器中点电压平衡和开关损耗减小的 SVM 控制策略［J］.中国电机工程学报,2016,36(13):3598-3608＋3379.

［2］　王金平,翟飞,姜卫东,等.一种全范围内中点电压平衡的中点钳位型三电平变换器的扩展非连续脉宽调制策略［J］.中国电机工程学报,2019,39(6):1770-1782＋1873.

［3］　ANDLER D,ÁLVAREZ R,BERNET S,et al. Experimental Investigation of the Commutations of a 3L-ANPC Phase Leg Using 4.5-kV-5.5-kA IGCTs［J］. IEEE Transactions on Industrial Electronics,2013,60(11):4820-4830.

［4］　闫良.中压变频器在大 H 型钢精轧机中的应用［J］.包钢科技,2017,43(4):84-86＋90.

［5］　陈满,王武华,周党生,等.基于 IGCT 的大功率变流器的 V/F 控制变速试验［J］.电力电子技术,2022,56(1):111-114＋120.

［6］　袁媛,宋鹏,姜一达,等.IGCT 器件 NPC 三电平变流器直流限流方法比较分析［J］.电气传动,2018,48(10):33-37.

［7］　刘静.IGCT 故障电流限流技术在船舶供电系统中的应用［J］.舰船科学技术,2018,40(18):82-84.

［8］　ANDLER D,ÁLVAREZ R,BERNET S,et al. Switching Loss Analysis of 4.5～5.5kA IGCTs Within a 3L-ANPC Phase Leg Prototype［J］. IEEE Transactions on Industry Applications,2014,50(1):584-592.

［9］　王晨屹,赵毅,许傲然,等.微电网大功率 IGCT 变流器重触发问题的研究［J］.电力电子技术,2016,50(12):71-73.

［10］　杨培,李崇坚.基于 IGCT 的 20MV·A NPC/H 桥变流器研究［J］.电气传动,2017,47(4):35-39＋75.

［11］　辛兴.ACS6000 中压传动系统在钢管轧制中的应用［J］.电子制作,2018(10):3-5.

［12］　ABARZADEH M,KHAN W A,WEISE N,et al. A New Configuration of Paralleled Modular ANPC Multilevel Converter Controlled by an Improved Modulation Method for 1MHz,1MW EV Charger［J］. IEEE Transactions on Industry Applications,2021,57(3):3164-3178.

［13］　王浩然,邱玉林,史光辉,等.矿井提升用 CHB 型四象限高压变频器研究与设计［J］.矿山机械,2023,51(7):25-28.

［14］　刘国友,王彦刚,李想,等.大功率半导体技术现状及其进展［J］.机车电传动,2021(5):1-11.

［15］　Satpathy S,Das P P,Bhattacharya S,et al. Switching Modes for Reduction of Peak Voltage Transients in GaN-Based Three Level ANPC Inverter［J］. IEEE Transactions on Industry Applications,2024,60(6):9066-9079.

[16] 王武华,周党生,谢磊. 基于 IGCT 的大功率变流器的研制[J]. 电力电子技术,2022,56(1):13-16.

[17] 任康乐. 中压三电平全功率风电变流器关键技术研究[D]. 合肥:合肥工业大学,2016.

[18] SONG W, ZHANG Z, ZHANG S, et al. Digital Twin Modeling and Multiparameter Monitoring Schemes of Three-Level ANPC Inverters[J]. IEEE Transactions on Power Electronics,2024,39(12):16596-16608.

[19] 张波,葛琼璇,王晓新,等. 三电平有源中点箝位变流器损耗平衡优化控制方法[J]. 高电压技术,2016,42(9):2775-2784.

[20] 戴鹏,石祥龙,朱晓莹,等. 有源钳位三电平变频器改进 SVPWM 策略[J]. 电工技术学报,2017,32(14):137-145.

[21] 兰志明,王成胜,段巍,等. 基于 IGCT 的大功率五电平中点钳位/H 桥变流器[J]. 电工技术学报,2021,36(20):4249-4255.

[22] KAMPITSIS G, BATZELIS E I, MITCHESON P D, et al. A Clamping-Circuit-Based Voltage Measurement System for High-Frequency Flying Capacitor Multilevel Inverters[J]. IEEE Transactions on Power Electronics,2022,37(10):12301-12315.

[23] 徐晓娜,王奎,李永东. 基于调制波分解的背靠背三电平变换器共模电压消除方法[J]. 中国电机工程学报,2022,42(08):2957-2969.

[24] YARAMASU V, WU B, SEN P C, et al. High-power wind energy conversion systems: State-of-the-art and emerging technologies[J]. Proceedings of the IEEE,2015,103(5):740-788.

[25] 李宁,王跃,张长松,等. IGCT 变流器钳位电路参数的设计方法[J]. 电网技术,2014,38(6):1621-1626.

第 12 章

IGCT在新型电力系统的应用

近年来,新型电力系统的构建对大容量电力电子装备提出了更高的技术要求。IGCT 器件因具有阻断电压高、容量大、通态损耗低、可靠性高等优点,在新型电力系统构建过程中具有较好的应用前景。一代器件决定一代装备,清华大学联合株洲中车时代电气股份有限公司、西安派瑞功率半导体变流技术股份有限公司等功率半导体企业,以及中国电气装备集团有限公司、泰开集团有限公司、北京电力设备总厂有限公司、南京南瑞继保电气有限公司、特变电工股份有限公司、正泰集团股份有限公司等十余家电力装备企业,推动了 IGCT 在直流换流器、直流变压器、直流断路器等直流装备中的深度应用,利用逆阻型 IGCT 双向耐压及主动关断特性,成功研发了混合换相换流器(hybrid commutated converter,HCC),彻底解决了常规直流换相失败难题;利用 CP-IGCT 的中心可控击穿技术,确保了模块化多电平换流器(modular multilevel converter,MMC)柔直换流阀的安全运行;利用 IGCT 的低导通压降特性,实现了大容量直流变压器(direct current transformer,DCT)的高效能量变换;同时,借助 IGCT 高抗浪涌电流能力和高电压耐受能力,降低了大容量混合式直流断路器的成本。本章将结合 IGCT 的技术特征,详细阐述其在直流输配电领域的典型应用。

12.1 混合换相换流器

12.1.1 应用场景与发展现状

我国能源资源与负荷呈逆向分布,决定了"西电东送"成为我国能源发展的长期重大战略。基于电网换相换流器(line commutated converter,LCC)的常规直流输电技术是大容量远距离电能传输的优选方案。同高压交流输电相比,其具有的优点包括:①线路造价低,不存在对地电容电流;②可利用背靠背技术实现电网的非同步联网;③稳定性高,可单极运行,运行可靠性高。同柔性直流输电技术相比,它具有的优点包括:①工程总体造价低,性价比高;②整体运行损耗低,电能传输效率高;③运行控制策略简单,运行可靠性高。因此,它已成为应用最成熟、分布最广泛的直流输电形式。截至 2024 年,我国已建设超/特高压直流工程 30 余条,其中特高压线路 20 条,如表 12.1 所示,总容量超过 140GW,占"西电东送"总容量超过 50%,并在华东、华南形成了直流多落点的电网格局。

表 12.1   中国特高压直流线路统计

序号	建设工程名称	调度简称	投产时间	电压等级
1	云南—广州	楚穗直流	2010 年 6 月	±800kV
2	向家坝—上海	复奉直流	2010 年 7 月	±800kV
3	锦屏—苏南	锦苏直流	2012 年 12 月	±800kV
4	哈密南—郑州	天中直流	2014 年 1 月	±800kV
5	溪洛渡左岸—浙江金华	宾金直流	2014 年 7 月	±800kV
6	糯扎渡—广东	普侨直流	2015 年 5 月	±800kV
7	宁东—浙江	灵绍直流	2016 年 11 月	±800kV
8	酒泉—湖南	祁韶直流	2017 年 6 月	±800kV
9	晋北—南京	雁淮直流	2017 年 6 月	±800kV
10	锡盟—泰州	锡泰直流	2017 年 10 月	±800kV
11	扎鲁特—青州	鲁固直流	2017 年 12 月	±800kV
12	滇西北—广东	新东直流	2018 年 5 月	±800kV
13	上海庙—临沂	昭沂直流	2019 年 1 月	±800kV
14	准东—皖南	吉泉直流	2019 年 9 月	±1100kV
15	青海—河南	青豫直流	2020 年 12 月	±800kV
16	乌东德—广东、广西	昆柳龙直流	2020 年 12 月	±800kV 三端混合
17	雅中—江西	雅湖直流	2021 年 6 月	±800kV
18	陕北—湖北	陕武直流	2021 年 8 月	±800kV
19	白鹤滩—江苏	建苏直流	2022 年 7 月	±800kV
20	白鹤滩—浙江	金塘直流	2022 年 12 月	±800kV

常规 LCC 换流器的典型拓扑如图 12.1 所示,其桥臂采用半控型晶闸管器件(只能控制开通,不能控制关断),因此需要依靠电网电压的作用进行换相。图 12.2(a)表示 6 个桥臂顺次开通,从使得直流电压始终维持在交流电压的高值,进而实现交直流转换,在此过程中,三相电流如图 12.2(b)所示,在每个桥臂上呈梯形电流波。

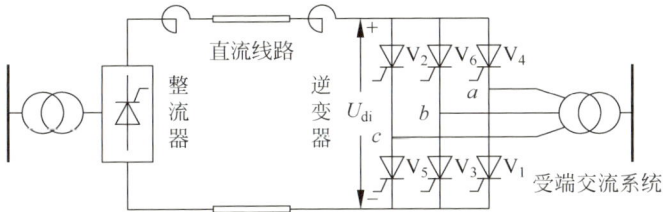

图 12.1 常规 LCC 换流器典型拓扑

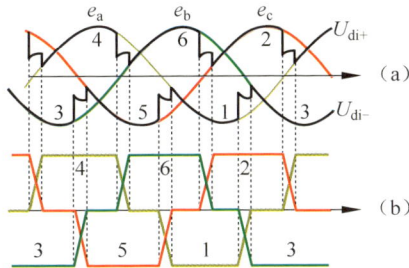

图 12.2 常规 LCC 逆变器工作原理

常规 LCC 换流器换相过程如图 12.3 所示,在正常情况下,换流器稳态阶段为两个晶闸管导通,换相阶段为三个晶闸管导通,其等效电路如图 12.4 所示。在这个基础上可以根据式(12-1)对换相过程进行理论分析:

$$2I_{d}L_{T} = \int_{\alpha}^{\alpha+\mu} U_{ab}\,\mathrm{d}\theta \tag{12-1}$$

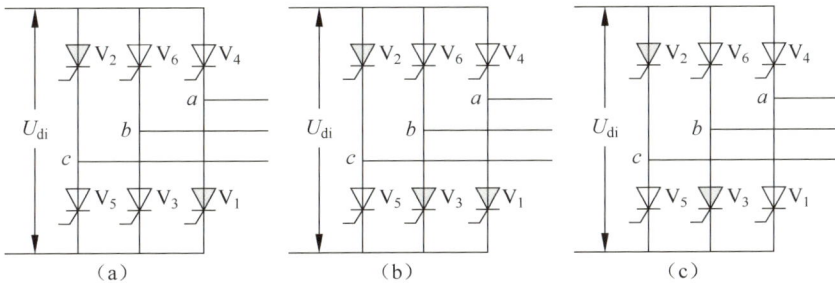

图 12.3 常规 LCC 逆变器换流原理
(a) V_1、V_2 导通;(b) V_1、V_3 换相;(c) V_2、V_3 导通

式中,I_d 为直流电流;L_T 为换相电抗;U_{ab} 为交流系统线电压;$U_{ab} = \sqrt{2}E\sin\theta$;$\alpha$ 为触发延迟角,对于换流器而言指桥臂触发开通对应的角度;μ 为换相角,指的是电流从开始换相到换相结束对应的角度值。

281

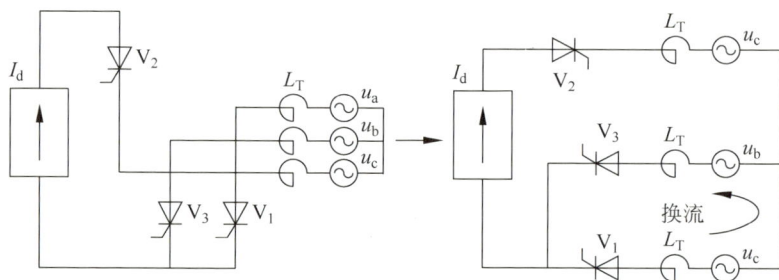

图 12.4　常规 LCC 换相过程等效电路

在逆变器中存在关系 $\pi = \alpha + \beta = \alpha + \mu + \gamma$，$\gamma$ 为关断角，对于换流器而言指的是桥臂电流过零到电压过零对应的角度值，β 指越前触发角。由此可以计算得到：

$$I_d = \frac{E}{\sqrt{2}\,L_T}\big[\cos\alpha - \cos(\alpha + \mu)\big] \tag{12-2}$$

即

$$I_d = \frac{E}{\sqrt{2}\,L_T}(\cos\alpha + \cos\gamma) \tag{12-3}$$

从而可以推导出关断角的表达式为

$$\gamma = \arccos\left(\frac{\sqrt{2}\,I_d L_T}{E} + \cos\beta\right) \tag{12-4}$$

晶闸管能否正常关断取决于关断角的大小。一般认为晶闸管正常换相需要的最小关断角为 $8°(400\mu s)$ 左右，而在实际工程应用中一般取 $15°\sim18°$ 作为安全运行值。当交直流电压扰动或交直流系统故障时，交流电压出现跌落，如图 12.5 所示，此时系统仍需要相同的电压积分面积才可使得电流成功换相，因此换相角会增大，关断角会减小。当系统关断角小于最小关断角时，应保持阻断的晶闸管及换流阀臂异常导通，进而发生换相失败。

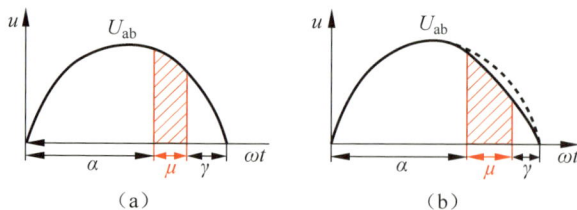

图 12.5　换相失败原理

（a）正常运行；（b）交流系统故障

单次换相失败会使得电网功率出现波动,而连续的换相失败则会导致直流闭锁、功率输送中断、送端过电压等问题,更严重地将导致交直流组网解列,发生区域性大停电事件,如图 12.6 所示。而在多馈入直流输电系统中,由于直流落点密集、站间耦合密切,单回线路出现换相失败问题往往会导致链式反应,从而发生连锁换相失败问题,极大地影响功率输送,威胁电网的安全稳定运行。

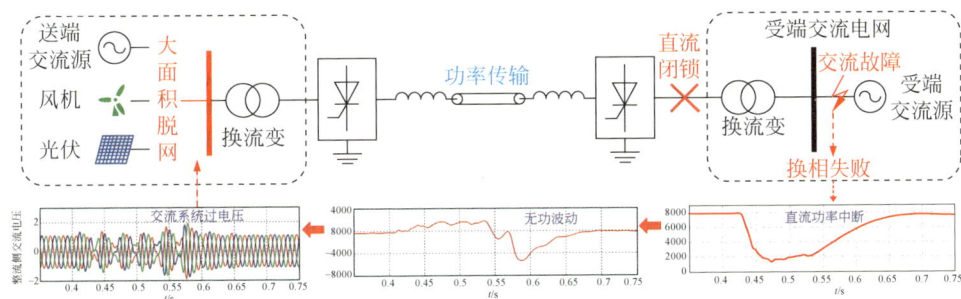

图 12.6　LCC-HVDC 输电系统受端换相失败导致交直流组网解列

针对常规直流输电系统中换相失败问题,学术界、产业界主要从系统控制策略、换相支撑装备和换流拓扑三个方面进行解决。在系统控制策略方面,主要集中在对故障预测,包括正余弦分量法、功率分量法、电流电压判断预测方法以及关断角预测手段等。这些基于预测的手段主要聚焦于对引发换相失败的故障进行预测,然后减小逆变侧的触发角、增大关断角,从而期望能够渡越交流系统故障而不发生换相失败。在换相支撑装备方面,由于换相失败往往是由于交流系统电压暂降导致的,因此在交流系统电压暂降期间如果有额外的无功支撑,阀侧交流电压可以维持正常水平一段时间,借此渡越交流系统电压暂降,从而避免换相失败的发生。最简单的方法为在换流阀网侧并联固定电容器,但是固定电容存在无法灵活调节的问题。现在主要的方法是采用同步调相机、静止无功补偿器、静止无功电源和静止同步补偿器等。在换流拓扑方面,ABB 最早提出在换流变压器阀侧出口三相串联电容器的换相技术(capacitor commutated converter,CCC),通过串联电容在交流系统电压暂降时能够稳定交流电压,从而使得换流器正常换相。此后在此基础上,学者们进一步地提出了可控串联电容器方案(controlled series capacitor converter,CSCC)、半控 H 桥子模块方案、模块化级联式换流器(thyristor-based modular cascaded converter,TMCC)等。可控电网换相换流器拓扑(controllable line commutated converter,CLCC)与混合换相换流器(hybrid commutated converter,HCC)从换相失败的本质出发,将原有的半控桥臂替换为全控桥臂,使其既可控开通又可控关断,从而消除换相失败风险。不同的是,CLCC 选择在原有晶闸管桥臂旁并联由全控型功率器件组成的桥臂,而 HCC 则是将原有的晶闸管桥臂直接替换为主动开断桥臂。

从上述常规直流输电应用场景来看,远距离、大容量输电需要器件具备大功率密度和双向耐压能力,而换相失败抵御则需要器件具备断续工频开断能力,这些特征与逆阻 IGCT 器件完美契合。

12.1.2 典型拓扑与工作原理

1. 典型拓扑

HCC 换流器从换相失败问题的本质出发,将传统 LCC 换流阀中的半控型器件晶闸管替换为全控型器件 IGCT,利用 IGCT 的主动关断能力迫使即将换相失败的桥臂完成换相,根本解决了常规直流换相失败问题。HCC 主要用于逆变侧,用于解决逆变站换相失败问题,典型的拓扑如图 12.7 所示,原有的晶闸管用 IGCT 替代,根据应用场景需求在每个桥臂上采用多个 IGCT 串联,同时根据应用工况的不同配备相应的缓冲支路。

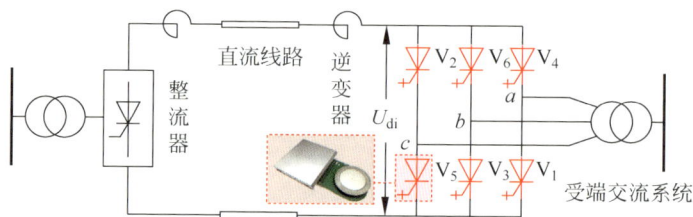

图 12.7 典型 LCC-HCC 直流输电拓扑

2. 工作模式

正常运行时,HCC 的工作模式与电气应力与 LCC 一样,如图 12.8 所示。为了抵御换相失败,HCC 一般用于逆变侧,因此其正常运行时电压绝大多数时间处于正压区间,只有少部分时间处于负压,如图 12.8(a)所示。但是在直流输电系统中往往需要考虑功率返送的情况,此时 HCC 工作在整流模式,其应力如图 12.8(b)所示,绝大多数时间处于负压区间。因此,HCC 所需的 IGCT 器件需要具备双向耐压能力,也即逆阻型 IGCT(RB-IGCT)。

HCC 抵御换相失败的工作模式分为两种。当交流系统出现轻微扰动造成交流电压跌落使得关断角减小时,晶闸管会由于电流过零后反向恢复时间不足而重新导通,造成换相失败。在这种工况下 HCC 可以利用 RB-IGCT 无须恢复的特性完成换相,该过程称为恢复增强自然换相。自然换相模式下的等效电路和电气应力如图 12.9 所示,电流仍在两相之间转移。正常通流时阀 V_1 导通,承接所有直流电流,开始换流后触发开通阀 V_3,电流换相过程与式(12-1)~式(12-4)一致,其差别仅在于 HCC 的最小关断角可以低于 2°乃至更小。

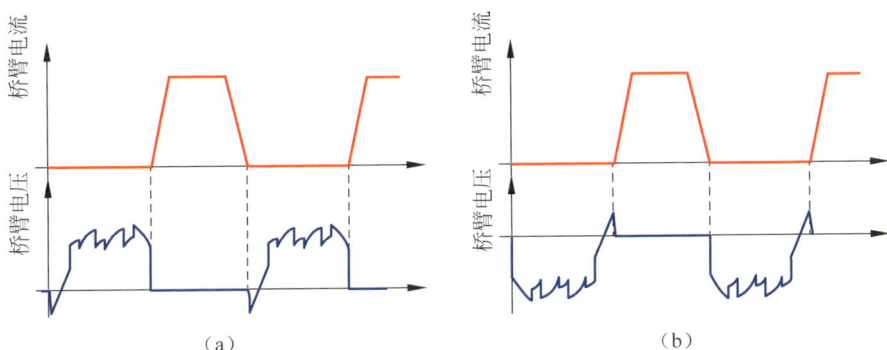

图 12.8　HCC 换流器正常运行电气应力

（a）逆变运行；（b）整流运行

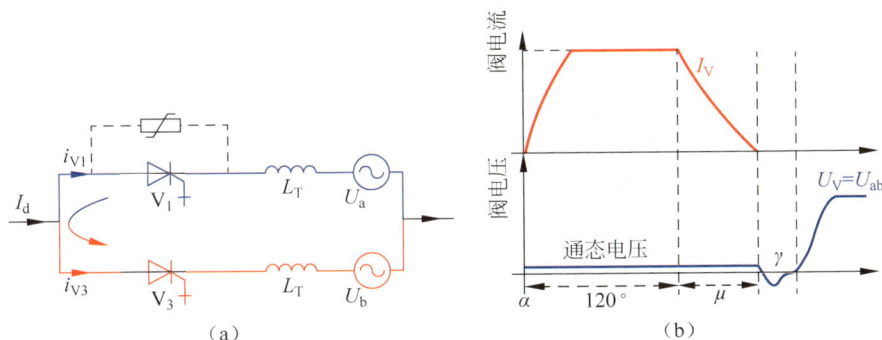

图 12.9　HCC 换流器恢复增强自然换相模式

（a）恢复增强模式下等效电路；（b）恢复增强模式下阀电气应力

　　当交流系统发生严重故障时，交流电压会出现大幅跌落甚至跌落至零的情况，此时会出现换相过程无法完成的情况。LCC 系统在这种工况下无论如何调节控制参数也无法避免换相失败的发生。而 HCC 可以利用 RB-IGCT 的主动关断能力完成换相，避免换相失败的发生，此过程称为主动关断强迫换相。强迫换相模式下的等效电路和电气应力如图 12.10 所示。

　　正常换相过程中，电流应当由阀 V_1 换相至阀 V_3，但是由于交流电压跌落，换相过程无法正常完成。此时 RB-IGCT 可以主动关断，将电流转移至其并联的MOV 上，MOV 通流后会在其两端产生较高的残压 U_{res}，该残压可以代替交流电压的作用，促使电流从避雷器支路换相至另一桥臂，该过程可表示为

$$2I_d L_T = \int_\alpha^{\alpha+T} (U_{res} + U_{ab}) \mathrm{d}t \tag{12-5}$$

式中，T 表示强迫换相时间。

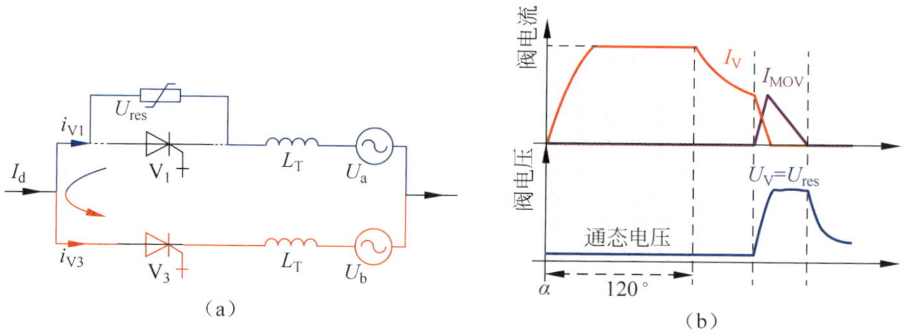

图 12.10　HCC 换流器主动关断强迫换相模式
（a）换相增强模式下等效电路；（b）换相增强模式下阀电气应力

3. 控制方法

由于 HCC 工作模式较 LCC 发生了变化，因此 HCC 的控制策略也需做出对应的调整，但其总体仍沿用 LCC 控制逻辑。在开通控制上，HCC 沿用 LCC 的控制逻辑，包含常规触发、补触发与过压触发三部分，如图 12.11 所示。常规触发指根据系统控制的触发角下发单脉冲或双脉冲触发指令，换流阀接收触发指令后触发器件进而开通；补触发是针对开通周期内电流异常跌落后换流阀关断工况进行的补充性触发方式，该模式仍需要阀控系统检测异常并下发触发指令；过压触发则是针对单支器件异常过电压现象设计的保护性触发。三种不同的触发模式保障了换流阀在绝大多数故障情况下仍能安全可靠触发运行。

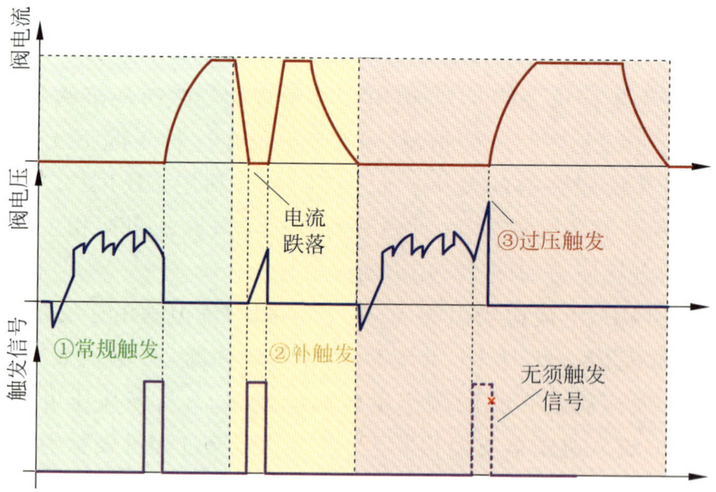

图 12.11　HCC 开通控制逻辑示意图

在关断控制上,HCC采用电流变化率检测判据与自然换相点检测判据并行的方式,如图12.12所示。电流变化率检测判据针对图12.12(a)中故障电流异常上升的工况,当系统检测到电流变化率在换相周期内正偏时,即刻给阀下发关断指令,及时强迫换相,避免故障电流进一步上升。自然换相点检测判据面向图12.12(b)中虽然存在换相失败风险,但是电流无明显上升变化的工况,当系统检测到换相进行至自然换相点时桥臂仍有电流,即可判断存在换相失败风险,需要下发关断指令完成换相。HCC通过自然换相点检测判据可以保障所有工况下均不会发生换相失败故障,同时采用电流变化率检测判据可以最大限度地降低换相失败故障电流,减小器件关断应力。

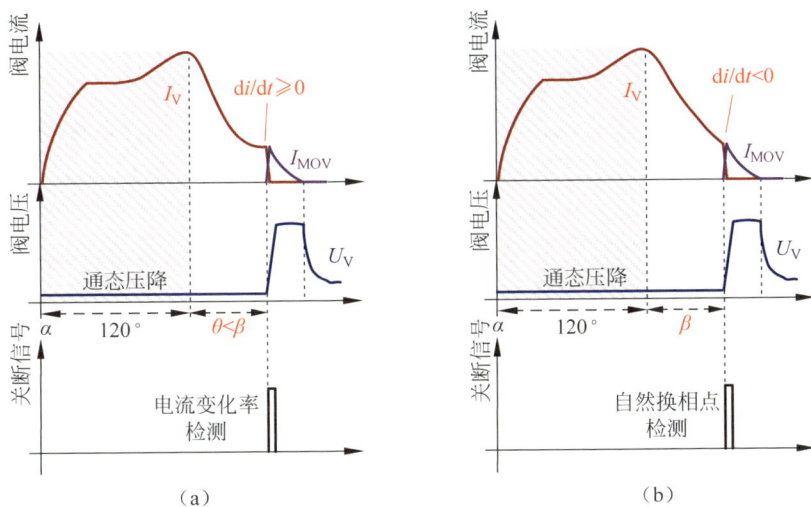

图 12.12　HCC 主动关断控制逻辑示意图

(a) 电流变化率判据；(b) 自然换相点判据

12.1.3　技术特性分析

1. 低无功特性

基于换相失败的机理,当 LCC 换流系统的关断角小于其最小关断角时,由于晶闸管反向恢复时间不足,过剩载流子会在正向电压的作用下经由 J_3 结扫出,扫出电流较大会将晶闸管重新触发,换流器发生换相失败。对于 HCC 而言,RB-IGCT 在关断角较小时的恢复应力曲线与其内部载流子变化状态如图 12.13 所示,器件在 $t_1 \sim t_6$ 期间在负向电压的作用下扫除 J_1 结耗尽层附近的过剩载流子,该过程与晶闸管一致。而在 t_7 时刻,当正向电压在很短时间内建立时,RB-IGCT 的特性展现出差异。由于 RB-IGCT 的门阴极存在并联负压源,因此正向电压下扫出的过剩载流子虽然也会有正向电流,但是该电流会通过门阴极并联

负压源而非 J_3 结,因此扫出电流不会重新触发 RB-IGCT,HCC 也因此可以运行在关断角更小的工况。

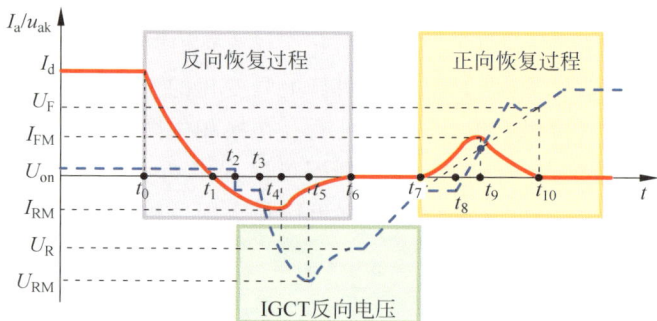

图 12.13　RB-IGCT 在 HCC 工况下恢复的电气应力曲线

　　得益于 RB-IGCT 无须反向恢复时间的特性,HCC 可以运行在极小熄弧角工况,可极大降低系统运行的无功需求。以 120kV/360MW 的高压 HCC 为例,其运行于 LCC 正常熄弧角与常规换流变压器设计时的额定无功功率需求为 193Mvar。RB-IGCT 的低恢复时间特性使得 HCC 可以运行在更小的熄弧角,同时考虑换流变压器等值电抗的优化,可以得到如图 12.14 所示 HCC 无功需求分布。从图中可以看出,熄弧角越小、换流电抗越小,无功功率就会减小。在不改变换流电抗时(额定值为 15.71%),当熄弧角从 17°减小至 2°时,无功需求降低 21.8%,继续减小熄弧角带来的换相角的增值会抵消熄弧角的减小值,无功功率并不会有更多的改善。

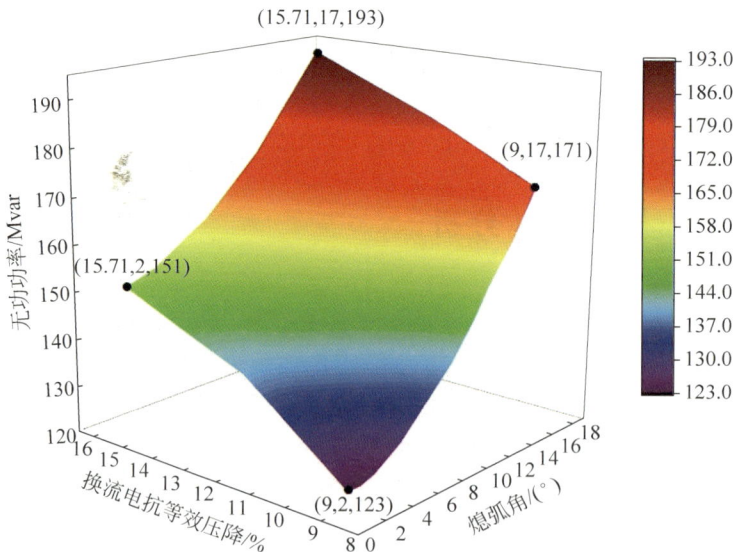

图 12.14　HCC 无功需求理论值

因此,如果希望继续减小无功功率需求,降低无功场消耗成本,需要考虑减小换相电抗。

2. 换相失败抵御特性

对逆阻型 IGCT 在 HCC 工况中的关断特性展开分析,将关断工况等效为图 12.15(a)中所示的三桥臂等效换流电路,将关断过程分为图 12.15(b)中所示多个阶段。

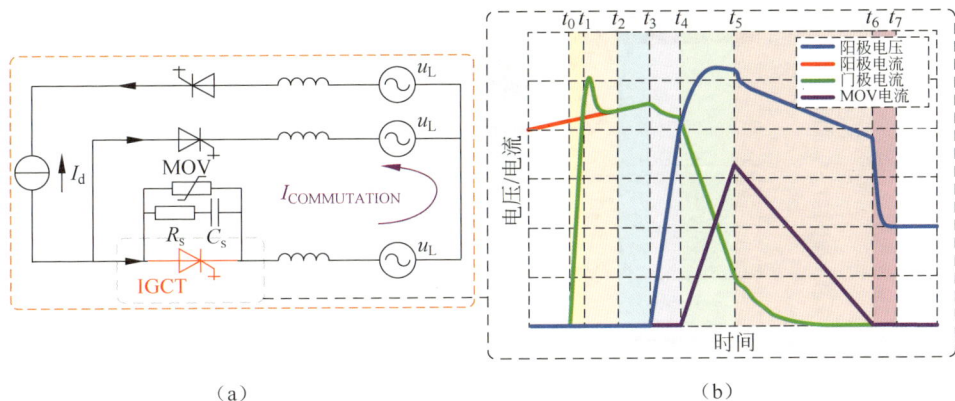

(a)　　　　　　　　　　　　　(b)

图 12.15　RB-IGCT 在 HCC 工况下的关断特性

(a) 三桥臂换流等效电路;(b) RB-IGCT 关断过程应力

(1)门极换流($t_0 \sim t_1$):在 t_0 时刻施加门极关断信号,将负压源并在门阴极两端,由于电压差的存在,所有阴极电流在驱动电路的帮助下换到门极。

(2)反向恢复阶段($t_1 \sim t_2$):J_3 结载流子被快速扫除,同时开始建立耗尽层,用以承受门极电压。

(3)存储阶段($t_2 \sim t_3$):存储 J_2 结位置的载流子在门极电流的帮助下被快速清除,但是由于耗尽层还未建立,因此此时电压尚未建立。

(4)电压建立阶段($t_3 \sim t_4$):随着 J_2 结处的载流子被进一步扫除并建立耗尽层,器件上开始建立电压。由于缓冲 RC 的存在,阳极电流开始略有下降。在此过程中,电压建立过程机理与其他工况下一致。

(5)阳极换向阶段($t_4 \sim t_5$):电压逐渐超过 MOV 参考电压后,阳极电流开始换相到 MOV。在此过程中,由于阳极电流仍然存在,载流子的扫除仍在继续,电压将继续上升到 MOV 的残压。

(6)桥臂换相阶段($t_5 \sim t_6$):残压和交流电压共同作用于换相电抗,换相过程发生在桥臂之间。在桥臂之间的换相结束之前,RB-IGCT 上始终存在高电压。

(7)电压降阶段($t_6 \sim t_7$):桥臂换向完成后,MOV 上的电流降至零,剩余电压无法维持,器件电压恢复到较低的交流电压。

　　发生故障时,HCC 最大的优势在于可以利用 RB-IGCT 可控关断的特性抵御换相失败,从而顺利渡越交流系统故障。本节以 120kV 高压 HCC 直流输电系统为例,以单相接地故障和三相接地故障两种最为典型的交流系统故障类型作为工况,分析 HCC 换相失败抵御特性。

　　从图 12.16(a)、(c)中可以看出,无论是交流系统单相接地故障还是三相接地故障,HCC 均可以显著减小直流电流和直流电压的波动,从而减小功率传输的缺

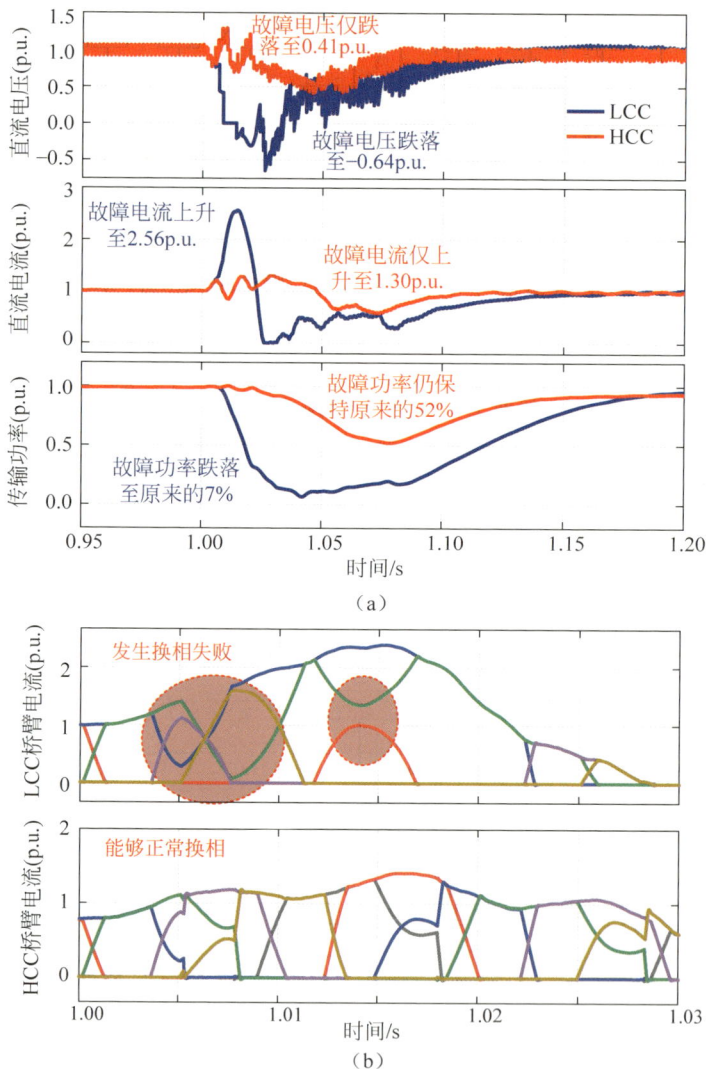

图 12.16　HCC 换相失败抵御特性

(a) LCC 与 HCC 单相接地故障下应力对比; (b) 单相接地故障下桥臂换流示意图;

(c) LCC 与 HCC 三相接地故障下应力对比; (d) 三相接地故障下桥臂换流示意图

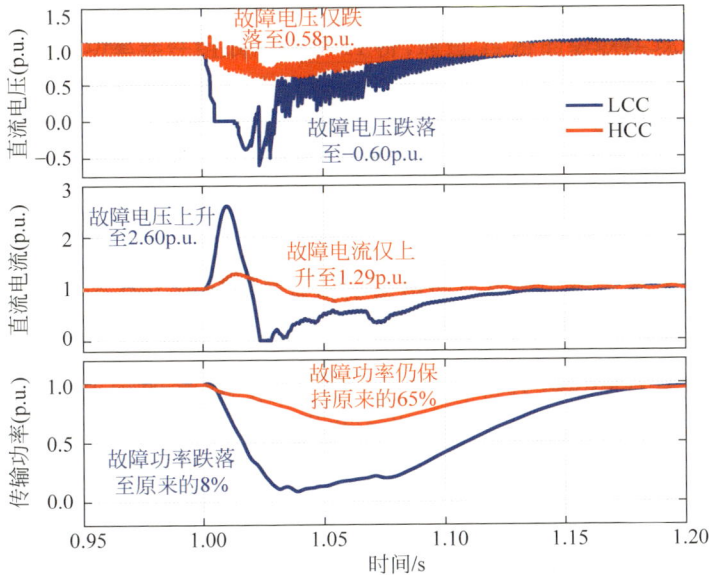

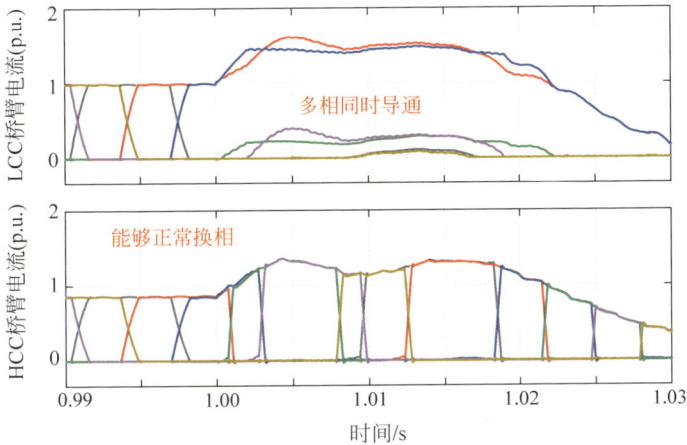

图 12.16　（续）

额。而从图 12.16(b)、(d)中可以看出 HCC 减小电流、电压波动依赖的是桥臂在故障下仍可以可靠换相、抵御换相失败的特性。

3. 技术特性对比

HCC 的技术优势在于，在略提升成本和体积的条件下，彻底解决了常规 LCC 的换相失败问题，对比 MMC(技术介绍详见 12.2 节)具有较大的经济优势。三种换流技术的技术特征对比如表 12.2 所示。

表 12.2　三种换流技术特性对比

序号	受端系统指标对比	LCC	MMC	HCC
1	换相失败抵御能力	差	无换相失败	无换相失败
2	无功支撑	差	± 0.35 p. u.	一般
3	有功支撑	差	优	一般
4	过流能力/浪涌能力	$\geqslant 10 I_N (60\text{ms})$	$<2I_N$	$\geqslant 10 I_N (60\text{ms})$
5	临界短路比	2	1.50	1.75
6	过负荷能力	强	一般不考虑过负荷运行	强
7	换流站损耗	0.69%	0.95%	0.74%
8	换流站投资成本	低	高	低
9	运维成本	低	高	低
10	小熄弧角运行	不可	不适用	可降低无功损耗约20%

12.1.4　装备设计与工程应用

1. 应用需求

以灵宝换流站 120kV 高压 HCC 为例说明 HCC 换流器研制及应用情况。灵宝直流工程是我国第一条直流输电背靠背示范工程,其联结西北电网和华中电网,如图 12.17(a)所示。灵宝直流工程先期建造单元Ⅰ,后期工程扩建单元Ⅱ,其中单元Ⅰ的系统参数如图 12.17(b)所示,直流电压为 120kV,西北电网侧交流电压330kV,华中电网侧交流电压 220kV,输送功率 360MW。

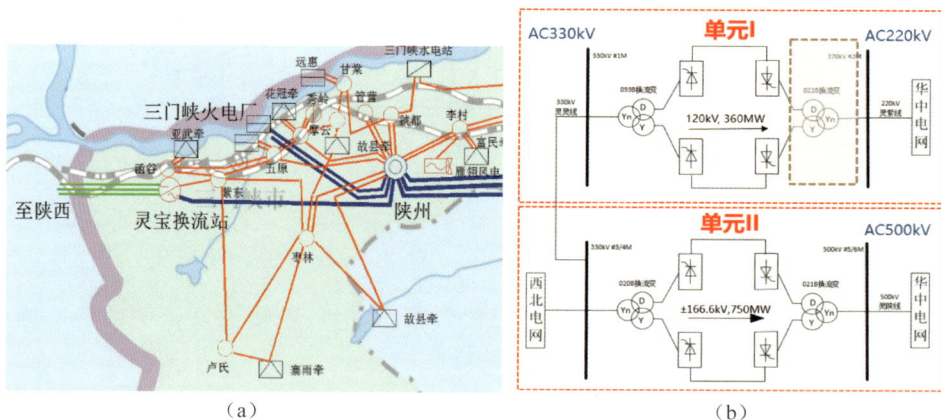

（a）　　　　　　　　　　　　　　（b）

图 12.17　高压灵宝换流站概况

（a）灵宝换流站近区接线；（b）灵宝换流站主接线图

　　根据统计数据(图 12.18),2005—2020 年灵宝直流共发生换相失败 285 次,其中单元 Ⅰ 发生 231 次(13.6 次/年)、单元 Ⅱ 发生 54 次(3.4 次/年),均为单次换相失败。285 次中的 263 次因站外线路跳闸或交流系统扰动导致,因此交流系统故障是引发灵宝直流换相失败的首要原因。

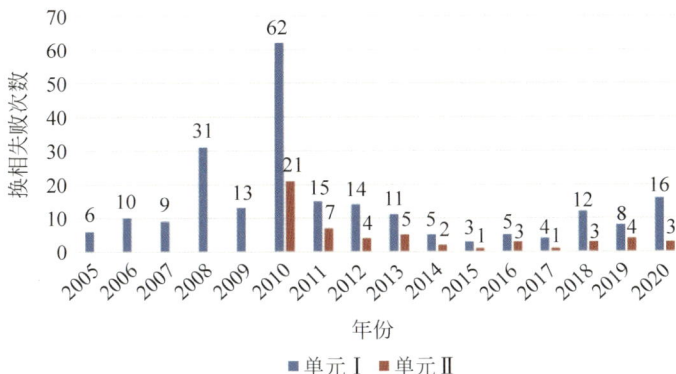

图 12.18　灵宝换流站历年换相失败次数统计(2005—2020 年)

2. HCC 换流阀设计与应用

　　为了解决灵宝直流工程换相失败的问题,拟将灵宝换流站中单元 Ⅰ 改造为 HCC 换流阀。HCC 换流阀可细化为阀层进行设计,阀层进行串联后即可组成多重阀阀塔,用以构建三相换流阀。面向典型高压系统,以灵宝单元 Ⅰ 为例,换流阀额定电压为 120kV,额定电流为 3000A,额定容量为 360MW,由十二脉动换流阀组成。表 12.3 给出了换流阀的主要参数。

表 12.3　灵宝单元 Ⅰ 换流阀主要参数

参　　数	值
额定功率/MW	360
额定电压/kV	120
最大直流电压/kV	133.6
最小直流电压/kV	113.8
理想空载直流电压/kV	68.3
交流系统电压/kV	217~237
跨阀操作冲击保护水平/kV	132
额定电流/A	3000
最大连续过负荷电流/A	3300
最大短路电流/kA	36
换相电抗额定值/%	15.57

单阀层由 2 个阀组件构成,每个阀组件均为数支 IGCT 串联,IGCT 两侧并联有静态均压支路、动态缓冲支路和过电压钳位支路,此外阀组件还含有限制电流变化率 di/dt 的阳极电抗器。IGCT 串联级数根据阀避雷器的保护水平确定,在阀避雷器的操作冲击和雷电冲击保护水平之中,主要依据操作冲击保护水平确定。对于操作冲击电压,按照惯例,通常招标技术规范要求阀避雷器的保护水平和耐受水平之间留有 10% 的安全裕度。

单阀串联 IGCT 数由下式确定:

$$n_{\min} = \frac{\text{SIPL} \times k_{im} \times k_d}{V_{DSM}} = \frac{\text{SIWL} \times k_d}{V_{DSM}} \tag{12-6}$$

式中,SIPL 为跨阀的操作冲击保护水平;SIWL 为跨阀的操作冲击耐受水平;k_{im} 为操作冲击电压下的安全系数,取 1.1;k_d 为操作冲击电压下单阀的电压分布系数,取 1.05;V_{DSM} 为单个器件的耐压水平,取 8.0kV。由此可以得到 IGCT 换流阀设计取整为 20,考虑冗余设计取单阀共 24 级,得到 HCC 换流阀单层阀结构如图 12.19 所示。在此基础上,研制出 HCC 换流阀单重阀样机与阀塔样机如图 12.20 所示。

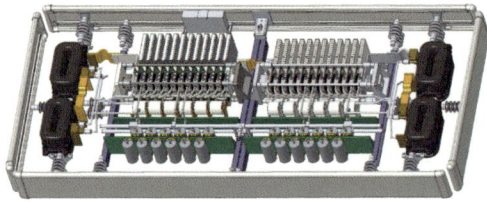

图 12.19　HCC 换流阀阀层结构设计

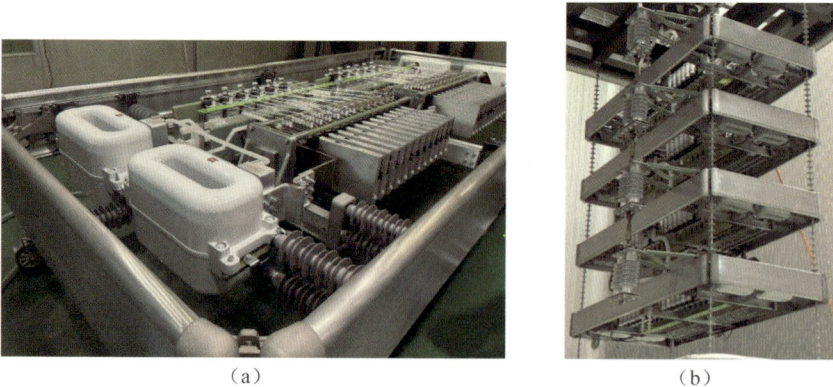

(a)　　　　　　　　　　　　　　　　　(b)

图 12.20　超高压 HCC 换流阀样机

(a) 单重阀样机;(b) 阀塔样机

　　HCC 换流阀满足直流输电应用需求,并且具备低无功特性与主动关断换相失败抵御特性。典型的低无功运行与主动关断测试波形如图 12.21 与图 12.22 所示。

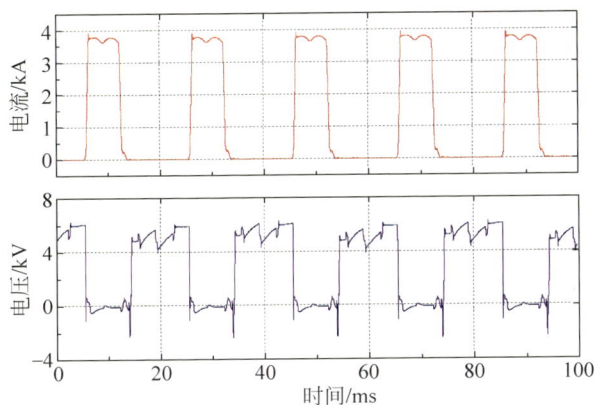

图 12.21　HCC 换流阀低无功运行测试波形

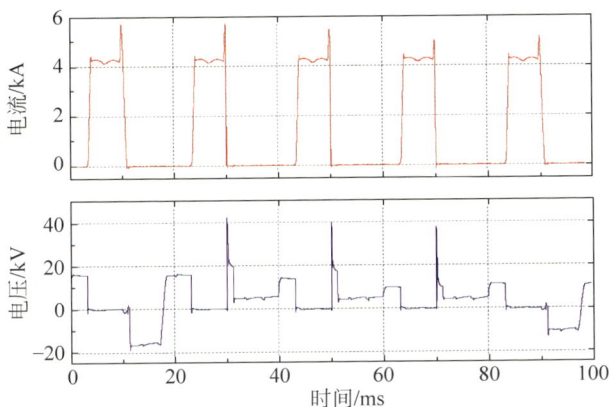

图 12.22　HCC 换流阀连续主动关断试验波形

　　图 12.21 所示为 HCC 换流阀低无功运行测试波形,换流阀电流为 3800A,大于换流阀最大连续过负荷电流;换流阀电压为 6kV,满足最小关断角试验需求;系统关断角低于 4°。图 12.22 所示为 HCC 换流阀进行连续三周波关断 4.5kA 以上电流的试验波形,该试验在最大持续运行负载试验持续期间进行。试验结果显示 HCC 可以连续主动关断较大的故障电流,具备换相失败抵御能力。

　　HCC 换流阀即将应用于灵宝换流站单元 Ⅰ 改造工程中,在装备可靠性、技术经济性、系统安全性等方面具有独特优势,有望成为解决换相失败的新一代直流输电优选方案。

12.2　模块化多电平换流器

12.2.1　应用场景与发展现状

柔性直流输电技术是基于全控型功率器件的电压源型高压直流输电(voltage source converter based HVDC,VSC-HVDC)技术。相比于基于 LCC 换流器的常规直流输电技术而言,柔性直流输电技术的优势在于可以接入有源和无源交流网络,提供稳定电压支撑,不存在换相失败问题,能够灵活调控有功、无功功率,大幅提升交流系统接入新能源的能力,是电网柔性互联、大规模新能源汇集等场景的技术方案之一。2001 年,德国慕尼黑联邦国防军大学 Rainer Marquardt 教授首次提出了模块化多电平换流器的概念。MMC 拓扑相比于其他电压源型换流器拓扑(如两电平、三电平换流器拓扑)具有电压谐波小、无须额外布置滤波装置和无功补偿装置等优势,是目前通用的高压柔性直流输电方案。MMC 由多个子模块(submodule,SM)构成的换流阀、桥臂电抗、换流变压器等组成,典型拓扑见图 12.23。换流器采用全控型功率器件,能够独立控制换流器阀侧的输出电压幅值、频率和相位三大特征量,实现与电网的功率交换。有功功率主要通过控制阀侧电压与网侧电压的相角差实现,无功功率主要通过控制阀侧电压与网侧电压的幅值差实现。

中国柔性直流输电技术于 2011 年从"零"起步,在经历若干工程实践后得到了快速发展。目前,已成功建设上海南汇、南澳、舟山、厦门、鲁西、渝鄂、张北、乌东德等一系列柔性直流工程。尤其是 2020 年投运的张北柔性直流电网工程,实现了100%新能源送出。从拓扑结构看,柔性直流输电技术经历了从端对端、多端到直流电网的发展;从电压等级与额定容量看,柔性直流输电技术已从 2011 年的 $\pm30\text{kV}/20\text{MW}$ 上海南汇工程发展至 2020 年的 $\pm800\text{kV}/5000\text{MW}$ 乌东德工程,并向 $\pm800\text{kV}/8000\text{MW}$ 发展。

由于 MMC 采用多电平级联方案,所以不管是采用载波移相 PWM 调制还是采用最近电平逼近调制,功率器件只需较低的开关频率即可使 MMC 获得较好的输出电压谐波特性,给 IGCT 的应用带来了契机。另外,由于 IGCT 的通态压降较低,将大幅减小导通损耗,从而降低 MMC 换流阀损耗。

12.2.2　典型拓扑与工作原理

基于 IGCT 的 MMC 拓扑结构如图 12.25 所示,每个桥臂均由 N 个子模块单元构成。相对于 IGBT 来说,IGCT 器件阻断电压更高,因此级联数 N 有望大幅降

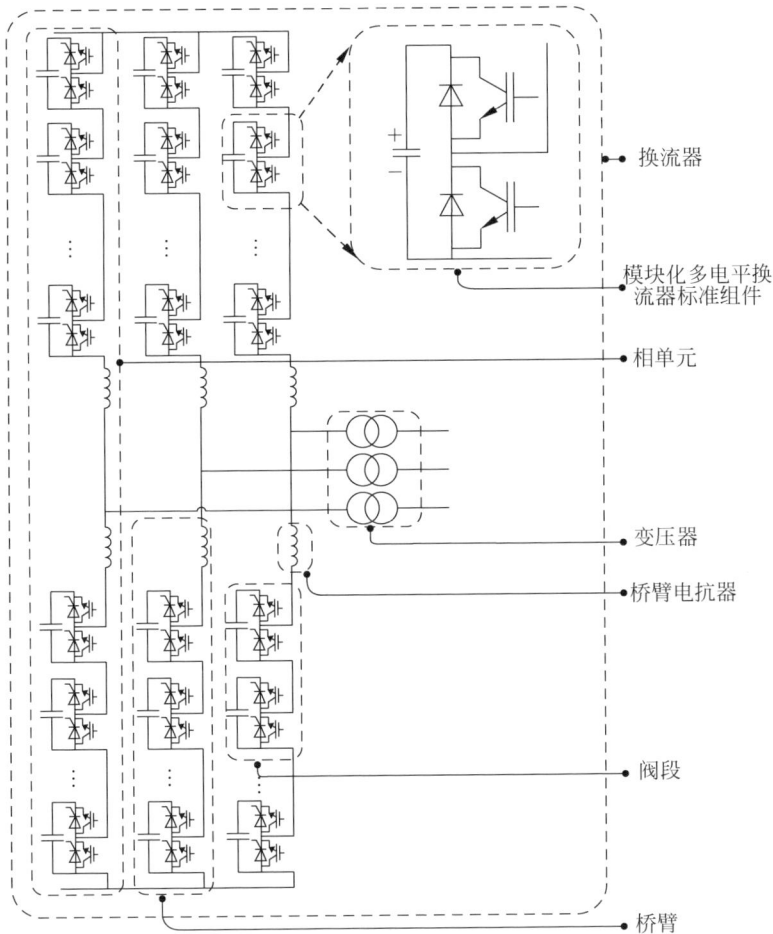

图 12.23　MMC 拓扑结构

低。但由于 IGCT 开通过程存在正反馈机制,开通速度不可控制,为了限制子模块中 IGCT 开通和二极管反向恢复时的 $\mathrm{d}i/\mathrm{d}t$,在子模块直流电容和直流母线间增加了阳极电抗器 L_A;此外,为了吸收 IGCT 关断以及二极管反向恢复时阳极电抗器中的能量,使用了由钳位二极管 D_A、吸收电阻 R_A 和吸收电容 C_CL 构成的吸收回路。当然,除了图 12.24 给出的半桥型 MMC,IGCT 对于全桥型或混合型 MMC 同样适用。

1. IGCT-MMC 子模块电气量耦合关系

用 s_1 表示任意一个 IGCT-MMC 子模块的开关状态,当上管 T_1 导通且下管 T_2 关断时 $s_1=1$,当 T_1 关断且 T_2 导通时 $s_1=0$。如果用 i_brg 表示每个桥臂上的

（a）

（b）

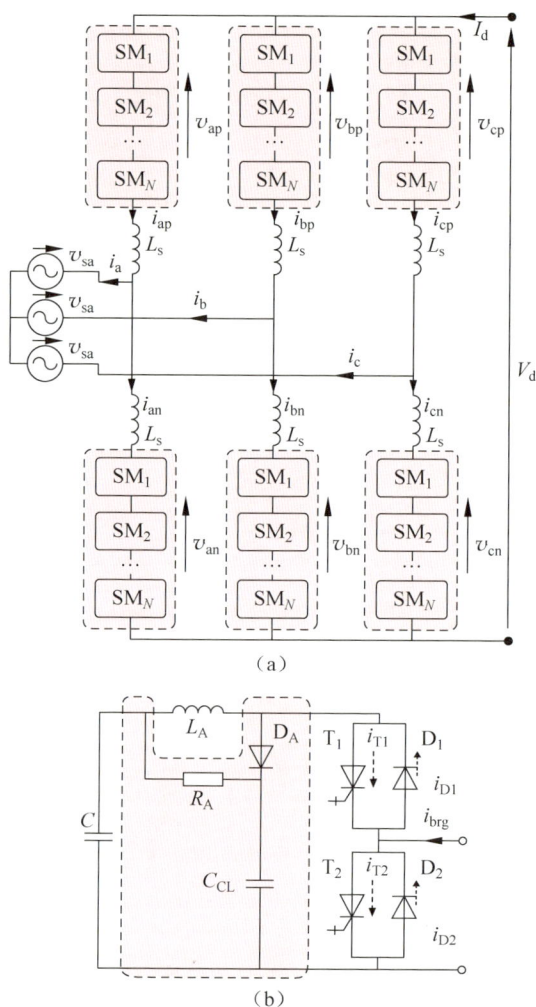

图 12.24　基于 IGCT 的 MMC 拓扑结构图

（a）MMC 拓扑；（b）基于 IGCT 的半桥子模块

电流,则上管 T_1 和二极管 D_1 的电流可以表示为

$$
\begin{cases}
i_{SW1} = s_1 \times i_{brg} \\
i_{S1} = \mathrm{abs}[\mathrm{sgn}(-i_{SW1}) \times i_{SW1}] \\
i_{D1} = \mathrm{abs}[\mathrm{sgn}(i_{SW1}) \times i_{SW1}]
\end{cases}
\tag{12-7}
$$

式中,i_{SW1} 为流过上管的电流（T_1 与 D_1 电流的总和）；$\mathrm{sgn}(x)$ 为符号函数,当 $x > 0$ 时为 1,否则为 0；$\mathrm{abs}(x)$ 为绝对值函数。类似地,下管 T_2 和二极管 D_2 的电流可以表示为

$$\begin{cases} i_{SW2} = (1 - s_1) \times i_{brg} \\ i_{S2} = abs[sgn(i_{SW2}) \times i_{SW2}] \\ i_{D2} = abs[sgn(-i_{SW2}) \times i_{SW2}] \end{cases} \tag{12-8}$$

根据器件数据手册,IGCT 和反并联二极管的正向通态压降可以表示为

$$\begin{cases} D_{Ti} = v_{T0} + r_T i_{Ti} \\ V_{Fi} = v_{F0} + r_F i_{Di} \end{cases} \tag{12-9}$$

式中,$i=1$ 或 $i=2$ 分别表示上管或下管;v_{T0} 和 r_T 分别代表IGCT 通态特性的门槛电压和斜率电阻;v_{F0} 和 r_F 分别代表反并联二极管通态特性的门槛电压和斜率电阻。

2. 通态行为分析

根据桥臂电流 i_{brg} 的方向和子模块开关状态,子模块共有 4 种导通状态,如图 12.25(a)所示,当 $s_1=1$ 和 $i_{brg}>0$ 时,电流经过二极管 D_1 流通,对直流电容 C 充电,导通损耗为 $v_{F1} \times i_{D1}$。如图 12.25(b)所示,当 $s_1=0$ 和 $i_{brg}>0$ 时,电流经过 T_2 管流通,直流电容电压保持不变,导通损耗为 $v_{T2} \times i_{T2}$。如图 12.25(c)所示,当 $s_1=0$ 和 $i_{brg}<0$ 时,电流经过二极管 D_2 流通,直流电容电压保持不变,导通损耗为 $v_{F2} \times i_{D2}$。如图 12.25(d)所示,当 $s_1=1$ 和 $i_{brg}<0$ 时,电流经过 T_1 管流通,对直流电容 C 放电,导通损耗为 $v_{T1} \times i_{T1}$。以上的子模块导通状态和导通损耗如表 12.4 所示。

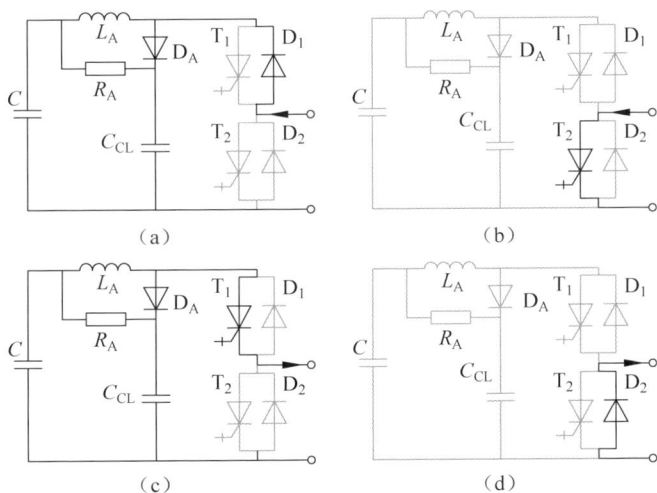

图 12.25　IGCT-MMC 子模块的 4 种导通状态
(a) $S_1=1$ 且 $i_{brg}>0$; (b) $S_1=0$ 且 $i_{brg}>0$; (c) $S_1=1$ 且 $i_{brg}<0$; (d) $S_1=0$ 且 $i_{brg}<0$

表 12.4　IGCT-MMC 子模块的 4 种导通状态及其损耗

状态	桥臂电流	开关状态	载流器件	导通损耗
a	正向	$s_1=1$	D_1	$v_{F1}\times i_{D1}$
b	正向	$s_1=0$	T_2	$v_{T2}\times i_{T2}$
c	反向	$s_1=0$	D_2	$v_{F2}\times i_{D2}$
d	反向	$s_1=1$	T_1	$v_{T1}\times i_{T1}$

3. 开关行为分析

根据上节的子模块导通状态,当开关状态不变,桥臂电流发生变化时,电流分别在上管或下管的 IGCT 和反并联二极管之间自然换流,属于零电压开通和关断(zero voltage switch,ZVS)软开关行为。因此,可以忽略此开关损耗,仅考虑电流不变、开关状态发生变化时子模块的开关行为。

当电流为正向,开关状态 s_1 从 1 转换到 0(状态 a 转换到 b)时,D_1 关断 T_2 导通产生损耗;开关状态 s_1 从 0 转换到 1(状态 b 转换到 a)时,D_1 导通 T_2 关断产生损耗。当电流为反向时,开关状态 s_1 从 1 转换到 0(状态 c 转换到 d)时,T_1 导通 D_2 关断产生损耗,开关状态 s_1 从 0 转换到 1(状态 d 转换到 c)时,T_1 关断 D_2 导通产生损耗。子模块的开关行为和损耗如表 12.5 所示。

表 12.5　IGCT-MMC 子模块的 4 种开关行为及其损耗

状　态	开关状态变化	开　关　损　耗
a→b	D_1 关断 T_2 导通	D_1 关断损耗,T_2 开通损耗
b→a	D_1 导通 T_2 关断	T_2 关断损耗
c→d	T_1 导通 D_2 关断	T_1 开通损耗,D_2 关断损耗
d→c	T_1 关断 D_2 导通	T_1 关断损耗,钳位电路损耗

4. 阳极电抗器与吸收电路工作原理

如图 12.26 所示,假设电路工作在稳定状态下,T_1 导通 1,$i_{brg}>0$,电流经过 D_1 流经 L_A 和 C,电容 C_{CL} 电压等于直流电容 C 的电压。

当 T_1 管关断、T_2 管开通时,由于二极管 D_1 存在反向恢复的过程,这使得在反向恢复的时间内,T_2 和 D_1 同时导通,阳极电抗器的作用就是限制 IGCT 电流的上升速度和最大值。

当二极管 D_1 反向恢复后,桥臂电流流过 T_2,阳极电抗器电流将在 L_A—D_A—C_{CL}—C—L_A 回路及 L_A—D_A—R_A—L_A 回路流通,阳极电抗器的能量一部分消耗在吸收电阻 R_A 上,一部分给吸收电容 C_{CL} 充电,如图 12.26(c)所示。一般说,由于直流电容的容值非常大,电压 v_C 可以近似等效为电压恒定的电压源,由

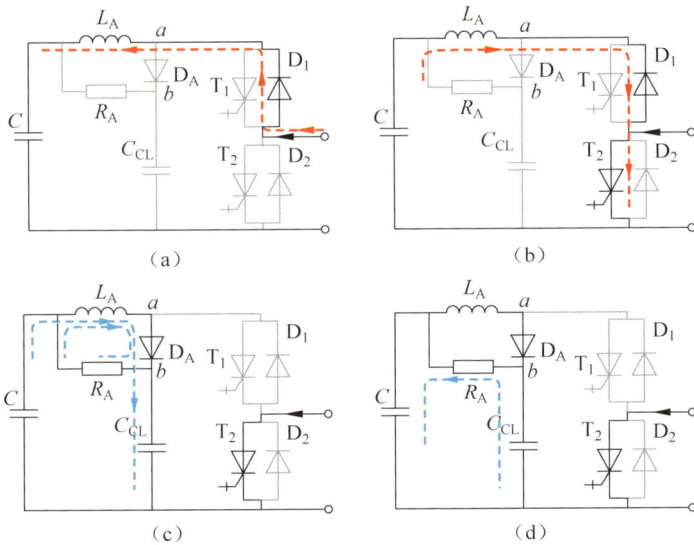

图 12.26　IGCT 的阳极电抗和吸收电路分析

(a) T_1 已经开通；(b) T_2 开通时刻；(c) T_1 已经关断；(d) T_1 关断后一会儿

L_A、R_A 和 C_{CL} 构成二阶的电路且有

$$L_A C_{CL} \left(\frac{\mathrm{d}i_L}{\mathrm{d}t} \right)^2 + \frac{L_A}{R_A} \frac{\mathrm{d}i_L}{\mathrm{d}t} + i_L = 0 \tag{12-10}$$

方程特征根为

$$P_{1,2} = -\frac{1}{2R_A C_{CL}} \pm \sqrt{\left(\frac{1}{2R_A C_{CL}} \right)^2 - \frac{1}{L_A C_{CL}}} \tag{12-11}$$

为了保证电流迅速衰减，一般采用过阻尼，即

$$R_A \leqslant \frac{1}{2} \sqrt{\frac{L_A}{C_{CL}}} \tag{12-12}$$

阳极电抗器的电流将快速衰减，存储的能量主要转移到吸收电容 C_{CL}，另外一部分则消耗在吸收电阻 R_A 或回馈到直流电容 C。如图 12.26(d) 所示，当吸收电容的电压高于 a 点电压 v_a 时，二极管 D_A 将截止，阳极电抗器的电流变为零，吸收电容则通过吸收电阻向直流电容充电，电压和电流呈指数衰减，最终吸收电容的电流值为零，电压值等于直流电容的电压。如图 12.27 所示，为阳极

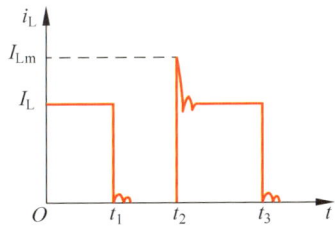

图 12.27　阳极电抗器电流波形图

电抗器的电流波形，其中 t_1 和 t_3 时刻 T_2 管关断，t_2 时刻 T_2 管开通，I_L 为负载电流值，I_{Lm} 为 T_2 管开通时二极管 D_1 反向恢复产生的最大开通电流，且有

$$I_{Lm} = \frac{v_C}{L_A} t_{rec} \qquad\qquad (12\text{-}13)$$

式中，v_C 为直流电容的电压；t_{rec} 为二极管 D_1 反向恢复过程中电流从过零点下降至反向电流峰值的时间间隔。

12.2.3　技术特性分析

1. 高安全故障处理特性

MMC 子模块作为 MMC 换流阀的基本单元，在现场运行时难以完全避免出现运行故障问题。当发生故障时，如何确保整个系统的运行不受个别子模块的影响是近年来工程上的热点问题。相比 IGBT 器件，IGCT 器件具有更强的管壳防爆能力，且天然具有晶闸管类器件的失效短路通流特性。因此基于 IGCT 器件的 MMC 子模块具有较强的极端故障处理能力，在极端故障下可保持管壳完好，并实现长期低阻通流，提升 MMC 换流阀的运行安全性与可靠性。

一般来说，MMC 子模块的故障类型包括主元件故障及控制故障两类，其中主元件故障主要包括全控型功率器件/二极管器件的短路及开路故障、电容的短路及开路故障等情况，控制故障主要包括子模块控制器误发信号以及信号接受异常等情况。在所有的子模块故障类型中，最为严重的故障情况是储存在子模块电容中的能量通过子模块内的功率器件放电产生极大的冲击电流，会产生巨大的热和机械应力引起器件管壳破裂，进而引发安全问题。因此，在设计 MMC 子模块时，需开展子模块的极端故障试验，对其安全性进行考核。

由弹簧压接式 IGBT 器件构成的 MMC 子模块拓扑如图 12.28 所示，为应对过压直通故障，通常采用在模块端口并联晶闸管实现指定反向电压下的保护击穿，该击穿电压一般低于器件最大阻断电压以保护下管 IGBT 不发生击穿。

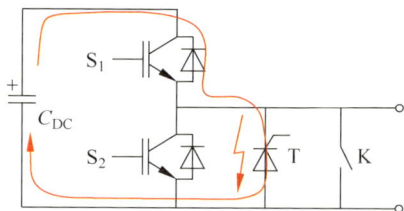

图 12.28　基于弹簧压接式 IGBT 的 MMC 子模块过压故障处理策略示意图

另外，当系统发生直流双极短路故障时，MMC 系统中 IGBT 发生闭锁，整个系统进入二极管的不控整流状态，此时下管二极管将承受较大的故障浪涌电流，由于压接式 IGBT 内部二极管的浪涌能力有限，因此在承受此故障电流时会发生击穿，此时模块端口处的晶闸管还可以实现正向分流，保护二极管不损坏。

在模块闭锁情况下,从端口向模块直流电容充电直至晶闸管发生过压击穿,试验结束后观察管壳外观情况,虽然击穿晶闸管通过控制中心处击穿可以实现管壳的出色防爆,但是上管 IGBT 在反向恢复击穿过程中因为不可预期的边缘失效点,仍会造成管壳破裂,如图 12.29 所示。

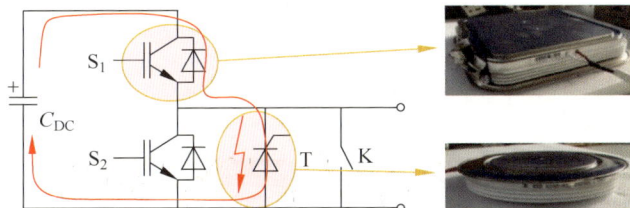

图 12.29　基于弹簧压接式 IGBT 的 MMC 子模块过压故障后的管壳结果

由于 IGCT 内部不含有反并联二极管,需要配置高浪涌能力的二极管器件,因此,如图 12.30 所示的基于 IGCT 的 MMC 子模块方案可以直接应对直流双极短路故障时的浪涌电流,省去端口并联的晶闸管。

在应对过压直通故障方面,IGCT 器件可以通过在芯片体内或者边缘制作指定电压下击穿的薄弱点来达到类似击穿晶闸管的自击穿特性,进而实现 IGCT 器件在特定电压下的击穿,如图 12.31 所示。

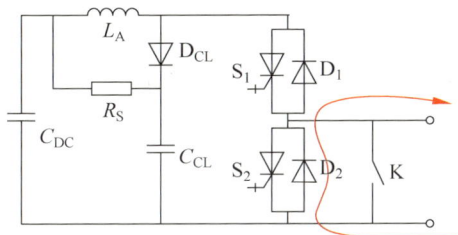

图 12.30　基于 IGCT 的 MMC 子模块直流双极短路故障处理策略示意图

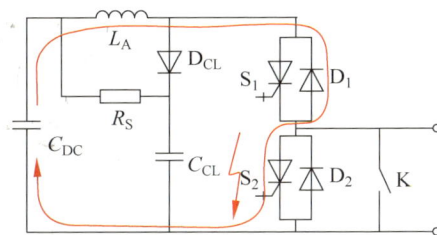

图 12.31　基于 IGCT 的 MMC 子模块过压直通故障处理策略示意图

以 4500V IGCT 器件为例,在模块闭锁情况下,从端口向模块直流电容充电直至下管 IGCT 发生过压击穿,得到下管 IGCT 的击穿情况如图 12.32 所示,可以看到下管 IGCT 在 4400V 左右发生击穿,击穿后压降迅速降低。试验结束后观察管壳外观情况如图 12.33 所示,可以看到管壳压接结构完好,无明显形变。

对击穿后的子模块进行旁路测试发现,击穿后的下管 IGCT 可以保持长期可靠失效短路,如图 12.34 所示。相比采用 IGBT 器件的 MMC 子模块,可以不依赖击穿晶闸管而实现模块的长期旁路功能。

基于 IGCT 和高浪涌能力的 MMC 子模块不需要端口的击穿晶闸管,简化了

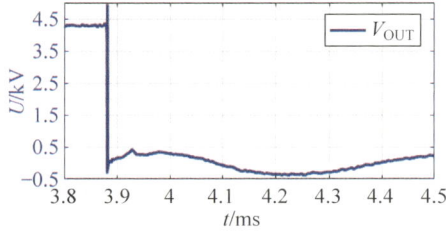

图 12.32　基于 IGCT 的 MMC 子模块过压故障出口电压击穿波形

（a）

（b）

图 12.33　基于 IGCT 的 MMC 子模块过压故障后的管壳结果

（a）管壳完好；（b）解剖后击穿点主要在中心

子模块的保护设计和运行维护，同时 IGCT 的长期失效短路特性使得其可以不依赖于击穿晶闸管，即可保障 IGCT-MMC 换流阀的高安全故障处理。

2. 低换流损耗特性

IGCT-MMC 换流阀不仅具有较强的故障处理能力，而且具有低损耗特性。基

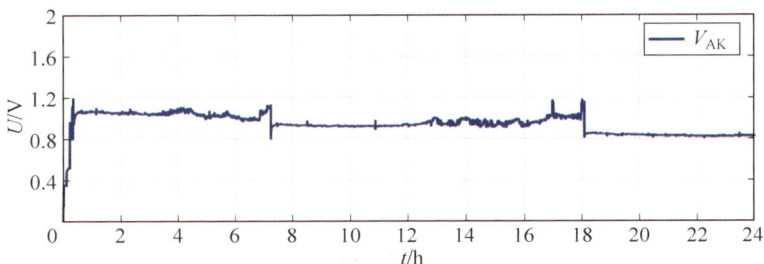

图 12.34　基于 IGCT 的 MMC 子模块过压故障旁路测试结果

于 4 英寸 IGCT 器件的换流阀损耗率可低至 0.5%,基于 6 英寸 IGCT 器件的换流阀损耗率可低至 0.4% 以下,图 12.35 为 MMC 换流阀损耗优化趋势图。

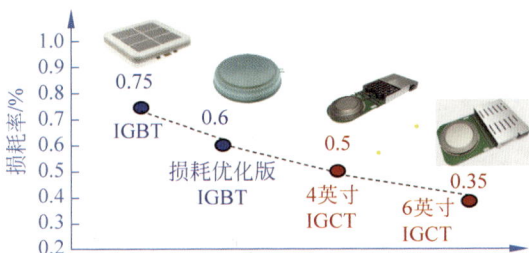

图 12.35　MMC 换流阀损耗优化趋势

　　基于 MMC 换流阀损耗计算方法,应用 IGCT、IGBT、电子注入增强栅晶体管 (injection enhanced gate transistor,IEGT) 器件,针对 ±160kV/600MV·A 的半桥式 MMC 换流阀开展损耗计算。所采用的功率器件电压等级均为 4500V,且器件通态电流等级相当。其中,IGCT 型号为 5SHY 35L4521:阻断电压 4500V、最大可关断电流 4000A、平均通态电流 1700A;IGBT 型号为 5SNA 2000K450300:阻断电压 4500V、峰值集电极电流 4000A、直流集电极电流 2000A;IEGT 型号为 ST2100GXH24A:阻断电压 4500V、峰值集电极电流 4200A、直流集电极电流 2100A。

　　图 12.36 给出了基于 IGCT、IGBT 和 IEGT 的 MMC 阀损耗特性对比。图中,T 代表全控型功率器件,D 代表二极管。可以看出,IGCT-MMC 换流阀中虽然增加了吸收电路损耗,但其在系统总损耗中占比不大。在整流和逆变运行工况下,IGCT-MMC 换流阀整体损耗均最低。

12.2.4　装备设计与工程应用

　　本节以 ±800kV/5000MW 特高压直流输电工程为例,介绍 IGCT-MMC 换流阀设计方法。±800kV/5000MW 柔直换流站的单极系统分别由两个 400kV/

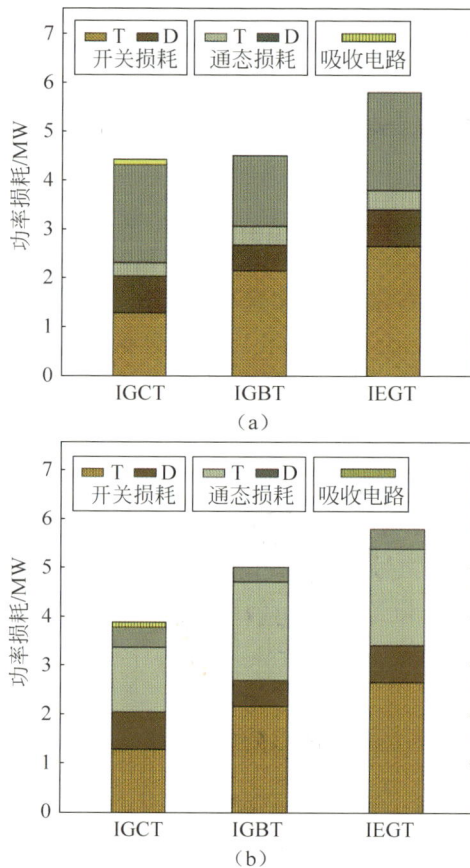

图 12.36　IGCT 换流阀损耗与 IGBT、IEGT 损耗对比

(a) 整流工况；(a) 逆变工况

1250MW IGCT-MMC 换流器串联组成。其中，400kV/1250MW IGCT-MMC 换流阀采用 6.5kV/8000A IGCT 器件。换流阀参数如表 12.6 所示。

表 12.6　换流阀设计参数

参　　　数	设　计　值
额定直流电压	400kV
额定功率	1250MW
HVDC 方式额定功率下最大无功输出能力	±250Mvar
额定直流电流	3000A
阀侧交流电压	244kV
额定功率下阀侧交流电流	2944A
桥臂有效值电流	1800A

1. MMC 子模块参数设计

MMC 子模块端口电流有效值为 1800A，可选取断态重复峰值电压 6500V、最大关断电流 8000A 的 IGCT 器件 CA$_E$8000-65，该器件具有 5000A/us 的通态电流上升率耐受能力。门极驱动单元可通过监测 IGCT 门阴极电压实现器件故障判断与回报。此外，还设置了启动模块，在驱动无电时将门阴极可靠短路，使器件对 MMC 黑启动时的动态电压上升率有足够的耐受能力。

考虑在故障暂态中子模块电压会达到 4000V，在此电压下 IGCT 器件开通引起的电流变化率应不超过 IGCT 和快恢复二极管的耐受能力上限。6500V/8000A IGCT 器件通态电流上升率耐受能力为 5000A/μs，适配的 FDD4000-65 快恢复二极管反向恢复电流下降率耐受能力为 4000A/μs。因此所需阳极电抗器感值 $L = u/(\mathrm{d}i/\mathrm{d}t)_{\max} \geqslant 1\mu$H。考虑设计裕量，阳极电抗器可选取 1.5$\mu$H。

由于钳位电路为感、容、阻混联的二阶电路，可通过 MATLAB 软件编写程序分析二阶电路动态特性，并考虑电感电流过零后钳位二极管将截止。对阳极电抗器 1.8μH(考虑 1.5μH 阳极电抗器感值与 0.3μH 杂散电感)，关断电流 6kA 进行分析，以钳位电容过压不超过 1kV，电感电流、钳位电容过压在 20μs 以内分别衰减至 10A、10V 为优化目标，选取 5μF 钳位电容与 0.35Ω 钳位电阻。钳位电容选用金属化聚丙烯薄膜电容，额定电压 5kV，峰值电压 7.5kV。

IGCT 器件关断能力、吸收电路设计合理性可通过图 12.37 所示电路检验。高压直流电源为模块支撑电容提供电压，下管 IGCT 并联负载电抗。试验中，下管 IGCT 维持关断状态，以双脉冲形式触发上管 IGCT，在负载电抗上产生电流，通过调节脉冲宽度控制开通、关断的电流水平。

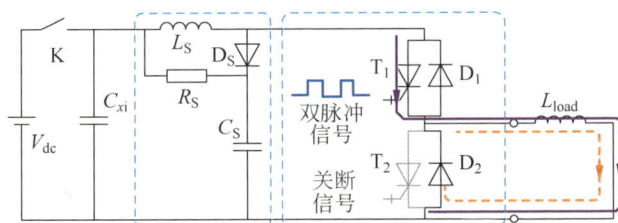

图 12.37　大电流关断试验回路

在大电流关断试验中以 4.6kV 直流母线电压，实现 IGCT 器件的 6kA 电流关断。试验中 T$_1$、T$_2$ 的电压、电流波形如图 12.38 所示。试验结果显示，IGCT 器件阻断电压峰值 5400V，小于断态重复峰值电压 6500V，具有较高的安全裕度。

在大功率运行试验平台中，开展了子模块级功率循环试验。将两台 IGCT-MMC 子模块交流端口通过负载电抗连接，直流侧电容相并联并连接至直流功率电源以补充能量损耗。试验中，直流母线电压为 3200V，调制频率 150Hz。通过逐渐增加两模块调制波移相角，使负载电抗电流有效值达到 1800A，如图 12.39 所示。

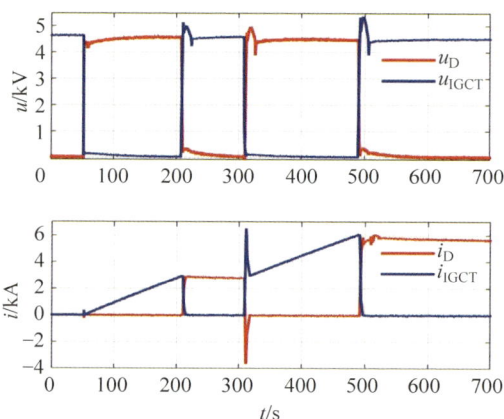

图 12.38　大电流关断波形图

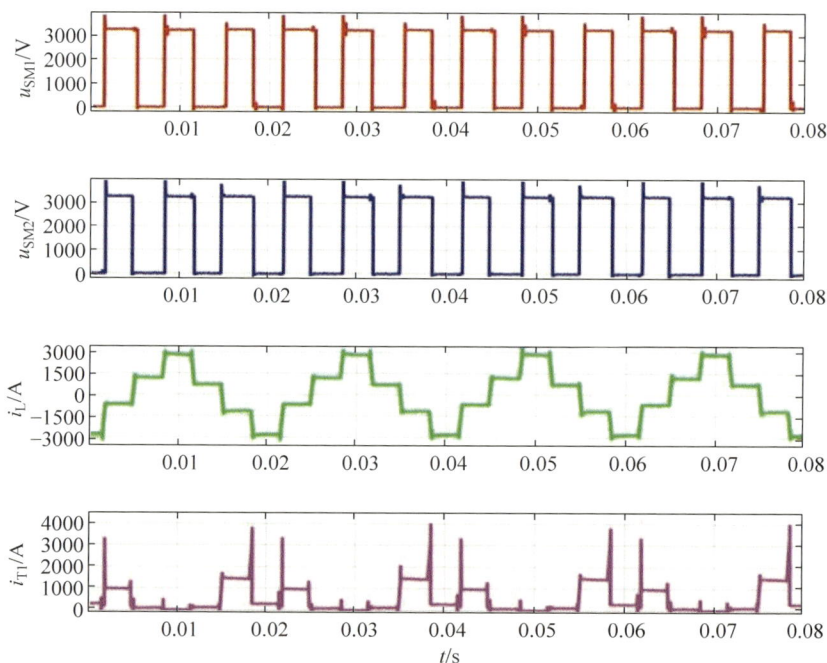

图 12.39　子模块级功率循环试验波形图

2. MMC 换流阀损耗

　　400kV/1250MW IGCT 换流阀运行损耗计算如表 12.7 所示,桥臂电流有效值 1803A,其中交流分量 1472A,直流分量 1042A,二倍频电流 100A,子模块驱动板卡功耗根据器件开关行为进行计算。整流和逆变工况下换流阀损耗率分别约为0.38%和 0.35%。

表 12.7　基于 6.5kV/8kA IGCT 的 MMC 换流阀损耗

运行模式		整流运行	逆变运行
有功功率/MW		1250	750
无功功率/Mvar		250	250
交直流电流直流分量/A		1042	1042
交直流电流交流分量/A		1472	1472
子模块数(含冗余 5%)		140	140
分类损耗/kW	功率开关 T_1	1.5601	0.3941
	功率开关 T_2	0.2446	2.3329
	FWD D_1	0.4383	1.4840
	FWD D_2	2.6018	0.2145
	阳极电抗	0.3834	0.3834
	钳位电路	0.1983	0.1983
	驱动板卡	0.0580	0.0580
	直流电容损耗	0.135	0.135
子模块损耗/kW		5.6195	5.2003
阀总损耗/kW		4720.4	4368.3
损耗率/%		0.38	0.35
功率器件最高结温/℃		63.6	70.8

3. 工程应用

1）云南弥勒陆上风场柔性直流背靠背工程

云南弥勒柔性直流背靠背工程位于云南省石洞山陆上风场,建设两套 60MW MMC 换流器构成 ±15kV 柔性直流背靠背系统。该工程应用 6.5kV/4000A IGCT 器件,为 IGCT 器件在 ±500kV/2000MW 海上风电柔性直流输电应用场景提供工程验证。工程已于 2024 年底投运。图 12.40 为云南弥勒陆上风场柔性直流背靠背工程系统示意图。

2）广州天河棠下 220kV 四端柔直背靠背工程

广州天河棠下 220kV 四端柔直背靠背工程建设于广州市区核心区域,通过配置四端柔直换流阀将广州 3 个 220kV 交流片区柔性互联,实现了功率互济,提升了城市电网功率调节能力。背靠背柔直换流阀直流电压±120kV,分别配置容量为 700MW、450MW、450MW、450MW 的四端柔直换流阀。其中一端 450MW 换流阀将采用 6.5kV IGCT 器件,图 12.41 为 220kV 广州天河棠下柔直背靠背工程系统架构图。

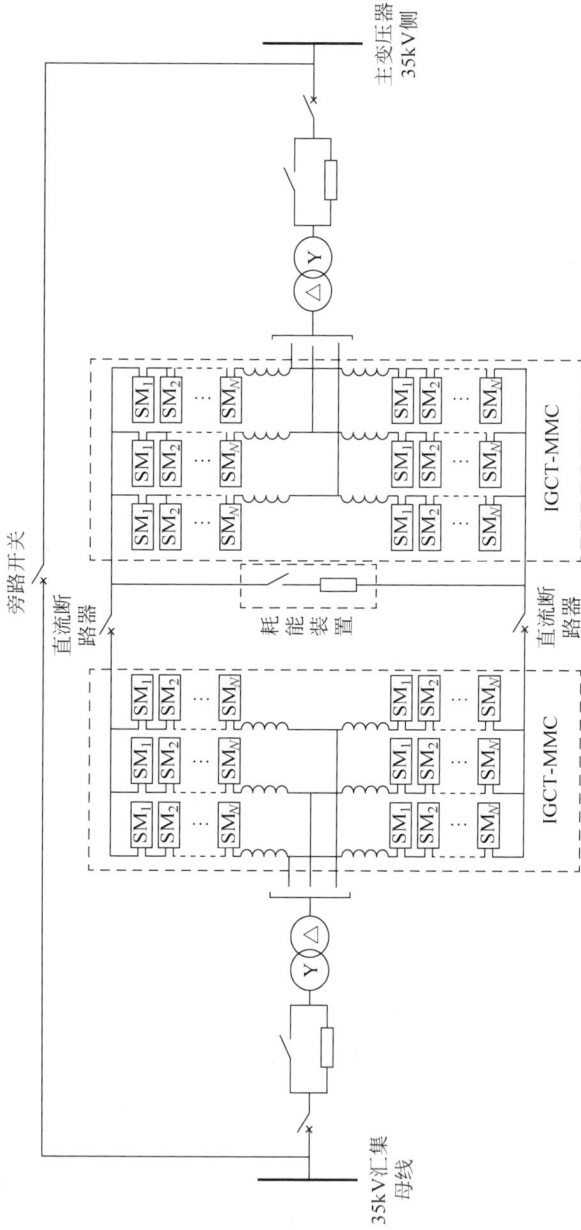

图 12.40　云南弥勒陆上风场柔性直流背靠背工程系统示意图

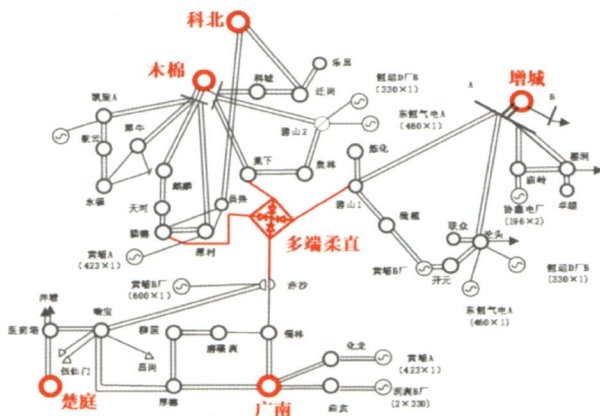

图 12.41　220kV 广州天河棠下柔直背靠背工程系统架构图

12.3　直流变压器

12.3.1　应用场景与发展现状

直流变压器（direct current transformer，DCT）是实现大规模新能源高效、经济和灵活汇集的核心装备，也是直流输配电一体化网络构建的主要手段，如图 12.42 所示。

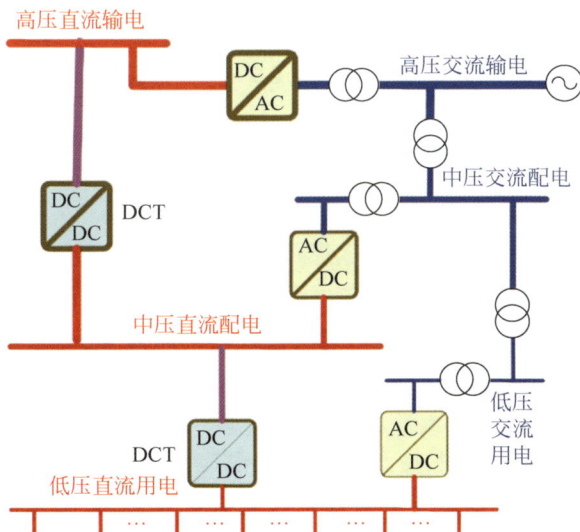

图 12.42　基于 DCT 的直流系统

与传统交流变压器采用电磁感应原理进行电压和功率变换不同,直流变压器基于电力电子技术进行直流电压和功率变换。DCT 需具有功率双向流动能力和电气隔离功能,双向功率变换主要通过电力电子变换器实现,电压变换和电气隔离主要通过隔离变压器实现。目前,直流变压器最典型的拓扑结构是双有源全桥变换器(dual active bridge,DAB),主要由两个全桥变换器、两个直流电容、一个辅助电感和一个隔离变压器组成,如图 12.43 所示。

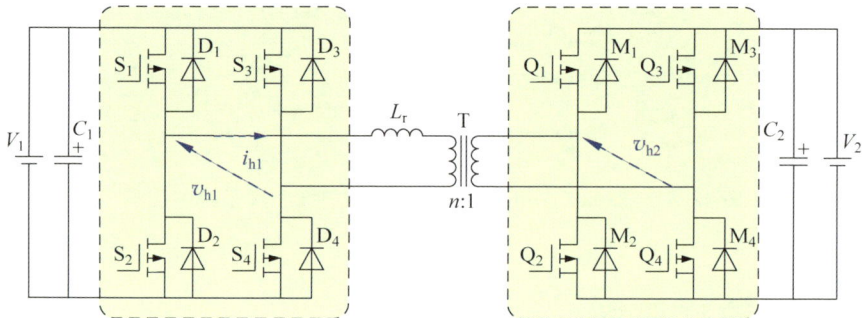

图 12.43　典型直流变压器电路图

目前,国内直流变压器的研制与应用主要依托交直流混合配电系统,如表 12.8 所示。直流变压器的主流方案采用 IGBT 或 SiC MOSFET,具有驱动功率小且驱动电路简单、开关速度快且损耗小、耐压高等优点;但是现有基于 IGBT 和 SiC MOSFET 的直流变压器主要面向中低压小容量应用场景,最大容量不超过 2.5MW,最高运行效率小于 99%。

表 12.8　国内直流变压器研制与应用现状

年份	电压等级/功率等级	功率器件	依托工程
2018	$\pm 10kV/\pm 375V/0.5MW$	IGBT	贵州直流配电工程
2018	$\pm 10kV/\pm 375V/0.5MW$	SiC MOSFET	杭州东江直流配电工程
2018	$\pm 10kV/\pm 375V/2MW$	SiC MOSFET	珠海唐家湾直流配电工程
2018	$\pm 10kV/\pm 375V/2.5MW$	IGBT	张北交直流配电工程
2019	$10kV/\pm 375V/0.2MW$	SiC MOSFET	平顶山直流配电工程
2020	$\pm 10kV/\pm 375V/2MW$	SiC MOSFET	苏州同里示范工程
2021	$\pm 10kV/\pm 375V/1MW$	IGBT	吴江中低压直流配电工程

面向未来大规模新能源汇集和直流输配电应用,直流变压器电压等级将达到数千伏至数百千伏、功率等级将达到数兆瓦至数吉瓦,因此需要更高阻断电压、更大通流和关断电流的全控型功率器件,以降低整机器件、模块和隔离变压器数量,提升系统可靠性、降低系统成本和体积。同时,在中高压应用场景,隔离变压器局

部放电现象将破坏其电气隔离,并且随着频率增加这种老化效应将显著增加;在大电流应用场景,随着频率的增加,隔离变压器的集肤效应和邻近效应会导致各并联绕组层电流不均,产生较高的交流电阻,发热量大,使得绕组散热困难。因此,在中高压大容量 DCT 中,隔离变压器的频率将会受到限制。

综上,中高压直流变压器的大容量与频率特征给 IGCT 的应用带来了重要契机。

12.3.2　典型拓扑与工作原理

1. 基于 IGCT 和中频隔离的 DCT

图 12.44 给出了基于 IGCT 和中频隔离的 DAB 型 DCT 拓扑结构及工作原理,每个 DAB 包括两个全桥变换器和一个隔离变压器,但是为了限制 IGCT 开通时 di/dt 和关断时 dv/dt,每个全桥直流电容和功率器件间增加阳极电抗和缓冲吸收电路。其中,v_{h1} 和 v_{h2} 分别为 DAB 两侧全桥交流侧电压,i_L 为 DAB 交流侧变压器的原边电流,T_{hs} 为半个开关周期时间,D 为 v_{h1} 和 v_{h2} 之间移相时间相比 T_{hs} 的比例。两个全桥变换器的交流侧通过电感和隔离变压器连接,采用方波调制在交流侧产生中频方波,忽略励磁电抗,则 DAB 等效为两个交流源连接在电感两端,通过调节两个交流源间的相移角可以调节功率流动的大小和方向。

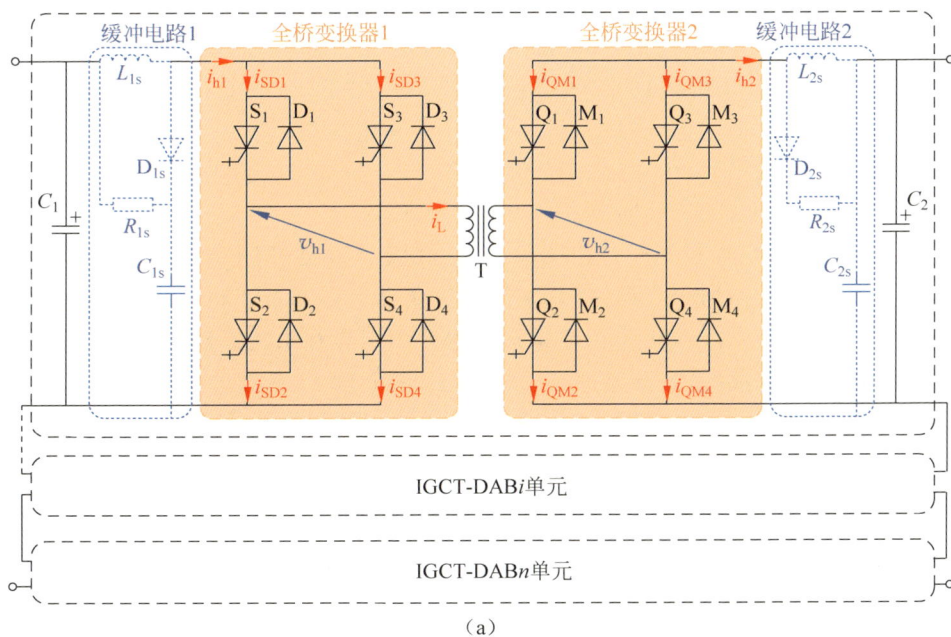

(a)

图 12.44　基于 IGCT 和中频隔离的 DCT 电路及工作原理

(a) 电路拓扑;(b) 工作原理

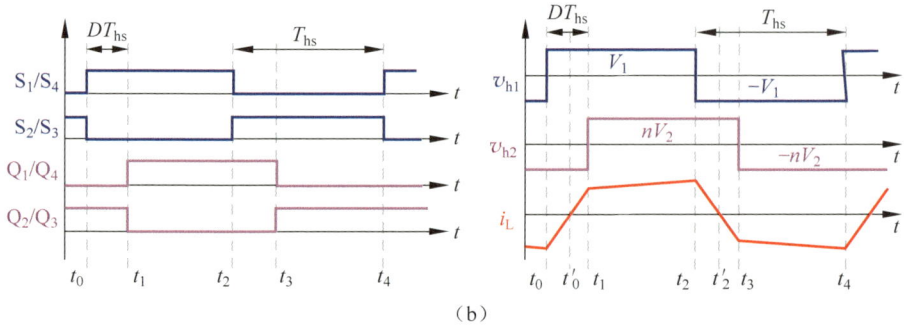

(b)

图 12.44 （续）

根据不同应用场景，DCT 采用多个 DAB 单元进行串并联组合。在 IGCT-DAB 方案中，每个功率器件驱动均是从 DAB 直流电容进行高电位自取电，因此需要 IGCT 器件在驱动带电前呈现高电压阻断状态，以实现黑启动功能。另外，DCT 运行过程中会有较多零电流换流过程，IGCT 的反并联二极管流过电流时可能引起门极负偏压，进而导致 IGCT 自关断，因此 IGCT 驱动需具备内部重触发功能，当门阴极电压为负极性时减小门极电流，为正极性时自动重新施加一个触发开通信号。

2. IGCT 和二极管的软换流特性

与传统变换器不同，DAB 采用移相控制策略，其功率器件均属于零电压开通。如图 12.45(a) 所示，$t_0 \sim t_1$ 时间电流流经 D_2；由于移相控制，流经 D_2 电流下降，t_1 时刻电流 i_L 降为零并反向增加，电流反向后 S_2 导通，如图 12.45(b) 所示；t_2 时刻开关管 S_2 关断，经过死区时间后 S_1 导通，由于电流 i_L 为负，因此电流 i_L 流经 D_1，如图 12.45(c) 所示；由于移相操作，电流 i_L 上升，t_3 时刻电流上升为零并正向增加，电流极性变化后 S_1 导通，如图 12.45(d) 所示。

根据上述分析，在 S_1 和 S_2 导通前，其反并联二极管已导通，将 S_1 和 S_2 电压钳位为二极管压降，因此 S_1 和 S_2 均在零电压条件下开通，D_1 和 D_2 均在零电流条件下关断。正是由于这种软换流行为，在 DAB 中不存在 IGCT 硬开通和二极管反向恢复关断的重叠状态，因此基于 IGCT 的 DAB 可省略阳极电抗等钳位电路，从而减小了 DCT 的体积、成本和损耗。

3. IGCT"准软关断"特性

相比于 SiC MOSFET 和 IGBT，IGCT 的关断损耗较大，为了减少 DCT 关断损耗，可采用电容直并的 IGCT"准软关断"策略。

如图 12.46(a) 所示，无电容并联下，S_1 关断时电压上升，电流下降，电流向 D_2 转移，由此产生 S_1 电压和电流重叠区域，造成关断损耗。如图 12.46(b) 所示，并联电容后，由于电容电压不能突变，S_1 关断过程中会给电容充电，阴阳极电压上升

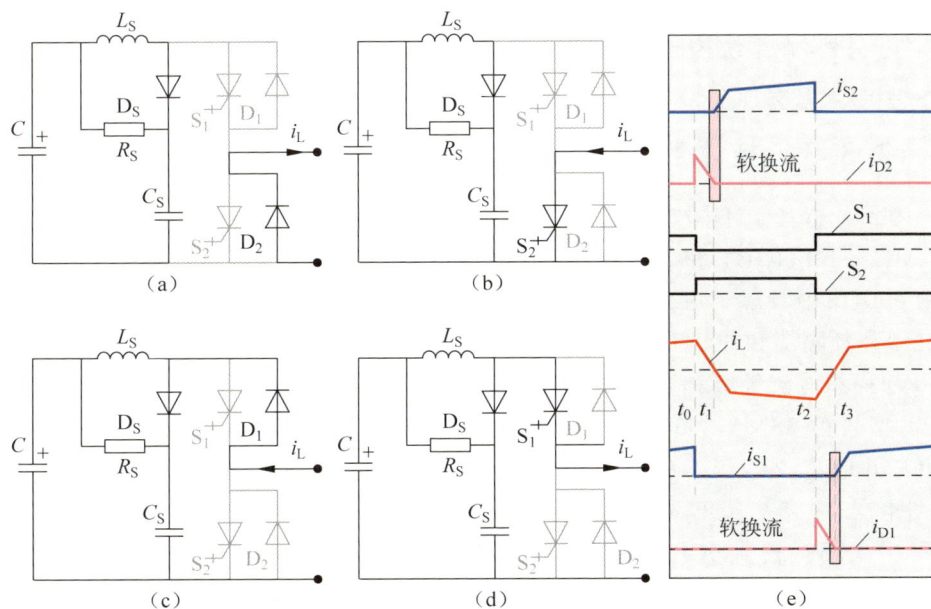

图 12.45　IGCT 和二极管的软换流特性

（a）D_2 导通；（b）S_2 导通；（c）D_1 导通；（d）S_1 导通；（e）软换流波形

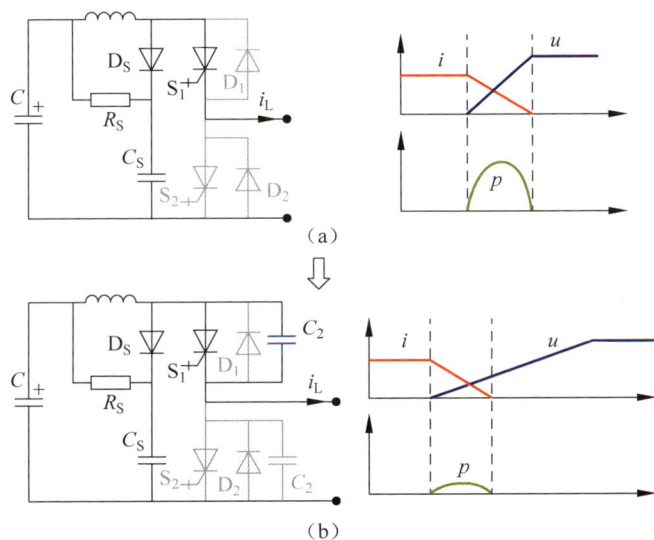

图 12.46　DCT 中 IGCT 的准软关断特性

（a）S_1 关断，阴阳极电压迅速上升；（b）S_1 关断，阴阳极电压缓慢上升

缓慢,在电流下降为零时,电压未达到额定值,如此使得关断损耗降低,实现"准软关断"。另外,在系统控制中,可尽量保证DAB端电压与变压器变比匹配以增大软开关范围,其次在轻载状态下考虑采用双移相控制,以实现轻载软开通。

12.3.3 技术特性分析

为了分析基于不同功率器件的中压大容量直流变压器损耗特性,分别采用SiC MOSFET、IGBT和IGCT器件构建10MW直流变压器,其中IGBT和IGCT采用600Hz中频隔离方案,单个DAB模块2.5kV/1.25MW,SiC MOSFET采用10kHz高频隔离和600Hz中频隔离两种方案。所采用的功率器件电压等级均为4500V,通态电流等级相当。其中,IGCT型号为t Power-SC7. CAC5000-45 Plus,IGBT型号为5SNA 3000K452300,SiC-MOSFET型号为CAS300M17BM2、采用三串三并形式。

图12.47给出了不采用软开关时的损耗计算结果。IGCT的开通和关断速度较慢,开关损耗较高,IGCT具有最高的关断损耗,IGBT次之,不管采用10kHz还是600Hz,SiC MOSFET关断损耗最小;但是IGCT在导通2kA电流时通态压降最低达1.1V,远低于IGBT和SiC MOSFET。因此,IGCT具有最低的通态损耗,IGBT次之,SiC MOSFET通态损耗最大;中频隔离变压器损耗小于高频隔离变压器。总体来看,600Hz的SiC MOSFET中频方案总损耗最低,其次是中频IGCT方案、中频IGBT方案和高频SiC MOSFET方案。

图12.48给出了采用软开关技术后的损耗对比,软开关大幅降低了器件开关损耗,变压器损耗和通态损耗保持不变。由于IGCT方案的损耗主要表现为关断

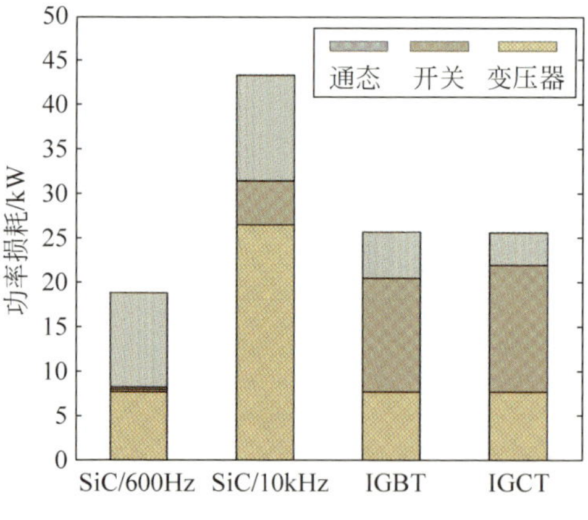

图 12.47　不采用软开关技术时不同器件
损耗特性对比分析

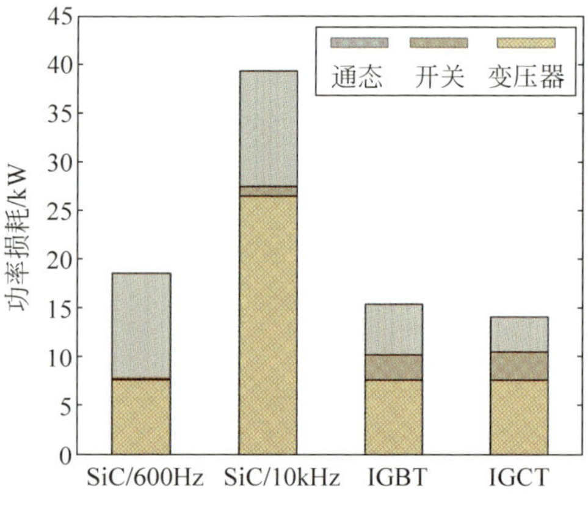

图 12.48　采用软开关技术后的不同器件
损耗特性对比分析

损耗,因此软关断技术可以大幅度降低 IGCT 方案的损耗。基于 IGCT 和中频隔离的大容量直流变压器具有最低的损耗和最高的系统效率。

12.3.4　装备设计与工程应用

本节主要介绍 IGCT-DCT 核心组件设计及工程应用。基于 IGCT 的 10MW 级 DCT 系统参数如表 12.9 所示,其设计主要包括全桥子模块参数、IGCT 阀串及 MW 级 DCT 单元。

表 12.9　±10kV/±10kV IGCT-DCT 技术参数

项　目	参　数
输入/输出直流母线电压	$\pm 10kV/\pm 10kV$
直流变压器容量	10MW
子模块数量	8
子模块拓扑结构	DAB
子模块输入/输出电压	2.5kV/2.5kV
子模块容量	1.25MW

1. 全桥子模块参数设计

基于 IGCT 的 DCT 全桥子模块原理图如图 12.49 所示,包括 IGCT 全桥子模块、直流电容、电压采集、电流采集和控制器等部分,为了确保轻载软开通丢失时运行安全性,子模块中仍保留了一定的缓冲吸收电路。IGCT 采用清华大学和中车时代半导体公司联合研制的 4.5kV IGCT 器件 CAc 3500-45 Plus,二极管采用快恢复二极管 FYx1100-45。IGCT 驱动电路通过取能电源 $CPS_1 \sim CPS_4$ 直接从全桥模块的直流电容上取电,但由于上管 IGCT 工作在高电位,因此取能电源需要高压隔离功能。

实际工作中,需要对子模块电容电压和输出电流进行实时测量,并将测量结果反馈给控制器。为此每个子模块均装有电压传感器 LVD 和电流传感器 LID,传感器采集的数据传送给子模块控制器,子模块控制器对信号进行编码后反馈给 DAB 控制器;DAB 控制器向每个模块发出调制指令,子模块控制器将这些指令转化成 4 个控制信号并通过光纤给 IGCT。DAB 运行过程中一旦发生过流、过压、器件损坏等故障,或 IGCT 返回信号无法通过校验,DAB 控制器将闭锁所有子模块。

2. IGCT 全桥子模块阀串设计

在 IGCT-DCT 中,将全桥子模块拆分为 2 个半桥电路,如图 12.50 所示。正常运行时,需要在压接式 IGCT 和二极管两侧施加 40kN 的夹装力,否则器件的散热和导电性能将受到影响。由于 IGCT 与二极管为并联关系,而在子阀串中器件

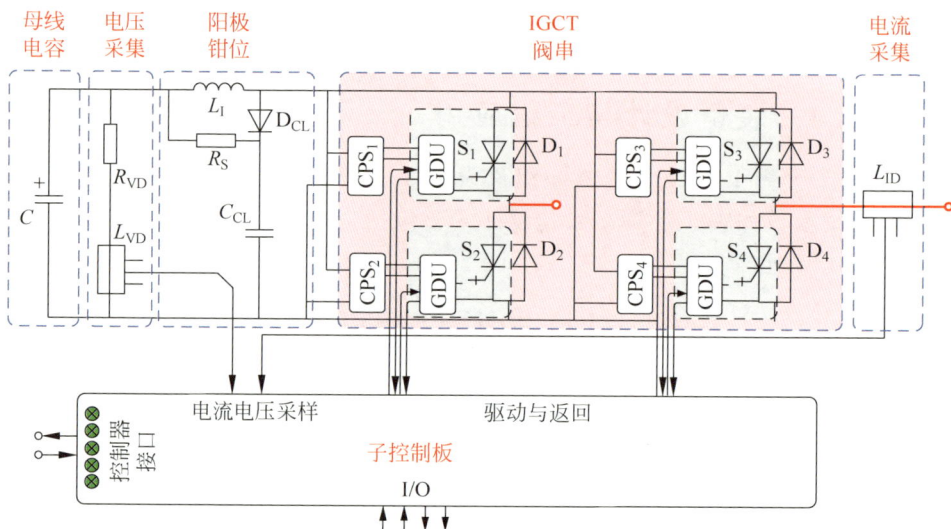

图 12.49　IGCT-DCT 全桥子模块原理图

只能压成一串，为此通过铜排来实现电气连接。图中 2 号和 6 号散热器与电容高压侧相连，3 号和 5 号散热器与全桥子模块输出端相连，4 号散热器与电容低压侧相连。为了减小回路中的杂散电感，铜排的长度应尽可能短，然而这会导致铜排与带有不同电位的散热器距离过近，因此需在铜排上包裹绝缘热缩管以避免短路。

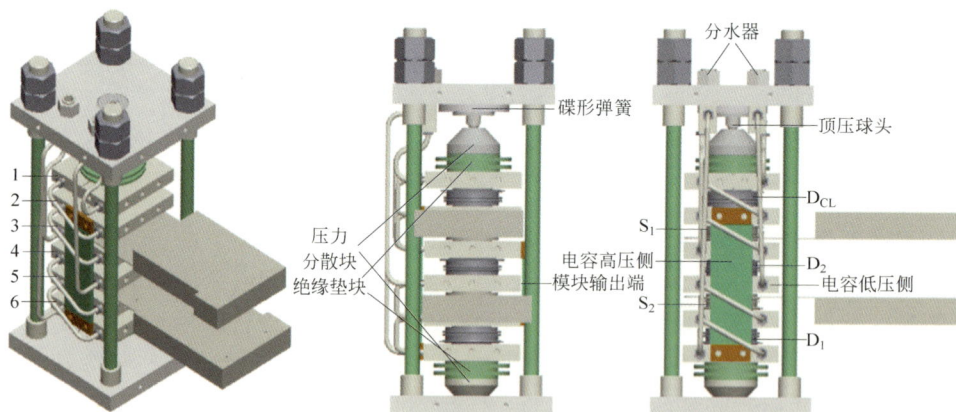

图 12.50　IGCT-DCT 全桥子模块阀串设计

IGCT 和二极管的压装力较高，可通过液压机进行装配。将组装好的阀串放入液压机中，控制液压机输出 40kN 压力，则阀串中的碟形弹簧受力后发生形变，原本拧紧的螺母会变松。此时将阀串顶部的螺母再次拧紧，之后阀串便可以维持 40kN 的压装力。

3. MW 级 DCT 单元设计和研制

将 IGCT 阀串与母线电容、缓冲电路通过铜排连接在一起,并对关键部位增加绝缘支撑,便构成了 IGCT-DCT 全桥子模块,如图 12.51(a)和(b)所示。IGCT 和二极管通过水冷系统对器件进行冷却。对于压接式 IGCT 和二极管,每个器件均被两个散热器夹住,热量从管壳两侧传递至散热器表面,随后被散热器内部的冷却水吸收,并最终通过水风换热器散发至外部。

基于上述设计研制 DAB 单元,如图 12.51(c)所示,直流电压 2.5kV,单体容量 1.25MW,中频隔离变压器运行频率 500～1000Hz。

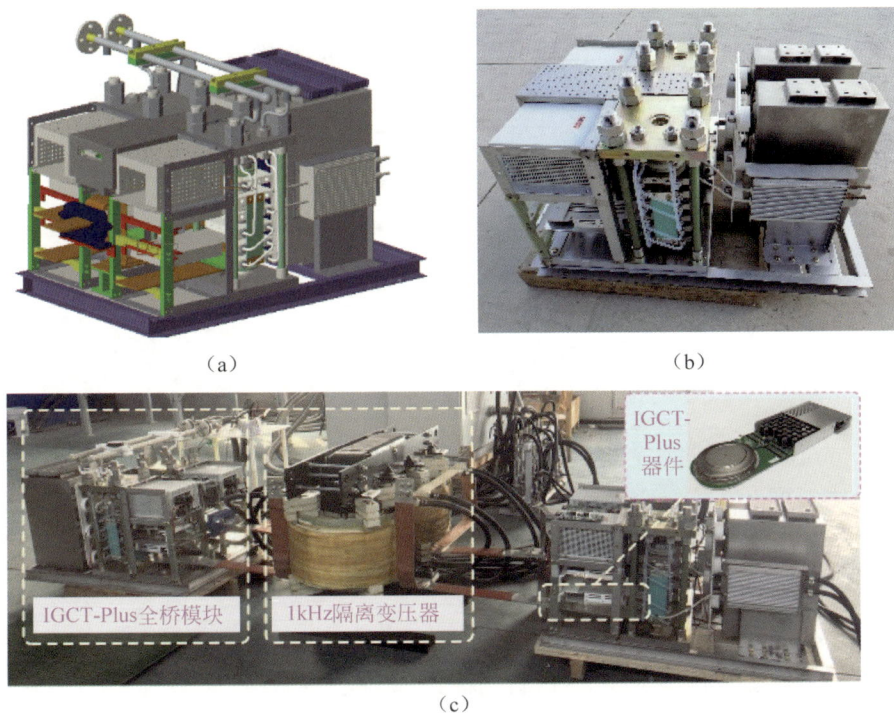

（a）

（b）

（c）

图 12.51　MW 级 IGCT-HDCT 单元设计和实现

（a）IGCT 全桥模块结构；（b）IGCT 全桥模块实物；（c）单体 DAB 实物

图 12.52(a)和(b)分别为 DAB 单元在额定和 1.1 倍过负荷运行下的试验波形。DAB 单元直流端口电压 2.5kV,额定直流电流 500A,过负荷直流电流 550A;运行过程中,进水温度 32.3℃,进水流量 2.45$m^3 \cdot h^{-1}$,进水电导率 0.05S·cm^{-1},直到水冷系统进出水温度稳定后保持连续运行。

图 12.53 给出了热稳定状态下隔离变压器和 DAB 整体进出水温测量结果。试验中,直流电压 2.507kV,运行电流 508A,进水温度 31.1℃,总进水流量

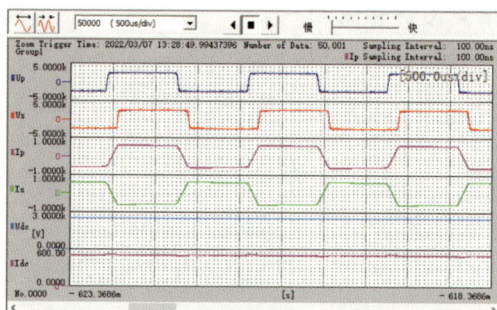

（a）

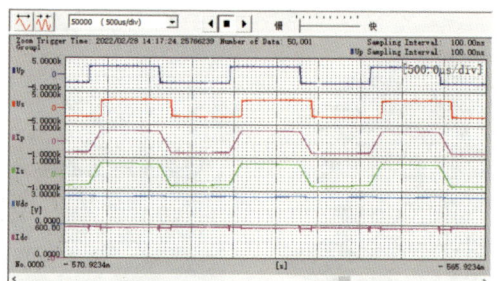

（b）

图 12.52　连续运行试验

（a）额定负荷运行；（b）1.1 倍过负荷运行

405.8L/min，变压器进水流量 30L/min。正常运行直到水冷系统进出水温度稳定后，总出水温度 31.7℃，变压器出水温度 33.7℃。通过进出水温差和流速计算变压器损耗 5.46kW、效率 99.57%，DAB 总损耗 17.04kW、效率 98.66%。

4. 工程应用

2021 年，在东莞松山湖建设了基于电力电子变压器的中压柔性互联示范工程，以实现中压交流配电网合环运行，提高交流配电网供电可靠性和功率互济能力，如图 12.53 所示。该方案中，依靠直流变压器实现电气隔离，省略了两端工频隔离变压器，大幅减少电力电子变压器的体积和重量，并且具有更快的动态响应速度和故障处理能力。

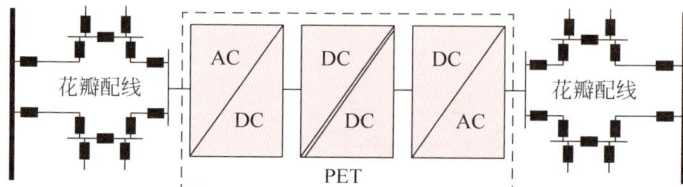

图 12.53　基于电力电子变压器的中压柔直背靠背系统

该工程采用了基于 IGCT 和中频隔离的大容量直流变压器方案,如图 12.54 所示。直流变压器两端电压均为±10kV,容量 10MW。采用基于 4.5kV IGCT 器件的 DAB 串联结构,DAB 模块额定电压 2.5kV,工作频率 600Hz,效率 98.66%,整个 DCT 系统共包含 9 个 DAB 单元(含 1 个冗余)。

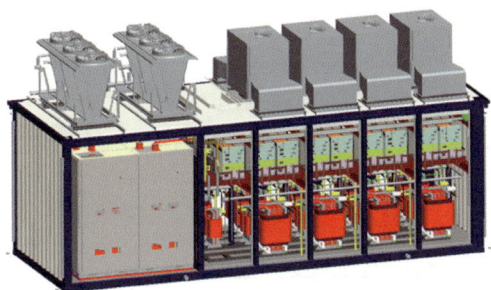

(a)

(b)

图 12.54　基于 IGCT 的±10kV/10MW 直流变压器

(a) 三维结构图;(b) 实物

此外,2024 年在青海建成 50MW 光伏中压直流发电示范工程,以提升新能源的故障穿越能力、并网自身安全性和稳定性,如图 12.55 所示。该工程采用基于 IGCT 的单向光伏直流变压器,单机容量 10MW。

该直流变压器由 3 台 1.5kV/10kV/3.3MW 模块构成,模块内部包含低压侧全桥 IGCT 模块、中频隔离变压器、钳位电路、谐振电容、高压侧全桥二极管模块。IGCT 全桥子模块设计与 IGCT-DAB 方案类似、低压侧 IGCT 驱动板及控制板通过支撑电容在线取能,器件及隔离变压器散热方式为水冷,单机峰值效率达99.1%,如图 12.56 所示。

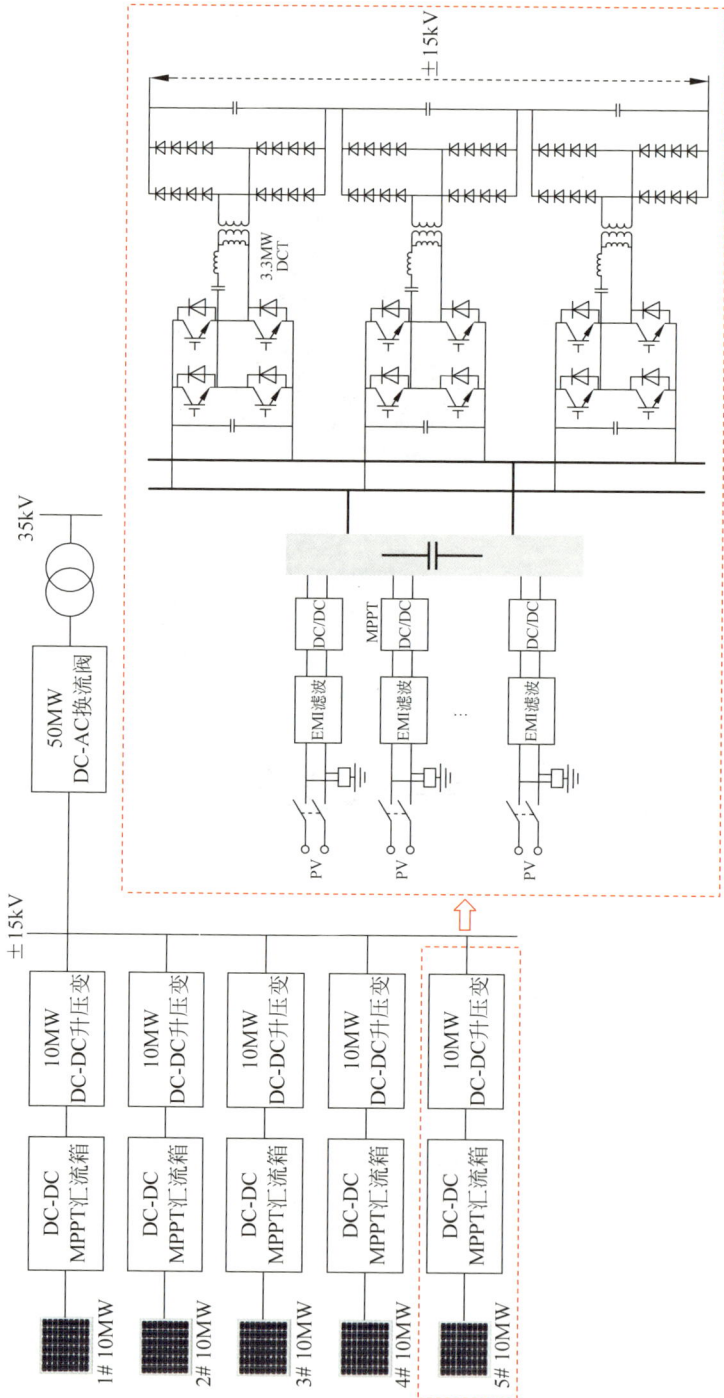

图 12.55 基于直流变压器的新能源直流汇集系统

（a）

（b）

（c）

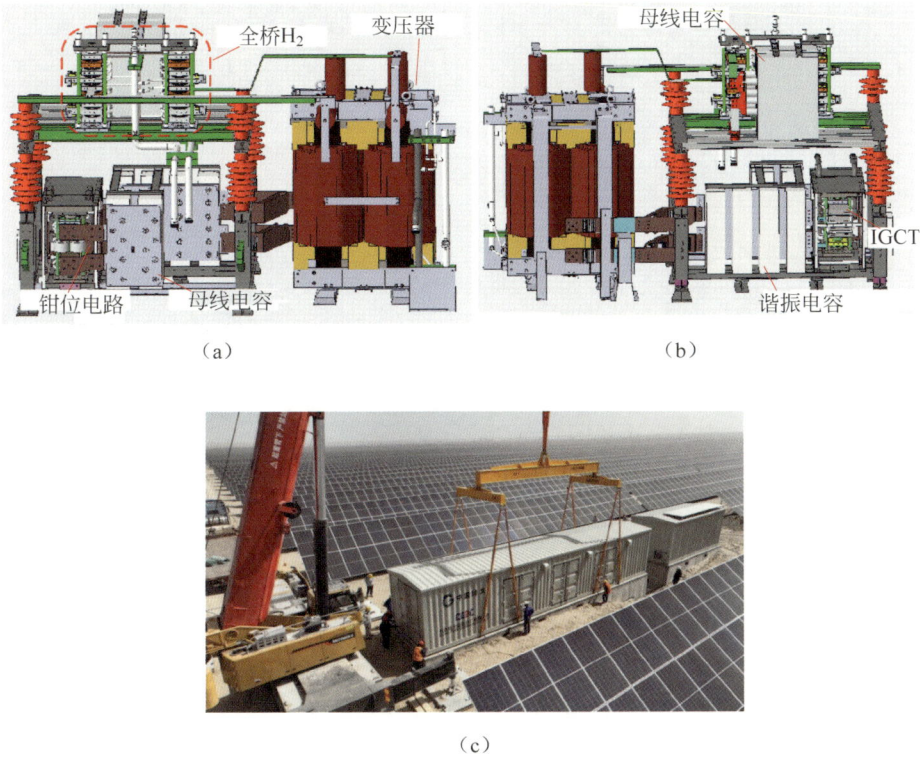

图 12.56　3.3MW 直流变压器结构设计图及实物

（a）正视图；（b）后视图；（c）实物

12.4　直流断路器

12.4.1　应用场景与发展现状

短路故障的快速可靠隔离,对直流系统的安全可靠运行具有重要的意义。直流断路器可以快速可靠地切除短路故障,吸收系统能量,无须系统全网断电,保证非故障部分的稳定运行,是直流系统最有效、最可靠的保护手段之一。

从结构上看,直流断路器主要分为三种:机械式直流断路器、固态式直流断路器和混合式直流断路器。三种结构的直流断路器拓扑如图 12.57 所示,优缺点总结见表 12.10。

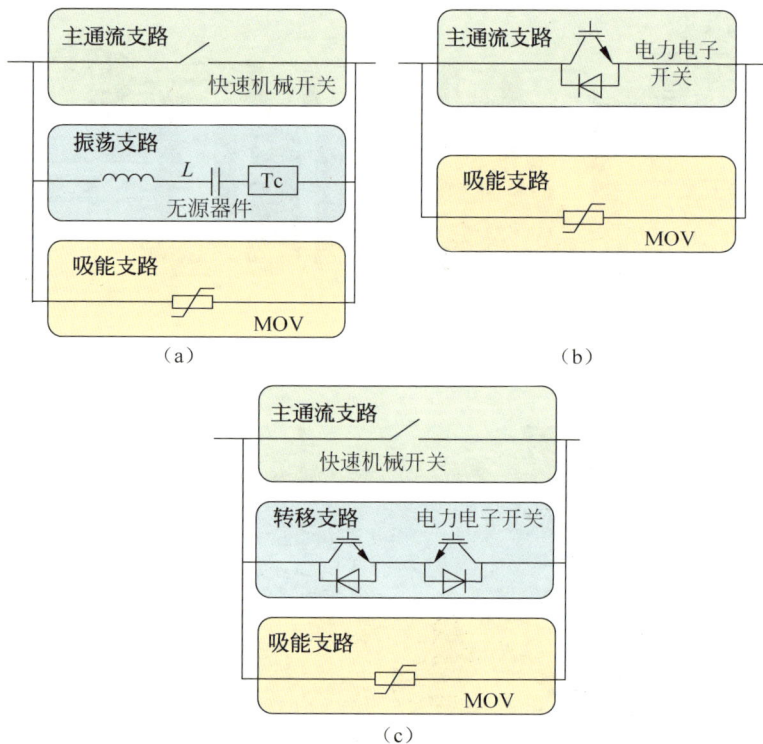

图 12.57 三种直流断路器结构示意图
(a) 机械式；(b) 固态式；(c) 混合式

表 12.10 直流断路器优缺点比较

比较特性	断路器类型		
	机械式断路器	固态式断路器	混合式断路器
开断时间	长	极短	短
电弧烧蚀	严重	无	一般
使用寿命	一般	长	较长
换流可靠性	高	高	高
通态损耗	低	高	与换流装置有关
冷却设备	无	有	与换流装置有关
控制难易	较容易	容易	较容易
控制可靠性	一般	较高	较高
体积电压关系	平方倍增长	线性增长	线性增长
成本	低	高	一般

机械式直流断路器一般采用机械开关并联振荡支路和吸能支路的方法，利用预充电电容放电产生反向谐振电流，与机械开关上的电流相抵消，产生电流人工过

零点,实现熄弧和开断直流电流的功能。思源电气有限公司基于该原理研制了535kV/25kA 机械式直流断路器,其放电开关采用成熟可靠的 IGCT 进行无弧触发,不对周围油绝缘设备等构成威胁,并应用于张北 535kV 直流电网中。

固态式直流断路器具有极快的开断速度,百微秒内即可实现故障隔离,抑制故障电流发展。但长期导通下,功率器件的损耗较高,使得固态式直流断路器不适用于中高压场合,更常用于低压的场景中,如数据中心等。清华大学基于 IGCT 器件研制了新一代±750V 全固态直流断路器,应用于乌兰察布交直流混合低碳智慧产业园区项目,有效提升了直流故障保护的可靠性。

混合式直流断路器具有机械式直流断路器的近零损耗通流、绝缘快速恢复能力以及固态式直流断路器的快速开断能力,是直流断路器的主要发展方向之一,广泛应用于中压直流配电网和高压直流电网,本节重点介绍 IGCT 器件在混合式直流断路器中的应用案例。

对于混合式直流断路器,在正常运行状态时,断路器由机械开关维持通态,这时全控型功率器件既不耐受电压也不耐受电流。当需要进行分断时,电力电子开关会在承受故障电流一段时间后关断。因此,电力电子开关是其核心组件,直接决定了直流断路器的电压电流水平。直流断路器中的电力电子开关需要具备以下性能:

(1) 关断能力:电力电子开关首先需要具备关断短路电流的能力,短路电流往往达到万安级以上,当关断能力不足时就需要功率器件并联。

(2) 浪涌能力:在关断电流之前,电力电子开关需要承受数个毫秒的短路故障电流等待机械开关分闸,在此期间需要保证器件结温不超过正常工作区。同样,当浪涌能力不足时就需要功率器件并联。

(3) 耐压能力:在电流关断之后,功率器件需要承受短时的过电压与重合闸前的母线电压,单只功率器件耐压能力越高,所需串联数量就越少。

在早期的直流断路器研究中,电力电子开关性能的提升主要是依托于功率器件本身性能的进步,从使用 GTO、ETO 作为功率器件,直到 2011 年 ABB 依托于新一代压接式 IGBT 将断路器容量提升到 80kV/9kA。近年来,因为功率器件的浪涌能力、耐压能力与关断能力往往互相冲突,导致其性能进一步的发展受阻,所以电力电子开关性能的进一步提升只能依托于功率器件串并联数量的增加。常规的电力电子开关中主要采用压接式 IGBT 简单串并联,功率器件数量与开断电流和耐受电压均成正比,为了满足直流系统的高电压耐受和大电流开断需求,功率器件数量和直流断路器的成本会大幅上升。

IGCT 具有电压耐受水平高、成本低、导通压降低、浪涌电流耐受能力强等优点,使得 IGCT 应用于直流断路器中具有突出优势。首先,IGCT 的高耐压能力使其能够以更少的器件数耐受更高的电压,有利于降低装置成本。其次,IGCT 的低导通损耗特性也对混合式直流断路器的换流过程有利,可提高直流断路器的开断容量。最后,IGCT 的强浪涌电流耐受能力使其可与 IGBT 的高关断能力互补,实现电力电子开关的关断-耐压能力解耦,大幅降低功率器件数量和成本。

12.4.2　典型拓扑与工作原理

目前常见的混合式直流断路器拓扑主要有两类。第一类为 ABB 公司提出的基于辅助电力电子开关的强迫换流型混合式直流断路器拓扑,如图 12.58 所示,当线路发生故障时,关断主通流支路的辅助电力电子开关,从而可使电流强迫换流到转移支路。

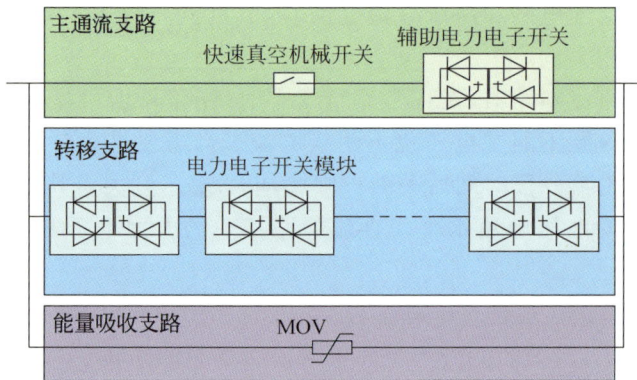

图 12.58　基于辅助电力电子开关的强迫换流型混合式直流断路器拓扑

第二类为清华大学于 2015 年提出的基于耦合负压电路的强迫换流型混合式直流断路器拓扑,如图 12.59 所示。线路故障时,通过耦合负压电路的副边电感在转移支路耦合一个负压,使转移支路整体导通压降低于快速真空机械开关的弧压,从而强制电流由主通流支路换流至转移支路。

无论是基于耦合负压电路或基于辅助电力电子开关的混合式直流断路器,其开断能力均取决于转移支路电力电子开关的电流关断能力。然而,随着开断电流的增加,电力电子开关需采用更多的 IGBT 并联,器件数量将线性增加,由于电力电子开关在直流断路器中成本所占比例很大,成本过高将限制直流断路器的推广应用。

基于 IGBT 的电力电子开关只能采用模块简单串并联方案,这是由其特性决定的:IGBT 在结构上可等效为一个由 MOSFET 控制的三极管,整体器件的开关状态直接由加在 MOSFET 上的门极电压决定,因此 IGBT 在关断电流能力上要强于 IGCT。但是,由于 IGBT 导通时不会形成较强的正反馈擎住效应,还存在退

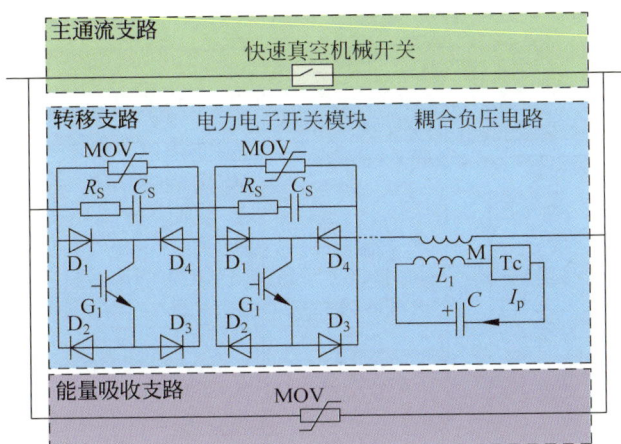

图 12.59　基于耦合负压电路的强迫换流型混合式直流断路器拓扑

饱和现象,当其电流超过一个上限值(也称为退饱和电流)后导通电压将急剧增大导致损坏,因此其浪涌能力不如 IGCT。

与 IGBT 不同,IGCT 在导通时结构上等效的两个三极管会相互触发形成正反馈的擎住效应,从而使其具有较低的导通压降和较强的浪涌能力。但是,这种为通流能力带来优势的擎住效应会给 IGCT 的关断造成困难,使其关断能力受到限制。

基于 IGBT 与 IGCT 的互补特性,可以结合两者的优势,利用 IGCT 的高浪涌高耐压能力充当主开关从而降低成本,再通过少量 IGBT 的高关断能力辅助 IGCT 进行开关动作,从而能够兼顾性能与成本。

本节首先介绍基于 IGBT 与 IGCT 的复合电力电子开关方案,再介绍基于复合电力电子开关的混合式直流断路器方案。

1. 复合电力电子开关方案介绍

以简单的单向开关为例,常规电力电子开关由多个相同的 IGBT 模块串联而成。根据整体开关电流能力的需求,模块中可以包含一个或多个 IGBT。当电力电子开关关断时,所有 IGBT 模块将同时动作。而在如图 12.60 所示的复合电力电子开关中,首先使用 IGCT 代替串联的 IGBT 模块作为能够承载浪涌电流且耐受高电压的主开关。除此之外新增了 IGBT 振荡开关和谐振电路。这样当电力电子开关需要关断时,可以通过 IGBT 的开关动作与谐振电路产生谐振电流,并叠加在 IGCT 主开关上,从而 IGCT 上的电流就有机会到达较低的值并自行关断。此外还使用了分立式 MOV 模块化串联方式,使得不同的两种器件可以在整个动静态过程中得到可靠的保护。

下面介绍该复合电力电子开关拓扑的动作过程。图 12.61 为整体断路器动作的时序示意图。可以看出,复合电力电子开关的开通动作与常规开关一致,就是同

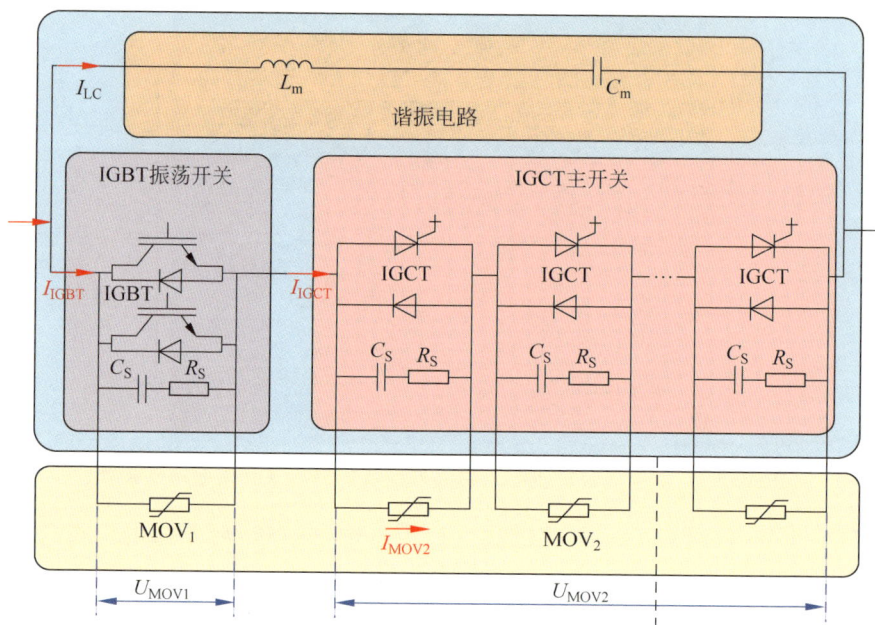

图 12.60　复合电力电子开关拓扑

时导通所有 IGBT 与 IGCT。但是在其需要关断较大电流时，需要 IGBT 先关断并给 IGCT 创造低电流关断窗口，IGCT 才能关断。具体过程如下：

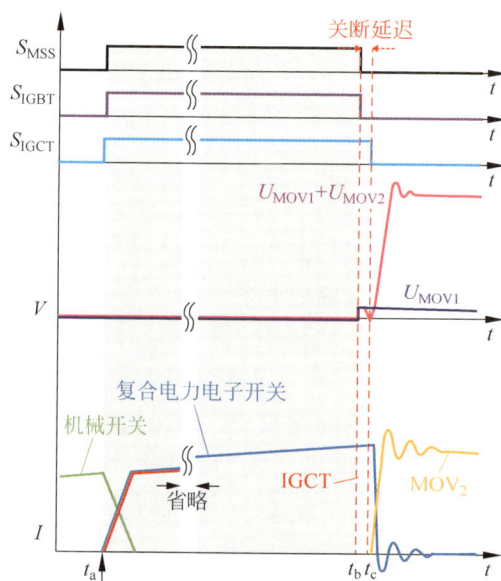

图 12.61　复合电力电子开关直流断路器动作的时序示意图

在 t_a 时刻,整体电力电子开关接受到导通信号($S_{MSS}=1$),IGCT 与 IGBT 同时导通,故障电流从机械开关换流到电力电子开关。

t_b 时刻,电力电子开关接收到关断命令($S_{MSS}=0$),此后关断过程如图 12.62所示。首先 IGBT 立即闭锁,电流被换流到振荡开关的缓冲电路并逐渐建立电压。

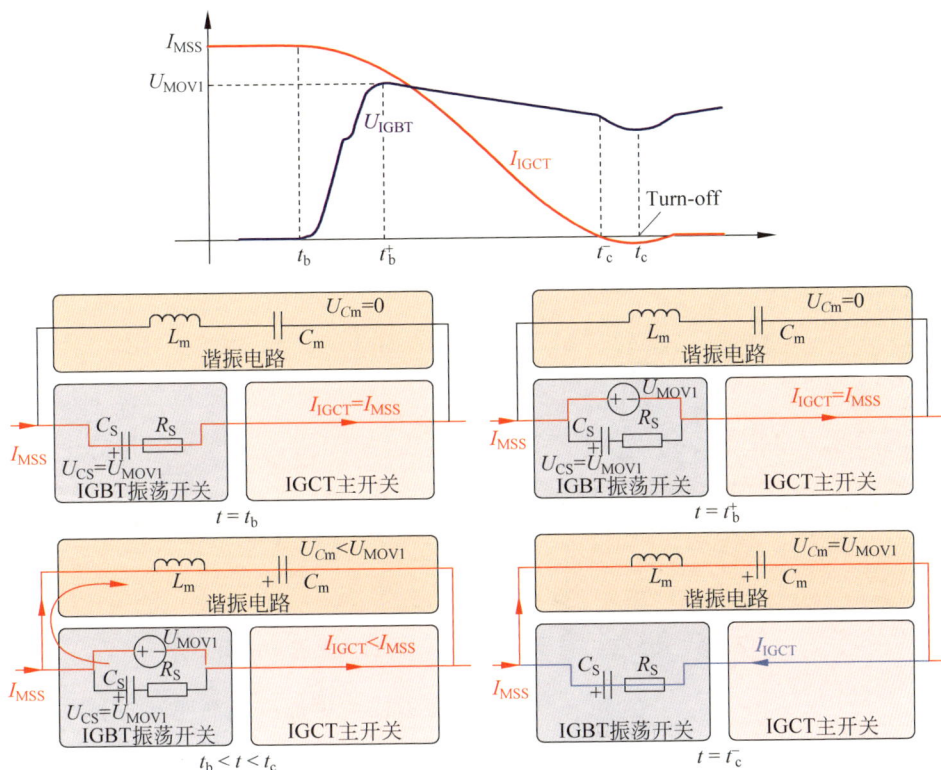

图 12.62　复合电力电子开关关断过程

t_b^+ 时刻,电压达到 IGBT 并联的 MOV 残压值 U_{MOV1}。因为 U_{MOV1} 仅是振荡开关所能承受的电压值,相比系统母线电压来说非常低,不足以使系统电流衰减,因此总电流几乎没有变化。对于谐振电路来说,谐振电感 L_m 的存在使得电流在很短的时间内仍未向谐振电容 C_m 充电,$U_{Cm}=0$。

随后的过程中,电流在 U_{MOV1} 的驱使下会向谐振电路换流,如果 C_m 足够大,电流最终会在 t_c^- 时刻完全转移到谐振电路,从而为 IGCT 创造出电流零点(或者低点)。IGCT 主开关会在 t_c 时刻关断,建立 U_{MOV2} 的电压,从而促使电流衰减,断路器实现分断功能。

2. 基于复合电力电子开关的调制型混合式直流断路器介绍

基于复合电力电子开关的开断技术和复用换流技术,可形成如图 12.63 所示的复合电力电子开关调制型混合式直流断路器拓扑(下文称为复合调制型断路器)。主通流支路由快速机械开关构成;转移支路由 IGBT 振荡模块和 IGCT 主开关构成,其中 IGBT 振荡模块采用基于 IGBT、电容 C_0、快恢复二极管的桥式结构并集成关断-换流功能,使用 IGCT 构成主开关耐压;谐振及吸能支路由杂散电感 L_s、振荡电容 C_m、晶闸管以及吸能 MOV 构成。

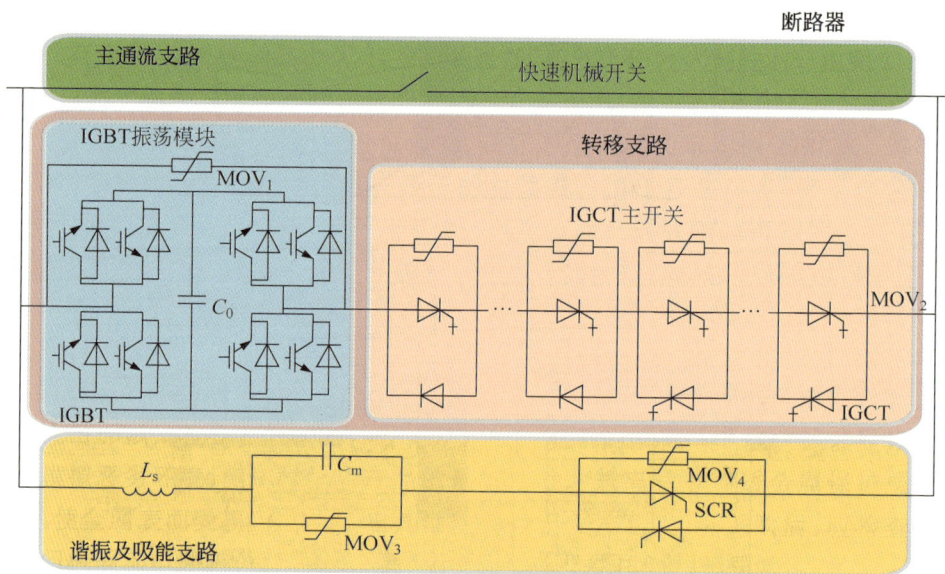

图 12.63　复合电力电子开关调制型混合式直流断路器拓扑

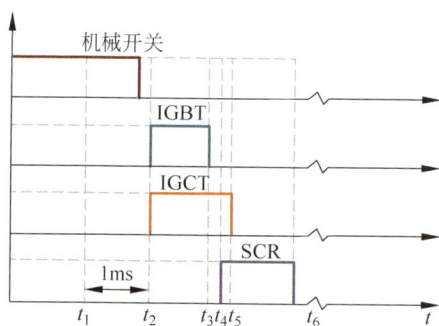

图 12.64　电力电子开关的动作时序图

为了描述更加准确简明,采用单向结构来介绍断路器的动作过程。

正常情况下,快速机械开关通流,通态损耗低。故障发生时,控制系统给断路器下发分断指令。图 12.64 展示了复合调制型断路器中电力电子开关的动作时序。

$t_1 \sim t_2$:快速机械开关在 t_1 时刻动作。触头刚分并达到一定开距后,在 t_2 时刻导通转移支路上的电力电子开关,利用电容 C_0 的预充电压将故障电流换流到转移支路上。因为 C_0 电压的关系,二极管反向耐压,电流流经 IGBT 振荡模块中的 IGBT-C_0-IGBT 通路。

$t_2 \sim t_3$:故障电流全部换流到转移支路上,随着 C_0 电压降为 0,关断模块内的 IGBT 器件并联通流。待快速机械开关触头达到一定间距,具备电压耐受能力后,关断 IGBT,电流通过二极管给电容 C_0 充电。

$t_3 \sim t_4$:C_0 电压达到预设电压后,在 t_4 时刻导通晶闸管,利用 C_0、C_m 的电压差将故障电流二次换流到谐振及吸能支路。

$t_4 \sim t_5$:故障电流换流到电容 C_m 的过程中,转移支路电流迅速下降,快速过零。在 t_5 时刻关断 IGCT 主开关。因为电流已经降为零,所以 IGCT 零电流关断,无关断损耗,转移支路具备耐受开断过电压的能力。

$t_5 \sim t_6$:故障电流为电容 C_m 充电,使电压快速增加,达到吸能避雷器 MOV_3 的动作电压后,故障电流从电容 C_m 换流到吸能避雷器。随着开断过电压的建立,故障电流逐渐减小,系统能量被 MOV_3 吸收。故障电流降为零后,晶闸管关断,断路器完成开断,承受母线电压。

图 12.64 和图 12.65 分别展示了复合调制型断路器的动作时序图和开断流程。

根据对工作原理的分析,复合调制型断路器中的 IGCT 在流通约为开断电流幅值的浪涌电流后,需要完成可靠的电压阻断。因此,IGCT 在承受浪涌后的耐压特性对直流断路器的可靠开断十分关键。以下对 IGCT 浪涌后耐压的原理与安全工作区进行简要介绍:

IGCT 在导通时具有电导调制效应,近似于 PIN 二极管,无退饱和现象,所以器件的导通压降非常低,浪涌电流耐受能力强,非常适合作为高电压耐受单元中的器件。

在浪涌电流耐受过程中,IGCT 会产生大量的热损耗。因为持续时间短,芯片产生的热量无法在导通期间传导到外界环境中,所以在浪涌过程中,IGCT 芯片的温升非常高,而相邻管壳组件温升非常低。图 12.66 展示了基于精细化电热耦合模型仿真的浪涌过程中 IGCT 不同位置结温和相邻钼片温度的变化情况。芯片结温上升至 120℃以上时,钼片温度只有 1℃左右的变化,这说明浪涌工况下热量集中于 IGCT 芯片,结温非常高。

进一步地,利用 IGCT 精细化电热耦合模型仿真分析该工况下的安全工作范围。浪涌电流的峰值、底宽,电压幅值以及器件初始温度,都会影响 IGCT 在浪涌-耐压工况下的安全工作范围。图 12.67 给出了基于精细化电热耦合模型得到的 IGCT 安全工作范围。随着浪涌时间的缩短,浪涌电流的可耐受峰值快速提升。通常,可利用 $i^2 t$ 来衡量不同波形的热量积累。与长期高温通流阻断失效不同的是,耐受电压水平的降低对提升浪涌电流耐受能力的影响不明显,因为在此工况下,漏电流主要取决于结温,而不是电压。图 12.68 给出了 50℃初始温度下,脉宽和耐受电压对浪涌电流耐受能力的影响。可以看到,脉宽对最大可耐受浪涌电流的影响远高于阻断电压。

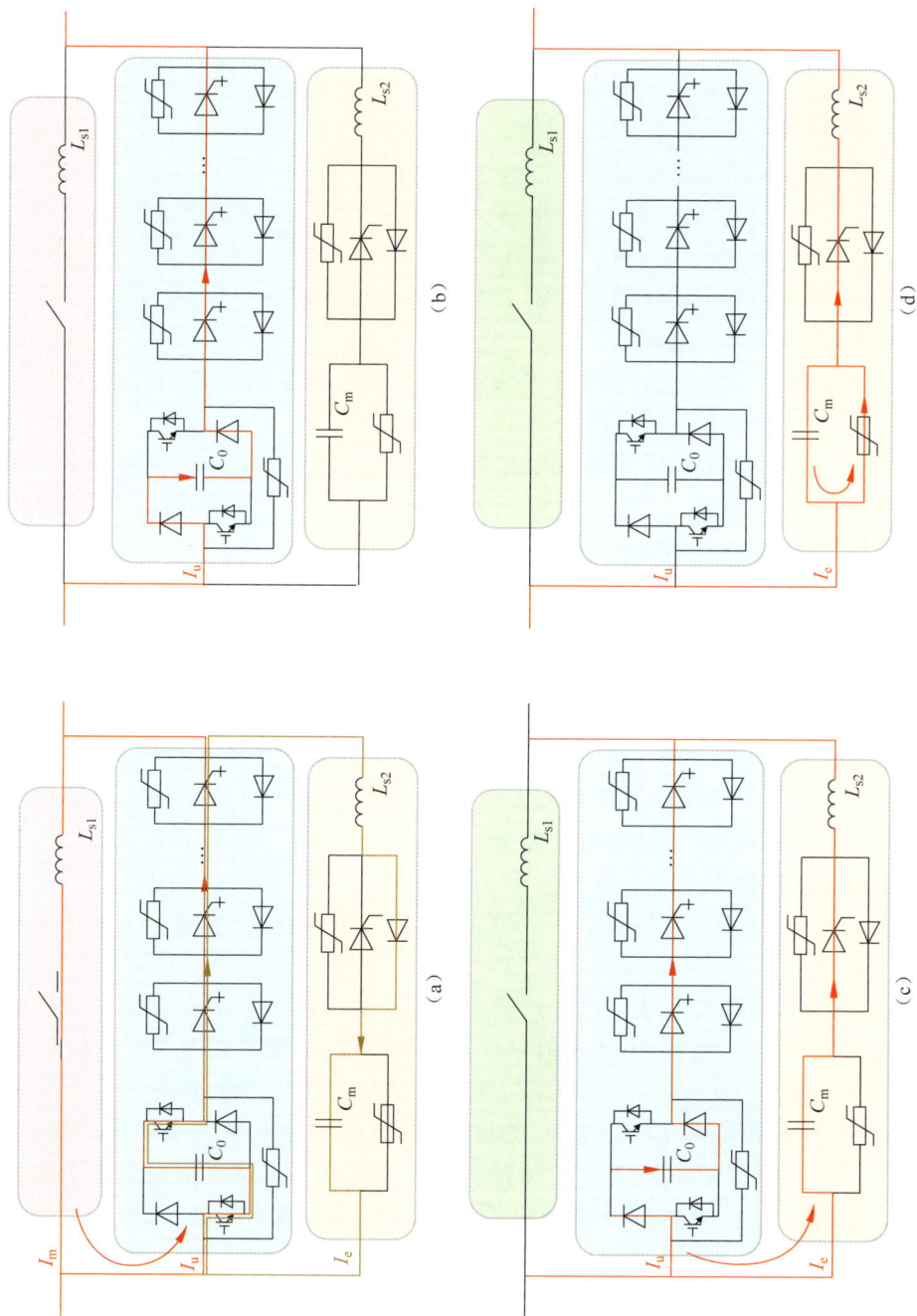

图 12.65　复合调制型断路器的开断过程

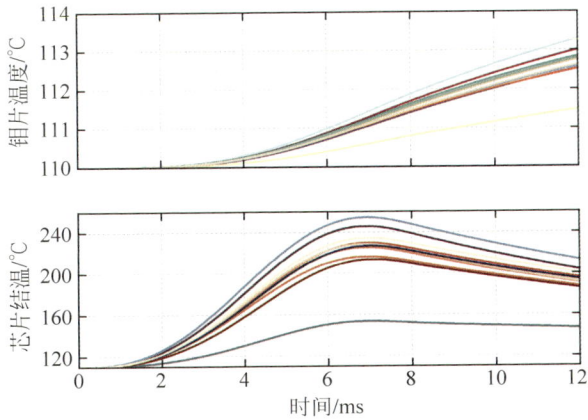

图 12.66　典型浪涌工况下 IGCT 芯片不同位置温度和相邻钼片温度

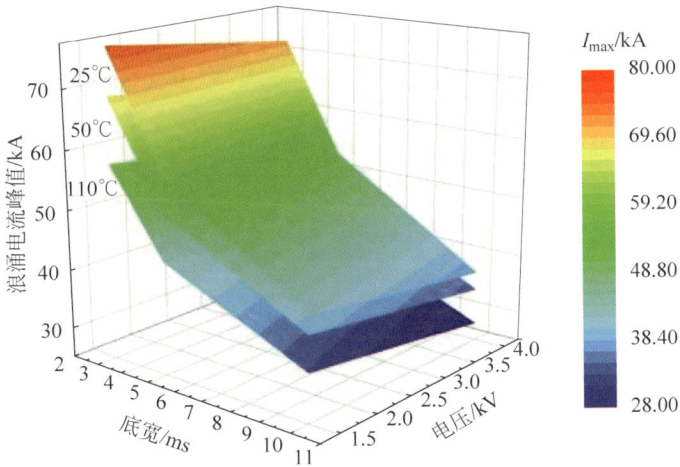

图 12.67　不同温度下 IGCT 安全工作边界三维示意图

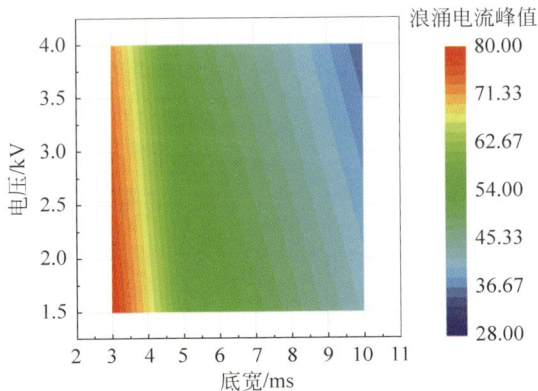

图 12.68　初始温度 50℃下脉宽和耐受电压对浪涌电流耐受能力的影响

12.4.3　技术特性分析

根据上节分析可知,IGCT 器件在强浪涌电流工况下具有较宽的安全边界。该特性应用于复合电力电子开关中最大的优势体现为:IGCT 主开关所需器件的并联数大幅减少,结合 IGCT 器件较高的耐压能力,显著提升了复合调制型直流断路器的经济性,与常规串并联开关的拓扑对比示意图如图 12.69 所示。

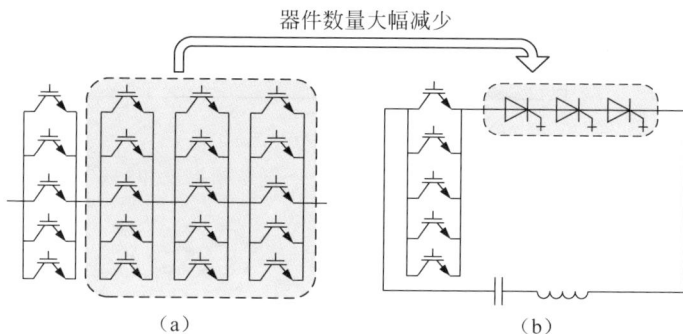

图 12.69　复合电力电子开关与串并联开关的拓扑对比示意图
(a) 常规 IGCT 串并联开关;(b) 复合电力电子开关

具体地,以单向开断 10kV/60kA 的断路器为例,将复合调制型直流断路器与常规混合式直流断路器进行经济性对比。考虑冗余,常规串并联方案至少需要 40 只(5 串联 8 并联)IGBT 串并联,以实现 60kA 关断和 17kV 过电压耐受,同时还需要配置额外的换流装置,而复合调制型直流断路器方案只需 8 只 IGBT、4 只 IGCT、8 只快恢复二极管、1 只晶闸管和 2 个电容,器件数量大幅减少,所以成本和体积也大幅降低。表 12.11 列出了常规串并联开关方案和复合调制型断路器方案的组部件数量对比,根据市场调研,复合调制型断路器方案的成本相较常规方案降低了 40%。

表 12.11　不同方案组部件数量对比

元　器　件	参　　数	常规串并联开关方案使用数量	复合调制型断路器方案使用数量
IGCT	4.5kV/开断电流 5kA	—	4
IGBT	4.5kV/3kA/开断电流 10kA	40	8
6kV 晶闸管	6kV/浪涌电流 100kA	—	1
4.5kV 二极管	4.5kV/浪涌电流 25kA	—	8
振荡电容	$C_m = 300\mu\text{F}, C_0 = 2\text{mF}$	—	$C_m \times 1, C_0 \times 1$
关断缓冲电容	$20\mu\text{F}$	40	—

12.4.4　装备设计与工程应用

以针对中压直流系统超大电流开断需求的 10kV/60kA 复合调制型直流断路器方案为例,详细介绍其设计方案,相关参数指标如表 12.12 所示。

表 12.12　10kV/60kA 复合调制型直流断路器指标

参　　数	指　　标
额定电压	10kV
额定电流	5000A
端间 MOV 残压水平	17.5kV
最大短路分断电流	60kA
开断时间	<3ms

1. 参数设计及器件选型

IGBT 振荡模块采用东芝公司型号为 ST3000GXH24A 的 IEGT 和中车公司型号为 FY_B2000-45 的快恢复二极管。IGCT 采用清华大学联合株洲中车时代半导体有限公司研制的 IGCT-Plus 器件,耐压 4.5kV,最大关断电流 5kA。利用精细化电热耦合模型核算 IGCT 器件的浪涌-耐压能力,当环境温度在 50℃,施加底宽 3ms、峰值 60kA 的电流,浪涌电流结束后立刻施加 4kV 电压,耐受 4kV 电压时的漏电流为 14A。根据图 12.68 的安全边界示意可知,IGCT 在该工况下可以安全工作。谐振及吸能支路上的晶闸管需要耐受高故障电流,同时还需要有高 di/dt 耐受能力。综合考虑市面上各种晶闸管,最终选用台基的 H125KMR 型号晶闸管,可耐受 6kV 电压,浪涌电流耐受能力达到 100kA 以上,di/dt 可达 $3kA/\mu s$。

对于 C_0 和 C_m,通过多参数综合分析,选择 C_0 容值为 2mF,预充电压 2.5kV;C_m 的容值选择为 $300\mu F$,以保证 60kA 换流能力。表 12.13 给出了 10kV/60kA 复合调制型直流断路器的各元器件参数。

表 12.13　10kV/60kA 复合调制型直流断路器元器件参数

断路器支路	元　器　件	参　　数
主通流支路	快速机械开关	$I_{rate}=5kA$; $I_{surge}=60kA$; $U_{max}=30kV$
转移支路	IGBT	$U_{max}=4.5kV$; 关断电流 $I_{max}=10kA$
	IGCT	$U_{max}=4.5kV$; 关断电流 $I_{max}=5kA$
	二极管	$U_{max}=4.5kV$; $I_{surge}=25kA$
	C_0	2mF; $U_{max}=5kV$; $I_{surge}=80kA$
	MOV_1	2.8kV at 1mA; 4kV at 60kA
	MOV_2	2.8kV at 1mA; 4kV at 5kA

断路器支路	元　器　件	参　　数
谐振及吸能支路	C_m	$300\mu F$；$U_{max}=20kV$；$I_{surge}=80kA$
	MOV_3	$11kV\ at\ 1mA$；$16.5kV\ at\ 60kA$
	晶闸管（H125KMR）	$U_{max}=6kV$；$I_{surge}>100kA$

2. 样机研制与应用

根据前文设计参数所研制的 10kV/60kA 复合调制型直流断路器工程样机结构如图 12.70 所示。因其具备超大电流开断容量，可应用于故障电流上升率极高（约 30kA/ms）的舰船中压直流系统，也可应用于限流电感较小的中压直流配电网，典型拓扑如图 12.71 所示。

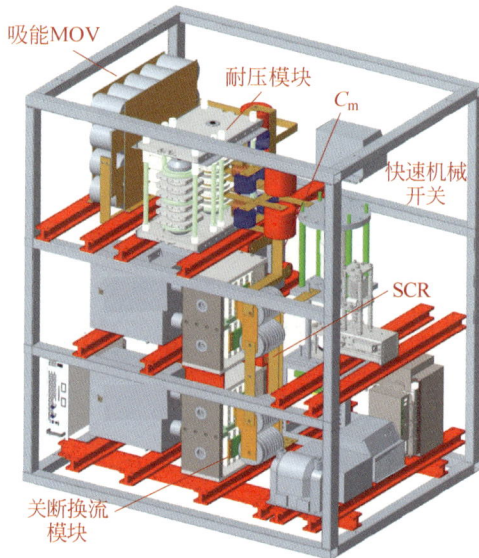

图 12.70　10kV/60kA 复合调制型直流断路器三维结构图

为了保证关断的可靠性，采用两个关断模块并联，每个模块中配置 4 个 IGBT 器件和 4 个快恢复二极管。IGCT 主开关采用 4 个 IGCT 器件串联，并联钳位 MOV 保证串联电压的均一性。实际样机如图 12.72 所示。

图 12.73 为直流断路器试验回路示意图。试验主电路基于 LC 振荡原理，由母线电容 C，限流电感 L，放电晶闸管 SCR 组成。直流断路器样机串联在主电路中，进行试验时，断路器最初处于合闸状态，先使用直流电源向电容 C 充电，随后导通晶闸管，当电流上升到预期值时断路器开始进行分断。其中，限流电感既能起到调整电流上升速率的作用，又可以模拟直流断路器关断时的感性负载。

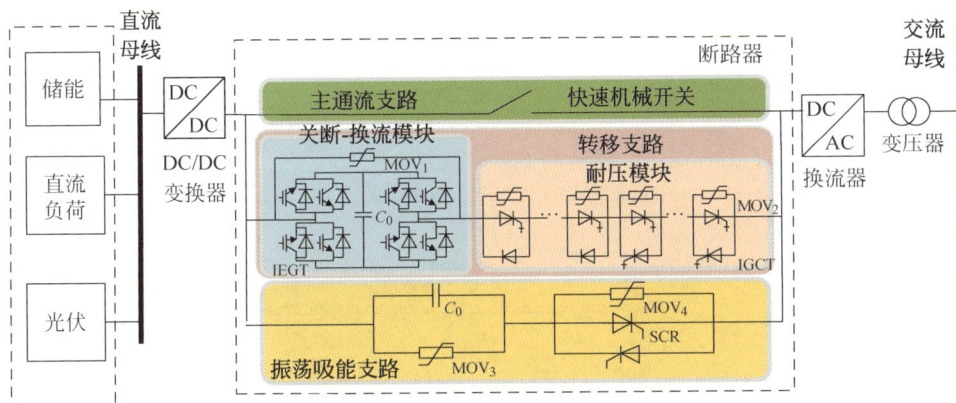

图 12.71　10kV 复合调制型直流断路器在中压直流配电网的拓扑示意

图 12.72　10kV/60kA 复合调制型直流断路器实际样机

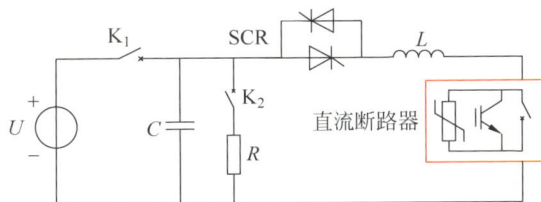

图 12.73　混合式直流断路器试验回路图

　　图 12.74 展示了复合调制型直流断路器开断 60kA 的实测波形。电流在 6ms 时开始快速上升。延时 0.2ms 后断路器动作。6.8ms 时导通转移支路电力电子开关,进行第一次换流。故障发生 2ms 后,在 8ms 时刻,机械开关触头间距达到 8mm,此时关断 IGBT,进行第二次换流,故障电流开始下降。20μs 内电流换流到谐振及吸能支路,IGCT 零电流关断。随后电容 C_m 电压快速上升,达到吸能

MOV 动作值,系统能量被吸收,开断完成,最大过电压为 17kV。根据测试结果可以看到,断路器的开断时间小于 2.2ms。

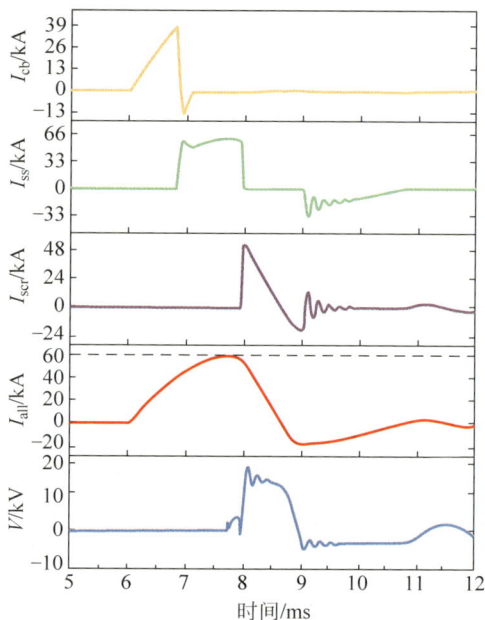

I_{cb}—机械开关电流;I_{ss}—转移支路电流;I_{scr}—断路器振荡支路中晶闸管电流;

I_{all}—断路器总电流;V—断路器两端电压。

图 12.74　60kA 开断测试

参考文献

[1]　XU C,YU Z,ZHAO B,et al. A novel hybrid line commutated converter based on IGCT to mitigate commutation failure for high-power HVdc application[J]. IEEE Transactions on Power Electronics,2021,37(5): 4931-4936.

[2]　XU C,YU Z,CHEN Z,et al. Comprehensive analysis and experiments of RB-IGCT,IGCT with fast recovery diode and standard recovery diode in hybrid line-commutated converter for commutation failure mitigation[J]. IEEE Transactions on Industrial Electronics,2023,70(2): 1126-1139.

[3]　YU Z,WANG Z,XU C,et al. Comprehensive physical commutation characteristic analysis and test of hybrid line commutated converter based on physics compact model of IGCT[J]. IEEE Transactions on Power Electronics,2023,38(2): 1924-1934.

[4]　XU C,YU Z,ZHAO B,et al. Hybrid line commutated converter with fast commutation characteristic based on IGCT for HVDC application: Topology,design methodology,and

experiments[J]. IEEE Transactions on Power Electronics,2023,38(4)：4668-4679.

[5]　XU C,YU Z,ZHAO B,et al. Ultra-Low Reactive Power Operation and Control Strategy of Hybrid Line Commutated Converter Based on IGCT for HVdc Application[J]. IEEE Transactions on Industrial Electronics,2023,70(12)：12926-12932.

[6]　WANG Z, XU C, YU Z, et al. Low-frequency and sub-synchronous power oscillation suppression and analysis of hybrid line commutated converter for HVDC grid[J]. IEEE Transactions on Power Systems,2023,39(2)：4127-4137.

[7]　许超群,余占清,董昱,等.抵御换相失败的新型 IGCT 直流混合换相换流器[J].新型电力系统,2024,2(4)：406-417.

[8]　王森,王宗泽,张嘉涛,等.混合换相换流阀组件研制及关断能力验证[J].电力电子技术,2024,58(10)：15-18.

[9]　冯健,屈鲁,余占清,等.HCC 换流阀恢复期暂态正向电压试验方法研究[J/OL].中国电机工程学报,1-13,[2025-05-05].

[10]　王宗泽,余占清,许超群,等.新型 IGCT 直流输电换流阀运行试验研究及其等效性评估[J].中国电机工程学报,2024,44(10)：4112-4123.

[11]　赵彪,魏天予,许超群,等.基于 IGCT 的高压大容量模块化多电平变换器[J].中国电机工程学报,2019,39(2)：562-570＋653.

[12]　曾嵘,赵彪,余占清,等.IGCT 在直流电网中的应用展望[J].中国电机工程学报,2018,38(15)：4307-4317＋4631.

[13]　周文鹏,曾嵘,赵彪,等.大容量全控型压接式 IGBT 和 IGCT 器件对比分析：原理、结构、特性和应用[J].中国电机工程学报,2022,42(8)：2940-2957.

[14]　郭明珠,白睿航,唐博进,等.基于平均值等效的 IGCT-MMC 损耗特性分析与计算[J].南方电网技术,2021,15(3)：8-14.

[15]　娄彦涛,孙小平,刘琦,等.IGCT-MMC 中二极管反向恢复特性分析与测试[J].中国电力,2021,54(1)：19-24.

[16]　李建国,宋强,刘文华,等.一种模块化多电平换流阀的等效功率对冲试验及其控制方法[J].中国电机工程学报,2016,36(7)：1951-1958.

[17]　ZENG R,ZHAO B,WEI T,et al. Integrated gate commutated thyristor-based modular multilevel converters：A promising solution for high-voltage dc applications[J]. IEEE Industrial Electronics Magazine,2019,13(2)：4-16.

[18]　LI Z, SONG Q, ZENG R, et al. A DC grid access solution based on series-connected distributed full-bridge submodule-based MMCs［C］//2019 IEEE 28th International Symposium on Industrial Electronics (ISIE). BC,Canada：IEEE,2019：697-701.

[19]　ZHAO B,SONG Q,LI J,et al. Comparative analysis of multilevel-high-frequency-link and multilevel-DC-link DC-DC transformers based on MMC and dual-active bridge for MVDC application[J]. IEEE Transactions on Power Electronics,2018,33(3)：2035-2049.

[20]　BAI R,ZHAO B,ZHOU T,et al. PWM-current source converter based on IGCT-in-series for DC buck and constant-current application：Topology,design,and experiment[J]. IEEE Transactions on Industrial Electronics,2023,70(5)：4865-4874.

[21]　宋强,赵彪,刘文华,等.智能直流配电网研究综述[J].中国电机工程学报,2013,33(25)：9-20.

［22］ 姚良忠,吴婧,王志冰,等.未来高压直流电网发展形态分析[J].中国电机工程学报,2014,34(34)：6007-6020.

［23］ 魏晓光,王新颖,高冲,等.用于直流电网的高压大容量 DC/DC 变换器拓扑研究[J].中国电机工程学报,2014,34(51)：218-224.

［24］ 赵彪,安峰,宋强,等.双有源桥式直流变压器发展与应用[J].中国电机工程学报,2021,41(1)：288-299＋418.

［25］ 刘鹏,宗伟,米西岩,等.变压器常见局放问题浅析[J].中国电机工程学报,2021,58(6)：59-61.

［26］ 孙凯,卢世蕾,易哲媛,等.面向电力电子变压器应用的大容量高频变压器技术综述[J].中国电机工程学报,2021,41(24)：8531-8546.

［27］ 王威望,刘莹,何杰峰,等.高压大容量电力电子变压器中高频变压器研究现状和发展趋势[J].高电压技术,2020,46(10)：3362-3373.

［28］ SUN K,LU S L,YI Z Y,et al. A review of high-power high-frequency transformer technology for power electronic transformer applications[J]. Proc. CSEE,2021,41(24)：8531-8545.

［29］ 曾嵘,赵彪,余占清,等.IGCT 在直流电网中的应用展望[J].中国电机工程学报,2018,38(15)：4307-4317.

［30］ ZHAO B,SONG Q,LI J,et al. Full-process operation,control and experiments of modular High-frequency-link dc transformer based on dual-active-bridge for flexible MVDC distribution：a practical tutorial[J]. IEEE Transactions on Power Electronics,2017,32(9)：6751-6766.

［31］ LADOUXP,SERBIA N,CARROLL E I. On the potential of IGCTs in HVDC[J]. IEEE Journal of Emerging and Selected Topics in Power Electronics,2015,3(3)：780-793.

［32］ ZHAO B,SONG Q,LIU W. Efficiency characterization and optimization of isolated bidirectional dc-dc converter based on dual-phase-shift control for dc distribution application[J]. IEEE Transactions on Power Electronics,2013,28(4)：1711-1727.

［33］ YAN X,YU Z,QU L,et al. Electro-thermo-mechanical analysis and modelling of high-power Intergrated Gate Commutated Thyristors［J］. IEEE Transactions on Power Electronics,2024,39(6)：6654-6663.

［34］ YAN X,YU Z,QU L,et al. A novel oscillating-commutation solid-state DC breaker based on compound IGCTs[J]. IEEE Transactions on Power Electronics,2023,38(2)：1418-1422.

［35］ YAN X,YU Z,QU L,et al. Snubber branch design and development of solid-state dc circuit breaker[J]. IEEE Transactions on Power Electronics,2023,38(10)：13042-13051.

［36］ YU Z,YAN X,ZHANG X,et al. The design and development of a novel 10kV/60kA hybrid DC circuit breaker based on mixed solid-state switches[J]. IEEE Transactions on Industrial Electronics,2023,70(3)：2440-2449.

［37］ ZHANG X,YAN X,QU L,et al. A novel high-power hybrid DC breaker based on compound power electronic switch with integrated commutation ability［J］. IEEE Transactions on Power Electronics,2022,37(3)：2465-2469.

［38］ CHEN Z,YU Z,ZHANG X,et al. Analysis and experiments for IGBT,IEGT,and IGCT in hybrid DC circuit breaker[J]. IEEE Transactions on Industrial Electronics,2018,65(4)：2883-2892.

[39]　ZHANG X,YU Z,ZENG R,et al. A state-of-the-art 500-kV hybrid circuit breaker for a dc grid：The world's largest capacity high-voltage dc circuit breaker[J]. IEEE Industrial Electronics Magazine,2020,14(2)：15-27.

[40]　YU Z,GAN Z,QU L,et al. Natural commutation type hybrid DC circuit breaker based on hybrid mechanical gaps[J]. IEEE Transactions on Power Delivery,2023,38(3)：1848-1858.

[41]　严鑫,余占清,屈鲁,等. 基于逆阻型 IGCT 器件的固态式直流断路器设计及研制[J]. 高电压技术,2024,50(2)：551-560.

[42]　余占清,曾嵘,屈鲁,等. 混合式直流断路器的发展现状及展望[J]. 高电压技术,2020,46(8)：2617-2626.